基督教历史与思想译丛

章雪富 / 主编 孙 毅 游冠辉 / 副主编

世界观的历史

Worldview:
The History of a Concept

大卫·诺格尔（David K. Naugle）

著

胡自信

译

上海三联书店

Worldview: The History of a Concept
by David K. Naugle
Originally published in the U.S.A.
Copyright © 2002 by Wm. B. Eerdmans Publishing Co.
Published by agreement through
Beijing Abundant Grace Communications Ltd.
All rights reserved

基督教历史与思想译丛 总序

在诸世界性宗教中，基督教因其信仰的历史性而具有特殊性。基督教所信奉的是一位历史的上帝，他道成肉身，经验人的软弱，与人类命运休戚相关，以无罪之身成为罪的赎价。在基督教而言，历史既是人记忆上帝的肉身，也是上帝救赎的经世。故而历代以降，基督教特别关注信仰群体对其所属时代的生活和思想的呈现，关注先贤们救赎经验的表达。历代基督徒的生平传记和著作本身是上帝在历史中的作为的彰显，对过往事件、人物和神学思想的研究本身则是基督教思想意识、信仰经验及情感内涵谱系的组成部分。基于当下的生存世界品读神学家、教会史以及其他事件的复杂形态，能够对历史的救赎特质有所诠释，显示基督信仰的历史品质，丰富基督教所谓的"为我们的上帝"观念的内涵。

本译丛所选译的诠释历代基督教思想及事件的著作也就不再是单纯的"述往"，如同所有基督教经典作家们的初衷，本译丛的思想解读也着力于基督教共同体记忆的延伸，既努力地还原历代基督教的生存处境、思想情怀和喜乐忧戚，复原历代基督教及其神学的历史真貌，也呈现当代作者透过诠释和把握历史中的上帝及其共同体所要指向的精神之旅，成为塑造和传承的有力泉源，使得历史的诠释成为造成思想共识的桥梁,催生当代读者与历代基督教思想探索的某种共同视界,并借着对于历史意识的当代回归,使得蕴含在基督教文献中的思想内涵成为面向未来的真切记忆。

　　基督教是深深扎根于历史的宗教。历史地呈现基督教文献内涵,既可以清晰地观察其教义规范的形成进程,也可以了解历代教会及其信徒的生活处境,更能够从中理解千年以降的使徒统绪是如何被表达为普世万民的不同文化形式;历史地再现基督教的探索历程,有益于今天的读者更深层地了解一位历史中的上帝形象,以及他透过各种方式至今依然与生活所发生的种种关联。

　　是为序!

主编　章雪富

2013 年 12 月 8 日

目录

我还要重复一遍：一个人的思想就是他对自己的总的看法。谁在乎卡莱尔、叔本华或斯宾塞会有什么样的思想呢？哲学是一个人最深层的性格特征的表白，宇宙的所有定义不过是人的本性对它进行深思熟虑的产物。

——威廉·詹姆斯，《多元的宇宙》

　　世界观对于人具有至关重要的意义，好比群体对于一种文化具有至关重要的意义；谁要是没有认识到这一点，谁就应该合情合理地设想由此而来的必然后果。不承认普遍性，也就不会承认超越经验的任何事物。不承认超越经验的任何事物，也就不会承认真理的存在，尽管人们总是想方设法地回避这个事实。

——理查德·维沃，《思想的后果》

　　有些人认为，对于人来说，最实用、最重要的，还是他的宇宙观；我赞成他们的观点。我们认为，房东太太在会见可能的房客时，了解其收入固然重要，但更重要的还是了解其哲学。我们认为，对于一个即将上战场的将军来说，了解敌军的数量固然重要，但更重要的却是了解其哲学。我们认为，问题的关键不在于我们的宇宙理论能否影响事物的发展，而在于长远看来，其他事物能否影响到我们的宇宙理论。

——G. K. 切斯特顿，《异教徒》

这就是说……人类对宇宙进程的任何理解都不能取代作为信仰对象的上帝。人是各种理解的创造者。他应该这样做，这是必然的，否则他不会做出任何有实际意义的决断。我们不知道，如何才能克服人类的这种倾向。作为人，他就要那样做，这是他的生命所在。每一个人至少对他自己的生活，以及他最亲近的人的生活，有一定的了解；这是他为自己或别人的生活所描绘的一幅画卷，根据他的认识、理解和判断，迄今为止，生活就是如此，而且将会如此，抑或应该如此，或不应如此。他对芸芸众生诸多特点的具体认识，对其善恶、对错、祸福等不同规定性的理解，自然会对他的人生观产生很大影响。这些画卷也许会有一个更大的参照系。这些参照系所反映的，可能是一个社会——例如教会——的生命历程，也可能是教会的某一宗派，或一个民族、几个民族，甚至自古以来全人类的生命历程。某些标准，道德的或非道德的、技术的、文化的、政治的或经济的，将成为评判者的指导原则，这个原则会使他进步或衰退、产生改革或变形的结论，也会使他评价过去，对未来充满期待、向往和忧虑。描绘了这些画卷的那个人，总是立足于同样的假设，而这些画卷可能还有一个更大的参照系。这个参照系可能包括人类所认识的全部事物，这也许是一个进化过程，更严谨地说，这也许是人们对宇宙万物的运动及其规律与可能性所做的一种分析和描述，这种分析和描述也许包括了、也许肆无忌惮或沾沾自喜地排除了那个仁慈的上帝，但归根结底，这个以图画描绘者的思想为转移的上帝，完全有可能说，在所有这些画卷当中，某某地方归他所有。人类就事物的运动过程所提出的这些或大或小的概念，是无可厚非的。事实上，这是应该充分肯定的……我们现在要指出的是，诸如此类的任何概念都不能取代作为信仰对象的上帝。

——卡尔·巴特，《教会教理学》Ⅲ/3（§11.48.2）

序

．．．．．．

　　直到第二次世界大战以后，我才第一次听到"世界观和人生观"这个短语。在军队服役将近五年后，作为一个努力从基督教的立场来理解人生并身体力行之的年轻人，我终于实现了上大学的梦想。我记得，有那么一两个老师，总要把我们的注意力引向事物的先决条件，然后用"基督教世界观"（Christian worldview）这个术语来描述这一条件。真可谓久旱逢甘霖，因为我们好不容易才挺过来的那些可怕冲突，以及兵营里的激烈争论，向我们揭示了一些互不相容的人生观。半个多世纪过去了，无论是在国际关系、文化冲突或生物伦理学领域，还是在其他所有学科领域，甚至在我们所思所为的任何事情上，世界观的冲突依然如故。因为包罗万象正是世界观和人生观的本质特征。

　　乔治·马斯登（George Marsden）所著《美国大学之魂》（*The Soul of the American University*）以及后来出版的《荒诞不经的基督教学术观》（*The Outrageous Idea of Christian Scholarship*），引起了读者的广泛关注，世界观的问题成为人们瞩目的焦点。马斯登认为，在倡导多元文化的大学里，人们应该接受基督教的观点。在论证基督教学术合法性的同时，他对启蒙运动（Enlightenment）所宣扬的中立于不同世界观的理性能力，提出有力的质疑。基督徒学者们的一贯主张是，建立在圣经之上的基督教不仅

不会妨碍,反而会促进真正的学术研究,它能启迪心灵,揭示新的研究方法,把不同的事物组合成一个有意义的整体。所有的真理归根结底都与上帝的道及其作为有关。但是,迷恋现代精神的世俗学者们却认为,给宗教性的学术研究一席之地,纯属荒诞不经;"独尊理性"的原则与此水火不容。

在拒绝现代性(modernity)所谓理性中立的主张时,基督徒绝非孤军奋战。后现代心智认为,他们是现代精神的对立面,他们要求在多元主义的思想中拥有一席之地,无论这种思想的基础是性别、种族或其他任何东西。然而,基督徒的反驳属于前现代,而非后现代;它基本上是奥古斯丁式的,即信仰寻求理解,上帝的智慧既是真理的真实所在地,又是所有可能的人类知识的最终源泉。但是,正如大卫·诺格尔所言,世界观的语言来自19世纪具有浪漫主义色彩的观念论(idealism)及其20世纪初的继承者生命哲学(*Lebensphilosophie*)传统。在社会科学领域以及坚持不同神学传统的基督徒那里,世界观的语言已经获得普遍认可,但它也引发了学者对其合理性的讨论。就此而言,对世界观概念进行一番彻底的研究,具有非常重要的意义。

然而,这部著作的重要性还不止于此。有些论述基督教世界观的著作,只是简要地介绍了这个概念的起源,但是据我所知,还没有任何一部英语著作全面地探讨过这个问题。后现代主义思潮的出现,使得我们对基督教信仰与世界观概念之异同的研究,既有现实意义,又有战略意义。对于护教学(apologetics)来说,对于有志于探讨生命意义的神学家来说,对于那些必须清楚地讲述世界观在学术研究和普通百姓那里所起的作用、努力培育学生们对世界观的思考能力的基督徒教育工作者来说,这一研究具有重要意义。我们所面对的现实是,西方文化已经彻底地世俗化了;基督教基本上被看作(或应该被看作)无关乎文化、科学或学术,被削弱为私人的内在事务。

大卫·诺格尔以冷静的学术态度来探讨这些问题。讨论语言学和历史的那些篇章概述了两百年的哲学发展。作者详细地解答了出现在神学和社会科学领域的有关问题。他的回答正中要害。这是一部有保存价值的著作。

阿瑟·霍姆斯(Arthur F. Holmes)

前言

    对于教会来说，或者对于文化或全世界来说，从神学和哲学的角度考察和反思世界观概念历史的时机，也许已经成熟。首先，在过去几十年，福音派教会的一些圈子对世界观问题表现出浓厚的兴趣。[1]有些作者，如卡尔·亨利（Carl Henry）、弗朗西斯·薛华（Francis Schaeffer）、詹姆斯·塞尔（James Sire）、阿瑟·霍姆斯（Arthur Holmes）、布瑞安·沃尔什（Brian Walsh）、理查德·米德尔顿（Richard Middleton）、阿尔伯特·沃特斯（Albert Wolters）、查尔斯·寇尔森、南希·皮尔丝（Nancy Pearcey），已经引导许多信徒步入思考世界观概念及其重要意义的殿堂。在天主教和东正教范围内，这种兴趣也有程度不同的表现。不同派别的基督徒开始认识到，人们公开的信念和行为，以及各种社会文化现象，往往扎根于并表现了某些更深层而隐秘的生命原则和人生观，无论他们是否清楚意识到这一点。不仅如此，世界观在教会范围内还具有释义的作用，它能帮助信徒理解圣经启示的无限维度和包罗万象的意义。这种广义的解释能使他们避开信仰的还原论（reductionism）诸版本，它们阻碍了圣经解释的开花结果。世界观还能广泛地运用于教会的事工、基督徒的生活、护教学、布道、宣教、教育、学术研究，以及其他许多社会文化事业。"从世界观的角度思考"，培育"基督教心智"，用圣经的观点理解人生的各个方面,这些目标似乎已被提上议事日程。由此看来,世界观的概念已经在福音派内部(甚至在这个范围之外)引发了某种革命。因此,研究这个概念的背景和本质显然是必要的。

其次,当代文化的最大特征是,许多可供选择的世界观同时并存。我们确实生活在一个多种文化相互交融的多元时代。这些复杂多样的宇宙观,与古典时代和基督教时代的西方所表现出的总的思想统一性,形成了某种对照。传统思想承认形而上学真理与道德真理的存在,承认正确理解世界、正确生活的必要性。但是,文艺复兴(Renaissance)和启蒙运动以来,形势发生了根本变化。整个人类在本体论或认识论上拒绝接受任何凌驾于万物之上的权威,他们把自己确立为世界**公认的**立法者(帕西·B. 雪莱[Percy B. Shelley]的一句诗,反过来说就是如此)。现在,他们要求获得一种实际上只有上帝才拥有的特权,他们要随心所欲地用概念来解释实在(reality),进而创造生命的本质。世界观概念应运而生,以解释这种蓬勃发展的具有鲜明的宗教多样性和哲学多样性特征的文化现象,这不足为奇。甚至美国联邦最高法院也表现出多元文化的思想特征,在《计划生育与凯西案件》(*Planned Parenthood v. Casey*,1992)这份判词中,联邦最高法院认为,每一个人"都有权界定自己的生存概念、意义概念、宇宙概念,以及他对人生之谜的理解"。[2]这种局面近来有愈演愈烈之势,人们用完全不同的语言来谈论生命的意义和目的。这种环境导致人们变得像"风吹动的芦苇"(《路加福音》7:24)。它虽然肯定了宽容的价值,但是人们往往不能始终如一地发扬这种美德。简言之,在后现代的讲坛上,人们的认识和道德都缺乏和谐,濒于混乱。因此,要理解我们现在所处的文化漩涡,我们就必须清楚地把握一个核心概念的发展历史,因为它能很好地解释这个文化漩涡,这个核心概念就是世界观。与此同时,我们还必须清楚地把握世界观所强调的各种方法,人们试图通过这些方法来描述实在。

第三,2001 年 9 月 11 日,纽约市和首都华盛顿遭到恐怖袭击,从此,许多有思想的观察家开始支持"文明冲突"论("clush of civilizations" thesis),他们认为,这是理解当前国际局势的正确途径。这种论点最有名的却不是唯一的支持者,是哈佛大学的政治学教授塞缪尔·亨廷顿

(Samuel P. Huntington)。这个具有真正预见性的(同时也是有争议的)论点,出现在《外交事务》(*Foreign Affairs*,1993)的一篇著名论文中, xvii 他后来出版的著作《文明的冲突与世界秩序的重建》³也阐述了这个论点。亨廷顿的基本论点是,冷战过后,在强调地缘政治学的世界上,人类最重要的不同和冲突之源不再是政治、经济或意识形态,而是文化。他这样写道:"不同的人群和民族都要回答他们可能遇到的一个最基本的问题:我们是谁? 他们以传统的人类已经用过的方式来回答这一问题:根据他们认为最重要的事物作答。"⁴对大多数人来说,最重要的是他们的祖先、语言、历史、价值观、习俗、制度,特别是宗教。当前这场文化战争的核心——无论这场战争是区域性的、民族性的,还是国家间的——是世界观的冲突。有时,冲突不仅仅是口头的。互不相让的人生观看来会一步一步地演变为流血冲突。这一紧迫形势足以说明,深入研究世界观概念是极为必要的。

正如彼得·贝格尔(Peter Berger)所言,"思想意识的这些冲突"处于当前政治形势的核心位置,自古以来,它们一直是历史发展的决定性因素。围绕基本原则展开的斗争,成为人类生存状态的明显特征。理查德·维沃(Richard Weaver)早已指出,思想确实能够产生某些结果。思想意识的冲突处于人类历史发展的中心位置;反思这种冲突,我们就会发现,还有一种更深层次的实在,有待于我们去思考。从基督教有神论的角度看,上帝的国度与撒但的国度之间进行着一场隐秘的属灵战争,在这场战争中,世界观的冲突发挥着关键的作用,而关于事物的真理却岌岌可危。两个国度之间爆发了不可比拟的大冲突,以争夺所有历史时期所有人的理智与情感,甚至生活与命运。再没有比人类对上帝、人类自身、宇宙和人类在宇宙中的位置的理解更重要的事情了;既然如此,世界观的冲突作为善恶之争的关键所在就不足为奇。因此,深入考察这样一个在人类事务中发挥着关键作用的概念,显然具有特殊意义。

研究世界观不仅仅具有现实意义。由于人们一直没有充分重视这个概念,因此我们应该给予其特别的关注。论述**各种**世界观问题的众多好书,无论宗教的或哲学的,确已问世。世界观概念也已出现在很多学科的研究中。德语世界的学者们已经在相当大的范围内研究了世界 xviii

观（worldview/*Weltanschauung*）概念的发展历程。然而,在英语世界,还没有任何著作曾汇集不同学科——神学、哲学、宗教、自然科学、社会科学等——对世界观问题进行有力论述,并全面而系统地反思这些论述。就此而言,英美的学术研究尚有较大空白。本书旨在改变这种局面,对世界观概念进行广泛的跨学科的研究。我希望,本书能够补足人类思想史上显然缺少的一个篇章。

现在我该交代一下本书的基本论点。不同的世界观使思想文化领域显得色彩斑斓,但本书**不**是一部专门讨论各种世界观的著作。我可能顺便提及一些主要的世界观,如有神论（theism）、自然神论（deism）、自然主义（naturalism）、泛神论（pantheism）、多神论（polytheism）等,但是我不会专门讨论这些问题。换言之,这不是一部论述宗教多元论或哲学多元论的专著。毋宁说本书旨在历史地考察一个智性概念。我所关注的问题是,在世界观理论的演变过程中,包括基督徒在内的不同思想家是如何看待这个概念的。因此,世界观**观念**（idea）本身是本书将要展示的主要内容。希望了解包括基督教在内的不同信仰体系的读者,一定会感到失望,本书不能满足他们的需要。[5]

以上是本书的主要目的。全书的总体结构如何? 主要论点是什么? 第一章考察了福音派新教思想中的"世界观之谜"。我认为,基督教世界观思想的起源可以回溯到苏格兰长老会神学家詹姆斯·奥尔（James Orr）,以及荷兰改革宗的博学之士亚伯拉罕·凯波尔（Abraham Kuyper）。我强调了这两位思想先驱对世界观概念所作的贡献,以他们的观念充实了这一重要主题。然后我指出,在戈登·克拉克（Gordon H. Clark）、卡尔·亨利、赫尔曼·杜耶沃德（Herman Dooyeweerd）以及弗朗西斯·薛华的著作中,作为一种能够全面理解信仰的方法,世界观概念的普遍性进一步扩大。第二章讨论了罗马天主教与东正教思想中的"世界观之谜",还简要考察了卡罗尔·沃伊蒂瓦（Karol Wojtyla,教宗约翰·保罗二世[Pope John Paul II]）的基督教人文主义（Christian humanism）异象。天主教与东正教对实在的阐释具有明显的圣礼特征,成为通常的福音派思想的有益补充。

xix 由于世界观概念明显地影响了基督教的三大传统思想,我认为,我们有必要了解这个概念的起源及其历史发展。所以第三章旨在考察世界观的语言学历史。我们所关注的是"世界观"（*Weltanschauung*）这个术语在伊曼努尔·康德（Immanuel Kant）《判断力批判》（*Critique of Judgment*，1790）中的起源，及其在德国、欧洲和英语世界的迅速传播。通过研究西方主要思想家的世界观，第四至六章探讨了世界观概念在19世纪和20世纪的哲学历史。这些主要思想家包括黑格尔（G. W. F. Hegel）、克尔凯郭尔（Søren Kierkegaard）、威廉·狄尔泰（Wilhelm Dilthey）、弗里德里希·尼采（Friedrich Nietzsche）、埃德蒙·胡塞尔（Edmund Husserl）、卡尔·雅斯贝尔斯（Karl Jaspers）、马丁·海德格尔（Martin Heidegger）、路德维希·维特根斯坦（Ludwig Wittgenstein）、唐纳德·戴维森（Donald Davidson）和后现代主义者（雅克·德里达［Jacques Derrida］、米歇尔·福柯［Michel Foucault］）。第七至八章考察了世界观概念的学术史，研究了这个概念在自然科学（迈克尔·波兰尼［Michael Polanyi］、托马斯·库恩［Thomas Kuhn］）和社会科学（心理学：西格蒙德·弗洛伊德［Sigmund Freud］、卡尔·荣格［Carl Jung］；社会学：卡尔·曼海姆［Karl Mannheim］、彼得·贝格尔、托马斯·卢克曼［Thomas Luckmann］、马克思［Karl Marx］和恩格斯［Friedrich Engels］；人类学：迈克尔·吉尔尼［Michael Kearney］、罗伯特·莱德菲尔德［Robert Redfield］）中所起的作用。

以上综述表明，世界观在近代思想史上占有重要位置。然而，由于这一术语在其理论演变过程中发生了一些细微的变化，某些基督徒批评家曾提出这样的质疑：世界观概念是否表达福音派所理解的圣经信仰的适当方式。第九章的标题是"'世界观'概念的神学反思"，我要提出一种基督教世界观。我特别指出，世界观理论本身具有社会学的相对性。我根据圣经来理解这个概念，这种理解方式把世界观与通常意义上的客观性、主观性，以及罪、属灵争战、恩典、救赎等教义联系起来。按照这一思路，第十章对世界观概念作了哲学反思。我认为，我们应把世界观理解为一种符号学现象（semiotic phenomenon），重要的是，我们应把世界观理解为一个叙事符号的系统，这个系统建立起一个有力的结构，人们的思想（理性）、解释（诠释学）和认知活动（认识论）都是在这个结构中进行的。第十一章的标题是"最后的反思"，本章批评了教会所使用的世界观概念，指出其在哲学、神学以及灵性方面的利弊得失。最后是两个附录，概括了其他福音派学者对世界观概念的反思，提供了一个与此相关的基督教研究书目。

总之（尤其是在第九章），我认为，世界观是人类心灵不可或缺的一种功能，是有上帝形象的人之所以为人的关键所在。读者会直接或间接地在本书的各个章节发现这一主题，以 C. S. 路易斯《纳尼亚传奇》（*The Chronicles of Narnia*）的某些情节为背景的引言和结语，也体现了这一思想。

回顾我的基督徒生活，我一直对世界观问题感兴趣，特别是基督教世界观或圣经世界观。过去这些年，三个与众不同的基督徒团体培育了我对这一问题的思想兴趣。1970 年 8 月，我在观看葛培理（Billy Graham）的电视布道会时成为基督徒，那时我才十七岁。过了一两个星期，我开始上高中，参加了那里的"少年俱乐部"。后来一年的灵命成长终于使我与得克萨斯州沃斯堡（Fort Worth）的少年领袖营联系在一起，70 年代的大部分时间都是如此。在这个异乎寻常的基督徒团体中——深层次的圣经研究、系统神学（systematic theology）、C. S. 路易斯和薛华的著作是这里的日常话题——我第一次听到基督教世界观这个概念，大家鼓励我要深刻地思考它，忠实地实践它。真是一段令人难忘的岁月！

到了 80 年代，我已获得神学硕士学位，我的主修专业是旧约希伯来语，辅修专业是新约希腊语。毕业一年后，我供职于当地的一个圣经教会，参与带领得克萨斯大学阿林顿分校的校园福音事工，与此同时，我还担任该校的副教授，讲授宗教方面的课程。这时，我开始攻读圣经神学（biblical theology）和系统神学的博士学位。就在博士课程的学习接近尾声时，我经历了一次重要的范式转变（paradigm shift），从时代论前千禧年主义（dispensational premillennialism）转向圣约神学（covenant theology），或说改革宗神学（reformed theology）。仿佛一个科学家经历了一场科学革命，我开始以不同的方式来看待世界，安排生活。受我新发现的这一思想传统的影响，我对基督教世界观的理解巩固并深化了。

特别令我欣喜的是,我发现,"创造、堕落、救赎"的模式是圣经的大纲,是上帝干预历史的基础。从那时起,我就被这种圣经世界观深深吸引住了。因此,当我独自承担校园福音事工的带领职责时,它的使命在我思想中未曾有过片刻的模糊:帮助大学生们树立基督教世界观!这是一个朝气蓬勃的大学生社区,其总部设在离大学校园不远的一座宽敞而古老的二层楼房内,我们称之为"房角石"。在那里,我们努力探索让基督主宰我们全部生命的真正含义。又是一段令人难忘的岁月!

到了90年代,我已经获得神学博士学位。我在神学上的范式转变却使我丢掉了我已供职八年半之久的教会职位。赋闲一段时间后,我受聘于达拉斯浸会大学。在这里,我有幸组建了哲学系,同时我还主持大学教友会(Pew College Society)的工作。感谢上帝的恩典,在这个汇聚了全校最优秀、最聪慧学子的团体中,我一如既往地鼓励他们,要逐步树立基督教世界观。我们力图通过常规的课堂教学来实现这一目标。此外,我们还尝试过不同的课外教学法,例如学习退修会、名人讲座、学生研讨会、电影观摩等。看到很多学生清楚地理解了"创造、堕落、救赎"的模式,他们的生命之根和生命之果都发生了重大变化,真是令人欣慰;我必须说,荣耀归于上帝。现在的生活真是令人兴奋!

我还想回顾另外一些往事。赋闲在家期间,必须找些事情做,必须找到新的机会来侍奉上帝,于是我又回到得克萨斯大学阿林顿分校,开始攻读哲学博士学位。我一边读书,一边工作,九年之后才完成学业。学习的最终成果就是本书的初稿,一篇讨论世界观概念的历史与理论的博士论文。现在,我怀着愉快的心情,感谢所有那些曾帮助我完成了这两件大事的人们。首先,我要感谢论文指导委员会的所有成员,他们无私而卓有成效地指引我走过了那段艰难却又收获颇丰的道路,他们是:詹·史威林根(Jan Swearingen,现供职于得克萨斯A&M大学)、蒂姆·麦赫尼(Tim Mahoney)、查尔斯·纳斯鲍姆(Charles Nussbaum)、汤姆·波特(Tom Porter)和哈里·里德尔(Harry Reeder)。

我要特别感谢救世主学院(Redeemer University College)的阿尔伯特·沃特斯,他的文章"论世界观概念及其与哲学的关系"[6]给了我最初的灵感。沃特斯教授的文章只有很短的一部分(不到一页的篇幅)论及世界观概念的历史,还提及他的一些与此论题相关的尚未发表的文章。他欣然将这篇文章寄给我,事实证明,此文对我帮助极大。在 AAR/SBL 年会上,他总是礼貌地询问本书的进展,为此我要特别对他表示感谢。

我很感谢吉姆·塞尔、阿瑟·霍姆斯以及史蒂夫·加勃(Steve Garber),他们审读了本书初稿的大部分章节,并且提出许多宝贵的意见。我要特别感谢阿瑟·霍姆斯,他不仅为本书撰写序言,而且多年来一直给予我无私的帮助和精神上的支持。我还要感谢蒂姆·麦赫尼,他曾为论述天主教世界观与东正教世界观的那一章提出不少建议。我还要感谢黛博拉·麦克克里斯特(Deborah McCollister),她是我在达拉斯浸会大学英语系的同事,她仔细审读了初稿的大部分内容,避免了书稿在形式上和语法上的一些错误。我还要感谢我的朋友保罗·巴克利(Paul R. Buckley),他是《达拉斯晨报》(Dallas Morning News)宗教部的助理编辑,他曾对本书的导言部分给出评论。我要感谢我的研究助理乔伊·麦克卡拉(Joy McCalla)同学,她帮助我搜集整理了大量的资料,尤其是在本书的开始阶段。我还要感谢达拉斯浸会大学的行政管理部门,他们为我安排了 2000 年秋季的学术休假;如果没有这次休假,本书的写作一定会遇到更大的困难。我很感谢威廉·B. 厄尔德曼(William B. Eerdmans)出版公司的编辑们,特别是乔恩·波特(Jon Pott)和詹妮弗·霍夫曼(Jennifer Hoffman),他们以高度负责的精神帮助我完成了本书的编辑,直至该书顺利出版。

我还要感谢几位朋友和同事,在本书的写作过程中,他们的勉励和祈祷一直鼓舞着我,激励着我,他们是:布伦特·克里斯托弗、格莱格·凯尔姆、盖尔·里纳姆、凯里·莫尔、帕姆·莫尔、罗布·莫尔、约翰·普罗兹、麦克·罗泽托、托德·斯蒂尔、弗莱德·怀特和麦克·威廉姆斯。达拉斯浸会大学哲学系以及大学教友会过去和现在的一些优秀学生,是一个在灵性和学术上志同道合的校园社团,他们常常询问本书的进展,表现出和我一样迫切的心情,我要对他们表示由衷的谢意。

我要非常真诚地感谢我这个幸福的家庭,感谢我的妻子蒂米以及我们亲爱的女儿考特尼,感谢她们在我写作本书时所表现出的关爱与支持、宽容与奉献。我还要对我的父母戴夫·诺格尔和贝弗莉·诺格尔,以及我的兄弟马克·诺格尔表示衷心的感谢。多年来,他们一直给予我无条件的关爱,在本书的写作过程中,他们一直给予我鼓励与支持。我把这本书献给所有这些人。

最重要的还是要感谢三一上帝圣父、圣子和圣灵,在本书的写作过程中,他回应了我的很多祈求。希望这本书的各个方面都能够令他满意,都能够颂扬他的圣名,使他的教会和子民受益。"但愿尊贵、荣耀归与那不能朽坏、不能看见、永世的君王、独一的上帝,直到永永远远。阿们!"(《提摩太前书》1:17)

大卫·诺格尔

2002 年 3 月 30 日,星期六

于得克萨斯州达拉斯

注释:

1. 然而,如果调查具有真实性,那么人们对世界观问题的浓厚兴趣,仅仅影响到少数福音派基督徒。在 *Touchstone: A Journal of Mere Christianity* 12 (November/December 1999):45 刊登了查尔斯·寇尔森(Charles Colson)的一篇报道,作者引述了乔治·巴纳(George Barna)的民意调查,根据这项调查,只有 12% 的福音派基督徒知道什么是世界观,只有 12% 的人能够清楚地定义世界观,只有 4% 的人认为他们有必要了解这个概念。本书也许有助于达到以下双重目的:介绍世界观概念的来龙去脉,激发人们去思考这个问题。

2. *Planned Parenthood v. Casey*, 505, U.S.833(1992).

3. Samuel P. Hungtington, "Clash of Civilizations?" *Foreign Affairs* 72 (Summer 1993):22 - 49; *The Clash of Civilizations and the Remaking of World Order* (New York: Simon & Shuster, A Touchstone Book, 1996).

4. Huntington, *The Clash of Civilizations*, p.21.

5. 参见本书附录部分所列有关基督教世界观及其他世界观的书目。

6. Albert M. Wolters, "On the Idea of Worldview and Its Relation to Philosophy," in *Stained Glass: Worldview and Social Science*, ed. Paul A. Marshall, Sander Griffioen, and Richard J. Mouw, Christian Studies Today (Lanham, Md.: University Press of America, 1989), pp.14 - 25.

引言

　　《魔法师的外甥》(*The Magician's Nephew*)这个故事的核心是纳尼亚王国的建立。但是,纳尼亚王国的出现可以由两种完全不同的人,以完全不同的心情,做出完全不同的解释。男孩迪戈雷和女孩波莉由于魔法戒指的作用,无意间把邪恶的简蒂丝女王带到了伦敦,在伦敦,简蒂丝与迪戈雷的舅舅安德鲁勾结在一起,安德鲁是一个业余魔法师和神秘主义者。两个孩子试图把女巫简蒂丝送回到她的老家恰恩城,因为她是那里的国王。但是,他们莫名其妙地来到了纳尼亚王国,这时,狮王阿斯兰正在创造宇宙万物。与他俩同行的不仅有那个邪恶的女王,还有安德鲁舅舅、从伦敦来的一个和善的马车夫,以及他的那匹马斯曹伯利。他们刚到纳尼亚时,那里还是一个空阔的天地,几乎可以说什么也没有。后来,在深沉的夜色中,一个最最美妙的声音开始歌唱。上空的黑暗顿时被点点繁星照亮,星星也随着唱起来,不过,它们的声音不像开始那种声音一样嘹亮动听。主唱的声音逐渐增强,这时,太阳出现了,它欢笑着冉冉升起!狮王阿斯兰挺立在新生太阳的万丈光芒中,身材魁梧,毛发浓密,精神抖擞,它用歌声创造了这个崭新的世界。歌声在继续,于是山谷绿了,草木出现了,百花盛开了。仿佛茶壶中的水开始沸腾,形成驼峰,大大小小的动物出现在绿色的原野上。顷刻间,"到处都是动物的叫声,有乌鸦的,鸽子的,公鸡的,驴的,马的,狗的,牛的,羊的,大象的",[1] 他们几乎听不到狮王的歌声。然后是一个庄严的时刻,阿斯兰热情洋溢地发出这样的命令:"纳尼亚,纳尼亚,纳尼亚,快醒来吧。要爱,要思想。草木要学会走路,禽兽要学会说话,河水要获得神性。"(第116页)万物齐声回答:"致敬,阿斯兰!我们听见并遵从。我们醒来。我们爱。我们思想。我们说话。我们明白事理。"(第117页)阿斯兰又对它们说:"万物啊,我要让你们属于你们自己……我要把纳尼亚王国永远赐予你们。我要把这里的草木、果实以及河流都赐予你们。我要把天上的星星和我自己,都赐予你们。"(第118页)说完第一个笑话,组建起安全委员会之后,纳尼亚王国的缔造就结束了。

然而,这一宏大事件留给马车夫和两个孩子的印象,与留给安德鲁舅舅的印象迥然不同(更不要提简蒂丝女王的印象了,因为她也憎恶这一事件)。安德鲁是如何看待这一事件的?为什么他的反应会与别人迥然不同?

安德鲁与马车夫以及两个孩子第一次听到那个洪亮的声音,看到天上的点点星辰,沐浴着太阳的第一道光线,这时,和马车夫以及两个孩子一样,他也被惊得目瞪口呆,然而,这不是马车夫和两个孩子所感到的那种惊喜。他不喜欢那个声音。由于害怕,他双腿发软,牙齿打颤,无法逃跑。"要是能躲到老鼠洞里,不再听到那个声音,他一定会钻进去。"(第100页)他和那个女巫想的一样,他们认为,他们所处的是一个可怕的世界,一个令人深恶痛绝的世界。安德鲁舅舅说,要是年轻几岁,他一定会想办法除掉这头狮子。和那个女巫一样,他所能想到的,好像只有杀戮。只有一个例外。在这个神奇的世界,新的路灯柱能够从地底下旧的路灯柱的残余部分生长出来,安德鲁只看重这一特点,因为这个特点的商业价值,比美国的商业价值还要大。把火车和军舰的废旧零部件埋在地下,就能长出新的火车和军舰。他盘算着,"它们的成本几乎等于零,我却能在英国把它们卖到最高价。我要成百万富翁啦。"(第111页)他最憎恶的是狮子的歌声。那歌声使他思想和感受那些他所不愿意去思想和感受的东西。于是他说服自己相信那不过是一种难听的吼叫声。如果你压制真理,让自己变得比原来更加愚蠢,那么，和安德鲁舅舅一样，你一定会成功。"不久，从阿斯兰的歌声中，他再也听不到别的声音了，只有咆哮。即使想听，他还是听不到其他任何声音。狮子最后说，'纳尼亚，醒来吧'；这时，安德鲁没有听到任何声音：他只听到一声咆哮。当所有动物齐声应答时，他只听到狗叫声，或咆哮，或低吼，或嚎叫。当它们欢笑时，你尽可以想象安德鲁的感觉。在他看来，这才是最糟糕的事。他从未听到过这种饥饿而愤怒的野兽所发出的可怕、杀气腾腾的喧闹声。"（第 126 页）

为什么安德鲁舅舅要以这样一种可怕的方式来解释阿斯兰用歌声建立起来的纳尼亚王国呢？是什么使他对这个神奇的世界产生了这样一种完全不同的看法？路易斯认为，答案应该是："你所能看到和听到的，很大程度上取决于你所处的位置；同时，这还取决于你究竟是怎样的一个人。"（第 125 页）

因为安德鲁舅舅就是那样一个人，就处在那样一个位置，所以他看待事物的方式总是与众不同，他也听不到阿斯兰的声音。用狮子自己的话说，"我要是对他讲话，他只能听到低吼和咆哮。亚当的后代啊，你们的自我保护措施真严密，唯恐接触到任何能够使你们受益的事情！"（第 171 页）

注释：

1. C. S. Lewis, *The Magician's Nephew* (New York: Macmillan, Collier Books, 1955, 1970), p.114. 后面的引文出处将用圆括号标出。

第1章
世界观之谜上篇
新教福音派

把基督教理解为一种世界观,[1]是近代教会历史上最重要的事件之一。无论是像卡尔·亨利所主张的那样,从神学上把基督教理解为"一个能够体现圣经启示之思想连贯性的有神论体系",[2]还是把基督教理解为一种关于创造、堕落和救赎的整体性叙事,在过去的一百五十年,作为一种世界观的基督教已经引起世人的高度关注。人们之所以普遍关注这一问题,部分原因在于,基督教试图根据上帝之道,为实在提供一种全面的解释。进入现代社会以后,当代文化的世俗化力量实际上已经成为一股不可阻挡的潮流,教会及其信仰观念受到重大影响。基督教包罗万象的特征很快就被遗忘了,有神论立场被排挤到社会生活之外,信仰的本质被还原为个人的虔诚。在第二次世界大战的动荡年代,多萝西·塞耶斯(Dorothy Sayers)曾发出这样的哀叹:"我们好像已经忘记,应该把基督教看作对宇宙的一种解释。"[3]从某种意义上说,在近代这样的背景下,世界观概念起了救援的作用。它为教会提供了一个审视信仰的整体性、宇宙性及其普遍适用性的崭新视角。此外,基督教世界观的解释力、思想连贯性及其注重实效的特征,不仅在它与信徒本人之间建立了千丝万缕的联系,而且为朝气蓬勃的文化事业和学术研究奠定了坚实的基础。

尽管"世界观"一词起源于近代,对基督教信仰的这种全面而系统的理解却不是肇端于近代。它出身高贵,可上溯至圣经本身;圣经主张,三位一体的上帝是天地的创造者和拯救者,是宇宙万物的主宰。基督教早期的许多教父都阐述过这一思想,中世纪的神学-哲学家们,特别是奥古斯丁(Augustine)和阿奎那(Aquinas),也讨论过这一思想。改教家路德和加尔文及其在英国和美国的清教徒追随者,根据圣经的思想深化了这一观念。对基督教的这种广义阐述以宗教改革的思想传统为出发点,已经传播到北美的福音派群体中,在那里,基督教被视为一种世界观,作为世界观的基督教已经产生了明显的社会影响。本章将探讨这种社会影响的历史,力图揭示在福音派的思想传统中,是谁最早把基督教理解为一种世界观,这种理解产生了哪些影响。

新教福音派最早探讨世界观问题的思想家

福音派新教徒关于世界观思想的源头,可以追溯至两个人物,他们的神学思想都起源于日内瓦的改教家约翰·加尔文(John Calvin,1509—1564)。[4]一位是苏格兰的长老会神学家、护教家、牧师和教育家詹姆斯·奥尔(1844—1913)。另一位是荷兰的新加尔文主义神学家、政治家亚伯拉罕·凯波尔(1837—1920)。这两个具有创新精神的思想家吸收了19世纪中叶至19世纪末流行于欧洲大陆思想界的世界观概念,将这一概念引入基督教改革宗思想的主流。他们的创造性工作使人们认识到,圣经信仰是对实在的一种有说服力的系统性阐述,这种阐述为基督教的全面发展开辟了道路,因此,基督教能够正面应对现代社会提出的挑战。以戈登·克拉克、卡尔·亨利、赫尔曼·杜耶沃德和弗朗西斯·薛华为代表的思想先驱紧随其后,他们有意识地提高那些好学深思的信徒对完整的圣经人生观重要性的认识。我们将以詹姆斯·奥尔的思想为出发点,来探讨福音派神学对"世界观之谜"的诠释。

詹姆斯·奥尔

巴刻（J. I. Packer）认为，这个身材魁梧、学识渊博、性格刚烈的教授，是一位提倡"伟大的基督教思想传统"的"传统神学家"。[5] 格伦·斯考基（Glen Scorgie）赞同这个基本评价，他在论述奥尔的一部专著中指出，我们可以把奥尔对基督教神学的主要贡献"恰当地概括为这样一种呼吁：与福音派正统的基本信条保持一致"。[6] 这就是他那个时代的要求，实际上，现代主义者所发起的革命，几乎遍及生活的每一个领域，特别是宗教、哲学和科学领域。奥尔在世时，西方社会正在经历最悲惨的文化转型，正在从 C. S. 路易斯所谓"欧洲的非基督教化"阶段，向丢失了"以前的欧洲文化或西方文化"的阶段过渡，向一个"后基督教时代"过渡。[7] 在这个西方基督教王国（Christendom）的关键时期，奥尔思想上的千钧重担是展示和捍卫基督教信仰；他用来完成这一任务的方法是世界观的阐述。爱丁堡的联合长老会神学院（United Presbyterian Theological College）邀请奥尔做克尔讲座（Kerr Lectures）的第一位主讲人，该讲座的宗旨是"促进对科学性神学的研究"。[8] 这时，他终于有机会清楚地阐述作为一种完整世界观的基督教信仰了。他花了三年的时间准备讲稿；1891 年，他应邀发表演讲；1893 年，其讲稿以《基督教的上帝观和世界观》（*The Christian View of God and the World*）为题正式出版。[9] 这部著作使他成为著名的神学家和护教家。许多人认为，这是他的代表作。该书第一章和几个相关的尾注专门讨论了我们通常所谓的世界观概念，特别是基督教世界观。

第一章一开始，奥尔觉得有必要解释清楚该书的独特书名。作为一个通晓 19 世纪德国神学的学者，他常常在学术性的神学著作，特别是在探讨宗教哲学的著作中，读到这个几乎是无所不在的专业术语 *Weltanschauung*（世界观）及其近义词 *Weltansicht*。奥尔认为，这些词汇的英语翻译常常与物质世界联系在一起，但是在德语中，它们是真正的专业术语，"其含义是，最宽广的视野；心灵从某一哲学或神学的角度，把所有的事物当作一个整体来看。"在奥尔看来，基督教信仰就是这样

7

一种视角,其最高原理和人生观是一个"有序的整体"。[10] 他认为,在小问题上捍卫基督教教义固然重要,但是,世界观概念能够帮助他从总体上把基督教理解为一个体系。进一步说,到了 19 世纪末,反基督教的呼声日益高涨。在这种形势下,奥尔看到,"基督教要想有效地抵御来自各方的攻击,就必须使用一种包罗万象的方法,于是,这种方法的发现迅速变得异常紧迫。"只有以新的方式连贯而充分地阐述基督教所理解的实在,才能满足时代的要求。奥尔对这一问题的思考,值得我们仔细研究。比他稍晚的凯波尔,也在思考同样的问题。

8　　　基督教必须面对的冲突,不再局限于某些教义,不再局限于人们所想象出来的宗教与自然科学的对立……相反,基督教必须面对的冲突,已经延伸至人们理解世界的整个方式、人类在宇宙中的位置,以及人们理解所有自然事物和道德事物的方式——我们正是所有自然事物和道德事物当中的一员。这不再是细节的冲突,而是原则的冲突。这种情况必然会使防守的一方拉长战线。遭到攻击的,就是我们通常所说的基督教世界观。只有阐述和证明作为一个整体的基督教世界观的正确性,我们才能成功地抵御所有这些攻击。[11]

　　这一信念成为奥尔这部著作的宗旨。要想有效吸引当代思想界的注意力,展示基督教的合理性,抵御各种攻击,我们就不能求助于平常那种零打碎敲的方式。毋宁说,西方形而上学基础的巨变,要求一种与之相适应的新方法,而德语中风行一时的世界观概念,正好能满足这一需要。正如本书标题所示,作者旨在系统地阐述**基督教的上帝观和世界观**。

　　进一步说,奥尔认为,基督教的实在观有一个核心:耶稣基督这个人是基督教实在观的基础。书名的第二部分说得很清楚:**以道成肉身为核心**。一种完整的世界观的目的,是要建立具有历史意义的正统基督论(Christology)。事实上,相信圣经所讲述的耶稣,就意味着相信其他很多事情,形成对世界万物的一种总的看法。"谁要是完全相信耶稣是上帝之子,那么他也一定相信其他许多事情。他必定有一种上帝观、人类观、罪恶观、救赎观和人类命运观,只有基督教才有这些观念。它们构成一种'世界观'或'基督教世界观',这种世界观与建立在纯粹的哲学或科学基础上的那些理论,形成鲜明的对照。"[12]

事实上,奥尔的主张是正确的,耶稣坚持特定的宇宙观,这种宇宙观以旧约为基础,在耶稣自己身上得到实现,与当代形形色色的人文主义观点迥然有别。圣经所述对耶稣基督的信仰,逻辑上已经包含了这样的意思:信徒必须接受耶稣的世界观。对这位苏格兰神学家来说,基督教就是以基督为中心的一种世界观,这是一种具有革命意义的有利于基督教的信仰方式,是现代思想猛烈攻击的必然结果。

把基督教理解为一种包罗万象的世界观,自然有其特殊的语境。为了阐述这一语境,奥尔开始探讨世界观概念的历史。这种思想、这个单词最早出现在什么地方? 为了回答这个问题,奥尔追溯至伊曼努尔·康德及其世界概念(World concept/*Weltbegriff*)。这个术语是纯粹理性的一个理念,其功能是,把人类的全部经验综合为一个统一的世界整体(World-whole/*Weltganz*)。第一章的"注释 A"仍然是在追溯历史,奥尔指出,尽管康德并不经常使用"世界观"这一术语(费希特[Fichte]和谢林[Schelling]也是如此),但是他在哲学领域发起的"哥白尼式的革命"(Copernican revolution),为这个术语的使用提供了动力,因为这场革命的核心是人的心灵,世界围绕人的心灵而运转。黑格尔在探讨一个人的宗教和哲学与其世界观的关系时,也曾使用这一术语。19 世纪中叶以后,这个术语开始流行,人们常常用它来谈论不同的实在观——有神论的、无神论的、泛神论的,等等。[13]因此,奥尔那时就能满怀信心地说:"二三十年过去了,这个词[世界观]已经非常普遍地出现在所有高层次的宗教和哲学著作中,从某种意义上说,它成为一个不可或缺的概念。"[14]简要考察了世界观概念的历史以后,他以注释的形式介绍了一些德语著作,这些著作以历史的和理论的方式,探讨了世界观问题(他惊奇地发现,这些著作未曾引起人们的充分重视)。最后,他还特别提到这些著作对阿尔布雷希特·利奇尔(Albrecht Ritschl)神学的影响。

奥尔认为,世界观一词虽然出现于近代,但是世界观的现实存在与

9

人类的思想同龄。在任何一种历史悠久的宗教和哲学中,我们都能发现世界观的思想,只是它们的完善程度各不相同。古代的宇宙进化论和神谱学已经包含了朴素的世界观。比较完善的世界观出现在前苏格拉底哲学(pre-Socratic philosophies)中,卢克莱修(Lucretius)的《物性论》(De rerum natura)所阐述的自然主义,就是一个很好的例证。孔德(Comte)创立的人道教(religion of humanity)是当代世界观的榜样,这种世界观"把知识和行为结合在一起,二者共同组成一种人生观"。[15]

奥尔还进行了更深的挖掘。他提出这样的问题:世界观的成因究竟是什么呢?在他看来,问题的答案深藏于人性及其天生的思维能力和行为能力之中。**从理论上说**,人心不会满足于零打碎敲的知识,它总要根据自己所理解的实在来寻求完整性。心灵希望完整地把握宇宙,于是,它将各种事实、规律、概括和对终极问题的回答统一起来,形成不同的世界观。不可知论者(agnostic)拒绝为宇宙下定义,但是,即使在这种态度背后,也隐藏着一种具有统一作用的实在理论或奥尔所谓"无意识的形而上学"。[16]**实际上**,人类是由于内心的驱动,才去寻找"为什么、从哪里来、到哪里去"等人生问题的答案。世界观产生于心灵对某种基本结构的探求,这种基本结构可以指导人们在这个世界上的生活,帮助他们回答人生的根本问题。不可知论者和自然主义者对这种探求的反应,终将表现为虚无主义(nihilism),或者否认传统道德义务和社会责任的基础。奥尔认为,尽管如此,世界观仍然是人们无法逃避的一种现实,它植根于人类的基本结构,因为人类必须思考这个世界,在这个世界上生活。[17]

奥尔清楚地指出,尽管19世纪晚期人们根据经验厌恶形而上学,但是,"建构世界体系或全面的宇宙理论的趋势,从未像现在这样明显"。[18]这种趋势之所以出现,部分原因也许是,人性的固有特征依然存在;另外一个原因也许是,科学有了重大发现:统一性的特征遍布宇宙。"因此,无论在什么地方,我们都能看到,人们正在努力地探求一种能够包罗万象的观点——把不同的事物组合或理解为一个整体。"[19]

可是奥尔觉得,在这些哲学思辨与传统的基督教思想之间,存在一种张力。基督教信仰与这些缜密的理论和复杂的思辨,究竟有什么关系呢？他知道，基督教既不是科学系统，本身也不是哲学（不过，它与科学和哲学所包含的真理并行不悖）。它是一种基于历史事实的宗教，这种宗教植根于上帝的启示，关注救恩。尽管强调这两个方面，但是奥尔认为，基督教与这些问题的连接点是，与其他的宗教和哲学一样，**基督教有自己独特的世界观**。它对实在的解释立足于一个有位格的、神圣的、自我启示的上帝，以及一种救赎教义。作为一种世界观，基督教能够从有神论的立场，解释人生的目的以及其他各个方面，把宇宙万物统一为一个有序的整体。"与其他所有宗教一样，基督教有自己独特的解释事物的方式，有自己看待和理解现存的自然秩序和道德秩序的方式，有自己所理解的世界的目的，以及'那个遥远的神圣事件'，'世界万物正是向着这个事件'缓慢而艰难地前进。基督教以这种方式，根据上帝这个终极原则，把自然世界和道德世界统一在最高的逻辑层面，因此，它包含着一种'世界观'。"[20]

随后，奥尔详细论述了《基督教的上帝观和世界观》的总目标，同时他还说明，统一的世界观是基督教不可或缺的组成部分。

> 基督教有自己明确的世界观，这种世界观有自己的特征、连贯性和统一性，与相反的理论和思想形成鲜明的对照……这种世界观具有理性的特征，关心实在的问题；在历史和经验的法庭上，它能为自己作出充分的辩护。我要努力说明，基督教世界观是一个合乎逻辑的整体，人们不可能用零打碎敲的方式损害它、接受它或拒绝它；它要么完全正确，要么完全错误；只有当它试图与一些建立在完全不同的基础上的理论融合或妥协时，才可能受到损害。[21]

在奥尔看来，把基督教当作一种世界观，有这样一些优点。首先，这种做法能够大大缩小基督教与现代宇宙论之间的巨大差异；现代宇宙论的共同特征是彻底的反超自然主义（antisupernaturalism）。[22] 第二，世界观的思维方式改变了神迹问题上的论战态势。争论的焦点不再是某一具体的神奇事件或超自然现象。毋宁说，争论的焦点不仅关乎基督教的本质，因为基督教是一种超自然宗教，而且关乎我们理解宇宙的

11

方式:我们可以用自然主义的方式理解它,也可以用有神论的方式理解它。换言之,关于神迹的争论归根结底是关于思想深处的世界观的争论。第三,世界观的思维方式改变了基督教看待相反观点的态度。面对其他哲学和宗教所发现的真理,基督教无须惊慌失措或断然否认,因为它们的存在完全出于神意(providence)。基督教亦无须改变自身,以适应新发现的真理。相反,它很看重其他思想体系中的真知灼见,虽然人们把这些真理与其源泉割裂开来。基督教世界观是一个逻辑层面更高的思想体系,它把所有真理综合统一为一个有机整体,基督是其至高无上的主宰。最后,世界观的视角能够把旧约和新约联系起来。基督教不是一种崭新的思想,而是以旧约那种丰富、具体而独特的观点为基础,把这种观点贯彻到底。[23] 由此而来的基督教区别于所有其他宗教,因为它坚持一神论,简单明了,前后一贯,具有道德性,是一种目的论;它提出一种完备的人生观,只有根据上帝的启示,我们才能理解这种观点。[24] 对奥尔来说,这就是把基督教看作一种整全世界观的优点。

不过,奥尔的这种思想也可能受到无情的批评,这些批评大致可以分为两种。他在本书最后回应了这两种批评。第一种批评的代表人物是弗里德里希·施莱尔马赫(Friedrich Schleiermacher)及其追随者,他们宣扬一种情感神学,把宗教等同于情感的条件和倾向。因此,他们把灵性生活中的知识因素全部清除出去,拒不承认具有理性特征的基督教世界观的存在。奥尔详细回应了这种批评。简单地说,他认为,这种看法建立在几个错误假设之上,它们误解了宗教的本质。[25] 奥尔强调思想观念在宗教生活,特别是基督徒生活中的必要性,基督教的独特之处在于它强调教义的重要作用。奥尔说:"一种坚强而稳定的宗教生活只能建基于合理的确信,而不能以其他任何事物为基础。因此,基督教不仅关注情感,而且注重理智。"[26] 情感神学反对建立合理的基督教世界观的努力失败了。

其次,奥尔与大陆神学,特别是利奇尔学派展开论战。利奇尔学派并不否认以圣经思想为基础的世界观的存在,但是他们非常明确地区分了理解世界的两种方法:宗教的方法和理论的方法。这种观点起源于康德哲学,它把知识划分为灵性知识和科学知识两个领域,又把确定的事实与个人的价值观念分开。按照这种二分法,我们所说的任何一种基督教世界观,都会自动划归主观性和实践性的范畴,而在知识论上失去了可信性。奥尔承认,宗教知识和理论知识严格说来是不同的,其目的和本质各不相同;最重要的还是它们的认识对象。他反对这种知识二元论,捍卫整体主义的真理观和人类心智的统一作用。秉承奥古斯丁的优良传统,他把信仰和理性重新统一起来。他说:"信仰只能推动知识的发展,换言之,知识能够为信仰的内容提供思辨的和科学的解释。"[27] 他使基督教世界观的树立过程重新获得认知的可信性。用他自己的话说,"因此,我认为,谈论基督教'世界观'是合理的;谁也不能阻止我们探讨它与理论知识的关系。"[28]

13

持相反观点的一些评论家,特别是其学术同仁宣称,奥尔对神学的贡献微不足道。[29] 这个论断本身就值得怀疑。至少从一个方面看——奥尔把世界观与基督教联系起来——他的贡献是不可磨灭的。奥尔是英语世界最早探讨这类问题的神学家之一,仅凭这一点他就当受称赞。如巴刻所言,《基督教的上帝观和世界观》一书"实际上是英国人全面而清楚地阐述基督教世界观和人生观、反对现代主义思潮的最早尝试"。[30] 我们可以把基督教信仰看作一个以基督为中心的具有自证能力的真理体系,内在的完整性、理性的连贯性、经验的真实性和强大的生命力,是这个真理体系的主要特征;可以说,这是奥尔最具特色的贡献之一。洞悉时代精神的他深知,为了争夺教会乃至西方世界的灵魂,基督教世界观正在与现代自然主义展开一场规模空前的属灵和思想之战。只有把基督教理解为一个包罗万象的信仰体系,一个能够囊括实在的各个方面的信仰体系,我们才能在这场决定一切的文化大战中有所进步。奥尔多少有点像一个平民主义者(populist),他鼓励上帝的子民要清楚地认识基督教世界观的伟大作用,要诚心诚意地按照圣约的要求而生活;为了人类的福祉和上帝的荣耀,基督徒要不折不扣地宣讲基督教世界观。奥尔是一个宣讲"世界观"的神学家;他秉持历史悠久的正统思想,留给福音派信徒一份丰厚的遗产:基督教是一种全面而系统的世界观。

14 戈登·克拉克与卡尔·亨利

戈登·克拉克(1902—1986)和卡尔·亨利显然是奥尔世界观思想的直接继承者。戈登·克拉克是一位哲学家,站在新教福音派的立场进行写作。很多人认为,在他事业的巅峰时期,"他可能是20世纪一群美国哲学家的领头人,这些哲学家都致力于合乎圣经的基督教世界观研究"。[31] 实际上,他写了好几部有名的著作,其中一部叫作《基督教的人观和物观》;这个题目能够说明他与奥尔的思想联系。[32] 克拉克在序言中说,前些年,这位苏格兰神学家的著作很受欢迎。比这个书名或这种认可更重要的是,和以前的奥尔一样,他也清楚地看到,自然主义已经吞噬了现代人的心灵,成为实在的唯一解释。要想让基督教成功地应对这种挑战,就必须以包罗万象的方式来阐释它,捍卫它。零打碎敲的方式无济于事。克拉克用来说明自己思想方法的那些语言,正好反映了奥尔的论战策略。

> 因此,基督教包含着一种包罗万象的世界观,我们甚至可以说,基督教**是**一种包罗万象的世界观;它把物质世界和灵性世界理解为一个有序的整体。因此,要想捍卫基督教,抵御其他哲学思想的抨击,唯一有效的方法必然具有包罗万象的特征。捍卫某些具体观点固然重要,但是,只有这些具体的辩护还不够。除了这些细节问题,我们还必须有一幅能够包容这些细节的总体性图画。[33]

于是,克拉克在这本书里开始展示这幅整体性图画。他分析了当时历史学、政治学、伦理学、科学、宗教学和知识论对这一问题的探讨,在每个领域都提出一种基督教的解释。他深信,应该选择最全面、最连贯、最有意义的哲学体系来指导我们的生活。用他自己的话说,"既然我们必须选择,谁能剥夺我们的选择权,不让我们选择那个更有希望的第一原理呢?"[34] 在克拉克看来,基督教是一种清晰明确而又合乎逻辑的选择。

　　奥尔的世界观思想还影响了卡尔·亨利（1913—2003）。他在学生 15
时代就已经读过奥尔的著作，倾心于理解和捍卫作为整体性"世界观和
人生观"的基督教信仰。[35] 亨利在自传中回忆说："詹姆斯·奥尔的名著
《基督教的上帝观和世界观》［在惠顿学院（Wheaton College）］被用作高
年级的有神论教材，正是这部著作为我提供了一种在基督教语境下全
面而令人信服地理解实在和人生的方法。"[36] 由于亨利的努力，世界观
（特别是基督教世界观）的思想开始在神学家和福音派信徒中广为流
传。肯尼斯·康策（Kenneth Kantzer）说："他总是强调图画的总体性。
他总是想清楚有效、连贯全面地思考整体性的基督教世界观和人生
观。"[37] 因此，亨利最重要的著作《上帝、启示与权威》（God, Revelation,
and Authority）从世界观的角度展开论述，这不足为奇。他还为更大范
围内的读者写了很多讨论世界观问题的书。[38] 他在这些著作中呼吁，必
须从生活的各个方面复兴基督教世界观，防止当代文化进一步异化。
直到 1998 年，亨利还在与很多批评者论战，以捍卫基督教世界观这一
概念。[39] 人们通常认为，亨利是当代美国福音派神学家的"教长"
（dean）；基督教是一种完整的世界观和人生观，在这个思想的传播过程
中，他发挥了相当大的作用。

　　由此可见，基督教是一种全面而系统的世界观，这种思想起源于伟
大的苏格兰长老会神学家詹姆斯·奥尔。从此，世界观思想之流通过
哲学家戈登·克拉克与神学家卡尔·亨利的著述，源源不断地汇入北 16
美福音派的主流思想。另一方面，在奥尔思想开始传播之际，欧洲大陆
也出现了类似的理论。这种理论的倡导者是一位声望日重的荷兰教会
人士和政治人物；基督教的世界观思想经由两大思想源泉流传至当代
福音派教会，这种理论正是第二个思想源泉。

亚伯拉罕·凯波尔

　　凯波尔（1837—1920）是一个真正的文艺复兴式的伟人，无论是在
思想领域，还是在实际事务方面，他都是一个名副其实的天才。反对他
的人说，他好比"十头百手的死对头"；赞成他的人说，他是"上帝赐予我

们这个时代的珍贵礼物"。[40] 他是著名的记者、政治家、教育家和神学家,精力过人。人们知道他,特别是因为他在 1880 年创办了阿姆斯特丹自由大学;在 1901 年至 1905 年间,他曾担任荷兰首相。人们认为,这个人能够做出杰出贡献的原因是,他有一种强大的精神洞察力,这种洞察力的源头活水是新教改教家(主要是加尔文)的神学,宗教改革神学强调,圣经的上帝是实在、人生、思想、文化以及其他各个方面的主宰。他在就职演说中,曾豪迈地为自由大学题词:"在我们人类生活的**全部**领域,在这些领域的任何一寸土地上,作为万物之主的基督完全有权利说:'这是我的!'"[41] 这条神学原理成为凯波尔最高的生命目标——即复兴荷兰教会,振兴荷兰民族——的灵感之源。人们常常引述他的这样一段话:

> 有一种欲望始终主宰着我生命的激情。有一个崇高目的始终激励着我的理智和灵魂。我还没有来得及设法逃避上帝的要求,这种要求就已经摆在我的面前,压得我几乎不能呼吸。这种要求命令:无论世俗的反抗多么激烈,为了人民的福祉,上帝的律令将重新统治家庭、学校和国家;换言之,要把主的律令,即圣经和万物所见证的那些律令,铭刻在这个国家的良心中,直至整个国家重新敬畏上帝。[42]

17　　实际上,这是我们所知道的"凯波尔式"思想的主要特征,在他看来,世界观概念是一种工具,他要用这种工具来表达基督教信仰的全方位视角。随着时间的推移,凯波尔认识到,顺从或不顺从上帝,即使不能等同于某种信仰或生活方式,即世界观,也是与之具有密切联系的。非基督教世界观的特征是偶像崇拜和宗教上的不顺服,如果生活的各个方面都承认这种观点(事实正是如此),那么我们也必须根据一种全面的实在观来阐述基督教,让人们敬拜上帝,在所有事情上都顺从他的旨意。[43] 事实上,正当凯波尔的事业如日中天时,机会来了——1898年,他被邀请到普林斯顿大学主持著名的斯通讲座(Stone Lectures)。趁此机会,他阐述了自己的观点:他所钟爱的加尔文主义不仅仅是一种教会组织形式或脱离现实的宗教，而是一种包罗万象的世界观。这些演讲以及在此基础上整理出版的《加尔文主义讲座》(Lectures on Calvinism)，成为新教福音派所谓"基督教是一种世界观"的又一重要的理论来源。[44]

学术界对凯波尔思想的最新研究表明，尽管这位学识渊博的荷兰人很早就知道世界观这一概念，还偶尔使用这个概念，但是，直到普林斯顿大学邀请他去主持那个著名的讲座，他才认真地给这个概念下定义，或者说，他才根据加尔文的思想来理解世界观概念。如果彼得·赫斯拉姆(Peter Heslam)的观点能够成立，那么凯波尔研读詹姆斯·奥尔刚刚出版的《基督教的上帝观和世界观》可能是他思想的转折点，在他看来，该书强调世界观的重要意义，这促使他在编排整个讲座系列时把加尔文主义作为一个完整的信仰体系。[45] 事实上，这两位思想家对世界观概念的看法有明显的相似之处。在这个问题上，凯波尔似乎吸收了奥尔的很多思想。[46] 我将概述凯波尔的第一次斯通讲座——"作为一种人生观的加尔文主义"——的内容，介绍他的基本思想，指出从什么时候开始，世界观概念成为他思想和著作中的基本概念。[47]

凯波尔首先强调了欧洲和美国所共有的相同文化传统和宗教传统。但是他指出，"现代主义暴风骤雨般袭来"；在欧美大陆，它反对人们所热爱的基督教文化，影响最坏的莫过于法国大革命、达尔文进化论和德国的泛神论。和以前的奥尔一样，凯波尔认为，当前欧美文化的特点是，两种对立的世界观，即他所谓的"生活体系"(life system)，正在进行着一场你死我活的斗争。"两种**生活体系**正在进行殊死决战。现代主义决意根据自然人的知识，建立自己的世界，完全根据自然知识来构想人；另一方面，有些人怀着敬畏的心情，拜倒在基督面前，尊崇他为永生的上帝之子和上帝本身，这些人决意拯救'基督教传统'。这就是欧洲正在进行的**那场**战争，也是美国正在进行的**那场**战争。"[48]

凯波尔认为，在这场争夺西方人灵魂的至关重要的战争中，传统的护教学发挥不了多大作用。他认为，这种捍卫基督教信仰的方法"丝毫"不能把基督教事业推向前进；后来，他又在这本书中说，护教学"毫无用处"，仿佛整个大楼都摇摇欲坠了，某人还在修理变了形的窗户。[49] 换言

18

之，护教学者必须关注层次更深、范围更大的问题，这也正是凯波尔打算
19 做的事情。正如奥尔讲座中所主张的那样，凯波尔认为，必须用一种全面
的基督教世界观来抵御一种全面的现代主义，必须用这种方法来取代各
种零打碎敲的护教学理论。"要想把这场战争体面地怀着胜利的希望打
下去，我们就必须用一种**原则**来反对另一种**原则**：我们必须认识到，现代
主义所提倡的一种全面的**生活体系**，正以雷霆万钧之势向我们压来；我
们还必须认识到，我们不得不把一种同样全面、同样具有深远影响力的生
活体系，作为我们的立场。我们不能创造或制订这样一种意义重大的生
活体系，却能继承和利用历史留给我们的那种生活体系。"[50]

在名为"加尔文主义与未来"的最后一次讲座中，凯波尔以更清楚、
更有力的语言，重申了这一论点。

> 好比每一种植物都有自己的根，一种原则总会在生活的方方面
> 面体现出来。这些原则相互联系，以一个基本原则为共同的根基；在
> 此基础上，我们系统地合乎逻辑地建立起具有指导作用的思想观念
> 的整个体系，这个思想观念的体系就是我们的人生观和世界观。现
> 代主义是一种连贯的世界观和人生观，它牢固地建立在自己的原则
> 上，具有前后一致的完美结构，于是，它开始和基督教分庭抗礼；面对
> 这样严重的威胁，基督徒啊，**只有树立你们自己的人生观和世界**
> **观，令它们同样牢固地建基于你们的原则上，赋予它们同样的清**
> **晰性和令人瞩目的逻辑连贯性**，你们才能成功地保卫自己的
> 圣殿。[51]

在凯波尔看来，我们当然不可能在人们对新教的模糊理解中，找到
足以抵御现代性进攻的基督教思想。毋宁说，"加尔文主义已经为我们
提供了这样一条基督教原则"。凯波尔认为，与其他思想传统相比，加
尔文主义更连贯、更有效地发展了宗教改革神学。[52] 因此，在凯波尔的
脑海中，他将通过斯通讲座而展示给美国听众的，无疑是加尔文主义。
但是，他又马上作了一个说明：他所谈的加尔文主义，并没有宗派主义
或信仰告白的意思；不如说，那是一个学术名词，挖掘其内涵不仅有利

于教会，而且有利于思想生活的各个方面。于是，他把加尔文主义理解为一种多维的生活体系（第一讲）；揭示其对宗教、政治、科学、艺术的影响（第二至五讲）；阐述其在未来应该发挥的作用（第六讲）。根据这样的理解和阐述，加尔文主义的基督教可以和其他宏大的思想体系——如异教信仰、伊斯兰教、罗马天主教和现代主义——平起平坐，在争夺文化主导权的属灵之战和思想之战中充分发挥作用。[53]

20

凯波尔认为，加尔文主义绝不仅仅是一种教会的观点或宗教传统，而是一种全面的世界观；他当然希望证明自己的这个论点。为了实现这一目的，他对世界观的本质进行了一番理论探索。他认为，与其他可信的信念体系一样，加尔文主义也能满足其他所有的世界观都必须满足的一些条件，就是说，它也能深刻理解作为人类生命的组成部分的三大关系：人与上帝的关系，人与人的关系，以及人与世界的关系。凯波尔详细论述了加尔文主义对每一种关系的看法，比较了加尔文主义与其他哲学和宗教的立场，简洁地阐述了自己的结论：

> 我们**与上帝**的关系：人与永恒的上帝直接交流，不需要借助教士或教会。**人与人**的关系：承认每一个人的价值，因为每一个人都是按照上帝的形象被造，因此，在上帝及其治理官员面前，所有的人一律平等。我们**与世界**的关系：我们认识到，就整个世界而言，恩典能够抑制诅咒，应该赞美世界上的生命；我们必须在所有的领域发现和开发上帝隐藏在自然和人类生命中的宝藏和潜能。[54]

既然所有的世界观都必须清楚而令人信服地阐述每一种关系，那么加尔文主义也不例外。既然加尔文主义已经这样做了，而且做得非常成功，因此凯波尔坚信，它完全可以跻身于重要的世界观之列。所以，和奥尔一样，凯波尔认为，基督教"有一个明确的原则和一种全面的生活体系，它能为自己争得这种荣誉"。[55]

现代生活体系与基督教的论战表现在社会文化的各个领域，凯波尔在讲座中讨论过这些领域。这种对峙在科学上表现得尤为明显，换言之，在通常所谓的科学理论中（即德国人所谓的 *Wissenschaft*），特别

21

是在生命的起源这个问题上,二者处于对立状态。他的论点是,文化之战的这个方面不是起源于宗教和科学之争,而是起源于两种对立的生活体系,这才是两种不同的科学研究方法的根源。**常规论者**(normalists)提出这样一种世界观,他们认为,宇宙总是处于其通常的状态,它的各种潜能会根据进化的机制而转化为现实(自然主义)。另一方面,**非常规论者**(abnormalists)提出一种新的世界观,他们认为,宇宙处于一种异常的状态,因为以前出现过一种基本的混乱状态,只有某种创生力才能纠正这种混乱状态,使其重返原来的状态(有神论)。因此,严格说来,关于生命起源的争论与宗教和科学毫不相干,相反,这是两种生活体系之间的论战,它们才是科学的根源,不同派别的科学家都有自己独特的动机和假设。[56] 用凯波尔的话说,"常规论者和非常规论者对科学有不同的理解,这种不同不是因为他们得出了各不相同的研究结论,而是因为一种不可否认的差异,这种差异把这一派科学家的**自我意识**(self-consciousness)与那一派科学家的**自我意识**区别开来。"[57]

凯波尔在该书的另一处说,因为人基本上可以分为两类,所以科学也可以分为两类。人们之间的差异起源于他们与重生(*palingenesis*)的关系。重生的人坚持基督教世界观,对科学的解释基本上符合有神论;没有重生的人坚持一种非基督教的世界观,对科学采取盲目崇拜的态度。凯波尔仔细阐述了自己的立场,以免得出错误结论。他的论点很清楚:重生能够彻底改变人类意识的内容,树立新的世界观;在人们理解宇宙、进行科学研究的过程中,重生起着关键的作用。凯波尔把自己的观点小结如下,很多人称之为"反题"(antithesis),这段话引自他论述改革宗神学的一部著作:

> 在谈到两类人的时候,我们所做的强调一点也不过分。两类人都是人,但是,一类与另一类的内心世界全然不同[因为一类经历了重生],因此,这类人能够感觉到,他们的意识中出现了一种不同的内容;于是,他们开始从不同的立场看待宇宙,生活的动机也发生了变化。世界上有两种**人**,这个事实必然会让我们注意到新的事实:世界

22

上有两种**人生**，两种生命**意识**，以及两种**科学**；由于这个原因，**科学的统一性**（unity of science）这种提法严格说来必然会否定重生这一事实，因此，从原则上说，这个提法会诱导人们拒斥基督教。[58]

在凯波尔看来，重生的经验撕碎了科学那天衣无缝的道袍，科学方法不再可能是相同的了。科学理性并不是对所有人都具有相同的含义。这要看科学家是否已经在信仰上获得重生。中立的、能够得出某种客观而普遍的结论的科学理性，是不存在的。相反，科学理论都是科学家或理论家的宗教背景或哲学取向发生作用的结果。[59] 由于这些原因，基督教的或其他形态的不同世界观，居于广义的科学领域的核心位置。最重要的是，它们提出了科学上最基本的一些假设，说明了具有不同哲学取向和宗教背景的科学家们经常发生冲突的原因。

总之，亚伯拉罕·凯波尔留给福音派教会一份珍贵的遗产：加尔文主义的基督教世界观。它详细阐述了基督教信仰，着重论述了创造、堕落、救赎三个要点，以及其他一些重大问题。首先，它认为，上帝的救赎性"恩典能够恢复自然"；换言之，耶稣基督的救赎是宇宙性的，这意味着，一切被造之物都要回到上帝原初的旨意之中。其次，它认为，上帝至高无上，他通过律法和道，将秩序赋予宇宙以及生活的各个方面（"领域主权"[sphere sovereignties]），使每一事物具有各自的特性，同时又保持了万物神奇的多样性，以免一个领域内的事物侵犯到其他领域。第三，它热切地肯定了《创世记》开头几章所谓的"文化使命"（cultural mandate）；它指出，上帝希望历史中的万物能够在人类的根本掌管中向前发展，这是为了荣耀上帝，也是为了人类的益处。最后，它提到属灵的"反题"这个概念，即，人类被清楚地划分为信徒和非信徒两种类型，基督徒承认耶稣基督的救赎和统治，非信徒则不然；这就意味着，人类生活的整个领域存在两种不同的人生取向。因此，凯波尔神学的中心思想是，为基督教提供一种在属灵上敏感又整全的解释，包括对人类思想文化各个方面的变化和发展的解释。[60]

以上所述是这位杰出的荷兰新加尔文主义者的世界观传统。我认为，其中还有两个方面需要概括地强调一下。首先，凯波尔把基督教当

23

作一种全面的世界观,因此,他不同意传统护教学的做法。如前所述,为了捍卫基督教信仰的某些方面,理性主义和证据主义通常采取这样的做法:它们假定,心灵能够客观地解决真理问题;凯波尔认为,这种观点很幼稚。必须用新的方法来取代这种传统做法:新方法已经认识到,基本前设对于心灵理解理性和证据的本质起着重要的作用。必须在世界观这个更深的层面来探讨护教学。因此,凯波尔强调,把基督教信仰理解为一种全面的生活体系或一个基本的解释原则,具有重要意义,因为最重要的问题是宇宙概念本身及其意义。凯波尔抨击传统的护教学,提倡世界观的方法,引发了一场延续至今的证据主义者与前设论者之战。[61]

其次,凯波尔还把世界观概念用于另一方面的论战,因为这个概念为他提供了一种批评通常所谓科学研究和学术研究的方法。凯波尔指出,人的理性在发挥作用的过程中并非完全中立,而是根据某些现有的假设发挥作用,这些假设制约着他所有的思想和行为。这种认识引发了他对科学的中立性和客观性这个现代理想的猛烈抨击。如果我们承认,所有的思想理论都起源于某种现有的信仰,那么这同样会激励基督教思想家,他们会根据有神论的信仰,满怀信心地投身于自己的学术研究。近年来,基督教的学术研究事业在各个领域都呈现出复兴的态势,凯波尔思想对这种态势的深远影响,怎么强调都不为过。[62] 因此,乔治·马斯登以审慎的语气说:"被我们泛泛地称为凯波尔前设论的思想,已经或几乎在福音派[学术界]范围内取得胜利。"[63] 这就是凯波尔世界观思想的另外两个方面:世界观式的护教学和对理论构造的前设论批判。

凯波尔的追随者——荷兰的新加尔文主义者或凯波尔主义者——继承了以世界观概念为特征的加尔文主义基督教思想,并将这种思想传诸后世。最后,这种思想与这些人一道横渡大西洋,移居北美,成为那里的移民社区的一种重要思想。密歇根州大急流城(Grand Rapids)的加尔文学院(Calvin College),以及加拿大安大略省多伦多市的基督教研究院(Institute for Christian Studies),都起源于这一思想传统。凯波尔主义的理想和世界观思想已经在这些地方发扬光大。它从这些社区一直传播到美国福音派的主流思想中,在那里产生了重要影响。凯波尔主义较为直接的影响是通过第二代凯波尔主义者的努力而产生的；在这种思想传统的鼓舞下，他们在神学和基督教哲学方面都取得了令人惊讶的成就。[64] 可以和凯波尔的成就相提并论的，有他的同仁以及追随者，特别是神学家赫尔曼·巴文克（Herman Bavinck, 1854—1921）[65]，第二代基督徒哲学家 D. H. T. 弗伦霍温（D. H. T. Vollenhoven, 1892—1978）[66]，以及弗伦霍温的连襟、大名鼎鼎的赫尔曼·杜耶沃德（1894—1977）。就美国的追随者而言，哥尼流·范泰尔（Cornelius Van Til, 1895—1987）是凯波尔前设论最优秀的阐释者。[67] 我们必须比较详细地阐述杜耶沃德的思想，因为在凯波尔的所有追随者中，他以最独特的思想和洞察力，发展和传播了老师的观点。

25

赫尔曼·杜耶沃德

从 1926 年至 1965 年，赫尔曼·杜耶沃德一直是自由大学的法学教授，他应该是 20 世纪新加尔文主义者阵营中最具创造性和影响力的哲学家。他很早就主张，文化和学术的更新必须以加尔文主义的世界观为基础；他承继并发展了凯波尔的思想，写了两百多部（篇）论著和论文，内容涉及法学、政治理论和哲学。其代表作是多卷本的《理论思维新探》（*A New Critique of Theoretical Thought*，1953—1958），该书已被译成英语。[68]

他的世界观思想可以分为两个阶段。一开始，他继承凯波尔的思想传统，把人生和思想看作处于深层的世界观的产物。后来，他开始怀疑，是否所有的人造物都是处于深层的世界观的表现形式。他逐步认识到，世界观是一些抽象的思想产物，与它们相比，灵魂和宗教的因素在决定事物的形态时，起着更重要的作用。杜耶沃德很快就放弃了与凯波尔的思想模式联系在一起的那种不切实际的极权主义，与此同时，他对理论思维提出**新的**批评，大意如下。[69]

26

杜耶沃德认为，基督教哲学的首要任务是揭示在所有的理论探索和文化活动中起着决定性作用的**宗教**因素。在他看来，所有人类活动的源泉不是世界观，而是内心的属灵委身。如雅各布·克拉维柯（Jacob

Klapwijk）所言：

> 杜耶沃德并不认为，包含着某种世界观的历史文化传统，必然是所有哲学和理论的先决条件。相反，他认为，哲学和理论唯一的（和必要的）先决条件是人类内心的终极状态和委身，可惜，人类内心已经堕落在罪中，现在，它要么还是处于这种状态，要么已经被圣灵重生和恢复。因此，在哲学和理论的底部，并没有任何真正的多元世界观，只有两种互相对立的"宗教"动机。这样的"宗教"对立，即归信上帝的人与远离上帝的人对立，对所有的生命和思想来说，都具有至关重要的意义。[70]

启蒙运动宣称，理性享有自由而独立的地位，能够在不沾染任何限定性因素——社会的、文化的、经济的或宗教的因素——的情况下，从事科学研究，因为这些因素可能危及科学知识的客观性。由于这个原因，理论思维具有完全的自主性（autonomy），丝毫不受其他事物的影响。但是杜耶沃德认为，**理论思维具有自主性**的论调，纯属闹剧，不是因为世界观会对它发生影响，而是因为该论调的内容以及心灵的自然倾向。杜耶沃德发现，根据圣经，心灵发挥着关键的作用，是人类生存的宗教基础；于是，他的思想发生了巨大变化，理性被逐离王位。他的解释如下："思维本身以宗教为基础，这种认识是我的思想发生大转变的标志；曙光照亮了均已失败的一切努力，包括我自己的努力，基督教信仰与世俗哲学实现了内在的合题（synthesis），后者相信，人类理性是完全自足的。"[71]

这一发现具有重大意义。杜耶沃德认为，宗教是一切科学的基础，这个论点足以引发一次哲学革命，这次革命的规模将大于伊曼努尔·康德所发起的哥白尼式的革命。

> 根据基督教的这一核心主张，我认识到，必须在哲学领域进行一次彻底的革命。面对万物的宗教基础，我们所要考察的，正是整个时间中的宇宙，包括我们所谓的"自然层面"和"属灵层面"与这

27

个参照点的关系。与基督教的这一基本思想相比，我们所谓"哥白尼式的"革命，会有什么重要意义呢？哥白尼式的革命不过是把世俗实在的"自然方面"与一种理论上的抽象，如康德的"超验主体"（transcendental subject），联系在一起。[72]

通过《纯粹理性批判》（*Critique of Pure Reason*），康德扭转了西方理性的传统，把强调的重点从独立不依的客体转向主体的心智的先验范畴；杜耶沃德又把强调的重点从人类心智的普遍先验范畴转向人类心灵的普遍情感。理论和实践是意志的产物，而非理智的产物；是心灵的产物，而非理性的产物。在提出这个论点的过程中，杜耶沃德发展了一种"对理论思维的新批评"，与康德不同，这种论点的前提是，宗教具有最高的先验性。宗教不再受理性的约束，相反，理性要受宗教的约束，生活的其他方面概莫能外。杜耶沃德认为，宗教高于理性之处在于，它能实现统觉的超验统一（transcendental unity of apperception）。不同理论之间的张力和冲突，不是起源于科学论断或世界观的多样性，而是起源于不同的宗教信仰。理论本身无法裁决科学和哲学中的基本冲突。对理论思维进行一番新的宗教批判，即使不能解决这种争论，至少也能阐明其实质。[73]

心灵的状态即杜耶沃德所谓"宗教性的根本动机（*grondmotief*）"，它决定着理论的本质和世界观的形成。在这位荷兰教授看来，基础性的宗教性根本动机可以分为两种，"这两种主要动机在人类生活的中心发挥着作用"。一种动机起源于圣灵，另一种动机起源于叛教之心。圣灵的根本动机来自圣道的启示，它是我们理解圣经的钥匙：**"创世的动机，堕落的动机，以及耶稣基督在圣灵的感召下，救赎的动机。"**叛教的根本动机使人远离真正的上帝，最终走向偶像崇拜："作为一种宗教性的力量（dynamis/power），这种动机把人心引向叛教的方向，是人们把被造物奉若神明的主要原因，也是人们从理论的角度看待思维，把相对的事物绝对化的根本原因。由于它具有偶像崇拜的特点，因此，其宗教性的根本动机可以接受非常多样的内容。"[74]

杜耶沃德说，由此看来，世界观并非深深扎根于心灵这片沃土。毋宁说,只有宗教信仰,才是如此。心灵的宗教是原因;不同的哲学和世界观是认识的结果。世界观和哲学处于同样的位置,都是宗教的思想后裔。杜耶沃德解释了哲学与"人生观-世界观"的相似和不同,把二者的起源追溯至潜藏于人类情感中心的一些基本冲动。

> 真正的人生观-世界观无疑与哲学密切相关,因为人生观-世界观实际上都要探讨宇宙的全部意义。人生观-世界观也好比阿基米德之点。和哲学一样,人生观-世界观有其宗教性的根本动机。和哲学一样,它要求自我本身必须承担宗教性的义务。它有自己的思维方式。然而,它本身并没有**理论**思维的特点。它的整体观不是一种**理论**,毋宁说是一种**前理论**的思想。它不是从抽象的形式的角度来理解实在的意义,而是按照个体性的典型结构来理解实在的意义,这种结构不能从理论上进行分析。人生观-世界观不是某些"哲学家"的专用术语,相反,任何人都可以使用它,头脑非常简单的人也不例外。因此,如果有人认为,只有基督教哲学才提出一种详细的具有哲学意义的人生观-世界观[凯波尔也许这样认为],那他就大错特错了。这种说法完全误解了二者的真正关系。圣道的启示既没有为基督徒提供一种基督教哲学,又没有为他们提供具体的人生观-世界观;基督教哲学和人生观-世界观以一种具有指导作用的根本动机[心灵]为出发点,上帝的道-启示只是为它们提供了一个**方向**。但这实在是**基本的、不可或缺的方向**,决定一切的方向。这个道理同样适用于叛教者的方向和立场,因为**他们的宗教性**动机把这种方向和立场运用于他们的哲学和人生观-世界观。[75]

29　　根据杜耶沃德的思想,世界观和哲学有一些共同之处,它们都探讨整体的意义,都有一个阿基米德之点,都以宗教性的根本动机为出发点。不过,二者还有一些不同之处。一方面,哲学是抽象的理论体系,是由一些具备特殊才能的思想家创造出来的;另一方面,所有的人,包括头脑最简单的人,都有一种世界观,其本质特征是:先于任何理论思维，因为它的表述缺乏系统性。与凯波尔不同，杜耶沃德清楚地指出，他并没有把基督教哲学理解为潜在的圣经世界观的详细阐述，因为哲学和世界观都是宗教性的根本动机发挥作用的结果，二者具有相同的地位，是具有共同根源的不同种类的认识现象。[76] 事实上，在杜耶沃德看来，世界观本来就不是哲学体系，因为后者作为一种理论思维，远离生活，甚至与生活相对立；世界观却没有远离生活，相反，它与生活直接相关，能够在那里开花结果。尽管基督教的启示既不是现成的世界观，又不是完整而系统的哲学，但它确实以彻底而全面的方式，为二者指明了一个方向。同样的道理，不信者思想中的叛教之心，也为他们提供了各种非基督教世界观。如杜耶沃德所述，无论如何，人类心灵的内容——作为所有思想行为的唯一源泉——才是关键，才是生活殿堂的真正钥匙。无论是具有现实意义的世界观，还是具有理论意义的哲学和科学，在人们理解实在的过程中，它都起着决定性的作用。然而，由于杜耶沃德把圣灵的根本动机与圣经世界观的本质——创造、堕落、救赎的主题——紧密地联系在一起，我们不禁要问：他与凯波尔的区别究竟是什么？也许他所做的区分过于细致了，我觉得，要在根本动机与基础性世界观的内容之间划出一条分界线，实属不易。

弗朗西斯·薛华

　　一些重要的福音派思想家对世界观问题做过深入的探讨，弗朗西斯·薛华（1912—1984）就是其中的一位，不承认他所起的作用，本章的讨论便不完整。20 世纪中叶以来，包括我在内的无数基督徒从小就开始阅读薛华的著作。他的论点早已成为老生常谈，他认为，任何人都有一种世界观；无论是体力劳动者还是职业思想家，如果没有一种世界观，任何人都无法生存。哲学是人们唯一无法逃避的工作。[77] 他对基督教作了许多重要的阐述，他认为，基督教能够包含生活的各个方面；在许多人心目中，他的阐述具有特殊的魅力。福音派蒙昧主义（obscurantism）横行数十年之后，他站在基督教的立场上，深入探讨了许多文化问题，令人耳目一新。

30

薛华是一位福音传教士，也是一位深受信徒喜爱的护教家。他最关心的问题是，现代文化逐步沦为相对主义（relativism）。根据他的理解，独立自主的人类以自己为基准，从自己开始，试图凭借自己的智力创造一个知识、意义和价值观念的体系，为人生提供一种令人信服的解释。这是西方知识论大变革的标志，从此，西方知识论开始偏离上帝的启示，走向以人为本的理性主义。可是过了不久，现代人就意识到，他们没有能力创造这样一种包罗万象的思想体系，他们"很绝望"。在这种情况下，人们公然宣称，非矛盾律不再有效了，绝对的事物不复存在了，强调实用的相对主义应运而生。现代的世界，自然"吞噬"了恩典，彻底的世俗主义已深深扎根于社会生活、文化生活和政治生活的各个方面。在探索意义和目的的过程中，20世纪的人们不得不求助于无数"高层故事"体验（"upper story" experiences，这是薛华的一个著名术语），以填补现代生活的空虚。薛华确实是一位大师，善于生动地描绘人类内心的渴望及其满足这些渴望的徒劳尝试，他的著作内容涉及哲学、艺术、音乐、大众文化以及神学和教会。

面对现代人心灵的空虚和绝望，这位瑞士传教士、庇护所（L'Abri）团契的创始人呼吁，基督教世界观是唯一可以信赖的能够使人们摆脱现代世俗生活困境的选择。如詹姆斯·塞尔（James Sire）所言，薛华兴趣广泛，令人钦佩；他最重要的一个兴趣是，探讨圣经提出的那个全面而"正确的真理体系"。[78] 在《理性的规避》（Escape from Reason）一书中，薛华说："我特别喜欢作为一种思想体系的圣经思想。"[79] 在《永存的上帝》（The God Who is There）一书中，他又对此作了解释："基督教思想（整本圣经所教导的）是统一的整体。基督教不是一些支离破碎的东西——它有头有尾，是一个完整的真理体系；当我们面对生命的实在时，这是唯一能够解答我们所面临的一切问题的思想体系。"[80]

如罗纳德·纳什（Ronald Nash）所言："薛华……使人们认识到，从世界观的角度理解基督教及其对立面，具有重要的意义。基督教不仅告诉人们如何才能获得宽恕，它还是一种完整的世界观和人生观。基督徒必须认识到，他们的信仰包含关于人生世事的重要哲理。"[81] 在最早出版的三部著作中，薛华明确阐述了他所理解的合乎圣经的世界观。

31

《永存的上帝》《理性的规避》和《太初有道》(*He Is There and He Is Not Silent*)是一个三部曲,三者构成他思想体系的轴心,其他著作则好比辐条,它们都表述了他所理解的基督教世界观。[82] 由于薛华的努力,整整一代福音派信徒已经开始用基督教的观念来思考世事人生(这种趋势将继续下去)。他们感谢他,因为他激发了一种持久的兴趣——学着全面而系统地理解合乎圣经的基督教信仰,以及它所包含的人文、思想和文化方面的内涵。

结语与问题

　　苏格兰长老会神学家詹姆斯·奥尔的开拓性研究,以及荷兰新加尔文主义者亚伯拉罕·凯波尔的巨大努力,在福音派内部激发了一场令人瞩目的思想运动,人们开始把基督教理解为一种世界观。由于他们的共同努力,以及戈登·克拉克、卡尔·亨利、赫尔曼·杜耶沃德、弗朗西斯·薛华的积极参与,这个宗教传统给予这一问题的理论反思和实际关注蔚为壮观。事实上,在"世界观"概念的历史上,任何哲学流派或宗教团体都不像新教福音派那样,曾长期关注并积极利用这一概念。[83] 在坚持福音派信仰的地方,世界观概念已被广泛地用于许多问题的讨论。实际上,它关系到从实践到研究的许多重要领域,比如基督徒的生活和思想、神学与哲学、圣经研究、宣教与布道、当代文化,以及基督教高等教育。[84]

　　福音派对世界观概念的浓厚兴趣,确实带来几个重要问题。具体说,问题有三。首先,"世界观"一词的定义是什么？在使用"基督教世界观"这种说法时,我们的确切含义究竟是什么(假如它有确切含义)？模糊不清、争论不休一直与定义问题结伴而行；重要的是,当我们遇到并使用这个术语时,我们应该尽可能地保证概念的清晰。

　　其次,为什么福音派对世界观概念有如此浓厚的兴趣,在它思考信仰问题时,竟如此多地使用这一概念？彼得·赫斯拉姆指出,"世界观"

32

是现代思想的术语，[85] 它或许与福音派有某种亲缘关系，因为这种文化心态所倡导的客观主义或主观主义能够解释这个术语的广泛使用。福音派对现代文化思潮的适应（或投降），是它很容易接受这个概念的部分原因吗？这个概念的吸引力是否来自某些更重要的原因，因为"世界观"概念也许揭示了深藏于人类本性中的某种东西？

最后，鉴于这个术语的时代背景及其可能的不同内涵，福音派能否用它来正确地理解信仰的本质呢？这个术语的使用会不会造成一些细微的差别，使它不能很好地表达合乎圣经的基督教的全部内容及其实质？它是不是一个能恰如其分地表述基督教的正确范围、内容和本质而无任何严重缺陷的观念呢？虽然我们不能在这里回答这些问题，但是，随着世界观概念史的展开，我们一定要把这些问题存记在心。[86]

注释：

1. 英语单词 worldview 源自众所周知的德语单词 *Weltanschauung*。本书所使用的这两个术语可以互换。
2. Carl F. H. Henry, "Fortunes of the Christian World View," *Trinity Journal*, n. s., 19(1998):163.
3. Dorothy L. Sayers, *1937－1943: From Novelist to Playwright*, vol. 2 of *The Letters of Dorothy L. Sayers*, ed. Barbara Reynolds (New York: St. Martin's Press, 1998), p.158. 即使弗里德里希·尼采也懂得基督教信仰这种包罗万象的连贯特征。他说："基督教是一个体系，一个经过深思熟虑的对世界万物的**整全**看法。"参见 Friedrich Nietzsche, *Twilight of the Idols*, in *The Portable Nietzsche*, ed. and trans. Walter Kaufmann (New York: Penguin Books, 1988), p.515。
4. 加尔文本人显然知道，他的神学体系可以作为"基督教哲学"的基础，大致说来，基督教哲学应该类似于基督教世界观。在介绍《基督教要义》的主要内容时，加尔文对他的读者说，上帝为头脑简单的人提供指导，以帮助他们掌握"上帝想亲自教给他们的那些知识"。他又说，达到这一目的的最好办法是"阐明基督教哲学中那些最重要的问题"。加尔文认为，圣经以及他对圣经的理解，建构起一种关于世界万物的包罗万象的看法，这似乎是毋庸置疑的。参见 John Calvin, *Institutes of the Christian Religion*, ed. John T. McNeil, translated and indexed by Ford Lewis Battles, Library of Christian Classics, vol.20 (Philadelphia: Westminster, 1960), p.6。另见同一页第 8 条注释，该条注释充分论述了基督教哲学思想在教会历史上的发展历程。

5．J. I. Packer, "On from Orr: Cultural Crisis, Rational Realism and Incarnational Ontology," in *Reclaiming the Great Tradition: Evangelicals, Catholics and Orthodox in Dialogue*, ed. James S. Cutsinger (Downers Grove, Ill.: Inter Varsity, 1997), pp. 163, 161.

6．Glen G. Scorgie, *A Call for Continuity: The Theological Contribution of James Orr* (Macon, Ga.: Mercer University Press, 1988), p. 2. 为了强调这一论点，斯考基还引述了奥尔的一段话："有时人们会问我，面对现代思想和经过改造的神学的诸多优点，我打算放弃哪一条福音信仰呢？我会信心百倍地回答说：哪一条都不会放弃。"描述奥尔思想的第一句话引自 pp. 39, 57。斯考基对奥尔思想的简要阐述，可参见 "James Orr," in *Handbook of Evangelical Theologians*, ed. Walter A. Elwell (Grand Rapids: Baker, 1993), pp. 12 – 25. 关于奥尔思想的其他论著，参见 Alan P. E. Sell, *Defending and Declaring the Faith: Some Scottish Examples, 1860 –1920*, foreword by James B. Torrance (Colorado Springs: Helmers and Howard, 1987), pp. 137 – 171。

7．C. S. Lewis, "De Descriptione Temporum," in *Selected Literary Essays*, ed. Walter Hooper (Cambridge: At the University Press, 1969), pp. 4 – 5, 12.

8．*Proceedings of the Synod of the United Presbyterian Church* (1887), pp. 489 – 490, 转引自 Scorgie, *A Call for Continuity*, p. 47.

9．James Orr, *The Christian View of God and the World as Centering in the Incarnation* (Edinburgh: Andrew Eliot, 1893). 该书有多个版本，曾多次再版。最新的版本是 *The Christian View of God and the World*, foreword by Vernon C. Grounds (Grand Rapids: Kregel, 1989).

10．Orr, *The Christian View*, p. 3.

11．Ibid., p. 4.

12．Ibid.

13．在 *The Christian View* 的 "Note B" 中，奥尔介绍了 "世界观分类" 的几个基本原则，见 pp. 367 – 370。

14．Orr, *The Christian View*, p. 365.

15．Ibid., p. 6.

16．参见 Orr, *The Christian View*, p. 370 中 "Note C" 关于 "无意识的形而上学" 的讨论。

17．E. J. 卡耐尔（E. J. Carnell）也许是受到奥尔的启发，在研究基督教护教学时，他首先考察了人性的这两个特征，这些章节的标题分别是**实践中的人类困境**（The *Practical* Human Predicament）和**理论中的人类困境**（The *Theoretical* Human Predicament）。事实上，他为基督教信仰提出的所有辩护，都是围绕世界观概念展开的，参见 E. J. Carnell, *An Introduction to Christian Apologetics: A Philosophic Defense of the Trinitarian-Theistic*

Faith (1948; reprint, Grand Rapids: Eerdmans, 1981)。该书第一部分的标题是"我们需要基督教世界观"（The Need for a Christian World-View），第二部分的标题是"基督教世界观的兴起"（The Rise of the Christian World-View），第三部分的标题是"基督教世界观的影响"（The Implications of the Christian World-View）。他在第一版序言里清楚地指出，该书旨在阐述"基督教如何回答人生的基本问题，这种回答即使不比其他任何一种世界观更充分，也与它们不相上下"（第 10 页）。

18. Orr, *The Christian View*, p. 7.

19. Ibid., p. 8.

20. Ibid., p. 9.

21. Ibid., p. 16.

22. 奥尔更详细地阐述了"基督教与现代世界观的对立——后者的反超自然主义"（Antagonism of Christian and Modern Views of the World — Antisupernaturalism of the Latter），载于"Note D," *The Christian View*, pp. 370 - 372。

23. 奥尔详细论述了"旧约观点的独特性"（Uniqueness of the Old Testament View），载于"Note F," *The Christian View*, pp. 376 - 378。

24. Orr, *The Christian View*, pp. 9 - 15.

25. 奥尔讨论了"宗教的本质和定义"（Nature and Definition of Religion），载于"Note H," *The Christian View*, pp. 380 - 385。

26. Orr, *The Christian View*, pp. 20 - 21.

27. Ibid., p. 30.

28. Ibid., p. 31.

29. 见 Scorgie, *A Call for Continuity*, p. 163；以及 Packer, p. 161。有人认为，他的论证缺乏说服力，他的好斗精神令人不快，他反现代主义的思想非常无知，他的文风令人生厌。关于这些抱怨，有些也许有道理，有些无疑是来自这些批评家的现代主义世界观，这种世界观与奥尔的世界观正好相反。

30. Packer, p. 165.

31. Ronald H. Nash, preface to *The Philosophy of Gordon H. Clark: A Festschrift*, ed. Ronald H. Nash (Philadelphia: Presbyterian and Reformed, 1968), p. 5. 在 *A Christian Philosophy of Education* (Grand Rapids: Eerdmans, 1946)的前两章，克拉克还详细论述了世界观，特别是有神论世界观的必要性。

32. Gordon H. Clark, *A Christian View of Men and Things: An Introduction to Philosophy* (Grand Rapids: Eerdmans, 1951; reprint, Grand Rapids: Baker, 1981).

33. Ibid., p. 25.

34. Ibid., p. 34.

35. Scorgie, *A Call for Continuity*, p. 156 n. 4.

36. Carl F. H. Henry, *Confessions of a Theologian: An Autobiography* (Waco, Tex.: Word, 1986), p. 75.

37. Kenneth S. Kantzer, "Carl Ferdinand Howard Henry: An Appreciation," in *God and Culture: Essays in Honor of Carl F. H. Henry*, ed. D. A. Carson and John D. Woodbridge (Grand Rapids: Eerdmans, 1993), p. 372.

38. 特别参见 Carl F. H. Henry, *God Who Speaks and Shows: Preliminary Considerations*, vol. 1 of *God, Revelation, and Authority* (Waco, Tex.: Word, 1976)。亨利所著关于世界观问题的其他著作包括：*Remaking the Modern Mind* (Grand Rapids: Eerdmans, 1946); *The Christian Mindset in a Secular Society: Promoting Evangelical Renewal and National Righteousness* (Portland, Oreg.: Multnomah, 1984); *Christian Countermoves in a Decadent Culture* (Portland, Oreg.: Multnomah, 1986); *Toward a Recovery of Christian Belief: The Rutherford Lectures* (Wheaton, Ill.: Crossway, 1990); *Gods of This Age or God of the Ages?* (Nashville: Broadman and Holman, 1994)。

39 Henry, "Fortunes," pp. 163 - 176. 为了捍卫世界观这个概念, 亨利与很多人论战。他的批评者认为, 世界观概念是现代主义者的虚构, 过于理性主义, 过于思辨; 世界观本身就是一种神话, 它完全取决于不同的文化。这本书的第九章和第十一章以批评的态度探讨了世界观概念的优点和缺点, 以及基督徒所使用的世界观概念。

40. John Hendrik De Vries, biographical note to *Lectures on Calvinism: Six Lectures Delivered at Princeton University under Auspices of the L. P. Stone Foundation*, by Abraham Kuyper (1931; reprint, Grand Rapids: Eerdmans, 1994), p. iii.

41. Abraham Kuyper, "Sphere Sovereignty," in *Abraham Kuyper: A Centennial Reader*, ed. James D. Bratt (Grand Rapids: Eerdmans, 1998), p. 488.

42. 转引自 De Vries, p. iii。

43. R. D. Henderson, "How Abraham Kuyper Became a Kuyperian," *Christian Scholars Review* 22(1992): 22, 34 - 35.

44. 想要深入研究凯波尔的斯通讲座, 参见 Peter S. Heslam, *Creating a Christian Worldview: Abraham Kuyper's Lectures on Calvinism* (Grand Rapids: Eerdmans, 1998)。

45. 在 1903—1904 学年, 奥尔也主持过斯通讲座。以该讲座为基础, 他出版了 *God's Image in Man, and Its Defacement, in the Light of Modern Denials* (London: Hodder and Stoughton, 1905)。

46. 赫斯拉姆的研究表明, 奥尔和凯波尔主持过不同的讲座, 前者是克尔讲座的主讲人, 后者是斯通讲座的主讲人。他们力图说明, 有一种明确的基督教世界观。他还阐述了凯波尔和奥尔的其他一些相似之处:"奥尔认为,基督教有一种独立的、统一的、连贯的世界观,这种世界观起源于一个核心信念或原则。事实上,这个论点与坚持加尔文主义的凯波尔的论点是一致的。凯波尔与奥尔的相似之处还包括以下论点:凯波尔认为,现代世界观存在于统一的思想体系之中,它们来自一个原则,表现在生命和行动的某些方面,是基督教的对立面。凯波尔也认为,加尔文主义抵御现代主义的唯一武器是,建立一种同样全面的世界观,针锋相对——这种论点与奥尔所讨论的基督教几乎没有任何区别。"参见 Heslam, pp.93－94。

47. Heslam, p.96.

48. Kuyper, *Lectures on Calvinism*, p.11.凯波尔利用这里提到的"生活体系"(life system),在该书 11 页的一个脚注中,谈到奥尔《基督教的上帝观和世界观》中那些"颇有价值的讲座",指出 *Weltanschauung* 一词在翻译成英语时所遇到的困难。他说,奥尔把这个词直译为 view of the world,他却倾向于更直白的翻译 life and world view。还是美国的同行说服了他,他们认为,life system 是一个合适的同义词,已在美国广为流传。他把这种翻译用作第一章的标题"Calvinism as a Life-System",不过,在后来的讲座中,他开始根据上下文和论点的不同而交替使用这两种说法。

49. Kuyper, *Lectures on Calvinism*, pp.11,135－136.

50. Ibid., pp.11－12.

51. Ibid., pp.189－190.

52. Ibid., p.12.

53. 我认为,凯波尔和奥尔的区别正表现在这个地方:他们目的不同。奥尔的目的是,**从神学的角度**详细论述基督教世界观的本质,其主要讨论的问题是道成肉身;凯波尔则旨在**从文化的角度**揭示加尔文主义世界观的内涵,展示改革宗神学与生活的各个方面的联系。读者如果想更多地了解加尔文神学的文化内涵以及凯波尔的论点,可参见 Henry R. Van Til, *The Calvinistic Concept of Culture* (Grand Rapids: Baker, 1959)。

54. Kuyper, *Lectures on Calvinism*, p.31.

55. Ibid., p.32.阿尔伯特·沃特斯(Albert Wolters)指出,作为一种世界观,加尔文主义显然可以和马克思主义(Marxism)相比,因为它们都具有包罗万象的特点,都直接适用于文化现象和思想研究的全部领域。参见 Albert Wolters, "Dutch Neo-Calvinism: Worldview, Philosophy and Rationality," in *Rationality in the Calvinian Tradition*, ed. Hendrick Hart, Johan Van Der Hoeven, and Nicholas Wolterstorff, Christian Studies Today (Lanham, Md.: University Press of America, 1983), p.117.

56. Kuyper, *Lectures on Calvinism*, pp.130－136.

57. Ibid., p.138.粗体为笔者所加。

58. Abraham Kuyper, *Principles of Sacred Theology*, trans. J. Hendrik De

Vries, introduced by Benjamin B. Warfield（Grand Rapids：Baker, 1980）, p. 154.

59. 凯波尔对科学理论的这种理解具有明确的宗教特征，同时，他提出的论点比托马斯·库恩（Thomas Kuhn）的后现代范式理论的某些方面要早七八十年。参见第七章的具体论述。尼古拉斯·沃特斯多夫（Nicholas Wolterstorff）对凯波尔所谓两种人/两种科学的论点提出一些尖锐的批评，他反对所谓的"宗教极权主义"。参见 Nicholas Wolterstorff, "On Christian Learning," in *Stained Glass：Worldviews and Social Science*, ed. Paul A. Marshall, Sander Griffioen, and Richard J. Mouw, Christian Studies Today（Lanham, Md.：University Press of America, 1989）, pp. 56 - 80。

60. Albert M. Wolters, "The Intellectual Milieu of Herman Dooyeweerd," in *The Legacy of Herman Dooyeweerd：Reflections on Critical Philosophy in the Christian Tradition*, ed. C. T. McIntire（Lanham, Md.：University Press of America, 1985）, pp. 4 - 10.

61. 乔治·马斯登深入探讨了这个问题，参见 George Marsden, *Understanding Fundamentalism and Evangelicalism*（Grand Rapids：Eerdmans, 1991）, pp. 122 - 152。近期出版的关于这场护教学论战的文集有：R. C. Sproul, John Gerstner, and Arthur Lindsley, *Classical Apologetics：A Rational Defense of the Christian Faith and a Critique of Presuppositional Apologetics*（Grand Rapids：Zondervan, Academie Books, 1984）；Timothy R. Phillips and Dennis L. Okholm, eds., *Christian Apologetics in the Postmodern World*（Downers Grove, Ill.：InterVarsity, 1995）；Steven B. Cowan, ed., *Five Views on Apologetics*, Counterpoints Series（Grand Rapids：Zondervan, 2000）。

62. 阿尔文·普兰丁格（Alvin Plantinga）和尼古拉斯·沃特斯多夫发展了凯波尔思想的这个方面。普兰丁格在其著名的演说 "Advice to Christian Philosophers," *Faith and Philosophy* 1（1984）：253 - 271 中，呼吁基督徒学者，尤其是基督徒哲学家，要以圣经的某些教义为前提，进行哲学研究。与此类似，沃特斯多夫在其同样著名的 *Reason within the Bounds of Religion*, 2nd ed.（Grand Rapids：Eerdmans, 1984）中指出，基督徒学者的宗教义务应当作为其设计和比较不同理论时的"主导信念"。凯波尔思想在学术界的影响是众所周知的，参见 Alan Wolfe, "The Opening of the Evangelical Mind," *Atlantic Monthly* 286（October 2000）：55 - 76。

63. George Marsden, "The State of Evangelical Christian Scholarship," *Reformed Journal* 37（1987）：14. 另参 Richard J. Mouw, "Dutch Calvinist Philosophical Influences in North America," *Calvin Theological Journal* 24（April 1989）, 93 - 120。

64. 参见 Mouw, "Dutch Calvinist Philosophical Influences in North America"。

65. 在 一 本 名 为《 基 督 教 世 界 观 》(*Christian Worldview/Christelijke Wereldbeschouwing*, 1904)的小册子里,巴文克阐述了自己对基督教信仰的理解,这种理解尚属于奥古斯丁和阿奎那的新柏拉图主义思想传统。几年后,在 1809 年,他获得了去普林斯顿大学主持斯通讲座的机会,这时,巴文克提出一种类似于凯波尔思想的世界观概念,他认为,这是一种前理论的深层结构,先于任何形式的理论思维。在这次演讲中,他提到了威廉·狄尔泰(Wilhelm Dilthey)最近出版的著作,在这些著作中,狄尔泰把世界观理解为各门学科的深层源泉,参见 Albert M. Wolters, "On the Idea of Worldview and Its Relation to Philosophy," in *Stained Glass*, p. 21。

66. 1926—1963 年,弗伦霍温一直是自由大学的哲学教授,他认为,加尔文主义哲学不同于世界观和人生观,它是"对后者的科学性阐释",参见 Wolters, "Idea of Worldview," p. 22。

67. 范泰尔承认,他始终遵循"凯波尔的思想",拒绝接受传统的护教学,坚持认为,基督教有神论是自己思想的基本前设。用他自己的话说,"加尔文是正确的。我们绝不能像希腊人以及他们之后的经院主义者那样,徒然地思辨上帝的本质。我们也绝不能像笛卡尔那样,以人为一切判断的最终参照。我们必须倾听上帝的声音,看看他对我们说了些什么,哪些是关于他自己的,哪些是关于我们的,哪些是关于我们与他的关系的,通过[原文如此]圣经中作为我们的创造主和救主的基督,我们与上帝联系在一起。"赫尔曼·杜耶沃德曾撰文论述范泰尔的护教学,这番评述是范泰尔对该文的回应。参见 E. R. Geehan, ed., *Jerusalem and Athens: Critical Discussions on the Philosophy and Apologetics of Cornelius Van Til* (Phillipsburg, N. J. : Presbyterian and Reformed, 1980), p. 92。

68. Herman Dooyeweerd, *A New Critique of Theoretical Thought*, trans. David H. Freeman, William S. Young, and H. De Jongste, 4 vols. (Jordan Station, Ont. : Paideia Press, 1984)。

69. Jacob Klapwijk, "On Worldviews and Philosophy," in *Stained Glass*, p. 51。

70. Klapwijk, p. 51。

71. Dooyeweerd, 1：v。

72. Dooyeweerd, 1：v。

73. Roy A. Clouser, *The Myth of Religious Neutrality: An Essay on the Hidden Role of Religious Belief in Theories* (Notre Dame, Ind. : University of Notre Dame Press, 1991)详细论述了这个问题。

74. Dooyeweerd, 1：61。

75. Dooyeweerd, 1：128。

76. Dooyeweerd, 1：157 - 158。

77. Francis A. Schaeffer, *He Is There and He Is Not Silent*, in vol. 1 of *The Complete Works of Francis A. Schaeffer: A Christian Worldview*, 2nd ed.

(Wheaton, Ill. : Crossway, 1982), pp. 279 - 280.

78. 詹姆斯·塞尔不久前指出，薛华一生对五种事物充满"激情"："对真实存在着的上帝的激情、对真理的激情、对人的激情、对有意义的真挚交流的激情，以及对圣经的激情。"参见他给薛华的书写的序言，Francis A. Schaeffer, *The God Who Is There*, Thirtieth Anniversary Edition (Downers Grove, Ill. : InterVarsity, 1998), pp. 15 - 16。

79. Schaeffer, *Escape from Reason*, in vol. 1 of *Complete Works*, p. 221.

80. Schaeffer, *The God Who Is There*, in vol. 1 of *Complete Works*, p. 178.

81. Ronald Nash, "The Life of the Mind and the Way of Life", in *Francis A. Schaeffer: Portraits of the Man and His Work*, ed. Lane T. Dennis (Westchester, Ill. : Crossway, 1986), p. 68.

82. 《薛华全集》的副标题很贴切：一种基督教世界观。第一卷论述基督教的哲学观，包含上述三部著作。第二卷论述基督教所理解的作为真理的圣经。第三卷论述基督教的灵性观。第四卷论述基督教的教会观。第五卷论述基督教对西方的看法。

83. 附录一概述了其他福音派思想家对世界观问题的思考。

84. 附录二收集了一些讨论世界观问题的著作，它们都是立足于上述各个领域。

85. Heslam, p. ix.

86. 本书的第九、十和十一章将探讨这里提到的所有问题。

第 2 章

世界观之谜下篇

罗马天主教与东正教

如果新教福音派认为，基督教世界观或圣经世界观的思想是他们所独有的，他们就错了。实际上，这种思维方式也以独特的形式出现在罗马天主教和东正教中。因此，本章将要探讨的问题是：这两种宗教传统如何吸收世界观概念或与其类似的主题，以表达各自对信仰的理解。

罗马天主教

新教福音派已广泛使用世界观概念，与此相比，从表面上看，世界观的概念似乎没有引起包括神职人员和知识分子在内的一般罗马天主教徒的关注。在天主教文献中，这个单词并不多见；最近出版的一本参考书称，梵蒂冈的教义部尚未"对世界观问题明确表态"。[1] 尽管没有在语言上明确使用这个术语，官方教会也没有明确表态，但是，类似于世界观概念的因素，却弥漫于天主教徒的思想和生活中。至少在一本著作中，作者刻意从世界观的角度来介绍天主教信仰；把约翰·保罗二世称作一位"强调世界观的"教宗，应该是恰如其分的。许多人认为，约翰·保罗二世是自特兰托公会议（Council of Trent）以来最重要的教宗。
34 简要地讨论这部著作、研究这位教宗将使读者明白，某种称得上是天主教世界观的思想发挥着重要的作用。[2]

作为一种世界观的天主教

劳伦斯·坎宁安（Lawrence Cunningham）在《天主教信仰导论》中说，做一名天主教徒不像做某一政党的成员，比如一个民主党的党员，也不像是参加某个社交俱乐部，比如扶轮社（Rotary）。把自己看作天主教徒意味着，"这是一种生存于世的方式，因此，这是从特定的角度看待世界的一种特定的方式。被称为天主教的那种生存方式应该提高人们的理解能力，这种能力即使不是完全与众不同，至少也具有天主教的一些特征。"[3] 每个人必然以某些能确定人生意义的假设为其生活的指南，因此，坎宁安很想知道这些基本信念的确切含义，因为这些基本信念决定着天主教徒理解世界的方式。为了达到这个目的，他专门讨论了四个重要问题。

作为赠礼的世界

与其他所有大的宗教一样，基督教也非常关心宇宙的起源问题。《创世记》头几章以及它们所描述的上帝与世界的关系，成为教会对待这个基本问题的主要思想来源。坎宁安认为，创世论可以被简明地概括为四个要点，作为天主教世界观的基础。第一，世界既不是独立自足的，也没有自我解释的能力，相反，它是由一个自由而慷慨的上帝创造的，上帝是所有实在的最终参照点。第二，天主教的创世论既回避了泛神论，又回避了万物有灵论（animism）；它宣称，在无限的上帝和有限的被造物之间，存在着一种质的区别。第三，上帝的世界是一个乐园，这种看法与谴责物质世界的那些人的看法，形成鲜明的对照，后者认为，物质世界是真正的恶，是遮蔽神圣实在性的一种幻象。第四，世界作为
35 人类活动的适当场所，是送给所有人的一份礼物，因此，人们应该怀着感激之情来接受它，以管家的身份来管理它。

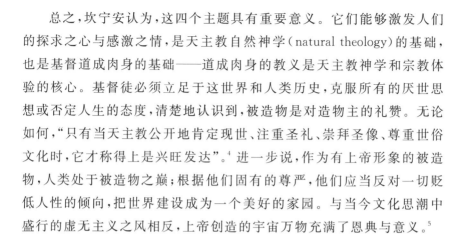

总之，坎宁安认为，这四个主题具有重要意义。它们能够激发人们的探求之心与感激之情，是天主教自然神学（natural theology）的基础，也是基督道成肉身的基础——道成肉身的教义是天主教神学和宗教体验的核心。基督徒必须立足于这世界和人类历史，克服所有的厌世思想或否定人生的态度，清楚地认识到，被造物是对造物主的礼赞。无论如何，"只有当天主教公开地肯定现世、注重圣礼、崇拜圣像、尊重世俗文化时，它才称得上是兴旺发达"。[4] 进一步说，作为有上帝形象的被造物，人类处于被造物之巅；根据他们固有的尊严，他们应当反对一切贬低人性的倾向，把世界建设成为一个美好的家园。与当今文化思潮中盛行的虚无主义之风相反，上帝创造的宇宙万物充满了恩典与意义。[5]

世界上的罪

天主教世界观如何解释世界上那不可胜数的罪恶和苦难？要是不回答这个问题，上述有关被造物之善的断言就会流于空泛。坎宁安的回应是，"简言之，天主教世界观的另一个方面必须考虑罪的事实。"[6]但是，我们必须区分作为永久状态的罪与作为个别行为的罪。《创世记》第 3 章记载了人类的堕落，它说明，人类最初一直徘徊于他律（heteronomy）和自主之间，因为屈服于后者，于是他们继承了一种通常所谓"原罪"（original sin）的作恶倾向。个别的恶行皆源于此，人类生活因此灾难不断。坎宁安说，所以，"道德罪恶既是人类的生存现状，又是所有人类无法逃避的一个事实。"[7]每个人都能根据自己的生活印证这一点；民族和四邻的堕落行为，也能印证这一点；体制上已经堕落、不再能发挥作用的政治制度，同样能证明这一点。要不是因为基督的救赎，有罪的状态得到医治，我们很容易对人类的本性持一种完全否定的态度。实际上，天主教世界观十分均衡。它既非极端的乐观主义，又非绝望的悲观主义；它坚持实在论的论点，这种论点的基本思想是，被造物本来是好的，却不幸堕落了，但在耶稣基督里有满有盼望的救赎。

36

基督教实在论

坎宁安认为，这是天主教世界观的第三个重要方面。[8] 这是一个折中的立场,它试图一分为二地阐述"作为上帝之赠礼的宇宙万物之善"与"原罪不可回避的事实和后果"二者之间的冲突。作者从以下几个重要方面阐述了这种不偏不倚的立场:首先是世界观——天主教徒既不应该放弃这世界,也不应该崇拜它;第二是人观——人既非全善,亦非堕落得不可救药;第三是罪恶观——罪恶虽然真的存在,却不能剥夺万物的意义和目的;第四是耶稣观——他既是真正的上帝,又是真正的人;第五是如何成为真正的人——人类既有物质的一面,又有属灵的一面;第六是文化环境观——天主教徒不仅要生活在一定的文化环境中,而且要在文化方面做出重要贡献。天主教世界观的这种实在论立场,试图在潜在的对立面之间实现真正的综合,进而创造一种和谐的信念模式。天主教真正的普遍性就体现在这种完整性之中。

对时间的体验

有人可能错误地认为,基督教是一种超时空的宗教,其实,基督教的特征恰恰是强调宇宙万物在历史长河中的存在,以及历史上发生的一些独一无二的事件,即上帝的伟大作为。唯因如此,天主教世界观十分强调时间即过去、现在、将来的重要性。过去和现在实际上是联系在一起的,因为后者是人们回忆往事的条件,这些事件可能发生于圣经的历史上,也可能发生于教会的历史上,现代的忠实信徒可由此获得滋养。坎宁安认为,"教会现在的所作所为都饱含着对以前教会的记忆。"培养基督徒记忆力的这种努力,激发了他们对历史悠久的教会的认同感,当代信徒因此觉得,他们与圣徒同在,他们是同一新约信仰的传人。教会不仅是存在于此时此地的一个组织,而且是一种具有勃勃生机的属灵实在——基督的身体,是一个存在于时空之中的统一体。在圣餐仪式中,过去、现在和未来合而为一,成为对记忆、临在和期待的庆典:"主耶稣啊,在吃这饼、喝这杯的时候,我们是在颂扬你的死,直到你荣耀地归来。"[9]诚然,等待耶稣荣耀地归来并不意味着消极被动,无所事事。毋宁说,基督徒应该按照原来的蓝图,建造上帝的国;上帝的国仿佛一粒芥菜籽,总会有长大的那一天。

坎宁安和其他许多人都认为,天主教实际上是一种世界观,一种与

众不同的人生观，一种在世界之中真正的存在方式（*habitus*/way of being）。它以作为上帝之赠礼的创世为开端，承认罪的问题，懂得获救的希望在于耶稣基督的救赎之工。这是一种实在论的信仰观，它把某些显然对立的教义综合为一个和谐连贯的整体。它特别强调时间概念，铭记上帝过去的作为，颂扬现世的福音，期待着基督未来的凯旋。[10]

可是，天主教世界观的另外一个特征坎宁安却没有具体提及，尽管他的论述可能暗含了这一点。天主教徒相信，"真理分为不同的层次"，换言之，不同的神学规范与"基本的基督教信仰存在不同的联系"；[11] 如果我们尊重这一观念，那么上述有关创世、罪、实在论和时间之讨论的基础，便是三位一体的教义。上帝在实质（substance）、本质（essence）或说本性（nature）上是一位，却是作为三个神圣的位格——圣父、圣子、圣灵——存在的，他们各不相同，却又联系在一起，这种信念是天主教教义和宗教体验的核心。事实上，神圣的三位一体作为启示的真理，不仅是教会充满活力的信仰之源，而且是人们理解上帝实现其完美的历史性计划的关键。因此，对天主教世界观来说，它具有至关重要的作用。最近出版的《天主教要理问答》（*Catechism of the Catholic Church*）阐述了三位一体理论的重要特征，并且把它和上帝在人类历史上的救赎目的联系起来。

> 作为宗教真理的最为神圣的三位一体理论，是基督教信仰和基督徒生活中的主要真理。这是关于上帝本身的真理。因此，它是基督教所有其他真理的源泉，是照亮它们的阳光。它是"基督教真理大厦"中最基本、最核心的教义。救赎的全部历史正是那唯一而真正的上帝——圣父、圣子、圣灵——以某种方式将自己启示给人类，"与那些远离罪恶的人和解并与他们团结在一起"的历史。[12]

38

以崇高的三位一体教义为基础，我们就能更好地集中精力来探索拉丁基督教以及天主教世界观这一宝库。这些教义曾一度戴着神秘的面纱，使用一种已经废弃的语言，与基督教的其他传统一样，它们也淹没在威力巨大的世俗主义思潮之中。然而，在过去的五十年间，它们以一种强有力的方式赢得现代世界的关注。这个过程开始于第二次梵蒂冈公会议,主要推动者是著名的教宗约翰·保罗二世。

一位"强调世界观"的教宗

在介绍詹姆斯·奥尔的护教方法,以便后现代时期的人们模仿时,巴刻提到 20 世纪几位重要的思想家,其中包括切斯特顿(G. K. Chesterton)、C. S. 路易斯和薛华,从某种意义上说,他们继承了这位苏格兰神学家的衣钵。然后,他发表了这个可以说是即兴的评论:"我们有理由认为,现在的教宗[约翰·保罗二世]最有资格做奥尔的传人。"巴刻认为,面对后现代性的强大风暴,奥尔及其门徒(包括教宗在内)所提出的、基督教复兴所需要的,正是有力地阐述一种合乎圣经的实在论:"以包容一切的、主题鲜明的、勇于论战的方式,宣讲一种彻底的基督教世界观,以此为最现实、最合理的一种理论。"[13] 因此巴刻认为,从某种意义上说,现任教宗就是"当代的奥尔"。不仅如此,天主教哲学家迈克尔·诺瓦克(Michael Novak)还把这位教宗清除当代文化垃圾、为基督教人生观争取地盘的雄心壮志,与福音派思想家(如卡尔·亨利以及薛华)的努力相提并论。[14] 这些评论来自新教和天主教两个不同的阵营,如果我们认为这些评价是中肯的,我们就可以有把握地说,卡罗尔·约瑟夫·沃伊蒂瓦(Karol Jozef Wojtyla, 1920—2005)——第 246 任罗马教宗——的确是一位"强调世界观"的教宗。实际上,他力图把天主教信仰这种宝贵财富运用于生活的各个领域;他关注人的尊严,力图在教会内部进行重大改革,在世界范围内革新人类文化。有人称他为"基督教激进分子"(Christian radical,词根 *radix* 的字面含义是"根源")——换言之,他认为,有些事情本来就是**真实**的,耶稣基督——他就是真理——是所有人生问题的最终解答。在此基础上,他"根据福音的思想,行使教宗的权利,思想上锐意进取,产生了重大的社会影响",也许已经成为"自 16 世纪宗教改革运动和反宗教改革运动以来最有影响力的一位教宗"。[15] 这个人特别伟大、特别具有影响力的原因究竟是什么呢?

沃伊蒂瓦是波兰人,早年曾经历纳粹的恐怖和残忍。他目睹了形形色色的人本主义意识形态给人类带来的巨大灾难,这些理论许诺的是乌托邦式的梦想，给予的却是文化领域的噩梦，无数人的自由和尊严被剥夺。后来，沃伊蒂瓦深刻地认识到，无论是在现实经验的层面，还是在哲学的层面，西方的深层危机完全在于其错误的人性观。因此，即使是在第二次梵蒂冈公会议进行的过程中，沃伊蒂瓦还在按照自己的计划，撰写一部探讨这个问题的论著。在写给亨利·德·吕巴克神父（Henri de Lubac）的一封信中，他解释了自己的写作动机，他说，这个写作计划起源于他对人类困境的深切关注。

> 我把自己本来就非常少的业余时间完全用于一部著作，我非常关心这部著作，因为它探讨了人的形而上学意义以及人的奥秘。我觉得，这个层面的争论现已接近尾声。我们这个时代的罪恶首先在于贬低每个人的基本独特性，换言之，每个人的基本独特性都被彻底摧毁了。这种弊病与其说是在道德领域，毋宁说是在形而上学领域。无神论的意识形态有时会发起这种毁灭性的进攻，我们必须还击，但不是通过徒劳无益的论战，而是通过"重述"人的那些神圣不可侵犯的奥秘。[16]

40

有些人在纳粹和极权统治下饱受折磨，沃伊蒂瓦不仅关注他们所遭受的苦难，还清楚地认识到，西方个人主义和自私自利的资本主义已经走入极端，受制于它们的灵魂遭到严重的扭曲。在沃伊蒂瓦看来，无论什么地方，建立在世俗的无神论假设之上的各种政治体制和经济制度，必然会严重地背离人的真正本质及其尊贵。20世纪是科学、技术和经济突飞猛进的时代，却也是道德和灵魂的一片荒原，它对人性的摧残无异于一场灾难。

我们应该做些什么？上述引文表达了沃伊蒂瓦的灵活策略。首先，高呼道德口号并不能解决目前的危机，因为人性问题本来就不是一个道德问题。其次，"徒劳无益的论战"同样不能解决问题，换言之，惊慌失措的无力辩护，或大肆标榜人的价值，都无济于事。既然这个问题本来属于形而上的范畴，以彻底的无神论思想为基础，那么，能与这样一种全面而有力的实在论进行较量的唯一可行的做法是，建设一种同样全面、同样有说服力的哲学，一种"能够'重述'人的那些神圣不可侵犯的奥秘"的哲学。换句话说,沃伊蒂瓦的看法类似于在他之前的奥尔和凯波尔;他知道,只有建设一种新的形而上学,重新提出一种彻底的有神论人生观,高扬人的尊严,我们才能赢得这场争夺世界和人类灵魂的战争。于是,沃伊蒂瓦站在天主教立场上,提出一种基督教人文主义,他认为,这是应对当代人文主义危机的唯一可行的办法。

　　这个后来成了教宗的人,把自己的思想建立在三个基本信念之上。首先,人类无一例外地具有这样一种本质特征:他们都有探求真理的哲学渴望,都希望找到关于人生终极问题的答案。他在教宗通谕《信仰与理性》(Fides et Ratio)中说,"从某种意义上说,所有的人都是哲学家,都有自己的一些用以指导人生的哲学观念。"[17] 事实上,我们甚至可以把人定义为"寻求真理的**存在者**"。[18] 他推动诸如此类的哲学思考,还特别鼓励虔诚的天主教徒要积极汲取信仰和理性这两大源泉的滋养,树立全面的人生观,这是教宗始终具有的一个特点。他对这个计划充满信心,他说:"圣经的某些地方直接或间接地表达了一种人观和世界观,从哲学上看,这种观点非常复杂难解。"[19] 因此这位教宗认为,哲学建设是人类一项无法推卸的中心任务。

　　这就把我们自然而然地引到沃伊蒂瓦的第二个基本信念,他认为,人类文化建基于特定的哲学信念和宗教义务,前者是后者的必然产物。人们常常忽略以下事实:"文化"(culture)一词毕竟是宗教崇拜(cult)的产物。人们的思维方式和崇拜对象,决定着他们的生产对象和生活方式。因此,文化仿佛一个火车头,它能决定事物的发展方向及其命运。理查德·约翰·纽豪斯(Richard John Neuhaus)解释说:"这位教宗深信,在所有能够推动历史发展的因素当中,文化的因素最为重要。人们理解世界的方式,他们界定幸福生活的方式,以及他们把自己的道德准则灌输给别人的方式,都属于文化的内容。"[20] 由此可见,文化是人类生存状态的根源所在。

　　这位教宗的第三个基本信念是前两个信念的必然结果。既然文化是创造历史的主要因素,是人类与生俱来的哲学和宗教冲动的必然产物,那么,要改变人类的经验,使其向好的方向发展,我们就必须在文化的层面,以及作为文化构成因素的基本观念这一层面,进行彻底的变革。为了解决现代人所面临的人性泯灭的问题,教宗认为,必须进行文化改革,实际

41

42

上,他是要改革处于文化深层的哲学和宗教,这才是文化的最终源泉。积极遏制恐怖势力也许不无道理,但是,在沃伊蒂瓦看来,这种做法似乎只能治标,而不能治本,不能根治政治和社会方面的痼弊。最深层次的变革意味着,我们必须彻底改变语词的基本含义,既要改变人的语词,又要改变上帝的语词,因为它们能用概念来表述实在,也能用概念来描述人的存在。以实在的这一更深层面为标的,沃伊蒂瓦力图宣扬并实践一种生长于天主教沃土之上的充满活力的基督教人文主义,以取代某些根深蒂固的意识形态,因为它们是现代人的不幸之源。他认为,这种崭新而全面的人生观能够成为西方文化的新基础,也能成为真正的希望之源。

沃伊蒂瓦所理解的基督教人文主义规模宏大,内容丰富,我们不可能在很短的篇幅内全面地阐述其思想。顾名思义,基督教人文主义完全以基督为中心,其注意力完全集中在道成肉身的主及其所作所为上。简言之,用教宗自己的话说,他的核心思想是,"在基督身上,并且通过基督,人类彻底认识了自己的尊严、自己所处的崇高地位、人类超越一切的价值及其生命的意义。"[21] 对世界和人类尊严的这样一种看法,源于道成肉身的基督这一奥秘,这是这位教宗的基督教人文主义世界观的基石,这种观点涵盖了人类生活的各个方面。

在第二次梵蒂冈公会议(Second Vatican Council, 1962—1965)上,作为克拉科夫(Kraków)教区大主教的沃伊蒂瓦所积极倡导的,正是这一重大课题,即众所周知的 *aggionamento*,或天主教思想的"更新",以应对现代世界提出的挑战。[22] 这个问题正是他论述本次公会议的著作《万象更新之源》(*Sources of Renewal*)的主题,该书的目的是,培育天主教徒的神学意识和实践精神。[23] 正是这个论题成为他担任教宗期间的核心问题。他写过十三封名为《人类的救主》(*Redemptor Hominis*)的教宗通谕,任职伊始,他就在第一封通谕中大胆地公开了自己的设想。[24] 这是他的希望所在,他希望"传扬福音的春天"能够早日到来,把基督的福音传遍全球,这才是医治当代人生危机的灵丹妙药。[25] 这也是这位教宗大赦年的主题,大刀阔斧的教会改革运动已经展开,第三个千年的庆祝活动也已拉开帷幕,人们开始在生活的各个方面探索基督教人文主义的内涵。[26]

43

根据这种具有革命意义的哲学，约翰·保罗二世，这位 20 世纪最具影响力的领袖人物之一，公然宣称，我们能够"跨过希望的门槛"，满怀信心地进入人类历史的又一个千年。[27] 因为基督教福音书已经讲述了世界的真实历史：三位一体的上帝，即圣父、圣子、圣灵，是存在的；绚丽多彩的宇宙万物是上帝的赠礼；按上帝的形象所造的人类有自己的尊荣；堕落的悲剧能够解释人类的不幸遭遇；罪得赦免和重生全靠神人二性的耶稣基督的道成肉身和救赎。这种人生观以圣经的思想和博大的传统为基础，坚定地捍卫人类的尊严，这就是教宗的世界观。这是一位具有敏锐的灵性知觉的老者，即使在其暮年，在沉沉的黑暗尚未退去之际，他已经觉醒，他要欣赏壮丽的日出。[28]

东正教

东正教神学家、圣礼学者亚历山大·施麦曼（Alexander Schmemann, 1921—1983）指出，尽管东西方教会有过重要对话，但是西方基督徒对东正教的了解几乎等于零，至于东正教世界观的问题，更是如此。他这样写道："尽管基督教的东方与基督教的西方有过全球性的对话，尽管这种对话已经进行了半个多世纪，双方也都公开承认这种'对话状态'，但是在我看来，西方基督徒很难真正理解东正教；与其说是不能理解东正教的官方教义和理论，毋宁说是不能理解其基本的世界观，即处于这些教义底层、作为其真实的'生存'环境的那种经验。"[29]

褊狭的西方人对东正教的无知，并不是因为东正教肯定不重视世界观概念。詹姆斯·康奈理（James Counelis）说，事实上，"世界观恰恰是东正教神学思想的核心"，不过，他又坦率地说，"东正教的神学传统并不使用这样的术语。"[30] 但这种思想是存在的，罗马天主教关于道成肉身的理论也包含着这一思想。如施麦曼所言，东方教会对"神人二性的伟大真理"，即神人二性论，有过激烈的争论，这些争论所包含的，正是"真正的基督教'人文主义'，真正的基督教世界观的根源和前提"。[31]

东正教群体在比较抽象的世界观问题上表现得沉默寡言，自有其充分的理由。

东正教与世界观

西方的基督教思想家通常认为，神学研究具有理性-科学的特点。早在教父时期，人们就或多或少把神学研究视为一种学术活动，因此，神学研究往往远离生活，远离教会的礼拜仪式。作为一种分析性的研究，神学主要致力于阐释圣经关于上帝的命题，以及上帝与世界的关系，再把这些阐述综合为一个连贯的整体。在天主教和新教神学家的思想意识中，这种科学导向的模式是根深蒂固的。

东正教的看法却迥然不同。从 17 世纪到 19 世纪，东正教神学开始借鉴西方的思维方式，特别是它的经院哲学和忏悔的方法，导致了后人所谓的教会"被囚于西方"。假冒的东正教神学出现了，至少可以说是暂时出现了这种现象。它们的根系脱离了教父哲学这片沃土，抛弃了信仰真理及其圣礼这个坚实的基础。[32] 为了保持东正教信仰的特色，保持其原有的世界观，东正教神学必须牢固地建立在圣礼的经验之上。丹尼尔·柯林德宁（Daniel Clendenin）认为，"西方人试图从图书馆借来的书上学习神学，东正教却把目光对准圣礼，对准教堂内的礼拜仪式，以此来学习神学"。[33] 蒂莫西·威尔（Timothy Ware）写了一本介绍东正教的书，很受欢迎，它深入阐述了这种具有历史意义的进路。

东正教对待宗教的方法，基本上是一种突出圣礼的做法。这种方法的主要特点是，根据圣礼来理解教义。"东正教"一词的本来含义是，正确的信念和正确的礼拜仪式，这绝非巧合，因为二者是不可分割的。人们对拜占庭人有这样的正确评价："在他们看来，教理不仅是神职人员所理解的讲给平信徒听的一种思想体系，而且是一片视野，由此看来，宇宙万物皆与天堂里的事物联系起来，主要是通过圣礼而联系起来。"用乔治·弗洛若夫斯基（Georges Florovsky）的话说，"基督教是一种强调圣礼的宗教。教会主要是

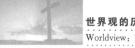

一个敬拜上帝的团体。首先是敬拜,其次是教义和纪律。"那些希望了解东正教的人,与其说应该读书……毋宁说应该参加礼拜仪式。腓力曾这样对拿但业说:"你来看。"(《约翰福音》1:46)[34]

46   强调圣礼的这种做法对神学建设以及东正教世界观思想的发展都产生了直接的影响。与奥尔、凯波尔、杜耶沃德的那种比较抽象、系统的新教神学思想相比,甚至与教宗约翰·保罗二世的世界观思想相比,东正教世界观具有明显的差异。根据东正教丰富的神学资源,施麦曼清晰而深刻地阐述了东正教的世界观,一种立足圣礼并且根据圣礼来理解人生的方法。这种世界观所包含的一些重要问题,非常值得我们研究。

一种强调圣礼的世界观

在《为了世界万物的生命:圣礼与东正教》的序言中,施麦曼说,该书主要是为学生们写的,其目的是"介绍'基督教世界观',换言之,基督教世界观是理解世界和人生的一种方法,其根源是东正教的圣礼经验"。[35]施麦曼忠实于东正教的精神,其目的不是要抽象地阐述或严密地分析东正教神学及其世界观,而是要说明,通过教堂内的礼拜经验,信徒们能够培养一种具有圣礼特点的知觉世界、知觉天国的能力。"我坚信,我们的答案不是来自纯粹的思想理论,而是来自教会那种生机勃勃的从未中断的经验,她把这种经验通过礼拜启示给我们,圣礼往往能使教会成为真正的教会:世界的圣礼,天国的圣礼——这是它们**在基督里送给我们的礼物。**"(第 8 页)[36]

施麦曼在第二章接着描述了东正教圣礼最为重要的组成部分——圣餐仪式,第三章则详细叙述圣礼中刚刚体验到的天国原则,如何才能用于生命的更新。第四、五、六章分别介绍了洗礼、婚礼和医治的仪式,于是上帝的国延伸到生活的各个方面。在本书的结尾部分,他对教会提出一个劝诫:教会的使命是见证世界的实在性,而且要改变这个世界。所有这些讨论都是在第一章的思想背景下展开的,施麦曼在本书

第一章简要地介绍了天主教的世界观。创造、堕落、救赎是东正教理解人生的思想框架，沿着这个思路，他着力探讨了人类的祭司角色。[37]

47

施麦曼首先讨论了一个看似无关紧要的问题：吃东西。他引述路德维希·费尔巴哈（Ludwig Feuerbach）的话说："人吃什么，他就会成为什么。"这位德国唯物论哲学家试图用这一双关语来说明，人类不过是一种物质性的被造物，是其饮食的必然产物。施麦曼说，实际上，费尔巴哈无意中发现了一种最富宗教内涵的人性论。根据圣经的创世故事，人首先是作为一个饥饿的存在者而出现的，整个世界都摆在他面前，供他享用。上帝的第一道律令是，要生养众多，并治理全地；第二道律令是，要把地上的这些东西作为食物（《创世记》1：29）。施麦曼对这一思想做了如下解释：

> 人必须吃饭，才能活着；他必须把世界纳入自己的身体，把世界变成自己的组成部分，变成肌肉和血液。他确实是他所吃的那些东西，整个世界摆在他面前，仿佛一张应有尽有的大宴会桌。与宴会有关的这种意向多次出现于圣经，成为生命的主要象征。这是创世时的生命形象，也是最终的、实现了自身价值的生命形象："……你将在我的国中，与我一同坐席。"（第 11 页）

如施麦曼所言，他之所以首先讨论这个看似无关紧要的饮食问题，主要是因为他想回答一个基本问题：生命的本质是什么？他这样问道："作为基督徒，我们都承认，基督为世界万物的生命而死，问题是，我们指的是一种什么样的生命？我们所宣扬、所表白的，究竟是一种什么样的生命？什么样的**生命**，才既是基督徒人生**使命**的动力，又是其真正的意义所在呢？"（第 11—12 页）当然，基督提供了丰盛的**生命**，但究竟它是怎样的呢？

施麦曼认为，这个问题通常有两种回答。首先有些人认为，基督创造的这种生命，具有特殊的宗教意义和灵性特征，与教会相联系，却与平常的世俗生活无关。其次，还有一些人认为，基督创造的这种生命，具有特殊的人类文化方面的内涵，与世界相联系，更新世俗文化是教会的主要任务。用尼布尔的术语说,二者代表"教会的两种极端思想"。前一派是"激进主义者",他们表达了摩尼教的思想,主张"基督与文化的对立";在他们看来,宗教就是一切。后一派是"文化主义者",他们表达了一种自由的思想,认为"基督是文化的一部分";在他们看来,世界就是一切。[38]

施麦曼认为,论战双方给出的答案都是有缺陷的,因为在圣经中,我们找不到支持这种典型的二元论观念的任何段落;然而,这种观念却盛行于西方的(如果不是全世界的)宗教思想之中。基督为世界万物的生命而献出自己的生命,但是,**生命**的本质问题却悬而未决。"我们是把生命'灵性化'了,还是把宗教'世俗化'了? 我们是邀请别人来出席属灵的盛宴,还是干脆加入他们那世俗的晚宴,投入现实的生活? 我们知道,为了现世的生活,上帝献出了他的独生子。宗教不可能回答这样的问题。"(第 13 页)

为了打破僵局,施麦曼在上述两种观点之外,又提出第三种选择:基督的死既不是为了**灵性**生命,也不是为了**世俗**生命,而是为了让世界万物能够享有一种真正符合圣礼思想的生命。为了解释自己的观点,他把自己所理解的人类表述为万物的祭司,这一点表现在教会的圣餐仪式中。

人类作为宇宙万物的祭司

如前所述,圣经一开始就认为,人是一种饥饿的存在者,**整个**世界摆在他面前,供他享用。施麦曼指出,既然世界是上帝创造的,食物是上帝的恩赐,那么吃喝,即通常被理解为纯粹自然意义上的那种活动,就会变成一种与上帝交流的经验。这样,我们就能克服世俗生活与宗教生活的二元对立。上帝创造了宇宙万物,在接受和享用这份礼物的同时,信徒们也享受了与上帝的交流,对上帝有了一定的认识。属灵世界与物质世界具有密切的联系,不容许任何人为的分割。上帝不是物质世界的对立面;物质世界也不是上帝的对立面。既然物质世界是上帝创造的,我们就必须把它理解为上帝启示自身的途径,以及上帝养育万物的方式。

圣经说，人吃的东西，也就是人为了生存而必须［按字面意思］享受的世界，是上帝赐给人的，这是作为**与上帝的相交**而赠给他的。作为人的食粮，世界不是一种"物质性的"东西，也不局限于物质性的功能，否则，它就会与那种特殊的"灵性功能"有所区别，并与之对立，人正是通过后者，才和上帝联系起来。世界万物都是上帝的赠礼，万物之所以存在，正是为了让人能够认识上帝，与上帝相交。是上帝的爱化作人的食粮，化作人的生命。上帝**赐福**于他所创造的一切。用圣经的话说，他使一切被造物都成为他的存在与智慧、仁爱与启示的记号和手段："你们要尝尝主恩的滋味，便知道他是美善。"［《诗篇》34∶8］（第 14 页）

49

　　施麦曼认为，世界显然不能归结为费尔巴哈的唯物论。根据《创世记》的有关论述，他以独特的方式重新发现了世界万物，他认为，世界万物都是上帝创造的，都有随之而来的一些圣礼思想。作为上帝的创造物，世界万物在其最深层本性中赞美造物主的荣耀。"世界，无论是作为宇宙的整体性世界，还是作为时间和历史的生命及其嬗变，都是上帝的**显现**（epiphany），是上帝启示自身、显现自身、发挥自身权能的方式。换言之，世界不仅'设定'了上帝的观念，并以此为世界之所以存在的合理原因；它确实是在'赞颂'上帝，它本身既是信徒们认识上帝的必要手段，又是他们参与圣礼的必由之路。这是世界的真正本质，也是它最终的命运。"（第 120 页）

　　世界就是如此，我们应该如何对待这个世界呢？在人与万物的关系中，人的作用究竟是什么？问题的答案是：行使祭司的职分。上帝把人造成这样一种存在者，他们的生命能够感觉到各种饥饿，其主要标志是需要食物；只有这个非常美好的世界及其产物，才能满足人类的需求，世界是上帝的象征和符号。世界是上帝的赠礼，面对这份礼物及其提供的食粮，合宜的回应是，行使祭司的职分：通过敬拜的仪式感谢上帝，颂扬上帝，因为敬拜能够体现人类的真正本质。准确地说，人是"思想者"，是"制造者"，但是更深刻地说，他们是"敬拜者"。他们怀着感恩之心接受了世界这份赠礼，把它转化成在上帝中的生命，与此同时，他们也就成为主持宇宙万物的圣礼的祭司。

> "人类是思想者"（*homo sapiens*），"人类是制造者"（*homo faber*）……不错，然而首先"人类是崇拜者"（*homo adorans*）。人是祭司，这是他的第一种定义，也是他最基本的定义。在赞美上帝的同时，他接受了上帝赐予的世界，却又把这个世界奉献给上帝——他使这个世界满是饼和葡萄酒，他把来自这个世界的生命，改造成为上帝生命的一部分、一种圣礼。他处于宇宙万物的中心，他把它们统一起来。上帝把世界创造成为一种"物质"，无所不包的圣餐仪式上所使用的一种物质；上帝又把人创造成为主持这一无所不包的圣礼的祭司。（第 15 页）

祭司的生命在罪恶中的堕落

根据东正教的理解，万物皆有圣礼的特征，人类是它们的祭司。可
50 是，《创世记》第 3 章说，人类堕落了，有了罪；施麦曼是如何看待这一问题的？这个灾难性事件的意义和后果是什么？他说，人类堕落的主要原因，还是与食物有关，这不足为奇。人类的祖先偷吃了分别善恶树上的果子，违反了上帝的命令。然而，这个事件的真正意义不在于亚当和夏娃越过雷池，违背了上帝的旨意。毋宁说人类的堕落意味着他们不相信世界既代表上帝的存在，又代表上帝给予他们的食物；他们放弃了祭司的职分。堕落还意味着，他们希望世界是一个自在之物，与造物主无关。他们试图依靠世界而生存，仅仅依靠它的物产而生存。他们不再把世界看作上帝的世界；他们以为世界本来就存在，而不是上帝创造出来的，它是纯粹的"自然"。换言之，《创世记》第 3 章中人类堕落的意思是，人类不再从圣礼的启示角度来看待实在。施麦曼解释如下：

> 那棵树上的果实与园子里的其他任何果实都不同，也许它还有别的含义：它不是上帝给人准备的礼物。不是上帝给的，也没有上帝的祝福，它就是一种食物，人类吃了它，就注定要与它在一起，而

不是与上帝在一起。它是世界的形象，人类因为它本身而爱它；吃这个果子则是生活的形象，人类认为，生活本身就是一种目的……人类热爱这个世界，却把它当成目的本身，而不是把它当作一面能够显现上帝的镜子。长期以来，他一直这样认为，于是，这种看法"开始流行"。人们好像自然而然地认为，世界不能折射什么，上帝并非无所不在。他们好像自然而然地认为，无须因为上帝把世界赠予我们，我们便要终生感恩。不感恩似乎是理所当然的。（第 16 页）

人类应当把生活当作一种"圣礼"，换言之，人类应当承认，世界是上帝创造的，上帝赠予他们许多礼物；他们应当怀着深深的感激之情，回报上帝。由于人类的堕落，他们认识不到自己的祭司职分，也认识不到这种理解和感恩祈祷的巨大作用。毋宁说人类对世界的依赖和占有，已经变成一条"封闭的线路"。人类只顾自己，而不顾上帝，不以上帝为参照，因此，他们不敬拜上帝，也不感谢上帝。

处于罪恶状态的人类仍然感到饥饿。他们仍然在世界万物中寻找能够满足自己需要的食粮。人们知道，他们的生命要依赖他们之外的很多因素（食物、空气、水、他人，等等）。但是，如果疏远了上帝，人类的爱、他们感到的饥饿及其满足，只能从世界的角度、根据世界本身来理解，结果只能和伊甸园的一样。"如果有人认为，食物本身是生命之源，那么吃喝就是与死相交。"如果人们认为，世界本身是独立不依的，是一种自在自为的价值，那么世界会变得毫无价值。由于堕落，"人类丧失了具有圣礼意义的生命，他丧失了生命本身，就是说，他丧失了使生命重返真正的生命能力。他不再是世界的祭司，反而沦为它的奴隶"。（第 17 页）

在我们看来，……"原"罪主要不是说，人类"违背"了上帝的旨意；罪的意思是，人类不再渴望上帝，不再单单渴望这位上帝，不再认为他依赖整个世界的全部生命是一种与上帝相交的圣礼。罪不是指人类忽视了自己的宗教义务。罪的意思是，人类从宗教的角度来理解上帝，把上帝与生命对立起来。人类唯一可能的真正的堕落是，在一个不懂得圣礼意义的世界上，过一种不符合圣礼思想的生活。堕落并不是指人类选择了世界，没有选择上帝，因此，他颠倒了属灵世界与物质世界的关系；堕落的意思是，人类使世界堕落为单纯的物质世界，他本来应该把世界转化成为"在上帝中的生命"，使它具有意义和灵性。（第18页）

祭司的生命通过基督的救赎而复活了

施麦曼认为，"创造"是上帝临在及祝福的圣礼，人类是它们的祭司，堕落的意思是，圣礼和祭司职分在人类生活中消失了。那他如何理解耶稣基督的救赎？我们完全可以预见，基督的救赎能够恢复具有圣礼意义的生命观，能够恢复我们生命中的祭司职分。上帝没有弃人类于混乱渴求的捆绑中不顾，任由他们被那些似乎总也无法满足的、无穷的欲望所胜。人类一直在努力奋斗，在不断地探索这些莫名其妙的需求和饥饿所包含的意义。上帝创造人类，完全符合他的心意，完全是为了他自己。因此，只有通过耶稣基督的光和福音，我们才能找到种种饥饿的根源，以及满足这些需求的方法。

> 面对这种毫无希望的局面，上帝采取果断措施：正当人类朝天堂的方向摸索着前进时，上帝用光明驱走了黑暗。他这样做，不是为了救援，不是为了挽救已经迷路的人类：**毋宁说这是为了兑现他一开始就许下的诺言**。上帝采取那样的行动，是为了让人类知道，他究竟是谁，人类的饥饿已经把他们自己逼到什么样的境地。
>
> 上帝送来的光明正是他的儿子：在世界的漫漫长夜里，这种光明始终照耀着大地；只是到了现在，人类才刚刚领略到它的全部光辉。（第18页，粗体为笔者所加）

请注意这句话：基督的事工与其说是一种救援行为，毋宁说是"为了兑现他一开始就许下的诺言"。上帝一开始就许下什么样的诺言？他不是要创造一个能够表示和象征其存在和仁爱的世界吗？不是只有

52

通过上帝，作为赠礼的被造物才能满足人心的欲望吗？灵魂的迫切愿望不是一直就指向上帝吗？人心不是想感谢幸福的生活吗？宗教的悠久历史不是以断断续续的方式，描述了人对上帝的期盼吗？在基督那里，所有的宗教都到达了它们的终点，因为他是所有的宗教期盼和人类渴望的最终答案。通过他，人一度丧失的真实**生命**再次恢复生机，因为救赎是一种新的创造，它意味着，"通过基督，生命——全部的生命——在人身上再次恢复生机，再次作为圣礼以及与上帝的相交赐给人"（第 20—21 页）。通过基督的救赎，世界再次成为上帝的创造物，人类再次承担起祭司的职分。基督为世界的这种生命而死。

只有通过食物来表示庆祝，甚至只有通过食物，我们才能再次获得这种在基督之中的神圣生命，这当然不足为奇。施麦曼认为，通过举行神圣的聚餐，即通过圣餐仪式，我们就能享受耶稣的彻底奉献带给人类的益处。摆放在圣坛上用以记念基督的那些饼和葡萄酒，包含着所有的圣礼体验。人的生命要依赖食物，依赖饼和葡萄酒，依赖一次盛宴所播撒的宇宙万物。上帝造人，是为了让他们庆祝宇宙的圣餐，让他们享受在上帝之中的生命的复活。在领受圣餐食物的同时，信徒们已经认识到，这些食物究竟是什么，宇宙万物究竟是什么——它们是上帝的赠礼，它们昭示着上帝的存在，它们使人类认识了他的荣耀。把这些食物、这个世界、这种生命献给上帝，正是人类的祭司职分和圣礼义务，是其生命价值的真正实现。世界的真正意义、人类的真正身份——东正教世界观的真谛——全部体现在这种圣餐仪式之中。

结语

无论天主教还是东正教，在它们的属灵术语或神学术语中，"世界观"都不是一个特别引人注目的词汇。然而，这两种传统思想都包含着一种内在的冲动，都想把基督教理解为一种世界观。坎宁安根据自己的理解，明确地用这个概念来概括天主教思想的本质特征。教宗约翰·保罗二世倡导基督教人文主义,这种思想所包含的,正是天主教对宇宙万物的一种全面解释,这种解释有两个中心:耶稣基督的道成肉身与人类的尊严。东
53 正教的思想特点历来反对神学推论,因此,很少有人用命题的形式来表述东正教的世界观。但是这并不意味着,这个思想传统中就没有一种世界观。东正教的圣礼是世界观思想的源泉,由此出发,施麦曼简要介绍了东正教的生命观,特别是它的圣礼和祭司的作用。

基督教有三大思想传统:新教福音派、天主教与东正教。虽然它们具有很大差异,但是在基督教世界观这一问题上,它们又有很多相同之处。基督教历史悠久,每一派别都有其优势和缺陷。对教会来说,明智的选择是,吸纳别人的优点,克服自己的缺点,这样,我们才能建设一种真正的基督教实在论,否则,这种理论必然会有范围上或说服力上的局限。如果我们承认,圣灵历世历代也一直在我们之外不同的敬拜上帝的宗教传统中工作(如理查德·傅士德所言[39]),我们就没有任何理由不互相学习。在我们阐述各自的基督教世界观的过程中,必然会遇到一些困难,这种开放的态度有助于我们克服这些困难。埃弗里·杜勒斯(Avery Dulles, S. J.)赞成这种联合的主张,他建议,有关各派"要共同推动普世教会运动,想一想你能给别人多少知识,又能从别人那里学到多少知识……我们可以这样来理解每一派别的坚定信仰:它们是在为普世教会(*oikoumene*)保守财富"。[40]

本书的前两章已经表明,这三大思想传统有一个明显的共同要素,它们都认可圣经的指导思想:创造、堕落、救赎。新教福音派坚持强调圣经的权威及其至高无上的地位,他们特别善于系统地阐述这三个主要问题在圣经中的意义及其文化内涵。天主教和东正教的主要贡献在于,它们特别关注这些概念的属灵意义和神学内涵,努力使之体现在圣餐圣礼中。如果教会想要拥有能深化和丰富所有信徒信仰的"全面、普遍的基督教世界观",能够有效地回应"渗透着虚无主义和享乐主义的世俗文化",它就
54 同样需要这两个方面——"圣经和文化"的方面与"圣餐和圣礼"的方面(二者**无疑**是相容的),以及来自其他传统的宝贵思想。[41]

与其他的基督教思想传统相比,新教福音派在更大的范围内利用了世界观的思想。这是福音派**的**一大特征,如果这种说法有些过头,那

么我们可以肯定地说，这是福音派**内部**，特别是改革宗内部的一大特征。既然这种思想很重要，有利于传播一种全面的具有凝聚力的圣经信仰，那么，了解这个概念的起源及其在思想史上的作用就具有重要意义。这将是下面六章的主要内容。

注释：

1. *Handbook of Catholic Theology* (1995)，s. v. "worldview," p. 748. 尽管如此，罗马天主教内部对这个问题已有所认识，因为在不同的天主教工具书中，都有对这个问题的讨论，特别是 *Sacramentum Mundi*，edited by Karl Rahner, S. J. (1968 – 1970)，本书收录了一些关于"世界图景"（world picture）和"诸世界观"的论文，很能说明问题。

2. 亚伯拉罕·凯波尔把"天主教"说成是"关于人生的宏伟**复杂综合体**（complexes）"之一，"完全用自己的一套概念和表达方式来阐述其人生观"。他认为，"罗马天主教统一的人生观产生的结果"可以作为他的思想模式，据此，他把加尔文主义建设成为一种彻底的能够改造人生的世界观，参见 Abraham Kuyper, *Lectures on Calvinism: Six Lectures Delivered at Princeton University under Auspices of the L. P. Stone Foundation* (1931; Grand Rapids: Eerdmans, 1994), pp. 17 – 18。

3. Lawrence S. Cunningham, *The Catholic Faith: An Introduction* (New York: Paulist, 1987), p. 111.

4. Ibid., p. 119.

5. Ibid., pp. 111 – 115.

6. Ibid., p. 115.

7. Ibid., p. 117.

8. 坎宁安承认，他所阐述的"基督教实在论"曾受到伯纳德·龙纳根（Bernard Lonergan）思想的启发，但是又不同于他的思想，尽管二者具有相同的名称。后者所关注的是认识世界的基本方法，参见 Bernard Lonergan, "The Origins of Christian Realism", in *A Second Collection*, ed. William Ryan and Bernard Terrel (Philadelphia: Westminster, 1974), pp. 239 – 261。它试图一分为二地对待朴素的实在论/经验主义与观念论的反实在论；它主张批判实在论（critical realism），根据这种理论，未经审查的经验或思想体系不足以揭示事物的真实本质，只有判断和信念才能实现这一目标，因为判断和信念虽然具有历史局限性，却与实在相联系。

9. Cunningham, p. 123.

10. Richard P. McBrien, *Catholicism*, 2 vols. (Minneapolis: Winston Press, 1980), 1:135 – 137. 该书对天主教思想作了另外两种概括，一种概括以各种

史料为基础,另一种概括精选自 *Pastoral Constitution on the Church in the Modern World of Vatican II* (1965)。

11. *Catechism of the Catholic Church* (Liguori, Mo.: Liguori Publications, 1994), p.28(§90)。

12. Ibid., p.62(§234). 我要感谢蒂姆·麦赫尼,是他指出了天主教世界观的这个重要方面。

13. J. I. Packer, "On from Orr: Cultural Crisis, Rational Realism and Incarnational Ontology," in *Reclaiming the Great Tradition: Evangelicals, Catholics, and Orthodox in Dialogue*, ed. James. S. Cutsinger (Downers Grove, Ill.: Inter Varsity, 1997), pp.166 – 167.

14. Michael Novak, foreword to *Karol Wojtyla: The Thought of the Man Who Became Pope John Paul II*, by Rocco Buttiglione, trans. Paolo Guietti and Francesca Murphy (Grand Rapids: Eerdmans, 1997), p. xi.

15. 对教宗的这些评价来自 George Weigel, *Witness to Hope: The Biography of Pope John Paul II* (New York: Harper Collins, Cliff Street Books, 1999), pp.4,9,10,855。

16. Henri de Lubac, *At the Service of the Church* (San Francisco: Ignatius, 1993), pp.171 – 172, quoted by Weigel, p.174. 沃伊蒂瓦论述形而上学以及人的奥秘的著作,是其主要的哲学论著已经被翻译为英语:Karol Wojtyla, *The Acting Person* (Dordrecht: D. Reidel, 1979)。

17. Pope John Paul II, *Fides et Ratio: On the Relationship between Faith and Reason*, encyclical letter (Boston: Pauline Books and Media, 1998), p.43.

18. Ibid., p.41.

19. Ibid., p.100. 在 ibid., pp.45 – 46 一个有趣的注释 n.28 中,他说他始终感兴趣的是根据传统的天主教思想建设一种哲学,在传统的天主教思想中,信仰能使理性更完善:"人是什么? 人的作用是什么? 哪些是他的善? 哪些是他的恶?(《便西拉智训》18:8)……每个人的心中都有这样的问题,不同时期、不同民族的大诗人已经反复提出过这样的问题,它们几乎成了人性的先知之声。这是人类之所以为人类的关键问题。这些问题说明,为人生寻到一种理由是一项迫在眉睫的任务,每时每刻都是如此,无论是在平常,还是在人生的紧要关头。这些问题能够说明,人类的存在具有深刻的合理性,因为它们唤醒了人类的理智和意志,要它们自由地探求一种能够揭示人生真谛的方法。因此,这些探究是人性的最高表现;正是在这种意义上,我们认为,这些问题的答案能够衡量人类参与其存在过程的程度。进一步说,当我们把**关于事物的为什么**与上述终极问题和谐地向前推进时,人类理性的作用就发挥到极致,理性就会走向宗教冲动。宗教冲动是人性的最高表现,因为它是人的理性本质之极限。它起源于人类探求真理的强烈愿望,是人类自由而积极地探寻上帝的基础。"这段引文的另一个出

处是 *General Audience*（19 October 1983）：1 - 2；*Insegnamenti* 6（1983）：814 - 815。

20. Richard John Neuhaus, foreword to *Springtime of Evangelization: The Complete Texts of the Holy Father's 1998 ad Limina Addresses to the Bishops of the United States*, by Pope John Paul II（San Francisco: Ignatius, 1999）, p.14.

21. Pope John Paul II, *The Redeemer of Man: Redemptor Hominis*, encyclical letter（Boston: Pauline Books and Media, 1979）, pp.20 - 21.关于教宗所理解的基督教人文主义的讨论，参见 Andrew N. Woznicki, *The Dignity of Man as a Person: Essays on the Christian Humanism of His Holiness John Paul II*（San Francisco: Society of Christ Publications, 1987）。

22. 参见魏格尔（Weigel）论述沃伊蒂瓦的文章。沃伊蒂瓦在第二次梵蒂冈公会议上发挥了重要作用，他强调人性问题的重要意义，宣扬基督教人文主义的论点，pp.145 - 180。1965 年 12 月 7 日批准通过的《论教会在现代世界牧职宪章》（The Pastoral Constitution on the Church in the Modern World），即所谓 *Gaudium et Spes*，讨论了"人类的一些深层问题"，并根据耶稣基督做出的回答，提出了教会对许多文化问题和社会问题的理解，这部文献首先肯定了人类的尊严。参见 Austin P. Flannery, ed., *Documents of Vatican II*, rev. ed.（Grand Rapids: Eerdmans, 1984）, pp.903 - 1014。

23. 参见 Cardinal Karol Wojtyla, *Sources of Renewal: The Implementation of the Second Vatican Council*, trans. P. S. Falla（San Francisco: Harper and Row, 1980）。这部著作几乎可以说是第二次梵蒂冈公会议所讨论的天主教世界观前奏曲。

24. 这封通谕的思想内容陪伴着沃伊蒂瓦走上了教宗的职位，成为他担任教宗时期的指导思想。这是一篇专门探讨基督教人文主义的论文。

25. Pope John Paul II, *Springtime of Evangelization*.

26. Virgil Elizondo and Jon Sobrino, eds., *2000: Reality and Hope*（Maryknoll, N. Y.: Orbis, 1999）,特别参见 pp.59 - 65。梵蒂冈的互联网站也提供了很多关于 2000 年大赦年的信息，其中包括对一系列正在进行的会议的详细报道，这些会议站在基督教人文主义以及人类尊严的立场上，探讨了 27 个重大问题。艺术家、手艺人、科学家、记者、大学教授、体育明星、家庭，以及军人、警察、残疾人等社会各界的代表，都举行了不同的集会。参见 http://www.vatican.va/jubilee_ 2000/jubilee_ year/novomillennio_ en. htm. 登录于 2002 年 3 月 16 日。

27. 教宗所宣布的天主教人生观以及面向 21 世纪的基督教宣言，深得人心。参见 Pope John Paul II, *Crossing the Threshold of Hope*, ed. Vittorio Messori, trans. Jenny McPhee and Martha McPhee（New York: Knopf, 1994）。

28. Weigel, p.864.

29. Alexander Schmemann, *Church*, *World*, *Mission* (Crestwood, N. Y. : St. Vladimir's Seminary Press, 1979), p. 25.

30. James Steve Counelis, "Relevance and the Orthodox Christian Theological Enterprise: A Symbolic Paradigm on Weltanschauung," *Greek Orthodox Theological Review* 18 (spring-fall 1973):35. 其他关于东正教世界观的讨论, 可参见 John Chryssavgis, "The World as Sacrament: Insights into an Orthodox Worldview," *Pacifica* 10(1997):1 – 24。

31. Schmemann, *Church*, *World*, *Mission*, p. 48.

32. Bradley Nassif, "New Dimension in Eastern Orthodox Theology," in *New Dimensions in Evangelical Thought: Essays in Honor of Millard J. Erickson*, ed. David S. Dockery (Downers Grove, Ill. : Inter Varsity, 1998), pp. 106 – 108.

33 Daniel B. Clendenin, ed., introduction to *Eastern Orthodox Theology: A Contemporary Reader* (Grand Rapids: Baker, 1995), pp. 7 – 8. 在 *Eastern Orthodox Christianity* (Grand Rapids: Baker, 1994) 中, 作者也阐述了东正教的思想。

34. Timothy Ware, *The Orthodox Church* (New York: Penguin Books, 1964), p. 271.

35. Alexander Schmemann, *For the Life of the World: Sacraments and Orthodoxy* (Crestwood, N. Y. : Vladimir's Theological Seminary Press, 1973), p. 7. 下文所注页码皆是此书的页码。

36. 施麦曼这里所用的一般意义上的 sacrament 一词, 实际上是 revelation(启示)的同义词。

37. 克瑞萨夫基(Chryssavgis, pp. 6 – 8)完全赞同施麦曼把东正教世界观解析为三个部分。他说:"基督教的核心思想是,把与创世有关的三种基本认识联系起来", 然后再来探讨善的世界、恶的世界以及获得救赎的世界这类问题。他的结论是, "若其中之一被孤立或侵犯,必然会使人们产生一种非理性的具有破坏性的世界观"(第 6 页)。

38. H. Richard Niebuhr, *Christ and Culture* (New York: Harper and Row, 1951), pp. 116 – 120.

39. Richard J. Foster, *Streams of Living Water: Celebrating the Great Traditions of Christian Faith*, foreword by Martin Marty (New York: Harper Collins Publishers, Harper San Francisco, 1998).

40. Avery Dulles, S. J., "The Unity for Which We Hope," in *Evangelicals and Catholics Together: Toward a Common Mission*, ed. Charles Colson and Richard John Neuhaus (Dallas: Word, 1995), p. 141.

41. Charles Colson, "The Common Cultural Task: The Culture War from a Protestant Perspective", in *Evangelicals and Catholics Together*, p. 37.

第**3**章

"世界观"概念的语言学史

55

"世界观"词义辨析

在谈到世界观这个概念时,詹姆斯·奥尔在《基督教的上帝观和世界观》一书中说,1891 年,他是"克尔讲座"的主讲人,那时,"这个概念的历史还是一片空白"。[1]19 世纪后半叶,这个概念已在学术界广为流传,却没有引起学者们的重视,奥尔感到很惊讶。他说:"在过去的二三十年,探讨重大的宗教问题和哲学问题的所有著作,都非常普遍地使用了这个词。从某种意义上说,它已成为一个不可或缺的词汇。"[2]让奥尔及其同仁感到沮丧的是,虽然这是当时人们使用最多的词汇之一,但是它的语言学史还基本上是一片处女地。

在德语世界,情况就不同了,讲德语的一些学者已经致力于对词汇史(*Wortgeschichte*)和观念史(*Begriffsgeschichte*)艰苦而细致的研究。[3]人们投入很大的精力来研究德语词汇的历史,这种努力已经见到成效,提供了一个极其重要的信息库,以便我们了解自然科学、社会科学、人文科学、

56 哲学、神学等领域的一些关键术语和关键概念的背景和用法。19世纪末20世纪初,世界观概念已经成为学术讨论和日常生活中的一个普通词汇,这时,人们才开始充分重视这个概念。这种关注一直持续到现在。

至少七位有影响力的德语学者详细研究过世界观概念的历史,他们的工作值得我们关注。按照时间顺序,对世界观概念最早的研究出现在阿尔伯特·冈波特(Albert Gombert)关于词汇史这门学科的评论中(1902年和1907年)。[4] 更有影响的是阿尔弗雷德·戈策(Alfred Götze)在1924年撰写的一篇"欧福里翁论文"(Euphrion-Artikel),人们经常引述该文的论点。在1945—1946年间,弗朗兹·多恩塞弗(Franz Dornseiff)以此为明确阐述世界观概念的典范;最早由格林兄弟发起编撰的最具权威性的《德语大辞典》(Deusches Wörterbuch)1955年版也以此为根据,对世界观概念进行了详细的分析。[5]

海尔马特·梅尔(Helmut Meier)写了一篇非常著名的博士论文,题目是"关于世界观概念的历史及其理论的研究",1967年出版。[6] 就德语世界对世界观概念的历史及其理论的论述而言,这也许是迄今为止最全面的一部著作。梅尔首先考察了与观念史这门学科有关的一些理论问题。然后,他开始介绍与世界观概念有关的词汇史的研究现状。他不仅逐一分析了以上所述词汇历史的渊源,而且考察了德文版哲学词典中的世界观词条,以及其他外文版,包括英文版哲学词典中的世界观词条。随后,他深入探讨了德国观念论和浪漫主义所使用的世界观概念,特别是康德、费希特、谢林、黑格尔等大哲学家所使用的这一概念。在此基础上,他考察了19世纪中叶不同的思想家使用这个概念的情况。世界观是一种个人的、主观的态度,分析了这个特征之后,梅尔在

57 一个附录中又讨论了世界观与意识形态的关系。接着,他介绍了这一概念在哲学和宗教领域的使用情况。论文的最后一章探讨了"世界观哲学"(Weltanschauung-Philosophie)的结构和功能,着重讨论了里尔(Riehl)、冈波兹(Gomperz)、李凯尔特(Rickert)、胡塞尔(Husserl)、狄尔泰(Dilthey)以及雅斯贝尔斯(Jaspers)的思想。这部著作分析深刻,旁征博引,资料翔实,确实是对世界观问题研究的一大贡献。

1980年还出版了一本德文版的世界观问题"手册",该书收录了维

纳·贝兹(Werner Betz)撰写的一篇重要论文,题目是"论'世界观'一词的历史"。[7] 在这篇综述性的文章中,作者讨论了上述著作已经研究过的许多问题。除了研究词汇,该文还考察了世界观概念在秘传宗教、生命的改造以及政治理论等方面的应用。末尾附有阿敏·莫勒(Armin Mohler)编辑的一个长达三十余页的参考书目,全面展示了不同领域"浩如烟海的世界观文献"。[8]

最新的研究成果是安德里亚·梅尔(Andreas Meier)于 1997 年发表的一篇论文,该文把世界观概念的诞生追溯至 19 世纪。本章将会指出,这个概念实际上最早出现于 18 世纪末,但是如该文所示,到了 19 世纪,它已流行于德国以及整个欧洲。[9]

这些有代表性的德语著作记述了世界观概念的历史,除此之外,我们必须再加上两篇英语文章,它们都出于同一作者。阿尔伯特·沃特斯写过一篇很有意义但尚未发表的论文,题目是"试论思想史上的'世界观'概念"。[10] 在追溯世界观概念的起源及其思想史的过程中,沃特斯吸收了戈策、多恩塞弗、凯恩兹(Kainz)以及《德语大辞典》的许多思想,尤其重视个人的世界观与科学哲学的关系。

哲学是一门学科,世界观是个人的价值体系,二者的相互关系是沃特斯公开发表的论文——"论世界观概念及其与哲学的关系"[11]——的主题。根据某些德国思想家对世界观概念的不同解释,沃特斯发明了一种关于"世界观-哲学"关系问题的分类法,按照这种分类,前者可能"排斥""实现""威胁""屈服于"或"等同于"后者。[12] 如何把个人的世界观与学院派的哲学联系起来,一直是人们关注的问题。沃特斯的回答方式及其对世界观概念史的研究,成为后人思考这些重要问题的有益参照。除他以外,英语世界的学者几乎没有注意到"世界观的历史"这样一个思想观念。我希望,本书能够在一定程度上改变这种局面。

58

伊曼努尔·康德最初使用的世界观概念

汉斯-格奥尔格·伽达默尔(Han-Georg Gadamer)说,"在歌德所处的那个充满生机的时代,我们至今仍在使用的很多关键词汇和概念,烙上了它们的特殊印记",世界观概念就是其中之一。[13] 在这个文化昌明的时代,伊曼努尔·康德是一位巨人,后世公认,是这位大名鼎鼎的普鲁士哲学家在其 1790 年出版的《判断力批判》一书中,创造了世界观这个新词。[14] 这个论点的依据是一段颇具康德思想特色的话,这段话主要讨论人心的知觉能力。

59

> 如果人类的心灵**甚至能够思考**特定的无限物而不陷入矛盾,那么它本身必定具有一种超感性的能力,我们不可能直观它的本体观念,但是我们可以认为,本体是单纯现象的基础,也就是说,是我们直观到的世界[世界观]的基础。因为只有通过这种能力及其观念,我们才能以纯粹理智的形式,评判事物的大小,才能**完全根据一个概念**来理解感性世界的无限性,不过,**根据数量的概念**,以数学的方式来评判事物的大小,我们永远无法完整地思考这个事物。[15]

这段引文中的不同短语,如"单纯的现象""感性世界"等说明,在康德看来,"世界观"一词的意思是人们对世界的感性知觉。举例来说,沃特斯认为,上述引文最早使用世界观(*Weltanschauung*)概念并无任何特别之处,"那是康德随感而发的产物,可与下列早已存在的复合名词相比:*Weltbeschauung*[审查或思考世界]、*Weltbetrachtung*[思考或沉思世界]和 *Weltansicht*[对世界的看法或观点];它不过是用通常所谓的感性知觉来指人们对世界的**直观**(*Anschauung*)。"[16] 马丁·海德格尔也这样理解康德所使用的世界观概念。他说,康德(与歌德、亚历山大·冯·洪堡[Alexander von Humboldt]一样)用世界观一词来指**感性世界**(*mundus sensibilis*);换言之,他用这个词来指"人们对世界的直观,即深刻地思考呈现于感官的那个世界"。[17] 很显然,康德只是在一个场合使用过这个概念,对他来说,这是一个无关紧要的概念,可是,自从康德创造了这个概念之后,它很快就演化为一个思想范畴,用来标志人类认知者所理解的宇宙。康德在哲学领域发动了哥白尼式的革命,强调认知的自我和有意志的自我的作用,并以此为宇宙的知识中心和道德中心,为世界观概念的传播开辟了思想空间。康德的门生接受了这个概念,在很短时间内就使之成为德国乃至欧洲文化生活中的一个众所周知的概念。

世界观概念在德语以及其他欧洲语言中的运用

这个概念在它诞生后的十几年里便开始流行,很大程度上是受到秉承德国观念论和浪漫主义传统的一些重要思想家的影响。冲在最前面的,是康德的一个具有进步思想的弟子——约翰·戈特利布·费希特(1762—1814),他很快就接受了这个概念。[18]他的处女作《对所有天启的批判》(*An Attempt at a Critique of All Revelation*,1792)已经使用了世界观概念,康德的《判断力批判》(1790)首次使用这个概念,是两年前的事情。在这部著作中,费希特吸纳了康德对这个概念的基本规定,认为世界观就是对感性世界的知觉。他曾在某个地方提到一种更高的"立法原则",这个原则能够调和道德自由与自然因果律之间的对立,还可作为人们感知经验世界的一种方法。"如果我们能够把这个原则作为一种**世界观**[*einer Welt Anschauung*]的基础,那么根据这个原则,我们就会认识到,同一的结果是完全必要的——在我们与感性世界的关系中,这种结果会根据道德律而表现为一种**自由**;如果把它当作一种理性的因果关系,它就会在自然界表现为一种**偶然性**。"[19]

费希特认为,上帝是道德领域和自然领域得以统一的基础,它们的现实统一性是上帝"世界观"的基础。因此在上帝看来,万物的本质没有任何根本的差异。"因此,两种立法在上帝那里统一起来,它们共同依赖的那个原则,是上帝的**世界观**(world view)[*Welt Anschauung*]之基础。在他看来,既没有自然物,也没有超自然物;既没有必然性,也没有偶然性;既没有可能性,也没有现实性。"[20]

1794 年,费希特带着这种新的思想武器,从科尼斯堡来到耶拿,到了 1799 年,比他年轻的一位同事——弗里德里希·威廉·约瑟夫·冯·谢林(1775—1854),也开始使用这个概念。然而,如海德格尔所言,谢林改变了这个概念的含义,赋予它一种平常的意义,认为它是一种"有意识、有创造性、有自我实现能力的方法,能够理解和解释宇宙万物"。[21] 根据谢林所理解的哲学的目的,这种评价是很有道理的。在一本名为《哲学书简》(*Philosophical Letters*,1795)的著作中,他宣称,"所有哲学的主要任务是解决世界的存在问题。"[22] 对谢林来说,特别是在他学术活动的最后一个阶段,这个问题意味着,哲学必须回答人的存在的问题,而这正是海德格尔的《存在与时间》(*Being and Time*)所提出和探讨的主要问题:"正是他,人,迫使我思考这个具有终极意义的重大问题:为什么竟然会有事物存在?为什么不是纯粹的虚空呢?"[23] 如果世界观尚处于一种隐蔽状态,那么它们仍然是对世界的存在和意义问题的一种解答,至少是对潜意识领域具有终极意义的存在问题的一种回答。《论思辨形而上学的概念》(*On the Concept of Speculative Metaphysics*,1799)似乎已经表达了这种含义,他在该书中区分了理智的两种可能性:"理智可以分为两种,一种是盲目的、无意识的,或自由的、有创造性的意识;另一种是隐含在世界观之中的有创造性的无意识,在创造理想的世界时,潜意识就会上升为意识。"[24] 因此,世界观是无意识的理智产物。它是世界留在潜意识领域的印象,心灵虽然处于陶醉状态,却仍在发挥作用,能够产生这种印象。另一方面,已经创造了一个"理想世界"的理智,完全了解自己的作用和内容。由此看来,从康德到谢林,这个概念的主要含义已经发生变化,由对宇宙的感性知觉转化为对它的理性知觉。

以此为开端,世界观概念深深扎根于欧洲的思想,并且开花结果,最有影响的代表人物有弗里德里希·施莱尔马赫(1799)、A. W. 施莱格尔(A. W. Schlegel,1800)、诺瓦利斯(Novalis,1801)、让·保罗(Jean Paul,1804)、黑格尔(1806)、约瑟夫·格雷斯(Joseph Görres,1807)、约翰·沃尔夫冈·冯·歌德(1815),等等。[25] 在 19 世纪头二十年,世界观的概念主要是德国的神学家、诗人和哲学家在使用,但是到了 19 世纪中叶,这个概念已经渗透到很多学科,用过它的学者包括历史学家兰克（Ranke）、音乐家瓦格纳（Wagner）、神学家费尔巴哈，以及物理学家亚历山大·冯·洪堡。亚历山大的兄弟、德国语言学家威廉·冯·洪堡（Wilhelm von Humboldt）也在 1836 年使用过这个词，他认为，语言旨在表达一种特定的世界观："各种语言之间的差异不在于声音和符号，而在于不同的世界观。"[26] 因此，世界观概念在整个 19 世纪已经变得十分流行，到了 19 世纪末期，奥尔甚至认为，"从某种意义上说，这个词已经成为一个不可或缺的用语"。[27] 难怪奥尔和亚伯拉罕·凯波尔要利用这个概念的广泛影响，来便捷而有力地表达他们所理解的一种全面的加尔文主义世界观。沃特斯指出，在有思想的德国人心目中，世界观与"哲学"具有同样重要的意义，二者是一对并列的概念。"换言之，这个词在 19 世纪已经成为有文化的德国人的一个普通词汇。它与'哲学'具有同样的地位，用凯伯斯（K. Kuypers）的话说，'哲学有了一个特殊的近邻，即世界观，我们很难对它进行分类，德语的用法尤其如此。'"[28]

20 世纪伊始，世界观概念的声誉达到顶峰。许多著作和论文的标题使用过这个词。举例来说，梅尔在其博士论文的参考书目中，列举了大约两千部德语著作，其标题中都包含 *Weltanschauung* 一词，其中很多作品的版权日期属于 20 世纪初。[29] 1911 年，一个新的形容词 *weltanschauungliche* 诞生了，这个新词的出现促使语言学家开始探索世界观概念的起源，最后他们发现，这是康德的创造。19 世纪的德国显然是观念论和浪漫主义的时代，世界观是一个贴切的术语，如凯恩兹所言，它甚至是一个核心概念（*Herzwort*），[30] 因为它清楚地表达了人类理解宇宙本质的强烈愿望。世界观概念激发了人类的浓厚兴趣，从这种意义上说，世界观"概念的时代已经到来"。[31]

世界观概念不仅激发了德语知识界的想象力，而且激发了欧洲乃至全世界思想家的想象力。使用其他欧洲语言的作家很容易接受这个概念，他们要么把它当作一个外来词，在罗曼语言（Romance Languages）中，这种情况尤其普遍；要么当作一个仿造词（或直译语），在斯拉夫语和日耳曼语中，有很多这样的习惯用语。这个概念的普及，由此可见一斑。在日耳曼语系中，丹麦语和挪威语中有 *verdensanskuelse*，与世界观概念相对应，沃特斯认为，这个词可能是索伦·克尔凯郭尔创造的。他把这个词和

62

livsanskuelse 一起使用,作为他创造的又一新词,用以翻译德语的 *Lebensanschauung*(人生观)。[32] 贝兹却把 *verdensanskuelse* 追溯至 1837 年的丹麦诗人、哲学家保罗·莫勒(Paul Møller)。[33] 瑞典语中有 *världsåskådning*,冰岛语中有 *heimsskodun*,荷兰语中有合成词 *wereldaanschouwing* 或 *wereldbeschouwing*,由此而衍生出南非荷兰语中的 *wêreldbeskouing*,以及弗里斯兰语中的 *wrâldskoging*。[34] 在斯拉夫语系中,波兰语中有 *swiatopoglad*,俄语中有 *mirovozzrenie*,在苏联时期的官方文献中,这个词曾被译为"world outlook"。[35]

在罗曼语言中,世界观概念作为一个外来语,已被收录到法语和意大利语的多部哲学词典中。在意大利语的 *Enciclopedia Filosofica*(1958)中,L. Giusso 说,很难准确翻译这个单词,却又提出如下定义:"这个术语虽然很难用意大利语来翻译,但它表示对世界的一种看法、直觉或(更恰当地说)思想。"[36] 法语的 *Dictionnaire Alphabétique et Analogique de la Langue Française*(1994)把 *Weltanschauung* 列为一个外来语,把它在法语中的首次出现追溯至 1930 年的让·格雷尼尔(Jean Grenier)。它被当作一个哲学术语,其定义是:"与人生观有关的一种对世界的形而上学的看法。"[37] 法语的哲学词典中有关世界观概念的几个词条,也值得关注。A. Cuvillier 在 *Nouveau Vocabulaire Philosophique*(1956)中说,世界观是"对宇宙、人生的一种理解"。R. Jolivet 在 *Vocabulaire de la Philosophie*(1957)中,把世界观概念翻译为"对世界的一种看法""对世界的一种总的看法""对世界的一种全面的观点""对世界的一种务实的态度"。在 *Dictionnaire de la langue philosophique*(1962)中,P. Foulquié 认为,应该把世界观翻译为"对世界的一种直观看法",把这个概念定义为"与每个人的人生态度有关的形而上学问题的一个汇总"。也是在这部词典中,R. Vancourt 认为,世界观指的是"一个人对宇宙的总体性回应,这种回应可能以理智为出发点,也可能以情感或行动为出发点"。[38]

根据这个简短的概述,我们不难看出,世界观的确是一个能动的概念,它走遍了欧洲,在不同的语言、文化中生根发芽。它的影响越来越大,这就意味着,它不可能长时间地仅仅驻足在欧洲大陆。不久,它便跨越英吉利海峡,来到英国,又横渡大西洋,移居美国。因此,我们必须探索这种思想在英美思想界的变迁。

英语世界的"世界观"概念

在英语中,世界观是一个外来语,也是一个仿造词。《牛津英语辞典》(1989)把世界观单列为一个词条,认为它是一个外来语;根据它的解释,世界观源于德语,由两部分组成,*Welt* 的意思是"世界",*Anschauung* 的意思是"知觉"。[39]《牛津英语辞典》对这个术语的定义是:"一种人生哲学或人生观;个人或集体用来理解世界的一个概念",它建议,这个术语的英语翻译应该是"world-view"。根据该词条的注释,威廉·詹姆斯(William James)写于 1868 年的一封信中使用过"世界观"一词,这是它在英语世界的首次亮相。佩里(R. B. Perry)在《威廉·詹姆斯的思想与品格》(*The Thought and Character of William James*,1935)一书中,引述了这段话:"我记得你说过……乐观主义是希腊'世界观'的特征。"世界观概念在其他英语文献中的使用可追溯至 1978 年。有趣的是 1934 年 M. 伯德金(M. Bodkin)《诗歌中的原型》(*Archetypal Patterns in Poetry*)中的一段引文,她这样写道:"一个人的哲学……就是他的世界观——个人对实在的看法或观点。"

《牛津英语辞典》只用了很小的篇幅来解释作为仿造词的"世界观"。[40] 这个解释列在"世界观"词条之下,是该词的第二十六个小词条,词典解释说,这是与德语 *Weltanschauung* 相对应的英语单词。《牛津英语辞典》的"世界观"定义简明扼要:"对世界的深入思考,人生观。"该词条的注释说,在英语中,这种用法最早见于 1858 年 J. 马蒂诺(J. Martineau)所著《基督教研究》(*Studies of Christianity*),书中这样写道:"他[圣保罗]的世界观是错误的,却包含着深刻的洞见。"该词在英语文献中的第二次出现是在 1906 年,凯恩斯(D. S. Cairns)所著《现代世界的基督教》(*Christianity in the Modern World*)使用了这个词语。凯恩斯认

65

为，"无论基督教的核心福音，还是其世界观，都必须接受希腊文化。"

伊曼努尔·康德的《判断力批判》首次使用了世界观概念。六十八年后，这个词进入英语中，成为人们所熟悉的一个词语。十年后，德语的 Weltanschauung 开始通行于英美学术界。Weltanschauung 和 world-view 出现于 19 世纪中期，从此，它们不断发展，成为英语世界爱思考的人们思想和语言中的重要词汇。[41]

"世界观"概念已通行于欧美，然而，令人惊讶的是，英语的哲学词典和哲学百科全书却很少关注这个词语。比较而言，社会科学界和神学界已深入讨论过世界观概念，哲学界则不然。[42] 例如《哲学百科全书》(1967)中就没有"世界观"的词条，不过，关于这个概念的简短讨论，却散见于该书的八个分卷。[43] 最近出版的《剑桥哲学词典》(1995)也没有把"世界观"列为一个单独的词条，只是在 Weltanschauung 条目下加了一个注释，让读者参阅威廉·狄尔泰的条目，因为该词条简要地提到了世界观概念。[44]《牛津哲学词典》(1994)也没有什么两样，它只是给世界观下了一个简短的定义："对世界的总的看法；涵盖一切的一种哲
66 学。"[45]《牛津哲学手册》(Oxford Companion to Philosophy, 1995)也是大同小异，定义和参考书目都很简洁。安东尼·弗路(Antony Flew)的《哲学词典》(1979)同样没有注意这个概念，它的定义是："对宇宙以及人与宇宙的关系的一种总的看法。"但是，他毕竟强调了世界观与哲学的重要联系："这个术语通常是指一种能够影响信徒的实际思想(与纯理论的思想相对)和信念的哲学。"[46] 最令人惊讶的是，最近出版的《劳特利奇哲学百科全书》(1998)内容丰富，值得称道，可惜它根本没有讨论"世界观"概念。它只是列举了世界观的几个例子(例如笛卡尔的世界观、生态学的世界观、牛顿的世界观)，引述了一些相关的概念，如"历史意识"，指出了语言在世界观形成过程中的重要作用。世界观概念只不经意地被提到一次。[47]

这些参考书很少关注世界观概念，由此我们很容易得出以下结论：在英美哲学界，这是一个无关紧要的概念(与它在欧洲大陆的用法相比，它也许就是一个微不足道的概念)。很多学科的很多思想家常常使用这个术语，英语世界的哲学家却忽视它，二者似乎很不相称。但是这

种忽视并不能削弱"世界观"概念在英美文化中所具有的重要意义。欧洲语言中有很多外来语,其中的任何概念都没有世界观概念这样的普遍性。世界观是"哲学"的近亲,它善于把握人类的深层愿望,提出崇高的人生观。

结语

1790 年,世界观概念首次出现于伊曼努尔·康德的《判断力批判》,从此,它就成为当代思想文化的核心概念之一。英语世界基本上没有重视这个词语的历史,但是,以概念史和思想史为研究对象的一些具有惊人毅力的德国学者,却全面考察了世界观概念的背景。阿尔弗雷德·戈策与维纳·贝兹(以及其他人)的重要论著,《德语大辞典》中的世界观条目,以及海尔马特·梅尔那篇颇为全面的博士论文,清楚地描绘了这个词语的发展历程。这个有趣的概念虽然深深植根于德国的土壤,但是它很快传遍了欧美,表现出惊人的创造力。一个能够恰如其分地表达人类最深关切的观念诞生了。难怪在短短七十年的时间内,它就迈入英美学术界,并在那里开花结果,和它在欧洲大陆时的影响一样。鉴于这样的重要影响,英语世界的哲学家和学者却没有思考这个概念的历史和理论,实在让人费解。考察这个概念在 19 世纪和 20 世纪哲学中的发展历程,及其在自然科学和社会科学领域的历史演变,必将有助于我们扭转这种不利的局面。

67

注释:

1. James Orr, *The Christian View of God and the World as Centering in the Incarnation* (New York: Scribner, 1887), reprinted as *The Christian View of God and the World*, with a foreword by Vernon C. Grounds (Grand Rapids: Kregel, 1989), p.365.尽管奥尔有些怨言,但是,他确实引述了几部讨论世界观历史的德语著作。
2. Orr, *The Christian View of God and the World*, p.365.

3. 亚瑟·O. 拉夫乔伊（Arthur O. Lovejoy）是英美学术界第一个把观念史研究作为一个合法研究领域的学者。其基本思想参见 Arthur O. Lovejoy, *The Great Chain of Being: A Study of the History of an Idea* (Cambridge: Harvard University Press, 1964), chap. 1; *Essays in the History of Ideas* (New York: George Braziller, 1955)。

4. Albert Gombert, "Besprechungen von R. M. Meyer's 'Vierhundert Schlagworte,'" *Zeitschrift für deutsche Wort forshung* 3 (1902): 144 – 158; "Kleine Bemerkungen zur Wortgeschichte," *Zeitschrift für deutsche Wortforshung* 8(1907):121 – 140.

5. Alfred Götze, "Welanschauung," *Euphorion: Zeitschrift für Literaturgeschichte* 25 (1924): 42 – 51; Franz Dornseiff, "Welanschauung. Kurzgefasste Wortgeschichte," *Die Wandlung: Eine Monatschrift* 1(1945 – 1946):1086 – 1088; *Deutsches Wörterbuch von Jacob Grimm und Wilhelm Grimm*, Vierzehnter Band, 1 Teil, Bearbeitet von Alfred Götze und der Arbeitsstelle des Deutschen Wörterbuches zu Berlin (Leipzig: Verlag von S. Hirzel, 1955), pp. 1530 – 1538. 后者还对下列词汇做了有益的探索：*Weltanschauulich*, *Weltanschauunglehre*, *Weltanschauungweise*, *Weltansicht*, *Weltbild*。

6. Helmut G. Meier, "'Weltanschanuung': Studien zu einer Geschichte und Theorie des Begriffs" (Ph. D. diss., Westfälischen Wilhelms-Universität zu Münster, 1967).

7. Werner Betz, "Zur Geschichte des Wortes 'Weltanschauung,'" in *Kursbuch der Weltanschauungen*, Schriften der Carl Friedlich von Siemens Stiftung (Frankfurt: Verlag Ullstein, 1980), pp. 18 – 28.

8. Armin Mohler, "Bibliographie," in *Kursbuch der Weltanschauungen*. pp. 401 – 433.

9. Andreas Meier, "Die Geburt der 'Weltanschauung' im 19. Jahrhundert," *Theologische Rundschau* 62(1997):414 – 420.

10. Albert M. Wolters, "'Weltanschauung' in the History of Ideas: Preliminary Notes" (n.d., photocopy).

11. Albert M. Wolters, "On the Idea of Worldview and Its Relation to Philosophy," in *Stained Glass: Worldviews and Social Science*, ed. Paul A. Marshall, Sander Griffioen, and Richard J. Mouw, Christian Studies Today (Lanham, Md.: University Press of America, 1989), pp. 14 – 25.

12. Ibid., pp. 16 – 17.

13. Hans-Georg Gadamer, *Truth and Method*, 2nd rev. ed., translation revised by Joel Weinsheimer and Donald G. Marshall (New York: Continuum, 1993), p. 9. 除了"世界观"，他还强调了以下概念：艺术、历史、创造性、经验、天才、外部世界、内在性、表现、风格和象征，这些都是那个具有深远影

响的时代的核心概念。

14. 例如,Betz, p. 18 说:"'世界观'一词最早出现于 1790 年康德所著《判断力批判》。"*Deusches Wörterbuch*, col. 1530,简单说世界观概念"最早见于康德的著述"。Helmut Meier, p. 71,认为"世界观一词的创造者是康德"。M. Honecker, *Lexikon für Theologie und Kirche*(1938), s. v. "Weltanschauung"同意这种评价,不过,他做了一个重要的补充,他认为,世界观概念不再具有康德本来的含义:"迄今为止,人们相信,这个词起源于康德(1790 年出版的《判断力批判》,第一部分,第 2 卷,第 26 节),不过,其含义与现在不同。"但是,伽达默尔(p. 98)提出一个有趣的论点,他说,世界观概念"最早见于黑格尔的《精神现象学》,是用来表述康德和费希特思想的一个术语,他们把基本的道德经验假设为道德世界的一种秩序"。康德使用这个词的时间是 1790 年,黑格尔使用该词的时间是 1807 年,比康德晚十七年,这个事实证明,伽达默尔的论点无疑是错误的。

15. Immanuel Kant, *Critique of Judgment: Including the First Introduction*, translated and introduction by Werner S. Pluhar, with a foreword by Mary J. Gregor(Indianapolis: Hackett, 1987), pp. 111 - 112. 粗体为康德所加。

16. Wolters, "Weltanschauung," p. 1.

17. Martin Heidegger, *The Basic Problems of Phenomenology*, translation, introduction, and lexicon by Albert Hofstadter, Studies in Phenomenology and Existential Philosophy(Bloomington: Indiana University press, 1982), p. 4.

18. 有关费希特的世界观教义,参见 Hartmut Traub, "Vollendung der Lebensform: Fichte's Lehre vom seligen Lebenals Theorie der Weltanschauung und des Lebensgefuhls," *Fichte-Studien* 8(1995):161 - 191。

19. Johann Gottlieb Fichte, *Attempt at a Critique of All Revelation*, translated and introduction by Garret Green(Cambridge: Cambridge University Press, 1978), p. 119. 粗体为笔者所加。

20. Ibid., p. 120,粗体为笔者所加。

21. Heidegger, p. 4.

22. Friedlich Schelling, *Werke*, ed. M. Schroter, vol. 1(Munich, 1927 - 1928), p. 237. 转引自 Frederick Copleston, S. J., *A History of Philosophy*, vol. 7, *Modern Philosophy from the Post-Kantian Idealists to Marx, Kierkegaard, and Nietzsche*(New York: Doubleday, Image Books, 1994), p. 100。

23. *The Encyclopedia of Philosophy*(1967), s. v. "Schelling, Friedlich Wilhelm Joseph von."

24. 转引自 Helmut Meier, p. 327 n. 147(笔者自己的翻译)。

25. 德国思想家最早使用世界观概念的情况,可参见 Wolters, "Weltanschauung," p. 1。另参 Betz, pp. 19 - 25 和 Helmut Meier, pp. 78 -

107。

26. Wolters, "Weltanschauung," pp. 1 – 2. 洪堡的话引自 *Handbook of Metaphysics and Ontology* (1991), s. v. "grammar-history"。

27. Orr, *The Christian View of God and the World*, p. 365.

28. Wolters, "Weltanschauung," p. 3.

29. Helmut Meier, pp. 368 – 390.

30. Wolters, "Weltanschauung," p. 2.

31. Wolters, "Weltanschauung," p. 4.

32. Wolters, "Weltanschauung," p. 5.

33. Betz, p. 25.

34. Wolters, "Weltanschauung," p. 28 n. 26. 沃特斯还根据世界观概念在戈策那里和《德语大辞典》中的含义,更正了荷兰语对该词的翻译(贝兹著作中也有同样的错误)。他认为,与 *Weltanschauung* 相对应的荷兰语通常不是 *wereldaanschouwing*(这是 19 世纪使用的一个日耳曼词汇,从未在荷兰语中流行过),而是 *wereldbeschouwing*。他还说,这个荷兰语单词实际上比康德创造的世界观概念还要早大约七十五年。*Wereldbeschouwing* 出现于 Bernard Nieuwentijdt, *Het regt gebruik der wereldbeschouwingen* (Amsterdam, 1715)。但是他又说,这个荷兰语单词是在德语单词 *Weltanschauung* 的影响下,才有了现在这样的含义和地位。

35. Wolters, "Weltanschauung," p. 28 n. 28a, p. 33 n. 118. *Great Soviet Encyclopedia*, 3rd ed. (1977), s. v. "worldview" 站在马克思主义立场上,对世界观或 *mirovozzreine* 进行了一番有趣的讨论。该词条的以下论述,一定不会使我们感到惊讶:"一定社会的物质条件及其物质存在,能够产生它相应的世界观。"

36. *Enciclopedia Filosofica* (1958), s. v. "Weltanschauung."(笔者自己的翻译。)

37. *Dictionnaire Alphabétique et Analogique de la Langue Française*, 2nd ed. (1994), s. v. "Weltanschauung."(笔者自己的翻译。)

38. 上述所谓法文版哲学词典,皆转引自 Helmut Meier, p. 60(笔者自己的翻译;吉姆·尼尔森·布莱克[Jim Nelson Black]给了我很多帮助)。Wolters, "Weltanschauung," p. 27 n. 24 还提到别的法语哲学词典和百科全书,它们都定义和讨论过世界观概念。

39. *The Oxford English Dictionary*, 2nd ed. (1989), s. v. "Weltanschauung."

40. Ibid., s. v. "world."

41. *Weltanschauung* 恰当的英语表达方式究竟是什么? 这始终是一个问题。应该用一个单词("worldview")来翻译呢,还是用两个不同的单词("world view")? 如果是用两个不同的单词,那么中间用不用连字符呢("world-view")? 尽管《牛津英语辞典》使用了连字符"world-view",很多复合词也都使用连字符,但是,"根据最近几年的情况,复合词的拼写趋势已经不再使用连字符了"(*The Chicago Manual of Style*, 14th ed. [Chicago: University of Chicago Press, 1993], 6.38)。既然如此,我们也许应该抛弃 world-view 这种写法,而使用单一的合成词"worldview",或两个独立的不加连字符的单词"world view"。世界观概念的德语单词本身就是一个合成词(*Welt + Anschauung*),为求翻译准确,我们还是把这个词翻译为单一的合成词("worldview")。可是,这种表达方式常常是以两种形式出现的,实际上,两个单词的写法("world view")甚至比一个单词的写法("worldview")更常见。

42. 以下条目内容充实,论述合理。参见 *International Encyclopedia of the Social Sciences* (1968), s. v. "world view,"以及 *Sacramentum Mundi: An Encyclopedia of Theology* (1970), s. v. "world, view of the"。

43. 参见下列著作中的有关条目:*Encyclopedia of Philosophy* (1967): s. v. "political philosophy, nature of"; s. v. "Schiller, Friedlich"; s. v. "Dilthey, Wilhelm"; s. v. Mauthner, Fritz."

44. *The Cambridge Dictionary of Philosophy* (1995), s. v. "Dilthey, Wilhelm."

45. *The Oxford Dictionary of Philosophy* (1994), s. v. "Weltanschauung."

46. *A Dictionary of Philosophy*, 2nd ed. (1979), s. v. "Weltanschauung."

47. 参见 Index in vol. 10 of the *Routledge Encyclopedia of Philosophy* (1998), s. v. "worldview" and "*Weltanschauung*"。

第 4 章

"世界观"概念的哲学史

19 世纪

世界观概念的历史不仅仅表现在语言学方面。为了更清楚地解释这个概念,特别是它在基督教思想中所起的重要作用,我们必须追溯一段历史,考察世界观概念在 19 世纪欧洲哲学史上所占的位置。本章将探讨这个概念在黑格尔、克尔凯郭尔、狄尔泰、尼采思想中所发挥的作用。

黑格尔所理解的"世界观"

"德国思想家在短短四十年(1780—1820)的时间里,创造了很多具有哲学意义的世界观体系……时间如此之短,成就如此之大,世所罕见。"[1]欧洲思想发展迅猛,影响很大。在这个重要的历史时期,欧洲思想界取得了惊人的成就,格奥尔格 · 威廉 · 弗里德里希 · 黑格尔(1770—1831)的著作无疑是最重要的代表。尽管黑格尔的大学毕业证注明,此人缺乏哲学天赋,但事实证明,他"为人类所描绘的宇宙,是哲

69 学史上规模最大、给人影响最深的图景之一"。[2] 他所使用的世界观概念
耐人寻味;他的思想体系不仅为他赢得"绝对精神"(Absolute Spirit)首
创者的名声,而且为他赢得"不同思想体系的发现者"的美誉。[3]

黑格尔很早就对世界观概念产生了兴趣。[4]1801 年,他刚刚就任耶
拿大学哲学教授,其处女作《费希特和谢林哲学体系之差异》(*The
Difference between Fichte's and Schelling's System of Philosophy*)就面世
了。该书在讨论"哲学思想与哲学体系的关系"时首次使用了"世界观"
一词。通过辩证运动,理性把主客双方联系起来,形成一个无限的独立
存在的世界观概念。黑格尔认为:"客观的整体性与主观的整体性是对
立的,理性能够将二者联系起来,形成一种无限的世界观[*unendlichen
Weltanschauung*],理性的这种扩张同时也是一种收缩,因此,理性成为
一种内容最丰富、关系最单纯的统一性。"[5] 刚刚步入哲学领域,黑格尔
就选定了世界观概念,他认为,这个概念最适于表达辩证法的重要
思想。

黑格尔《精神现象学》(*Phenomenology of Mind*)中的"世界观"概
念,具有更重要的意义。该书出版于 1807 年,它概述了黑格尔哲学思
想的基本特征。其主要目的是研究精神(Spirit/*Geist*)的意识的历史。
康德在分析意识时,只提出一套具有决定作用的范畴,它们适用于任何
一个有理性的心灵,因此,人们能够对世界有一个基本的看法。黑格尔
则不然,在《精神现象学》中,意识的表现可谓多种多样,雅各布·鲁温
伯格(Jacob Loewenberg)甚至认为,该书旨在论述"各种常见的人生
观——感性的或理智的、情感型的或思想型的、实践的或理论的、神秘
的或庸俗的、怀疑主义的或教条主义的、经验型的或思辨型的、保守的
或激进的、自私的或利他的、宗教的或世俗的"。[6] 黑格尔系统地考察了
各种意识形态,有一种被称为"道德世界观"的意识形态,黑格尔论述
如下:

以某种道德品质为出发点,人们会提出和建立一种对世界的道
德观点[*moralische Weltanschauung*],这是一个运动的过程,在这个
70 过程中,人们把道德的内在性和外在性联系起来。这种关系一方

面认为内在性与外在性双方具有完全的独立性，彼此没有任何联系，一如自然界与道德目的、道德行为的关系；另一方面，它又认为，自觉的义务感是唯一真实的事实，就其本质而言，它自身没有任何独立性，也没有任何重要意义。世界的道德观［*Die moralische Weltanschauung*］就存在于这种关系所包含的这些因素的运动过程中，它们是一些完全对立、毫不相干的命题。[7]

伽达默尔认为，黑格尔在这里所使用的世界观概念，"是对康德、费希特思想的一种发展，基本的道德经验转化为道德世界的一种秩序"。[8]它是指一种切实可行的人生观，一种包含着道德关切与道德义务之冲突的自觉态度。这是黑格尔的《精神现象学》所考察过的诸多观点之一，它们不是真正的哲学体系，而是"一些生活方式，一些看待宇宙的方法"。[9]黑格尔的精神现象学包含着这样的思想：只有通过在历史长河中的辩证运动，绝对精神才能实现具有终末论意义的自我认识。在这个过程中，绝对精神会具体化为人类的思想和文化，因此，世界会表现为不同的存在方式。在这个历史进程中，人们会提出不同的人生观，在它们之间进行比较和综合。世界观概念产生于绝对精神的历史发展过程中，非常适于表达黑格尔哲学的这一特征。

黑格尔的《历史哲学》认为，世界观既植根于个人意识，又植根于国家意识。就个人意识而言，每个人不仅有自己独特的宗教信仰，而且有自己特殊的世界观。他说："每个人都有自己从宏观上把握事物的特殊方式［世界观］，他们同样还有自己独特的宗教。"[10]后来，黑格尔又用这个词来指整个国家的观点。他首先直截了当地介绍了印度教的神（他认为，印度教的神"已经堕落得既不神圣，又愚蠢"），然后就发表了以下评论：这样的神学"为我们宏观地阐述了印度人的宇宙观［*indischen Weltanschauung*］"。[11]我们再次看到，世界观概念适于表达探究存在之本质的不同风格的思想；不同的国家或民族都有这样的概念，每个人的理性都会受到它的影响。正如文森特·麦卡锡（Vincent McCarthy）所言，"对黑格尔来说，世界观指的是某个国家在某个历史时期对待世界的态度：诗人往往具有这样的态度。因此，世界观是一种普遍而共同的

71

看法,与朋友们一道置身于那样的时代和那样的社会,他们自然会产生那样的看法……黑格尔认为,精神能在外部世界展示自身,世界观就是对这个过程的一种理解。"[12]

世界观与哲学和宗教的关系,是黑格尔《宗教哲学讲演录》(*Lectures on the Philosophy of Religion*)所致力探讨的问题。他认为,宗教内在于人的本性,然后,他开始追问宗教与世界观的关系。他认为,哲学的任务是解释这种联系的本质。"宗教是人类的本质特征,而不是外在于人性的一种情感。关键的问题是宗教与人们宏观的宇宙理论[*Weltanschauung*]的关系,哲学知识正是要讨论这种关系,这是它的首要任务。"[13]

首先,我们必须清楚地理解哲学与世界观的关系。如上所述,我们决不能把"意识的形式"、"时间原理"、世界观与哲学本身混为一谈。另一方面,它们总是处于既互相联系,又互相冲突、互相对立的状态,因此,我们必须首先弄清它们之间的关系。哲学作为一门主要学科,必须首先阐明自己的本质,说清楚它与世界观的关系,澄清世界观与宗教的关系。如果搞清了这些关系,宗教哲学这门学科就能在自己的领域自由地前进。黑格尔做了具体的区分,说明了人类所关注的这些基本领域之间的关系,世界观便是其中一个领域。

虽然黑格尔的《哲学史讲演录》几次正面提到世界观概念,[14] 但是这个词在他的美学讲座中却发挥着更重要的作用。[15] 弗朗西斯·薛华指出:"艺术家创造了艺术作品,这个作品体现了他的世界观。"[16] 这也是黑格尔思想的实质。举例来说,他认为,在精神的发展过程中,它能同时作为一种世界观和一种表现该世界观的艺术而存在。他这样写道:"这种发展既有精神性,又有普遍性,因为一定的世界观念[*Weltanschauungen*]的历史次序,作为对自然、人类和上帝的一种明确而全面的认识,能够赋予自己一定的艺术形式。"[17] 换言之,历史时期不同,世界观及其在艺术中的表现也就不同:"表达这种世界观的艺术不同于表达那种世界观的艺术:总的来看,希腊艺术不同于基督教艺术。不同宗教的历史次序是不同艺术形式的历史次序的原因。"[18] 事实上,人们需要通过艺术来表达一定历史时期的"内在本质"。一开始讨论浪漫主义艺术,黑格尔就觉得有必要澄清浪漫主义思想的轮廓,他认为,"浪漫主义思想作为一种新的世界观[*neuen Weltanschauung*]和新的艺术形式进入人们的意识"。[19] 因此黑格尔认为,艺术的使命在于展示时代精神。看待世界的方式已经融入艺术,并且表现在艺术之中。[20]

艺术是世界观的具体化,史诗、抒情诗和戏剧家或抒情诗的朗诵者特别清楚地说明了这一点。关于史诗这种文学体裁,黑格尔说:"因此,史诗的内容和形式是一种完整的世界观[*gesamte Weltanschauung*],一种民族精神的客观显现,这种世界观能够作为一个真实的事件而客观化自身。"关于史诗,黑格尔还认为:"由此看来,史诗的完善和定型不仅要靠一定的历史行为,而且要靠一种完整的世界观[*Totalität der Weltanschauung*],史诗的任务就是描述该世界观的客观化过程。"史诗如此,抒情诗也是如此。黑格尔这样写道:"总的看法,人生观[*einer Weltanschauung*]的根本基础,关乎人生祸福的深层观念,都是抒情诗所具备的,主题思想的很大一部分内容……同样存在于这个新的诗歌体裁之内。"黑格尔最后说,史诗作者与抒情诗人固然表达了一种范围较大的很多人都具有的实在观,"但是,抒情诗的朗诵者同样能够表达自己的心情和人生观[*subjektive Weltanschauung*]"。[21] 因此,无论是通过剧作家个人,还是通过史诗作者的某个集体,诗歌以及其他艺术形式都是世界观思想的表述,因为它们都是精神在不同的历史时期和运动过程中的具体体现。

世界观概念确实出现在黑格尔的多部著作中。虽然他没有长期关注世界观理论——威廉·狄尔泰最后承担了这一任务——但是他曾多次使用这个概念,他本身又是享誉世界的哲学家,这些因素自然会赋予这个概念某种重要性,这是它无法以其他方式获得的一种意义。在他看来,世界观是绝对精神在历史的辩证运动中表现出来的一些现象。从人类学的角度看,它们是一些情绪、知觉或态度,是人类意识的不同形态,是实在的思想体系。我赞成理查德·罗蒂(Richard Rorty)的观点,他认为:"从黑格尔开始,不同的思想体系这种说法已成为我们文化当中的一个常用词。"[22] 我们必须把世界观与哲学、宗教区别开,它们有时体现在每一个公民身上,有时则体现在国家意识之中。世界观与艺术之间的关系很重要,艺术往往是体现和倡导不同人生观的媒介。黑格尔哲学使用了世界观概

73

念,因此我们同意迈克尔·厄麦斯(Michael Ermath)的看法,我们有理由认为,"德国近代思想史的很大一部分内容,都以世界观概念的属性和问题为中心。"[23] 在 19 世纪的欧洲思想界,在把世界观概念作为一个核心概念来使用的过程中,黑格尔发挥了重要作用。

索伦·克尔凯郭尔所理解的"世界观"与"人生观"

如上所述,世界观概念在欧洲大陆的思想界迅速传播,从它的诞生地德国移居他乡,很快传至斯堪的纳维亚地区。尽管具体细节尚不明了,但是我们可以肯定,到了 1838 年,索伦·克尔凯郭尔(1813—1855)已经听说并且接受了这个概念;他还创造了该词的丹麦文译名,并在自己的处女作中使用了这一概念。总的来说,"世界观"及其伴侣"人生观"概念在他的哲学思想和个人生活中发挥了关键的作用。如麦卡锡所言,尤其是后一个概念,已深入克尔凯郭尔存在主义思想的底层。

> 每个人都应该理解他自己,理解他的"前提"和"结论"、局限和自由,人生观强调个人的这种义务和重要性。每个人必须亲自回答生命的意义问题,时代精神不能给他任何暗示——它很愿意替他回答这一问题。另一方面,人生观是一种生命哲学,它会质疑现有的学院派哲学,因为学院派哲学纯粹是思想的产物。克尔凯郭尔提出一种新的哲学,它注重人生观及其内涵,不再是与生活隔绝的纯粹思想,而是对人生经验之意义的反思,是这种反思连贯而清楚的表述。人生观不是这种新哲学的唯一特征,相反,在人们探索智慧的过程中,它发挥着核心作用,取代了哲学原来的位置。[24]

既然克尔凯郭尔认为"世界观"和"人生观"具有重要意义,我们就有必要了解他创造和使用这些词语的一些情况。克尔凯郭尔把

Weltanschauung 直译为丹麦语的 *verdensanskuelse*，根据克尔凯郭尔全集基本词汇索引目录，这个词在他的著作中只出现过五次。[25] 对克尔凯郭尔来说，*livsanskuelse* 具有更重要的意义，他用这个词来翻译德语的 *Lebensanschauung*，该词的英语翻译是 lifeview（人生观）。在克尔凯郭尔的著作中，明确使用"人生观"一词的地方多达一百四十三处，是他使用"哲学"一词的两倍还多。[26] 克尔凯郭尔创造了 *livsanskuelse* 和 *verdensanskuelse* 之后，它们就在他 1838 年出版的《残存者日志》（*From the Papers of One Still Living*，1838）中首次亮相。[27] 他喜欢的不是 *verdensanskuelse*（世界观），而是 *livsanskuelse*（人生观），这是毫无疑问的，因为后者能够准确地反映他的存在主义哲学之特征，不过在少数几个地方，他曾把二者当作同义词来使用。[28] 人生的意义在于发现真理，人们能够为之生为之死[29]（克尔凯郭尔所谓"吉勒莱厄入口"［Gilleleje Entry］），对于这些人来说，他们所寻找的，应该是一种人生观，一种深刻的能使自己感到满足的人生态度，这种态度能使他们成为完整的自我。我们选取了他论述这个问题的一些段落，在研究这些段落时，我们将认识克尔凯郭尔对这个内涵丰富的概念的理解，以及他对世界观概念的发展所作的贡献。

克尔凯郭尔的《残存者日志》只有四十页，一位评论员恰如其分地称之为"篇幅过长的新闻报道"，[30] 该书的许多地方都讨论了人生观问题。它严厉批评了汉斯·克里斯蒂昂·安徒生（Hans Christian Andersen）所撰写的第三部长篇小说《滥竽充数》（*Only a Fiddler*，1837）。克尔凯郭尔认为，无论从正面说，还是从反面说，人生观都是小说的 *conditio sine qua non*（必要因素）。他解释说，世界观的最大作用在于，它是文学作品的基础："人生观是小说的真正远见；它代表小说的深层统一性，小说因此而有了自己的重心。人生观既不是任意的，又不是盲目的，因为人生的意义潜在于艺术作品的每一个角落。如果人生观概念竟告阙如，小说要么牺牲诗意而暗示某种理论（例如那些说教、空谈的短篇小说），要么有条件地或随意地屈从于作家的情欲。"[31]

不幸的是，安徒生的小说所缺乏的，正是一种人生观。在指出这种缺陷的同时，克尔凯郭尔描述了人生观的本质，阐述了两种可能的选

75

76

择：斯多葛主义（Stoicism）与基督教。

如果我们认为，安徒生的小说缺乏人生观（life-view/ *livsanskuelse*），这种说法与其说立足于上述论断，毋宁说它为后者提供了基础。人生观不仅是一种单纯的观念或一些主张，具有抽象的中立性；它也不仅是一种经验，总是像原子那样；它实际上是经验的一种变体，是［某人］全部经验换来的一种不可动摇的确定性——它要么早已熟知世间的所有关系（完全从人类的立场出发，如斯多葛主义），未能把握更深层次的经验；要么通过与天堂（宗教）的联系，它已为自己的天堂生活和世俗生活找到一种关键的东西，它可以有把握地说："无论是死，是生，是天使，是掌权的，是有能的，是现在的事，是将来的事，是高处的，是低处的，是别的受造之物，都不能叫我们与上帝的爱隔绝；这爱是在我们的主基督耶稣里的。"［《罗马书》8：38—39］[32]

这段话有两个地方值得关注。首先，它摒弃了理智主义和经验主义的人生观，代之以一种惊人的阐释："经验的变体"。人生观不同于单纯的经验，但是，它必须依靠经验，因为经验能够使人产生变化，能够揭示其自我确定性。其次，这种镇定的心情和变化了的态度可以分为两类，一类是世俗的、人文主义的态度，如斯多葛主义；另一类是一种更深刻的、神圣的态度，如基督教。克尔凯郭尔明确地赞成后者，反对前者；关键在于，他是如何把斯多葛主义与基督教定义为两种不同的人生观的。

关于这个问题，克尔凯郭尔认为，或因人生本身的干扰，或因深陷逆境，未经思考，不是每一个人都有自己的人生观。不过，克尔凯郭尔先假定这些阻碍都被挪去，然后描绘了人生观大致是如何形成的："如果我们问，人生观是如何产生的，我们就回答说，有人不想一生浑浑噩噩，而是努力让人生中的各样事件平衡有序，对于这些人来说，他必然会有这样的经历：在某一时刻，他顿悟了生命的真谛；他根本不需要理解所有可能的细节，以便在接下来的理解中［获得］关键点：如道博

77

(Daub)所言,如果根据这个理念来追溯人生,就必然会出现这样一个时刻。"[33]

人生观在这里的定义是"对人生的顿悟",只有在人生的关键时刻,才会出现这种现象。顿悟不在于理解所有的事物,而在于提供一种解答(一种结构或一个大纲),根据这种解释,人们能够真正理解世间万物。尽管生命总是迈向未来,但是只有向后追溯,人们才能理解它。人生观的树立,即理念的确立,是个人启蒙与社会启蒙的条件。

克尔凯郭尔的处女作首先探讨了人生观问题。如麦卡锡所言,尽管这本书的主题是文学批评,但是他探讨的问题"涉及成熟而严肃的人生观,不仅关系到史诗,而且关系到理解什么是神圣存在和世俗存在都不可或缺的要素"[34]。

在克尔凯郭尔的两卷本著作《非此即彼》(Either/Or,1843)中,生命的两个阶段——审美阶段和伦理阶段——针锋相对。一边是约翰尼斯·克利马科斯(Johannes Climacus),或称 A,固执的审美家,该书的第一部分讨论了他的观点。另一边是法官威廉,或称 B,伦理观的代表,该书第二部分是他对 A 的批评。究其实质,《非此即彼》是不同世界观之间的斗争:是选择审美的生活,还是选择伦理的生活。作为这两个分卷的编辑和评判者,维克托·厄莱米塔(Victor Eremita)认为,"A 的日记描述了实现审美人生观的很多方法……B 的日记则描述了一种伦理人生观。"[35] A 与 B 互不相识,他们的故事是克尔凯郭尔重要思想的引子,他认为,"人生观"有抽象和具体之分。

在抽象的层面,威廉法官对约翰尼斯·克利马科斯说,人生观不仅是一种"自然需求",而且是一种绝对"不可或缺"的东西。像克利马科斯一样,以审美的态度生活的人,也有一种人生观,不过他可能没有意识到或理解这种观念,因为他总是囿于直接的经验。为了克服他的这种愚钝,威廉对克利马科斯说,"每一个人,无论他多么缺乏才智,他的社会地位多么低下,都有树立人生观的自然需求,因为人生观是对生命的意义和目的的一种理解。"尽管傲慢的克利马科斯想把自己和那些微不足道的审美家分开,因为他们似乎不能像他那样享受人生,但是威廉对他说,他与"他们有共同之处,这一点非常重要——他们都有一种人

78

生观"。事实上,把他和他们区分开的,是一种无足轻重的东西。[36] 因此,人生观与诠释学、目的论的关键问题紧密相连。对人类来说,这种探索不仅是自然的,而且是必要的。人生观与人的生存密不可分。

威廉还认为,当对人生观问题的正面回答与伦理人生观的基本因素结合时,就形成人类友好相处的基础。威廉明确指出:"友谊不可或缺的条件是,必须有统一的人生观。"友谊的这种基础有一些明显的优点。"如果一个人有这样一种基础,他就不再会把友谊建立在模糊的情感或难以描述的同情之上。这样,他就不会经历那些可笑的变化,今天还是你的朋友,明天就不是了。"威廉进一步指出,尽管很多人都有自己的哲学"体系",但是根据严格的逻辑推论,它们显然缺乏伦理的成分。与此相反,"在人生观概念中,伦理因素是友谊不可或缺的一个出发点;只有从这个角度来看待友谊,它才是有意义的,才是美的。"因此威廉得出这样的结论,"人生观的统一性是友谊的主要因素"。[37]

克尔凯郭尔还在其他地方指出,人生观不仅是友谊的基础,而且是为人父母的前提,是基督徒教育子女的必要内容。就前者而言,孩子有权从父亲那里学习人生的意义,一如他有权希望从母亲那里得到乳汁。学习和传授人生观是为人之父固有的天职,一如用乳汁哺育孩子是为人之母固有的天职。

> 为人之父意味着,你已经长大成人,确实有了自己的人生观。而你的孩子,作为一个孩子,作为你生命的延续,有权向你请教生命的意义,这时,你能够对自己的人生观充满信心,敢于把它传授给自己的后代,你不是这样想的吗?假如自然的要求,例如母乳喂养,恰好是女人应该承担的特殊天职,那么一方面希望为人之母,希望满足某人的愿望,另一方面却没有准备好孩子需要的东西,这种行径岂不令人憎恶?孩子有权从父亲那里学习一种人生观,父亲也确实应该具有一种人生观。[38]

79　　友谊、为人父母与人生观紧密相连。教育也是如此。在《抨击"基督教王国"》一书中,克尔凯郭尔发出这样的哀叹:在那些有名无实的基督教家庭里，孩子们的成长往往受到影响，因为他们的父母没有用具有基督教特色的东西，例如基督教人生观，来教育他们。他抱怨说，"孩子的教育主要在于正规训练，在于认识一些事物。但没有人教给他们某种宗教的人生观，更没有人教给他们基督教的人生观；没有人为孩子讲解上帝，更没有人按照基督教特有的观念和思想来谈论上帝。"[39] 克尔凯郭尔的意思是，传授具有鲜明基督教思想特色的人生观，是每一个基督徒家庭不可或缺的教育义务。

《非此即彼》还讨论了一些具体的人生观，它们可以大致分为审美的人生观和伦理的人生观。威廉法官与约翰尼斯·克利马科斯开始角力，威廉说克利马科斯的审美人生观可以归结为一句话：人必须享受生活。有的人生观主张，要想享受生活，就必须重视个人的**内心世界**，因此，这种观点强调健康、美或天赋。[40] 有的人生观则主张，要想享受生活，就必须重视个人的**外部世界**，因此，这种观点强调财富、荣誉、高贵的出身、浪漫的爱情，等等。[41] 威廉还对克利马科斯提出如下忠告：不顾一切地追求享乐，终将导致绝望、悲哀或悔恨。[42] 威廉的最终目的是让克利马科斯相信，他的人生观没有价值，应该从审美的人生观上升到伦理的人生观，这是一个重要的范式转变。"你还是没有自己的人生观。你有一种类似于人生观的观念，它能使你过上平静的生活，但是，你绝不能把它与一种安定的、生机勃勃的、满怀信心的生活混为一谈。有的人仍然在追逐虚幻的快乐，与这些人相比，你的生活才能显出几分平静。"[43]

威廉法官的论点很明确：在审美范畴内，没有一种人生观能够成立。克尔凯郭尔曾批评安徒生，因为他的小说缺乏人生观，同样的道理，威廉法官也批评约翰尼斯·克利马科斯，因为他自己的生活中也存在这样一种可恶的缺陷。只有从审美阶段上升到伦理阶段，他才能获得一种能够支撑其生活的新观点。选择权在他的手里：**要么**停留在审美的阶段，**要么**上升到伦理的阶段。

伦理阶段是人生的倒数第二个阶段，最后一个阶段是宗教阶段。在《人生道路诸阶段》（1845）一书中，[44] 人生观出现了危机，于是，它从审美的阶段一直过渡到宗教阶段。奎戴姆（Quidam）的日记——"深感

80

内疚，还是问心无愧？"——讲述了这一故事，这是克尔凯郭尔《人生道路诸阶段》一书中"不同的人所作的研究"之一。故事起因于一种破裂的关系。在思考人生的基本范畴时，奎戴姆意识到，必须更新自己的人生观；"经历了某种顿悟以后"，他认识到，人生观的基本前提必须是宗教。听了传教士的布道，他豁然开朗："关键的一步是，每个人都应该在自己心中为上帝铺平道路。这才是人们应该谈论的话题，只能根据这种理解来树立人生观。"在奎戴姆和其他所有的人看来，审美人生观的崩溃，发生在生命的宗教阶段。《人生道路诸阶段》的另外一篇文章"对婚姻的思考"也探讨过这个论点；一个"已婚男人"说，"这种决心是一种建立在伦理假设之上的宗教人生观，我们可以说，这种人生观旨在使人获得爱心，并且捍卫这种观点，使之免于外部世界或内心世界的任何威胁。"[45] 宗教阶段并没有取代此前的两个人生阶段，而是吸收了它们，给它们生命。因此，在人生道路的各个阶段，宗教人生观最高，内容最丰富。

比较而言，《非科学的最后附言》（1846）对克尔凯郭尔的人生观理论贡献不大，只有一处例外。这个例外与约翰尼斯·克利马科斯的看法有关，它把人生观与"希腊原则"联系起来，暗示了一个亘古不灭的问题：什么是哲学？"从生存的角度理解人，是希腊人的原则。希腊哲学家的思想有时流于空泛，但是他们有一个优点：他们向来很严肃。我知道，现在如果谁要是像希腊哲学家那样生活，从生存的角度探索和表达他们所谓人生观的深层问题，他们一定会被看成是疯子。随它去吧。"[46]

希腊原则及其人生观例证，是抽象思维的对立面。"抽象思维试图抽象地理解具体事物，主体性［人生观］思想家则试图具体地理解抽象事物。"[47] 早期希腊哲学的精英——例如克尔凯郭尔所谓具有历史真实性的前柏拉图哲学家苏格拉底——追求"在真实可信的人类生活中实现其'对智慧的爱'，思考自我、努力地理解自我，是这种生活的基础"。[48] 这正是人生观哲学的主题。然而，在苏格拉底那个时代，抽象的柏拉图观念论遮蔽了希腊哲学的生存论倾向，同样的道理，在克利马科斯那个时代，黑格尔观念论阻碍了人生观哲学的发展。学院派哲学——如柏拉图主义、黑格尔主义等——远离人生的情感，已经变得

"滑稽"可笑。希腊哲学和人生观哲学深刻地剖析了人类生命的内涵，从未显得滑稽可笑，但是从古到今的职业哲学家或抽象的思想家却嗤之以鼻。在克利马科斯那个时代，谁要是像希腊哲学家那样生活和思考，那样探索人生观，谁就会被当作疯子，当作真正的精神错乱。克利马科斯是如何应对这种奚落的？"随它去吧。"那么，什么是真正的哲学？克利马科斯认为，真正的哲学就是古代世界的"希腊原则"以及他那个时代的"人生观哲学"。简言之，认真地探索和发展人生观，才是真正的爱智慧，应该用这种态度来取代滑稽可笑的抽象思维。

通过这些深入的思考，索伦·克尔凯郭尔把世界观和人生观的概念引入斯堪的纳维亚世界。[49] 他赞成人生观的生存论取向，反对黑格尔主义以及其他形式的抽象的世界观。他根据这种思想来探讨在世界之中存在的不同方式（审美的、伦理的、宗教的），他认为，这种思想已经深入生命的意义和目的，无论这种生命是否符合基督教的思想。在克尔凯郭尔看来，人生观是文学、友谊、父母之道和教育的本质特征。树立人生观是哲学的第一要务，是真正意义上的爱智慧，是战胜职业哲学家的抽象思维的法宝。然而，他对这个问题的思考是随想式的，缺乏系统性。与此同时，在欧洲大陆，一位名叫威廉·狄尔泰的德国哲学家已经清楚地认识到世界观概念的重要意义，他认为，这个概念是他努力建设的人文科学知识论的关键环节。他的思想内容丰富，具有重要的历史意义，值得我们仔细研究。

82

威廉·狄尔泰所理解的"世界观"

加塞特（José Ortega y Gasset）认为，威廉·狄尔泰（1833—1911）是"19 世纪后半叶最重要的哲学家"。[50] 狄尔泰的盛名来自他的人文科学理论（*Geisteswissenschaften*），来自他对历史领域某些方法论问题的研究，以及他在诠释学领域所做的创造性工作。他对世界观问题作了开拓性的系统研究，这是不能忽略的。与很多人一样，迈克尔·厄麦斯明确认识到狄尔泰在世界观问题上的特殊贡献，以及这个概念在他的哲学中所起的重要作用。

> 正是狄尔泰把世界观问题提升为一个包罗万象的理论命题。他是这个领域的开路先锋，又是这个领域的向导，后来，很多不同学科的研究者都在完成他的未竟之业。他的文章全面论述了不同世界观的产生、表达、比较和发展。他的世界观理论或"科学"（*Weltanschauunglehre*；经常写为 *Wissenschaft der Weltanschauung*），常常被认为是他思想的边缘部分，事实上，这是他思想的基本要素之一，它本身值得我们认真研究。[51]

狄尔泰试图建立客观的人文科学知识论，其世界观思想是这个总体计划的组成部分，一如伊曼努尔·康德曾试图为自然科学建立一种知识论。虽然他非常重视科学真理以及客观的历史知识和文化知识的可能性，但是他的思想却扎根于现实生活的问题，扎根于他所谓的"生命体验"。他认为，"所有正确的世界观都是一种直观，都是来自人生的体验"。[52] 生命是一个需要破解的谜。匆匆一瞥某张面孔，我们就想揣测灵魂的模样，同理，生命的神秘表情也在呼唤深入的研究。试图理解生命奥秘的那些好学深思者，总会全神贯注于宇宙人生的重大问题。

83

> 生命之谜以同样神秘的表情，注视着人类的各个时代；我们能够看到它的某些特征，却看不到它背后的那个灵魂。生命之谜总是与世界之谜紧密相连，与如下问题紧密相连：我该在这个世界上做些什么？我为什么会出现在这个世界上？我的生命将如何终结？我从哪里来？我为什么会活在这个世界上？我将如何生活？这是所有问题当中最普遍的一个问题，也是与我关系最密切的一个问题。诗人、先知和思想家都在寻找这个问题的答案。[53]

人的生命大多是以疑问的形式展开的。诗人、哲学家和先知都很关注人类在世界上的起源、行为、目的、死亡，尤其是他们的命运。因此，狄尔泰的观点听起来很像克尔凯郭尔式传统中的存在主义者，他认为，"按照生命的本来面貌来理解生命，这就是当今人类的目标。"[54]

在狄尔泰看来，理解生命的任务其实是永恒的，它已通过绝对主义的语言，表现为一种普遍的形而上学本能，以便描绘实在的轮廓。历史意识的出现已经证明，这些普遍的形而上学体系实际上都是有条件的、相对的，它们不过是思想家的历史特殊性和历史倾向性的显现。归根结底，尽管形而上学体系看上去规模宏大，神圣不可侵犯，但它们都不是真理。形而上学的历史其实就是哲学思想不成功的历史。建立新的形而上学的任何企图都会遭遇这种厄运。[55]

狄尔泰提出一种世界观的元哲学（metaphilosophy），以取代自诩为普遍有效的传统形而上学体系。基本的人生态度是诗歌、宗教、形而上学的基础，后者是前者的表现，元哲学就是要分析、比较这些不同的人生观。他称这种元哲学为"哲学的哲学"（*Philosophie der Philosophie*），或世界观"理论"、世界观的"科学"（*Weltanschauunglehre*）。这项颇具创意的哲学研究，对世界观问题的这种历史性研究，旨在揭示人类心灵根据它的生命体验努力探索宇宙奥秘的规律。狄尔泰说，"世界观理论的任务是，分析宗教、诗歌、形而上学与相对性概念进行斗争的历史进程，系统地阐述人类心灵与世界之谜、生命之谜的关系。"[56] 狄尔泰认为，用历史的方法研究世界观，既能避免传统形而上学的绝对主义谬误，又能认识宇宙的本质，虽然这些认识可能带有片面性，但是探求知识乃人类的本性，他们始终在积累这样的知识。 84

根据狄尔泰的人文科学研究计划以及该计划与其诠释学哲学的关系来研究他的世界观理论，也许是最好的办法。[57] 不过，狄尔泰的世界观理论本身就很有趣，值得专门研究。他的世界观思想主要集中在其选集的三个地方。[58] 学者们经常引述《狄尔泰选集》第八卷中的经典之处，该卷已被译成英语。[59] 该书证明，称狄尔泰为"世界观理论之父"是恰如其分的，我们可以把这本书的内容分为四大部分。

论诸体系的冲突 85

狄尔泰认为，"哲学诸体系的混乱"（第 17 页）是怀疑主义长期存在的主要原因。有很多相互排斥的形而上学体系,每一种体系都宣称自己具有普遍的有效性,这是历史事实,它造成一种岌岌可危的局面。哲学的历史进一步加剧了这种紧张局势。希腊人对宇宙的解释莫衷一是,基督徒与穆斯林各执己见,阿威罗伊(Averroes)与亚里士多德的追随者争论不休,文艺复兴时期希腊罗马思想的复兴,新思潮和新文化大发现的时代,国际旅行家的种种报道,都在瓦解"人类完全信赖的一些根深蒂固的观念"。狄尔泰认为,尽管人类必须提出新的理论体系,以证明"事物是如何联系在一起的",但事实上,"每一个体系都排斥其他体系,每一个体系都否定其他体系,任何体系都不能完全彻底地证明自己的正确性"(第17—18页)。这个历史过程在人们心目中渐渐产生了一种玩世不恭的"滑稽的好奇心",新的哲学思想一旦出现,他们总要问:谁信呢?它能维持多久?

对传统形而上学来说,比"哲学诸体系的混乱"这种认识更具毁灭性的,是"人的历史意识逐渐觉醒"(第19页)的深刻寓意。历史主义(historicism)杀死了形而上学。西方人一直认为,"只有一种人,他们天生具有某种特征",扎根于这种观念的自然法思想,终于沦为包罗万象的进化论思想的牺牲品,人们可以把进化论思想合乎逻辑地运用于生物的生命和历史的生命。狄尔泰发现,在文艺复兴时期,"人的传统观念不复存在了,它转化为一个进化过程"。"生命的所有历史形式都具有相对性,这种认识"与进化论合而为一,结果摧毁了这样一种观念,"该观念认为,某种哲学具有绝对有效性,它能把所有概念联系起来,合理地解释世界万物"(第19—20页)。强有力的历史主义原则解决了互为对手的诸多形而上学体系自诩具有普遍有效性的问题:它们都是不断变化的历史过程的产物。因此狄尔泰认为,形而上学已经死亡。要想建立某种世界观,就必须以历史、以体验、以生命本身为思想的出发点。理解人的生存,是我们与生俱来的需求,为了满足这种需要,狄尔泰提出了自己的世界观理论,他试图在已经死亡的形而上学绝对主义和历史相对主义的虚无主义之间,选择一条中间道路。但首要的问题是,什么是世界观?它们从哪里来?它们是如何产生的?通过考察生命的本质以及世界观的本质,狄尔泰给出了自己的回答。

86

生命与世界观

要想通过世界观概念来理解生命的意义,我们必须首先承认,"生命是任何世界观的最终基础。"狄尔泰几乎把"生命"神化了,他认为,生命不是指每一个人的生命,而是指它的客观显现,生命在任何地方都会表现出一些"共性或共同特征"。日常经验的细节,例如一张长凳、一棵树、一栋房子、一座花园,"只有通过客观化,才能成为有意义的"(第21—22 页)。世界观肇始于对客观生命的体验。生命世界(*Lebenswelt*)创造了世界观(*Weltanschauung*)。

不同的人有不同的生命体验,这固然是事实,但是人类的生命永恒不变,它无可辩驳地说明,"生命体验的基本特征,人皆有之。"举例来说,命运、衰落以及死亡的事实,乃人生的要素,它们决定着"生命的意义和重要性"。由于存在这样的界限,所以在人们的公共生活中,出现了很多模式、传统和习惯,它们具有知识的确定性,虽然这种确定性明显地不同于科学的确定性,因为科学具有精确的方法和原则。此外,"稳定的关系"和"生命体验的方式"都扎根于"经验意识",都能证明可能的意义视域。因此,世界观的形成包含着形式与自由的矛盾。解释的自由受到实在的限制(第 22—23 页)。

狄尔泰认为,有哲学思想的人,会把生命看作一个"谜",因为生命中到处都是限制、矛盾、变化。死亡的确定性、自然过程的冷酷无情、万物皆变的总体趋势,以及其他许多因素,一直在呼唤历史上的伟大心智去解答这些高深莫测的问题。世界观的目的是,努力破解"生命之谜"(第 23—24 页)。

从纷繁芜杂的经验中,人们必然会形成对待人生和世界的不同态度,最后就会出现普遍的态度或心态。狄尔泰认为,虽然新的经验肯定会使这些态度发生某些变化,但是"不同的人肯定会根据自己的性情而坚持某些看法"(第 25 页)。不同的人生态度——有的强调享受,有的强调安全,有的强调宗教,有的强调无用,如此等等——可以归纳为两大类:乐观主义和悲观主义。这些大的"生命情态"(moods of life/ 87

Lebensstimmung）塑造了各种世界观，并赋予它们思想，狄尔泰仔细分析了它们的细微差别。对待世界的态度，以及乐观主义或悲观主义的情绪，能够表现一个人的性格，这是世界观形成过程的一个基本规律。

世界观的形成因素不仅包括个人的性格，而且包括一种能够反映"人类固有的心灵状态"的"共同结构"。简言之，"世界观以统一性为特征，它能揭示心理生活的结构。"人类心灵的结构包括三个方面（心灵、情感、意志），因此世界观的结构也可分为三个方面。根据狄尔泰的分析，首先，世界观发端于心灵的"宇宙图景"（cosmic picture/*Weltbild*），这是"认识阶段的永恒规律"的产物。世界图景是对存在着的事物的描述，它表现为一些概念和判断，充分反映了"实在的相互关系和真实存在"。第二，根据世界图景和心理体验的其他永恒规律，人们心中会出现生命的"有效价值"。人们根据事物、人以及其他现象能够被感知的价值，来判断他们的作用。被认为是有用的他们就赞成，被认为是有害的他们就反对。"因此，条件、人以及事物的意义，取决于他们与整体性实在的关系，实在的整体带着意义的烙印。"第三，"意识的深层"包含着生命行为的最高理想、最大利益、最终原则，它们是世界观的力量之源。"这个阶段的世界观具有创造力、影响力和感召力。"其结果是"一幅包罗万象的人生蓝图，这是最大的善，是行为的最高准则，是变革个人生活和社会生活的一种理想"（第25—27页）。因此狄尔泰认为，世界观的形而上学特征、价值特征以及道德特征，皆起源于人类精神的组成部分——理智、情感和意志。宏观思想的组成和内容本质上反映了微观意义上的人类的内在结构，反映了他们试图驱走宇宙黑暗的努力。

世界观不是单一的，而是多种多样的。狄尔泰认为，世界观的多样性是源于这样一个简单的事实：完全不同的人，在完全不同的条件下，形成了完全不同的世界观。各种各样的动物为了生存而斗争，同样的道理，"人类世界也目睹了世界观结构的增多，它们彼此竞争，以争夺人类的心灵。"与所有不断进化的事物一样，这种斗争也遵循适者生存的规律。人们保留并完善了那些合理而有用的人生观和世界观，摒弃了那些不合理的无用的理论。尽管世界观存在繁多的种类，它们却保留着"统一的结构"，因为它们都以人类心灵的结构为基础。虽然如此，文

88

化呈现出多样性的特征，历史时代不断更迭，民族的思想和个人的思想不断变化，凡此种种，皆可通过以下简单事实加以解释："通行于某个历史时期和某种条件下的世界观，是生命体验、情感和思想的统一体，这个统一体总是在不断地更新。"（第 27—29 页）换言之，世界观内部总是在变化，人们以合乎逻辑或不合乎逻辑的方式来增加或减少其思想、价值和行为。狄尔泰指出，对这些不同的概念体系进行分析比较，世界观的类型就会摆在我们面前。只有适当的历史方法，才能胜任对世界观进行分类的工作。

狄尔泰用一个总论点来概括自己的这番讨论。简言之，世界观起源于人类精神性存在的整体：从理智的角度看，它起源于对实在的认识；从情感的角度看，它起源于对生命的评价；从意志的角度看，它起源于意志的主动选择。古往今来，人类经过艰难而痛苦的努力，发挥他们的天赋才智，建立了他们的人生观，他们的心中只有一个目的：永久性（stability）。然而，最具讽刺意味的是，"在这条道路上，人类没有向前迈进一步。"在不同世界观的斗争中，从未有过取胜的一方。狄尔泰预言，将来也不可能有取胜的一方，因为世界观是"既不可证明，又不可消灭的"（第 29—30 页）。它们很大程度上是信仰的产物，它们的锚泊于生机勃勃的永恒流变的**生命**长河，谁也不可能两次踏入这条河流，有的甚至从未踏入这条河流。人类的经验生生不息，变化万千，因此，世界观呈现出宗教的、诗歌的以及形而上学的表现形态。

宗教的、诗歌的和形而上学的世界观

生活中的经济、社会、法律和政治组织，好比一副副枷锁，会扭曲生活在这些特定领域的人们的世界图景，幸亏宗教家、诗人和形而上学家不受它们的牵累。这些文化建筑师生活在一个洁净而自由的领域，"具有价值和力量的世界观"即由此发端（第 31 页）。虽然世界观产生于一个自由的领域，但是它们具有宗教的、诗歌的或形而上学的特征，这是它们的倡导者的思想标志。

89   宗教的世界观

狄尔泰认为,不可见的无形世界的力量以及安抚这些力量并与之交流的愿望,是最早的宗教崇拜仪式的组成部分,是宗教生活的基本范畴。由于"某个宗教天才"的努力,宗教思想和宗教体验的不同方面得以巩固,"经过浓缩的宗教体验"要求人们把宗教思想系统化。根据这样的背景,狄尔泰把宗教世界观描述如下:"鉴于人类与某种不可见的力量的这种关系,他们开始解释实在,评价生活,思考人生的最终目的。所有这一切都记录在寓言式的交谈和宗教教义之中。它们的基础是整个社会生活。它们的表现是祈祷和沉思。这些世界观一开始就包含着善与恶的冲突,感性生活与超感性的更高生活的冲突。"(第 34 页)

狄尔泰把宗教世界观分为三大类:(1)"无所不在的普遍理性",这是暗指某种形式的观念论;(2)"精神性的太一",这是指泛神论;(3)"创造性的神圣意志",这是指有神论。狄尔泰指出,宗教世界观是形而上学的先驱,但是它们从未混同或消解于哲学之中。尽管如此,他还是认为,犹太教-基督教教义是自由的一神论观念论的延伸,"精神性的太一"预示着新柏拉图主义者布鲁诺(Bruno)、斯宾诺莎(Spinoza)和叔本华(Schopenhauer)的形而上学泛神论的出现,原始的一神论演化为犹太教思想家、阿拉伯思想家与基督教思想家的经院神学,经院神学反过来又孕育了笛卡尔(Descartes)、沃尔夫(Wolf)和康德的哲学(自然神论),以及 19 世纪极端保守的思想家(自然主义)。宗教世界观始终保留着独特的精神风貌,拒绝与形而上学融为一体,特别强调坚定不移的知识信念,其目光总是对准超验的世界。狄尔泰说,强调来世是"僧侣手段"的历史产物(第 35 页),尽管如此,宗教世界观依然保留了观念论特征,倡导严酷的禁欲主义。因此狄尔泰认为,宗教世界观的道德要求过于严格,过于束缚人性。人类的精神应该是自由的,应该满怀喜悦的心情去拥抱生活,拥抱世界。诗歌的世界观就是如此,虽然宗教的目光对准天国,但艺术却深深扎根于人间。

90   诗歌的世界观

尽管早期的艺术是在宗教生活的庇护下发展的,但是随着历史的进步，它逐渐获得解放，"艺术家的正常生活是完全自由的"（第 36 页）。艺术孕育的世界观——自然主义、英雄主义、泛神论——其结构本身就表现出自由独立的特征，绘画和音乐的历史能够证明这一点。

和黑格尔一样，狄尔泰认为，就所有艺术形式而言，诗歌与世界观的关系最特殊，主要是因为语言是诗歌的媒介。无论是在抒情诗或史诗，还是在戏剧中，诗歌都能用语言表现和再现"人们看到、听到或经历的任何事物"（第 37 页）。诗歌有多种作用。它能使人们摆脱现实的重负；它能通过想象而开辟新的天地；最重要的是，它能表达生命的普遍情绪（从旧约的《约伯记》到荷尔德林 [Hölderlin] 的《恩培多克勒》 [Empedocles]，在诗歌中，这种情绪比比皆是）。绝不能把诗歌与科学所理解的实在混为一谈。毋宁说诗歌从关系的角度，揭示了人物、事件和事物的意义，破解了生命之谜。文化的发展有一个过程，它最初是一些信条和习惯，后来承担了阐释人生的艰巨任务；与这个过程相适应，诗歌的不同体裁应运而生——首先是史诗，其次是戏剧，最后是长篇小说——某个社会可以根据自己的成熟程度，以适当的方式表达自己的情感。

最重要的是以下事实：诗歌源于生活（与宗教不同，它不是源于不可见领域）。因此，它在描述某一过程、事件或人物时，已经表达了它的人生观。换言之，诗歌是诗人的表达方式，是诗人的世界观的表达方式。狄尔泰说，"生命使诗歌总是能够再现新的方面"，"作家有许许多多的机会来思考生命、评价生命，并创造性地改造生命"（第 38 页）。

哪些例证能够说明诗歌所表达的这种人生观呢？狄尔泰认为，斯汤达（Stendhal）和巴尔扎克（Balzac）的作品属于自然主义的解释，歌德的诗作表达了生机论（vitalism）的思想，高乃依（Corneille）和席勒（Schiller）的诗反映了一种道德观。生活的各个层面都有与之相应的诗歌体裁，因此，每一种诗歌体裁都是三大类世界观的表现形态之一。巴尔扎克、歌德、席勒等作家和诗人，由于其诗歌的内容和体裁而赢得人们的赞誉，因为他们清楚地表达了一种对生命的理解，这是一项了不起的成就（第 38—39 页）。

总之，诗歌——作为世界观的媒介——是福音传播的重要手段，由此，他们把**实在**的某些解释传遍所有的文化，传遍全人类。从宗教的世

91

界观到诗歌的世界观,从诗歌的世界观再到形而上学的世界观,这是一
种进步。

形而上学的世界观

　　形而上学扎根于诗歌和宗教的沃土,人们对永久性的渴求、理性的
要求,以及科学的支持催生了形而上学。宗教奠定了基础,诗歌提供了
表达方式,"获得普遍而正确的知识的愿望,则赋予这种新的世界观一
种独特的结构"(第 40 页)。从某种形而上学立场出发,肩负着特殊使
命的哲学家们提出并论证自己的观点,然后把它们完全用于人类社会
最重要的领域。他们认为,他们的思想体系的任何历史演变,纯属偶
然,必须摒弃。他们的目的又是建立"一个单一的可证明的观念性整
体,由此,人们能够通过一定的方法而最终解开生命之谜"(第 42 页)。
然而,不同的形而上学体系之间存在许多明显而深刻的差异,哲学家试
图进行分类,最常见的做法是把世界观分为观念论与实在论两大类。
　　于是狄尔泰再次回到那个既能说明这些重大差异,又能巩固其世
界观科学的概念:"这个概念就是历史意识。"这个概念有助于我们理解
形而上学为何停滞不前,不同的形而上学体系为何争论不休。我们又
回到原来的出发点;用狄尔泰的话说,历史主义"能够说明,为什么所有
的形而上学体系都想掌握概念的统治权,却都未能向前迈进一步,建立
大一统的思想体系。通过历史意识,我们才认识到,形而上学思想的冲
突不但起源于,而且植根于人生,植根于人生的体验,植根于人们对人
生问题的现实立场"。形而上学绝非纯粹思想的产物,毋宁说它来自生
命的困惑,来自形而上学家的性格和立场。狄尔泰认为,伟大的形而上
学家"已经把他们特殊的生命形式印在其思想体系上,这些体系宣称,
它们具有普遍有效性。它们所包含的主要因素与思想家的性格是相同
的,它们表现为具体的生命形态"(第 44 页)。狄尔泰认为,斯宾诺莎、
费希特、伊壁鸠鲁(Epicurus)、黑格尔都是很好的例证。源于历史和人
类的奇异形而上学观点不胜枚举,我们必须进行分类。狄尔泰认为,只
有一种方法能够胜任这项工作:描述性的历史方法和比较法。他解释
如下:

要想对世界观进行分类，我们就必须研究历史。历史为我们提
供的最重要的教训是，我们应该理解生命与形而上学的关联方式；
只有深入生活，我们才能理解这些形而上学思想的实质；我们应该
理解这些宏大的思想体系之间的关系，它们都表达了一定的人生
态度——与我们对它们的限定或分类无关。唯一重要的是，我们应
该学会深刻地理解生命，实现形而上学的远大理想。（第 50 页）

当然，狄尔泰还需要一个解释的标准，按照这个标准，我们就能比
较不同的人生观。任何标准都是人为选择和使用的结果，由于存在这
样的历史相对性，所以狄尔泰坦言，他的论点"也是暂时的"（第 50 页）。
尽管存在这样的局限，他对历史和生命本身却有更深刻的见解。他把
世界观分为三类。

自然主义、自由观念论与客观观念论

狄尔泰把世界观分为三大类，即自然主义、自由观念论和客观观念
论，这种分类显然受到歌德等人以及 19 世纪末、20 世纪初欧洲通行的
分类方法的影响。有些评论者认为，这种三分法要么强调身体的重要
性（自然主义），要么强调心灵的重要性（自由观念论），要么强调身体与
心灵的互相渗透（客观观念论）。[60] 每一个种类不仅代表一种思想体系，
而且代表一种完整的人生态度，它们是一些具有整合力的思想核心。
不仅如此，这些种类还具有连贯性和稳定性，而不是封闭的或静止的，
因为一种能够催生修正的内在辩证法使它们充满活力。在狄尔泰那
里，这些种类的世界观没有发生僵化。他只是提出这样一些观点，把它
们当作一种解释历史的方法，或者是一种启发式教学法，或者是一种辅
助的研究手段，或者是一种更深刻地理解人生的方法。诸如此类的世
界观分类法必须始终面对新的思想和新的表述。尽管如此，从狄尔泰
的历史研究中，还是产生了三种模式的世界观。[61]

93   自然主义

狄尔泰认为,作为一种世界观的自然主义建立在这样的论点之上:人是由自然决定的。对自然界的经验以及对人体本能的认识决定着宇宙的形态。实际上,这种世界观认为,人生的目的就是满足身体的需求;人类经验的其他一切特征,都从属于感性生活的这个最高要求。人们把身体的这种最高需求归诸通常所谓的宇宙,于是就出现了自然主义的世界观。人们认为,自然是实在的总和。万物皆存在于自然之内,甚至心灵的体验和人类的意识,都可用自然原因来解释。狄尔泰着力讨论了自然主义的两个主要方面:感觉主义的知识论和机械主义的形而上学。

首先,自然主义的知识论建立在感觉主义之上。在知识的形成过程中,身体起着决定性的作用;因此,人们总是根据身体的快乐或痛苦来评判一切价值观念和人生目的。感觉主义是"灵魂的自然主义倾向直截了当的哲学表述"(第 54 页),是自然主义知识论、价值论和道德论的基础。感觉主义的认识结论是相对主义,很久以前,普罗泰哥拉(Protagoras)已经证明了这一点。为了反对这种相对主义,自然主义必须根据自己的假设,证明它的知识,建立它的知识论。古代的卡尼兹(Carneades)曾苦苦思索这个问题,18 世纪的大卫·休谟(David Hume)也曾为此殚精竭虑。后期的实证主义割断了感觉主义与形而上学的任何联系,它认为,感觉主义是实证主义认识方法的重要组成部分;只有通过这种方法,我们才能"非常清楚地认识感性世界"(第 57 页)。

其次,从原子论者开始,自然主义形而上学的主要特征是机械论:单从物理的角度理解世界,把世界当作一台恪守定律的机器。思想、运动的起因以及理智的活动,统统被归结为宇宙的机械系统的作用,从前由宗教、神话和诗歌所提供的那些充满生机的解释被消灭得一干二净。简言之,"自然没有了灵魂"(第 57 页)。宇宙完全是由运动着的微粒组

94   成,却能产生有理智的生命,为这一现象提供某种解释是机械论者义不容辞的责任。古代的伊壁鸠鲁和卢克莱修,以及后来的霍布斯、费尔巴哈、布钦纳(Buechner)、莫尔斯克特(Moleschott),都出色地完成了这一任务。到了 18 世纪,机械论世界观坚持彻底的自然主义和理性主义原

则,反对一切超验的价值观念和人生目的,凭借其与日俱增的政治影响力,它扫荡了宗教迷信的任何残余,推翻了教会的专制统治。

自然主义所包含的内在辩证法起源于两个元素的冲突:意识对自然的知觉和意识的自我知觉。用狄尔泰的话说,"人是这一自然过程的奴隶,因为他是有情感的——他是一个工于心计的奴隶。但是……因为他具有思想力,所以他能高于自然"(第 58 页)。根据普罗泰哥拉的思想,阿里斯提普(Aristippus)的享乐主义思想发展了人是感性奴隶的论点;德谟克里特(Democritus)、伊壁鸠鲁和卢克莱修则通过"心灵的宁静"的概念(特别是卢克莱修的长诗《物性论》[De rerum natura]),发展了心灵能给人类带来益处的论点(第 59 页)。仅仅依靠物质,我们很难解释能动的有意识的心灵,于是,自然主义的内在辩证法使它倾向于别的解释方式。另一方面,自然主义世界观坚决摒弃一切不可见的事物,对"诗学思想、文学以及诗歌"(第 60 页)产生了巨大影响。

自由观念论

自然主义起源于对物质世界和人体的经验,自由观念论则发端于心灵和意识的真实存在。这是古代雅典大哲学家们的创造。这种世界观的拥护者不胜枚举:阿纳克萨哥拉(Anaxagoras)、苏格拉底、柏拉图、亚里士多德、西塞罗(Cicero)、基督教护教家、基督教早期教父、邓斯·司各脱、康德、雅柯比(Jacobi)、梅恩·德·比兰(Maine de Biran)、柏格森(Bergson)以及其他法国思想家。狄尔泰说得很清楚,这种人生观的拥护者以思想意识为中心,坚决反对任何形式的自然主义和泛神论。

首先,这种世界观是以下思想的产物:心灵是至高无上的,它独立并区别于其他任何形式的实在。心灵是自由的,它不受任何形式的自然因果性的制约。心灵对于它自身以及其他任何事物,都是自由的,这也是人类社会的基础,就人类社会而言,道德义务是维系人与人之间关系的纽带,与此同时,每个人又拥有内心世界的自由。从这个思想母体生发出的是一个自由而负责的个体的观念,它与上帝联系在一起,后者是"个人或自由的终极因"(第 63 页)。这种世界观的不同拥护者,对上帝与世界的相互作用各持己见,而上帝的属性显然区别于这种相互作

95

用。阿纳克萨哥拉和亚里士多德根据"神"与物质的关系来理解"神";基督教专注于一个有位格的上帝,这位上帝能够从无中创造世界;康德把上帝设定为纯粹实践理性的必要条件,以此来解释上帝的超越性。

其次,这种世界观的形而上学解释也是多种多样。雅典的哲学家们讨论过一种"具有创生力的理智,它能用物质建构一个世界"。柏拉图设想出一个不受自然约束的心灵,它能通过超然物外的理性能力,把握超验的实在。狄尔泰说,亚里士多德的伦理学也是建立在这个概念之上。基督教把上帝理解为宇宙的创造者,他按照自己的意志治理万物,他仿佛一位慈父,人们可以与他进行交流。德国的先验哲学,特别是席勒的哲学,把自由观念论的理想世界推到极致,这是由意志建立起来的世界,仅仅为意志而存在,始终处于不断进取的状态。

席勒是拥护这种世界观的诗人,卡莱尔(Carlyle)是倡导这种世界观的历史学家,它的内在辩证法显示了这样一个事实:心灵或精神不是独立自足的,它只是为现实世界提供了一个不可靠的基础。用狄尔泰自己的话说,"作为勇敢者的形而上学思想,它[自由观念论]坚不可摧,必将重现于所有的伟人身上。但是,它无法普遍而有效地界定并科学地证明其原则"(第65页)。因此,它只好迁就于一种不屈不挠的实在,一种由经验证明的实在。自然主义试图把心灵归结为一种自然的实在,反之,主观观念论试图把自然的实在归结为心灵。内在的辩证法就表现在这两种模式的对立中。必须用一种新的实在论来整合或综合自然界与心灵世界。这是狄尔泰所谓最后一种世界观的独到之处,他称这种世界观为客观观念论,这种对待事物的态度具有泛神论的色彩。

客观观念论

狄尔泰认为,客观观念论试图整合自然主义与主观观念论,它认为,心灵和可经验的实在是一个完整的可直观的整体。[62]美学与沉思默想是这种世界观所包含的具有生成能力的两种思想方式;狄尔泰认为,这种世界观是传统形而上学的主流。在哲学界和文学界,这种世界观的倡导者真可谓巨星云集:色诺克拉底(Xenocrates)、赫拉克利特、巴门尼德(Parmenides)、斯多葛主义者、布鲁诺、斯宾诺莎、沙夫兹伯利

96

（Shaftesbury）、赫尔德、歌德、谢林、黑格尔、叔本华，以及施莱尔马赫。简要地说，泛神论的这些倡导者认为，世界是上帝的表现，上帝以不可胜数的方式显现在宇宙万物之中。宇宙中的任何事物都能反映这个整体，因为它们是它的组成部分。就一元论的思想体系而言，个体总要升华为全体，虽然个体也有自己的价值，也能反映宏观世界。这是客观观念论的显著特征；这种思想的倡导者公开批评自然主义和自由观念论，一如自由观念论的拥护者也曾公开反对自然主义和客观观念论。

自然主义认为，理智的事实必须服从事物的机械秩序。自由观念论的基础是意识的客观存在。自然主义强调身体的重要性，自由观念论强调心灵的重要性，客观观念论则是身体原则与心灵原则的统一。客观观念论同样是以思想家的人生观为基础，他们是这种思想体系的建设者，他们把沉思默想与感性经验综合为一种具有普遍意义的共通感。通过这种方式，他们把自己的价值观念和思想行为赋予整个实在，使它们成为有生命的存在。他们扩展了生命感，整个宇宙都有了生命。灵魂的结构与万物表现出的神圣的连贯性合而为一。歌德的风格可谓绝无仅有，他用诗歌表达了这种世界观。

客观观念论的统一性和连贯性原则使得生命中的一切冲突都能调和为一个和谐的整体。尽管生命包含着矛盾，但是任何事物都有一个最内在的核心，这是一个具有实在性的核心。矛盾的发展仿佛一个梯子，当它发展到某一点时，人们就会意识到，事物都有一定的联系和价值。客观观念论认为，所有的部分都能同时意识到它们的整体，在整体中，它们是统一的、和谐的。

从形而上学的角度看，我们可以两种方式来感知宇宙万物。一方面，它是与外在的物质相联系的感觉对象。另一方面，作为宇宙各部分与神圣核心的联系，它是内在一致性的对象。因此狄尔泰认为，"这种亲和意识是［客观观念论］形而上学的主要特征，这也是印度人、希腊人和德国人的宗教思想的固有特征"（第 72 页）。既然万物都是整体的一个部分，我们就应当根据一种具有终极意义的"神"的活动来理解沉思和直观，因为"神"的活动是"一个有生命力的、神圣的、内在于万物的复合体"（第 73 页）。这样的原则必然导致彻底的决定论，因为包含着必

97

然性的整体是所有部分的安排者和统治者。

这种模式的内在辩证法起源于心灵的张力,因为心灵试图把实在理解为一个统一的整体,一个它真的能够把握的具体事物。尽管存在不同的看法,整体仍然是一个无法理解的理想。自然主义试图把心灵归结为自然性的实在,主观观念论试图把自然性的实在归结为心灵,同样的道理,客观观念论把心灵和物质结合为一个整体,然而,这却是一个人们永远无法完全理解的整体。狄尔泰很怀疑这一点,他说"归根结底,所有的形而上学思想,只剩下灵魂的状态和一种世界观"(第74页)。

小结

狄尔泰明确承认,不同的哲学体系之间存在着矛盾,人们会越来越清楚地意识到人类的历史局限性,于是他得出一个怀疑主义的结论:所谓绝对的、科学的、能够完全界定实在之本质的形而上学概念是不存在的。换言之,形而上学那里没有答案。人们所能理解的,是世界观——它们植根于变幻莫测的人类经验和历史经验,试图破解生命之谜。一方面,世界观能够从理智的、情感的和意志的角度,反映人类灵魂的基本结构;另一方面,世界观的拥有者可分为乐观主义者或悲观主义者,他们的不同气质也会影响世界观的形成。世界观是人类的宗教倾向、诗歌创作倾向和形而上学倾向的表达方式,我们可以把不同的世界观分为三大类:自然主义、自由观念论和客观观念论。每一种世界观都宣称,它们能够反映世界的某个方面。可是,哪一种世界观都不能反映实在的整体。因此狄尔泰认为,我们绝不能以偏概全。

鉴于上述论点,有些批评家认为,狄尔泰并未拯救他那个时代的文化,使其逃离知识相对论和形而上学相对论的魔掌。至于事物的本质,世界上既不存在一种"上帝视角",也不存在就这个词本身真正意义上的"看到"(*theorein*),既不存在一种不受历史相对主义牵累的毋庸置疑的明确性,也不存在一种纯粹而普遍的理性。如狄尔泰所言,"一切认识行为都是有条件的,它们受制于认识主体及其历史处境与某些事实

98

的关系，这些事实的范围同样受制于一定的处境。就每一次认识而言，对象的存在只是与一定的视角有关。具体地说，认识活动只是以某种相对的方式，看到和理解了它的对象。"[63] 表面看来，世界观概念导致了一种不可避免的怀疑论，真理和事物的最后本质都是不可知的。由此观之，人们提出一个聚讼纷纭的重要问题："置身于相对主义漩涡的个人，该如何应对呢？"[64] 弗里德里希·尼采的思想以激进的方式，解答了这个难题；其视角主义（perspectivism）的思想似乎是狄尔泰世界观理论所具有的相对主义倾向的必然结果。

弗里德里希·尼采所理解的"世界观"与视角主义

弗里德里希·尼采（1844—1900）是康德"哥白尼式的革命"以来西方哲学发展的顶点。尼采认为，力大无比的自我、无所不能的心灵、彻底的历史主义、生物进化论、完全的相对主义，无不预示着上帝神话的破灭，而上帝的存在曾支撑西方文明约两千年之久。尼采不但是这些思潮的交汇点，而且是许多条哲学道路的探索者——超人（Übermenschen）、狄奥尼索斯精神（Dionysianism）、重估一切价值（transvaluationism）、语言主义（linguisticism）、唯美主义（aestheticism）——这些是他拯救现代人的工具，因为虚无主义的洪水已在西方泛滥成灾，现代人的处境岌岌可危。尼采洞悉西方思想的必然变迁，大胆地提出新时代的主张，因此他不仅是 19 世纪的终点，而且是 20 世纪的起点。

世界观和视角主义彼此相连，是尼采评价他那个时代时所用的两个核心概念。基督教垮台了，观念论哲学终于崩溃了，这表明，作为形而上学基准点的任何超验范畴或心灵范畴已经被消灭，剩下的只有自然和永不停息的历史过程，这是人们理解世界和人生的两个中心。19 世纪的自然主义和历史主义是尼采思想的主要背景。彼得·莱文（Peter Levine）认为，作为一个语言学家，尼采完全理解历史的多样性，因此他做出这样的论断，"人必然是现实存在的产物、结果或'不规则的

99

变异体',他称这种现实存在为文化或世界观——各种各样的世界观",每一种世界观"都包含着一些连贯的、相似的、意义明确的价值观念"。[65] 促使尼采走向彻底相对主义立场的,不仅有他的语言学研究(因为语言学研究必然使他接触到历史主义),而且有来自伊曼努尔·康德和拉尔夫·沃尔多·爱默生(Ralph Waldo Emerson, 1803—1882)的影响。

和康德一样,尼采真的认为,人的心灵不仅能够活动,而且能够创造,他甚至比康德走得更远。尼采在接受康德的先验范畴时,并没有考察这些范畴所产生的判断,究竟是如何可能的;他只是考察了它们为何具有必然性的问题。[66] 在尼采看来,判断之所以具有必然性,不是因为它们具有真实性(实际上,它们可能没有真实性),而是因为它们是人类生存必不可少的条件。思想体系是人类生存所不可或缺的。另一方面,尼采并不认为,康德提出的那些范畴已经穷尽了所有可能的范畴。他颂扬自由,拥护狄奥尼索斯的主张,宣称心灵在这个世界上的作用就是不断地创造。玛丽·瓦诺克(Mary Warnock)认为,尼采相信,"这个世界包含着我们的贡献,确切些说,这个世界是我们建立起来的,这是事实;但是根据康德的思想,我们本来可以重新建设这个世界。"[67] 这种立场承认,认识的方式多种多样,另一方面,尼采拒不承认康德所谓的实在本身,即物自体(*ding an sich*,他认为,这个概念只能让人"哄堂大笑;表面上看,它超然物外,无所不是,其实空洞无物,就是说,它没有任何意义");[68] 这种观点使他对多种思维方式的现实存在心存敬意。

拉尔夫·沃尔多·爱默生对尼采哲学的发展有过重要影响,这也许让人感到意外,因为尼采曾怀着赞同的心情,在长达二十六年的时间里,孜孜不倦地阅读爱默生的作品。[69] 爱默生写了一篇题为"经验"的文章,影响很大,该文描述了主观因素在人与世界的关系中所发挥的重要作用。爱默生说,我们的气质在很大程度上决定着我们的世界观,因为它"完全能够渗入错误的思想中,把我们禁闭在一个肉眼无法看见的玻璃式监狱中"。[70] 因此爱默生认为,"我们的直观不是直接的,而是间接的,我们没有办法修理这些有色的哈哈镜,因为我们就是这样的哈哈镜,我们也没有办法计算这里出现的差错。也许这些主观的哈哈镜还

100

是有创造力的。"[71] 具有创造性的主观的哈哈镜, 各不相同的性格特征, 以及其他许多限定性因素, 完全决定了人们解释世界以及在这个世界上活动的方式。爱默生的结论是, "因此宇宙必然具有我们的特征, 所有客体必然会依次进入主体之内。"[72]

在康德主义、爱默生思想、自然主义以及历史主义的影响下, 尼采提出了自己的"世界观"思想。莱文认为, "尼采很早就以世界观概念为其核心概念", "没有这个概念, 也就不可能有后来的思想。"[73] 他曾多次使用这个概念。借助计算机, 我们检索了德文版的尼采全集, 结果发现, 世界观(*Weltanschauung*)一词出现过五十次(其中两处拼写只有一个 u), 其复数形式(*Weltanschauungen*)出现过一次, *Weltansicht* 一词出现过五次(该词也译作"世界观"), *Weltbild*(世界图景)出现过二十四次。[74] 他对"世界观"的定义似乎很平常, 他认为, 世界观就是对实在的一种观点, 也是看待人生的一种基本态度。他常常把名人、民族、宗教、时代、种族或形而上学与世界观概念联系起来。举例来说, 他曾谈到希腊人的、狄奥尼索斯的、基督教的、黑格尔的, 以及机械唯物论的人生观。[75] 经过研究这些词语的出处, 我们发现, 尼采并没有花费很多精力来思考世界观概念的本质, 但是根据尼采哲学的特征, 我们仍然可以简要地描述他对这一概念的理解。

尼采相信, 世界观乃文化实体, 不同地域、不同历史时期的人们必须依靠它, 服从它, 他们是它发挥作用的结果。他建立了一个普遍法则: "只有处于一定的境域, 有生命的物体才能发展得健康、有力、卓有成效。"[76] 世界观就是这样一个不可或缺的明确界限, 它是人们思想、信念、行为的结构。世界观的倡导者往往认为, 世界观是不容争辩的, 它们是一些最高准则, 人们用它们来衡量一切。它们是所有思想的标准, 是真、善、美一类的基本概念的源泉。尼采认为, 不同的世界观没有可比性, 这使得跨文化交流即便可能, 也会困难重重。

据尼采所言, 世界观意味着具体化。它们是人类认知者在不断变化的社会环境中主观创造的结果, 人类把自己的观点赋予自然、上帝、法律或某种假想的权威。他们忘记了一个简单的事实: 他们本身才是他们所理解的世界的创造者。人们所谓世界观的"真理", 不过是一种约定俗成的观念——语言上的一种习俗。尼采对通常所谓真理的本质问题的回答，完全适用于通常所谓世界观的真理问题。他首先问："什么是真理？"他的回答却颇有争议："真理是一支机动部队，是一些暗喻、换喻或拟人——简言之，是人际关系的总和，是被诗人和修辞家抬高、改变或美化了的人际关系，经过长期使用，这些修辞手法似乎成为人们可靠的规范和义务；真理是一些错误的观念，可是人们已经忘了它们是错误的；暗喻早已过时，不能给人以美的享受；它们仿佛一些磨平了图案的硬币，只是一种金属，而不再是硬币了。"[77]

换言之，纵观人类社会的发展，人们首先创造了语言，然后观念就会处于固定不变的状态，最后真理变成了制度或习惯。世界观谎称自己具有真实性，实际上，它们是人类生存不可或缺的一些人造物。尼采说得很清楚："**真理是这样一种错误观念**：没有它们，某种生物[人类]就无法生存。"[78] 真实的真理并不存在，只有主体意愿的投射、语言上的习惯、思维定式，以及具体的文化模式。所有的世界观终究是人为的虚构。

如果真实的真理并不存在，尼采以及他那个时代就必须回答这样一个问题：形而上学的、知识论的和道德的虚无主义，是世界观历史主义的固有特征，既然如此，人生如何才能过得有意义呢？尼采的视角主义思想与世界观概念密切相关，由此看来，上述问题的紧迫性愈益明显。和世界观一样，视角主义的重心是个人对所有可能的对象——包括宏观世界在内——的独特解释，因为某人对"世界"的"视角"（perspective），很有可能就是他的世界观。罗宾·斯莫（Robin Small）的解释简洁明了，他说："视角主义认为，人们总是从某个视角来理解世界；因此任何知识都是对实在的一种解释，这些解释立足于一些基本的假设，正是这些假设使得诸多观点各不相同。"[79] 因此，在世界观和视角主义之间有一个交界面。

彻底的视角主义是尼采哲学的核心。他的文章有很多警句和论断，他认为，所有的认识和知觉都具有视角主义的特征。例如尼采在《道德的谱系》中说："人们只能从某个视角来看，从某个视角来'认识'；我们对某物的感觉**越多**，我们集中在这个事物上的注意力就**越多**，我

102

们对它的'认识'就越完整，越'客观'。"[80] 彻底的视角主义会使真正的客观性显得荒谬无理。只有视角主义的看和知，这就意味着，"事实并不存在，存在的只是一些不同的解释。"[81] 尼采认为，既没有客观的人性，也没有客观的观点，只有主观的人性和因人而异的观点。思想是人类内心活动的产物。尼采说："**解释世界**是我们的需求。"[82] 一切解释（包括艺术的、科学的、宗教的和道德的解释）都是"占统治地位的本能的表现"。[83] 尼采在另一个地方曾说，不存在"完美无缺的知觉"。[84] 尼采在一封信中这样写道："完全令人满意的解释是不存在的。"[85] 他得出的结论是，没有纯粹的事实，只有各不相同的解释、感觉、猜测、预感、意见或直观。因为"我们的思想、价值观念、赞成或反对的态度，以及种种托词，都是我们本性的表现，正如树木必然要开花结果"。[86]

103

因此，谈及对自我、世界以及其他一切事物的看法，人类就会众说纷纭。这种含混说明，解释世界的可能性是无限的，尼采用宗教术语戏言，这是"一种新的'无限'"。他说："在我们看来，世界又成了'无限'的：因为它有无限多可能的解释，这是我们无法消除的。"[87] 与传统真理不同，世界观和视角主义的解释是一些无边无际的令人恐惧的可能性，于是大海成了尼采贴切的比喻。"我们置身于无垠的大海——我们告别陆地，上了船。我们已经破釜沉舟——实际上，我们走得比这还要远，因为我们已经毁掉了身后的家园。船上的人啊，抬头看看吧！四周都是一望无际的大海……唉，你可能会想家，认为还是家里**自由**——可是'家园'早已被毁。"[88] 尼采的世界观与视角主义理论，正是要探讨大海上的航行。

结语

104

19 世纪出现了四位名声卓著的思想家，本章考察了世界观概念在他们思想中的不同含义。无论黑格尔的观念论，克尔凯郭尔的存在主义，抑或狄尔泰的历史主义，尼采的视角主义，虽然论题不同，但是它们都曾论及世界观的思想，都曾以基督教思想为出发点，提出并回答了一些与世界观概念有关的问题。

黑格尔认为，作为不同的思维模式，世界观是绝对精神的显现，它们是一些具有历史基础和文化内涵的现象，每一种思维模式都有自己的艺术表现方式。宇宙的真理——最高层面的世界观——只有在时间的终点才能显示其末世论的命运。不同思维模式的产生和作用，不是由于哲学家的想象，也不是由于人们所谓绝对精神的自我实现，而是由于"那些执政的、掌权的、管辖这幽暗世界的，以及天空属灵气的恶魔"（参见《以弗所书》6：12），这样理解岂不更符合圣经的思想？奥古斯丁早已指出，历史发展过程的实质是恶魔的灵或势力与圣灵的战争，各方的支持者和拥护者终究会分为两个阵营，他们要么选择世俗之城，要么选择上帝之城。用圣经上的话说，黑格尔的历史哲学引发了人们的兴趣，他们开始根据不同的世界观，把历史发展过程理解为一场属灵争战（参见本书第九章）。他还激发了人们对艺术的思考，因为艺术是表达不同思想的有力武器。我们至少可以说，审美冲动多少是以表达某种人生观为目的，那么基督徒艺术家如何才能在历史的舞台上演好自己的角色，以艺术令人信服地阐述基督教世界观呢？最后，黑格尔的终末论倾向促使人们从世界观的角度来反思基督教所谓历史的终结。从某种意义上说，圣经的终末旨在阐述上帝至高无上的权力，反对其他一切权威，展示整个宇宙的神圣起源、圣礼特征与辉煌使命，战胜其他的宗教信仰和哲学思想，难道不是如此吗？在历史的终点，上帝的存在、宇宙的真正本质、人的身份、生命的目的——人们争论了几千年的一些问题——终于有了解答。

克尔凯郭尔认为，人生观对于人的生存具有重要意义。在他看来，树立人生观，特别是基督教人生观，具有重要意义，这显然是合理的。每一个真正的信徒，都肩负着这一使命。然而他的这一号召引发了一些重要问题：基督教世界观的内容是什么？方法是什么？结果是什么？基督教人生观将如何界定人生的意义与目的？作为洞察生命之谜的一种方式，人生观究竟是如何形成的？人生观的树立在多大程度上必须依靠至高无上的上帝的恩典？把人生观树立在基督教真理之上，对于个人和社会的发展会有哪些益处？用克尔凯郭尔的话说，基督教人生观是如何作用于文学、友谊、教育、父母之道等等的？克尔凯郭尔明确区分了深刻的关乎人的存在的人生观与抽象的冷漠超然的学术思想。人生观的树立与神学、哲学等学科究竟有何区别？克尔凯郭尔曾暗示，人生观能够取代神学与哲学，果真如此吗？如果不能，我们又该如何阐述人生观与世界观、神学与哲学的关系呢？克尔凯郭尔认为，从认识的角度阐述基督教人生观是没有希望的。我们能为基督教人生观辩护吗？如果能，我们又该如何辩护呢？基督教人生观真的是"信仰的飞跃"吗？克尔凯郭尔贬低学院派神学和哲学的价值，不承认人们所认识的基督教的启示是可靠的，这种观点曾引起激烈的争论，但是他主张树立具有实际意义和生存意义的基督教人生观，这一点值得我们深思。

狄尔泰认为，世界观是一些具有历史意义的实在论。他的思想使我们不得不重视历史主义的主张及其衍生物——相对主义。人的认识能力各不相同，他们都置身于变幻不定的历史潮流，这个事实显然会影响他们的思想，因此他们在破解生命之谜的过程中，表现出明显的相对性。包括基督教在内的任何世界观，是不是都会掉进这个黑洞呢？**历史上**发生的所有事件，是不是都**以历史为基础**呢？某人已经树立了一种人生观，这种观点不承认任何超自然的实在，认为历史过程是绝对可靠的，只有在这种情况下，他才会肯定地回答以上问题。反之，如果承认某个超验的原则或位格，认为它会从世界之外或之上，向我们显现或与我们交流，人们就不会认为，历史主义的相对主义拥有终审权。

尽管如此，狄尔泰还是清楚地指出，问题不在于历史**能否**决定人的意识，而在于历史**如何**决定人的意识，它赋予意识**什么样的内容**。这更像是上帝的安排和意图。上帝决意把自己及其创世、救赎之工通过某种包含着选择性或神圣性的历史发展——*Heilsgeschichte*——启示给以色列人和基督教教会。一方面，接触和承认这一特殊而神圣的历史过程——要么直接接触和承认这段历史，要么借助于上帝的启示，要么投身于上帝的启示所决定的历史和文化——应该是树立犹太教-基督教世界观的前提。我们可以把这一发展过程描述如下：神圣的历史决定着世俗的历史，世俗的历史决定着思想意识的产生。另一方面，人若不知道犹太教-基督教的启示或上帝的启示所决定的历史和文化，甚至

106

反对这种启示或文化,就不可能树立基督教人生观。因此,人们必然会受制于历史过程中的相对主义势力,这也许说明,上帝一定会惩罚这个堕落的世界,惩罚桀骜不驯的人类。谈到历史对人的意识与世界观的影响,基督徒一定会认同狄尔泰的观点。历史是文化交流不可或缺的背景。但是,他们一定会根据上帝的启示来重新解释他的相对主义论点,把这种论点理解为上帝审判的标志,他们认为,历史的生命不断变化,上帝的启示却是人们理解实在之本质的牢固基础。

尼采认为,上帝死了,只剩下了自然,历史主宰一切。由此出发,他认为,世界观是具体的文化构想,是一些各不相同的人生观,它们尽管是人为的概念,却是人类生存不可缺少的,因为他们生活在一个全然无序的、没有任何路标的世界上。基督教群体定然会严厉质问尼采,因为他提倡赤裸裸的无神论、彻底的自然主义以及完全的历史主义。与此相反,他们主张三位一体教义,认为创世是了不起的善举,历史是展示上帝启示的舞台。不过,他们也会认同尼采的某些具体化理论和视角主义的主张。基督教世界观包含不同的因素,从表面上看,这些因素的基础是基督教神学,实际上,它们的基础是习俗,这难道不可能吗?有了这种认识,人们自然要问:关于基督徒的信仰和行为,他们应该做哪些改变?他们能够做哪些改变?尼采的具体化理论或许具有重要的修正作用,它或许能够帮助信徒更深刻地理解圣经,理解人生。

尼采的视角主义固然激进,他的论点却包含着深刻的哲理:人们对事物的看法,总有一定的片面性,基督徒也不例外。这是基督教世界观或其他一切世界观的真正含义。树立一种世界观的意思是,以某种特殊的方法或从某个特定的角度来看待宇宙以及宇宙中的所有事物。全面地看,这种观点能够避免现代主义者的教条主义和后现代主义者的怀疑主义,二者各执一端;这是一种批判的实在论,它既承认认识过程中的客观因素,又承认这一过程中的主观因素。实在的世界是存在的,我们应该认识它,另一方面,我们总是从自己的角度来理解它。圣经似乎在支持这种知识论。保罗说:"我们如今仿佛对着镜子观看,模糊不清。"(《哥林多前书》13:12)适当修改尼采的视角主义可以帮助我们深入理解世界观的认识作用(本书第十章还要继续讨论这个问题)。我们

107

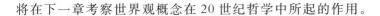

将在下一章考察世界观概念在 20 世纪哲学中所起的作用。

注释：

1. Wilhelm Windelband, *A History of Philosophy*, ed. and trans. James H. Tufts, 2nd ed. (New York: Macmillan, 1901), p.529.

2. Frederick Copleston, S. J., *A History of Philosophy*, vol. 7, *Modern Philosophy from the Post-Kantian Idealists to Marx, Kierkegaard, and Nietzsche* (New York: Doubleday, Image Books, 1994), p.162.

3. Robert C. Solomon, *Continental Philosophy Since 1750: The Rise and Fall of Self*, A History of Western Philosophy, vol. 7 (Oxford: Oxford University Press, 1988), p.59.

4. Helmut Reinicke 引述了黑格尔选集中世界观概念的大约三十六种值得注意的用法，参见 Index to Georg Wilhelm Friedrich Hegel, *Werke*, vol. 21 (Frankfurt: Suhrkamp Verlag, 1979), p.725。梅尔的论文详细研究了黑格尔对世界观概念的使用：Helmut G. Meier, " 'Weltanschauung': Studien zu einer Geschichte und Theorie des Begriffs" (Ph. D. diss., Westfälischen Wilhelm's-Universität zu Münster, 1967), pp.112 – 140。

5. G. W. F. Hegel, *The Difference between Fichte's and Schelling's System of Philosophy*, trans. H. S. Harris and Walter Cerf (Albany: State University of New York Press, 1977), p.114.

6. Jacob Loewenberg, ed. introduction to *Hegel: Selections* (New York: Scribner, 1929), p. xvii.

7. G. W. F. Hegel, *The Phenomenology of Mind*, translated with introduction and notes by J. B. Baillie, 2nd ed. (London: Gorge Allen and Unwin, 1961), pp. 615 – 616. 关于"道德世界观"概念的其他论述，可参见 pp. 625,644。

8. Hans-Georg Gadamer, *Truth and Method*, 2nd rev. ed., translation revised by Joel Weinsheimer and Donald G. Marshall (New York: Continuum, 1993), p.98.

9. Jean Hyppolite, *Genesis and Structure of Hegel's Phenomenology of Spirit*, trans. Samuel Cherniak and John Heckman, Northwestern University Studies in Phenomenology and Existential Philosophy (Evanston, Ill.: Northwestern University Press, 1974), pp. 469 – 470.

10. G. W. F. Hegel, *The Philosophy of History*, trans. J. Sibree, in *The Great Books of the Western World*, vol. 46 (Chicago: Encyclopedia Britannica, 1952), p.193.

11. Hegel, *The Philosophy of History*, p.221.

12. Vincent A. McCarthy, *The Phenomenology of Moods in Kiekegaard* (Boston: Martinus Nijhoff, 1978), p.136.

13. Georg Wilhelm Friedlich Hegel, *Lectures on the Philosophy of Religion Together with a Work on the Proofs of the Existence of God*, trans. Rev. E. B. Speiers and J. Burdon Sanderson, vol. 1 (New York: Humanities Press, 1962), p.6.

14. 参见 Georg Wilhelm Friedlich Hegel, *Lectures on the History of Philosophy*, trans. E. S. Haldane and Frances H. Simon, 3 vols. (Lincoln: University of Nebraska Press, 1995), 1:37 - 38;3:25,166,507。

15. G. W. F. Hegel, *Aesthetics: Lectures on Fine Art*, trans. T. M. Knox, 2 vols. (Oxford: At the Clarendon Press, 1975). Gadamer, p.98 强调了世界观概念在黑格尔"那令人钦佩的美学讲演录"中所起的重要作用。

16. Francis A. Schaeffer, *Art and the Bible*, L'Abri Pamphlets (Downers Grove, Ill. : InterVarsity, 1973), p.37.

17. Hegel, *Aesthetics*, 1:72.

18. Ibid., 1:72 n.1.

19. Ibid., 1:517.

20. Ibid., 1:517,603,604;2:613.

21. Ibid., 2:1014,1090,1114,1179.

22. Richard Rorty, "The World Well Lost," in *Consequences of Pragmatism: Essays: in 1972 - 1980* (Minneapolis: University of Minnesota Press, 1982), p.3.

23. Michael Ermath, *Wilhelm Dilthey: The Critique of Historical Reason* (Chicago: University of Chicago Press, 1978), p.323.

24. McCarthy, pp.136 - 137. 该作者对于克尔凯郭尔所使用的"人生观"概念具有特别浓厚的兴趣,他指出,"在克尔凯郭尔的著作中,很多地方都提到人生观、人生观的本质、人生观的作用的重要意义"(p.136;亦见 pp.133,155)。其他的克尔凯郭尔专家也认为,世界观和人生观概念在其著作中具有关键意义。Wolters, "'Weltanschauung' in the History of Ideas: Preliminary Notes" (n. d.), photocopy, p.5 认为,"这是他思想中的一个核心范畴。"Michael Strawer, *Both/And: Reading Kierkegaard from Irony to Edification* (New York: Fordham University Press, 1997), p.20 也认为,人生观是"克尔凯郭尔所有著作中一个非常重要的概念"。Josiah Thomson, *The Lonely Labyrinth: Kiekegaard's Pseudonymous Works*, foreword by George Kimball Plochmann (Carbondale: Southern Illinois University Press, 1967), p.71 认为,克尔凯郭尔承认不同的人生观,承认人们能够自由选择自己的人生观,这即使不是他后期著作的"核心思想",至少也是他在这段时期的"一个基本观点"。

25. *Fundamental Polyglot Konkordans til Kiekergaard's Samlede Værker* (Leiden: E. J. Brill, 1971), s. v. "verdensanskuele," The *Index Verborum til Kiekergaard's Samlede Værker* (Leiden: E. J. Brill, 1973), s. v. "verdensanskuelse," p. 1250 引述了该词出现过的另外三个段落，以及 *Konkordans* 没有收录的另外一种变体。

26. *Fundamental Polyglot Konkordans til Kiekergaard's Samlede Værker*, s. v. "livsanskuelse." The *Index Verborum til Kiekergaard's Samlede Værker*, s. v. "livs-anskuelse," p. 668 的注释说，据 *Konkordans* 记载，*livsanskuele* 出现过 143 次，它还列举了另外 28 处以前未曾收录的变体。

27. 丹麦语言学界显然没有注意克尔凯郭尔早期著作中所使用的 *livsanskuelse* 和 *verdensanskuelse*。Wolters, p. 28 nn. 33, 34 指出，丹麦语大辞典——*Ordbog over det Danske Sprog*——认为，*livsanskuelse* 和 *verdensanskuelse* 的首次使用是在 1838 年以后，直到 1868 年，*livsanskuelse* 还被认为是一个新的合成词，尽管克尔凯郭尔早已创造了这个词。

28. 参见 Kierkegaard, *On Authority and Revelation*, translated with an introduction and notes by Walter Lowrie, introduction to the Torchbook edition by Frederick Sontag (New York: Harper and Row, Harper Torchbooks, Cloister Library, 1966)："无论如何，世界观和人生观是一切文学创作的唯一真实的条件"(p. 4)；"因为他有一定的世界观和人生观……"(p. 7)

29. *The Journals of Kiekegaard, 1834 - 1854*, trans. and ed. Alexander Dru (London: Oxford University Press, 1938), pp. 15 - 16.

30. McCarthy, p. 140.

31. 转引自 Strawser, p. 21。

32. 转引自 Wolters, pp. 6 - 7; McCarthy, p. 145。

33. 转引自 McCarthy, p. 144。

34. McCarthy, p. 146.

35. Søren Kierkegaard, *Either/Or*, edited and translated with introduction and notes by Howard V. Hong and Edna H. Hong, 2 vols. (Princeton: Princeton University Press, 1987), 1:13.

36. Ibid., 2:179 - 180.

37. Ibid., 2:319 - 21.

38. Søren Kierkegaard, *Journals and Papers*, vol. 3, L-R, ed. and trans. Howard V. Hong and Edna H. Hong, assisted by Gregor Malantschuk (Bloomington: Indiana University Press, 1975), p. 140.

39. Søren Kierkegaard, *Attacks upon "Christendom,"* translated, introduction, and notes by Walter Lowrie, new introduction by Howard A. Johnson (Princeton: Princeton University Press, 1968), p. 223.

40. Ibid., 2:181.

41. Ibid., 2:182-183.

42. Ibid., 2:190,195,204,232,235.

43. Ibid., 2:202.

44. Søren Kierkegaard, *Stages on Life's Way: Studies by Various Persons*, edited and translated with introduction and notes by Howard V. Hong and Edna H. Hong (Princeton: Princeton University Press, 1988).

45. Ibid., p.162.

46. Søren Kierkegaard, *Concluding Unscentific Postscript*, trans. David F. Swenson, Swenson 死后,Walter Lowrie 完成了译稿,并为该书作序、作注 (Princeton: Princeton University Press, 1941), p.315。

47. Ibid., p.315.

48. McCarthy, p.139.

49. 哈罗德·霍夫丁(Harald Høffding)是丹麦的另外一位哲学家,他深受克尔凯郭尔的影响,投入很大精力来思考世界观和人生观的意义和内涵。他主要是以两卷本的《现代哲学史》(*History of Modern Philosophy*,1894—1895)著称。1910 年,他出版了《人类思想》,其丹麦文标题是 *Den Menneskelige Tanke*,当时他七十六岁。这部著作是他思想体系的总结,已被翻译为德语和法语;它用了约四十页的篇幅来分析世界观概念。霍夫丁的另外一部著作《哲学的诸问题》(*The Problems of Philosophy* [ET,1905],也讨论了世界观和人生观的理论。关于霍夫丁的其他材料,可参见 Wolters, pp.9-10, nn.41-50。

50. José Ortega y Gasset, *Concord and Liberty*, trans. Helene Weyl (New York: Norton, 1946), p.131.加塞特把该书最后一章的标题确定为"论思想的历史——威廉·狄尔泰与生命观"(pp.129-182)。在最后这一章,他讨论了狄尔泰的世界观理论以及其他一些问题。主要是由于加塞特的努力,狄尔泰在西班牙语世界享有一定的知名度。Eugenio Ímaz 翻译了狄尔泰的一部作品,该作品分析了世界观概念,这是狄尔泰思想在西班牙语世界传播的一个例证。参见 *Orbas de Wilhelm Dilthey: Teoria de la Conception Del Mundo* (Mexico and Buenos Aires: Fondo de Cultura Economica, 1945)。

51. Ermath, p.324.该作者还在该书的开头部分说,"世界观"概念"由于狄尔泰的工作而开始流行"(p.15)。

52. Wilhelm Dilthey, *Gesammelte Schriften*, 8:99,转引自 Ilse N. Bulhof, *Wilhelm Dilthey: A Hermeneutic Approach to the Study of History and Culture*, Martinus Nijhoff Philosophy Library, vol. 2 (Boston: Martinus Nijhoff, 1980), p.89。

53. Dilthey, *Gesammelte Schriften*, 8:208-209,转引自 Theodore Plantinga,

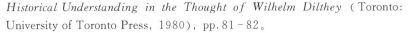

Historical Understanding in the Thought of Wilhelm Dilthey (Toronto: University of Toronto Press, 1980), pp.81 - 82。

54. Dilthey, *Gesammelte Schriften*, 8:78,转引自 Ermath, p.17。

55. 关于狄尔泰思想中的历史主义及其与形而上学的关系,参见 Plantinga, pp.122 - 148。

56. Wilhelm Dilthey, *Gesammelte Schriften*, 5:406,转引自 Ramon J. Betanzos, trans., in his introduction to *Introduction to the Human Sciences: An Attempt to Lay a Foundation for the Study of Society and History*, by Wilhelm Dilthey (Detroit: Wayne State University Press, 1988), p.29。

57. 狄尔泰的世界观理论对其诠释学哲学的影响,可参见 Thomas J. Young, "Hermeneutical Significance of Dilthey's Theory of World-Views" (Ph.D. diss., Bryn Mawr College, 1985)。经过压缩,该博士论文以相同的题目,发表于 *International Philosophical Quarterly* 23 (June 1983):125 - 140。

58. 狄尔泰对世界观的论述主要集中在《狄尔泰选集》(*Collected Writings/ Gesammelte Schriften*)的以下三处:(1)"The Essence of Philosophy"(5: 378 - 416),(2)第七卷多处提到世界观概念,(3)第八卷全部。

59. Wilhelm Dilthey, *Dilthey's Philosophy of Existence: Introduction to Weltanschauunglehre*, translated and introduction by William Kluback and Martin Weinbaum (New York: Bookman Associates, 1957), pp.17 - 74.该书的删节本是 W. Dilthey, *Selected Writings*, edited, translated and introduction by H.P. Rickman (New York: Cambridge University Press, 1976), pp.133 - 154。下文所注页码皆是 Bookman Associates 版的页码。

60. 很久以前,奥古斯丁已经做出类似的论断,参见 Augustine, *De doctrina Christiana*, in *The Works of Augustine — A Translation for the Twenty-first Century*, vol.11 (Hyde Park, N.Y.: New City Press, 1996), p.109(§1.7)。

61. 我们可以拿狄尔泰的世界观分类与皮特林·索罗金(Pitirim Sorokin)提出和论述的三种"真实的实在价值"进行比较,参见 Pitirim Sorokin, *The Crisis of Our Age: A Social and Cultural Outlook* (New York: Dutton, 1945), pp.13 - 29。索罗金的"观念性"实在的价值观,相当于狄尔泰的"自由观念论";他的"观念论"实在论的价值观,相当于狄尔泰的"客观观念论";他的"感性"实在的价值观,相当于狄尔泰的"自然主义"。Harold O. J. Brown, *The Sensate Culture: Western Civilization between Chaos and Transformation* (Dallas: Word, 1996)再次提出并更新了索罗金的一些范畴。

62. Ermath, p.334 指出,虽然狄尔泰通常出于诸多原因被看作客观观念论者,但事实未必如此。他说,"如果我们必须用狄尔泰的分类法来划分他的思想,我们就可以认为,他的思想是三种世界观的综合——其主要因素是客观观念论和主观观念论,但是,自然主义也占有很大的比例。这样描述狄尔泰思想的特征意义不大,因为狄尔泰讨论世界观问题时,采用了问答式教学法,他自己不属于任何一方。更恰当的说法或许是,他的解释方法同时也是一种含蓄的批评:他的思想既内在于又超越这些世界观。"

63. 参见 *Gesammelte Schriften*, 7:233;转引自 Ermath, p.289。

64. H. A. Hodges, *Wilhelm Dilthey: An Introduction* (New York: Howard Fertig, 1969), p.104. Ermath, pp.334–338 为狄尔泰辩护,使其免于相对主义和怀疑主义的批评。

65. Peter Levine, *Nietzsche and the Modern Crisis of the Humanities* (Albany: State University of New York Press, 1995), p. xii. George J. Stack, *Nietzsche: Man, Knowledge, and Will to Power* (Durango, Colo.: Hollowbrook Publishing, 1994), p.96 认为,语言学研究使尼采"对文本解释中的历史问题很敏感,这种敏感可以用于生活的各个方面,用于哲学和科学中的真理问题,以及我们对世界的认识问题"。

66. Friedrich Nietzsche, *Beyond Good and Evil*, in *Basic Writings of Friedrich Nietzsche*, translated and edited with commentaries by Walter Kaufmann (New York: Modern Library, 1968), p.209(§11).

67. Mary Warnock, "Nietzsche's Conception of Truth," in *Nietzsche's Imagery and Thought: A Collection of Essays*, ed. Malcolm Pasley (Berkeley: University of California Press, 1978), p.38.

68. Friedrich Nietzsche, *Human, All Too Human: A Book for Free Spirits*, trans. R. J. Hollingdale, introduction by Erich Heller, Texts in German Philosophy, gen. ed. Charles Taylor (New York: Cambridge University Press, 1986), p.20(§17).

69. Stack, pp.97–98.

70. Ralph Waldo Emerson, "Experience," in *Selected Essays* (Chicago: People's Book Club, 1949), p.285.

71. Ibid., p.300.

72. Ibid., p.303.

73. Levine, p. xv.

74. Friedrich Nietzsche database in "Past Masters in Philosophy," InteLex Corporation.

75. 以下所列是尼采使用过的世界观概念,参见 Friedrich Nietzsche, *Sämtliche Werke: Kritische Studienausgabe in 15 Bänden*, herausgegeben von Giorgio Colli und Mazzino Montinari (New York and Berlin: Walter der Gruyter, 1980): "the Dionysian worldview," 1:551,598;15:23,25,26,27; "the Christian worldview," 7:13; "worldview of the Hegelian epoch," 7:61; "in the worldview from Sophocles to Apollo," 7:67; "Hellenic worldview," 7:75; "the tragic worldview," 7:79,118,123,288; "the musical worldview,"

7:116;"the mystical worldview," 7:123;"a mechanistic worldview," 2:200;"metaphysical worldview," 15:102;"the Nietzschean worldview," 15:197。

76. Friedrich Nietzsche, *On the Advantage and Disadvantage of History for Life*, translated and introduction by Peter Preuss (Indianapolis: Hackett, 1980), p.10. Gadamer, p.301 讨论过域概念,以及尼采和胡塞尔赋予这个概念的含义。他这样写道:"境域是一种视域,它包括我们从一定的角度能够看到的任何事物。把这个概念用于有思维能力的心灵,我们就可以说,境域是有限的,境域可以扩展,人们可以开拓新的境域,等等。从尼采和胡塞尔开始,这个词就出现在哲学中,其含义是,人的思想受制于特定的条件,人的视域在逐步扩大。"

77. Friedrich Nietzsche, "On Truth and Lie in an Extra-Moral Sense," in *The Portable Nietzsche*, ed. and trans. Walter Kaufmann (New York: Penguin Books, 1982), pp.46-47.

78. Friedrich Nietzsche, *The Will to Power*, trans. Anthony M. Ludovici, in *The Complete Works of Friedrich Nietzsche*, ed. Oscar Levy, vol.15 (New York: Russell and Russell, 1964), p.13(§493).

79. Robin Small, "Nietzsche and a Platonist Idea of the Cosmos: Center Everywhere and Circumference Nowhere," *Journal of the History of Ideas* 44 (January-March:1983):99.

80. Friedrich Nietzsche, *The Genealogy of Morals,* in *The Complete Works of Friedrich Nietzsche*, ed. Oscar Levy, vol.13 (New York: Russell and Russell, 1964), p.153(§12).

81. Friedrich Nietzsche, *Nachlaß*, in *Nietzsche's Werke in Drei Bänder*, ed. Karl Schlechta (Munich: Carl Hanser Verlag, 1958), p.903,转引自 Arthur C. Danto, *Nietzsche as Philosopher* (New York: Macmillan, 1965), p.76.

82. Nietzsche, *The Will to Power*, p.13(§481).

83. Ibid., p.150(§677).

84. Friedrich Nietzsche, *Thus Spoke Zarathrustra,* in *The Portable Nietzsche*, p.233.

85. 转引自 Jean Granier, "Perspectivism and Interpretation," in *The New Nietzsche*, edited with an introduction by David B. Allison (Cambridge: MIT Press, 1985), p.197。

86. Friedrich Nietzsche, *On the Genealogy of Morals*, trans. and ed. Walter Kaufmann (New York: Modern Library, 1968), p.452(§2).

87. Friedrich Nietzsche, *The Joyful Wisdom*, trans. Thomas Common, in the *The Complete Works of Friedrich Nietzsche*, ed. Oscar Levy, vol.10 (New York: Russell and Russell, 1964), p.340(§374).

88. Friedrich Nietzsche, *The Gay Science, with a Prelude in Rhymes and an Appendix of Songs*, translated with commentary by Walter Kaufmann (New York: Random House, Vintage Books, 1974), pp. 180 – 181(§ 124).

第 5 章

"世界观"概念的哲学史

20 世纪上篇

20 世纪以来,人们对世界观问题的哲学思考显然深化了。代表不同哲学传统的一些著名思想家,开始关注世界观概念,虽然他们的兴趣和目的各不相同。本书的覆盖面很宽,因此我们把这一时段的世界观概念史分为两个部分。本章将考察埃德蒙·胡塞尔的杰出贡献,他一定要把世界观与科学性哲学区分开。然后,我们将考查卡尔·雅斯贝尔斯,他的世界观研究带有心理学的特征。最后,我们将探讨马丁·海德格尔的思想,他研究了胡塞尔曾关注的一些问题,试图把世界观解释为完全属于现代主义的概念。下一章仍然讨论 20 世纪哲学,我们将考察路德维希·维特根斯坦、唐纳德·戴维森,以及其他几位后现代主义思想家的思想。我们现在就来考查埃德蒙·胡塞尔的思想。

埃德蒙·胡塞尔所理解的"世界观"

埃德蒙·胡塞尔(1859—1938)认为,历史主义的相对主义是黑格

尔绝对观念论哲学的衍生物,是世界观哲学的固有属性,是西方的自然
科学和人文科学出现严重危机的部分原因。欧洲文明的基础是科学,
但是这个基础已经被削弱了,从这个意义上说,欧洲文明陷入了危机,
需要人们来巩固其基础。为了抵消这些不利因素,胡塞尔写了一篇具
有划时代意义的论文,他认为,哲学是一门严密的科学,与相对主义世
界观正好对立。他还精心构造了一个概念——"生活世界"(life world/
109 *Lebenswelt*),以拯救现代思想,因为从表面上看,历史主义无所不能,足
以摧毁真理的大厦。如果我们考察这些问题,胡塞尔对 20 世纪初世界
观概念史的贡献,就会映入我们的眼帘。

胡塞尔拒斥"世界观"概念,主张哲学是一门严密的科学

威廉·狄尔泰明确主张相对主义和怀疑主义,胡塞尔则猛烈抨击
这种观点,其纲领性文献"作为严密科学的哲学"[1] 就是以狄尔泰的思想
为抨击对象。这一批评以一种具有重要意义的通信关系,把这两位著
名的思想家联系在一起。"通过这些书信,我们能够深切地感受[20]世
纪初……发生在哲学领域的一些重要事件。"[2] 胡塞尔的批评引来了"世
界观理论之父"的回应,他在写给胡塞尔的信中理直气壮地说,他"既不
是直觉主义者,也不是历史主义者或怀疑主义者"。[3] 他坚定地认为,胡
塞尔结论的依据十分不足。尽管如此,人们还是把胡塞尔的这篇论文
看作"现象学的宣言",因为它主张,哲学具有科学性,与各种能够削弱
哲学之科学性的观点,特别是自然主义和世界观历史主义,形成鲜明对
照。[4] 这篇论文不仅展示了胡塞尔现象学的基本思想,而且清楚地表明,
世界观概念已经处于显著位置;胡塞尔认为,这个概念会妨碍人们从客
观主义的立场把哲学理解为一门科学。

胡塞尔认为,哲学一开始就声称自己是一门严密而精确的科学,不
110 过历史已经清楚地表明,它从未达到自己所谓的科学标准。为了弥补
这一缺陷,他提出了现象学的方法,以解释哲学的最高使命。胡塞尔所
要求的精确性近乎苛刻,他认为,只有哲学才能为其他所有科学——包
括自然科学和人文科学——提供基础。胡塞尔试图以这种方法来挽救

哲学,使其免于不同学科的蚕食,使其真正成为所有思想的基础,而实际上,他使别的学科完全依赖于哲学。[5]

为了实现这一目标,胡塞尔必须消除哲学的两大威胁:自然主义和世界观哲学,这是 19 世纪末 20 世纪初盛行于学术界的两大思潮。他首先讨论了自然主义的实质,驳斥了它对思想意识的影响,然后他就把注意力集中到世界观问题上。胡塞尔认为,世界观哲学是"黑格尔形而上学历史哲学的变体,黑格尔哲学变成了怀疑论的历史主义"(第 168 页)。自然主义是科学的一大威胁,因为它坚持还原论式心理主义;与之相同,世界观历史主义是哲学和其他理论科学的一大威胁,因为它坚持危害极大的知识论相对主义。胡塞尔不得不首先应对历史主义的挑战,然后再来探讨世界观哲学的特征;这样,他就可以拿世界观哲学与健康的哲学,特别是通过其现象学方法而建立起来的那种哲学,进行比较。

胡塞尔批判历史主义的第一步是罗列其主张。他引述狄尔泰的话说:"历史意识的出现非但没有研究不同思想体系之间的差异,反而更加彻底地破坏了这种研究,它认为,哲学旨在以令人信服的方式,通过一系列概念来阐述世界的连贯性,任何一种哲学都是普遍有效的。"(第 186 页)胡塞尔和狄尔泰都认为,历史意识能够影响世界观的形成,很多世界观产生了,同时,另外很多世界观又消失了,这是规律。问题是,人们能否以一种弱化的方式,把历史主义原则运用于所有的理论研究。与历史有关的学科,如世界观问题研究,总是处于不断变化的状态。"它们会因为这个原因而缺乏客观有效性吗?"历史主义者的回答是肯定的,因为从科学的角度看,万物皆变乃毋庸置疑的事实。这就是说,世界观思想受制于许多历史因素,因此它们不是普遍有效的。胡塞尔反问道:"这是否意味着,既然科学家认为万物皆变,所以我们真的无权过问,科学仅仅是文化发展的产物呢,还是一些客观而有效的统一性原则?"他的回答是:"人们不难看出,如果把历史主义贯彻到底,它就会变成彻头彻尾的怀疑论主观主义。"(第 186 页)

胡塞尔巧妙地揭示了历史主义自相矛盾的本质。如果历史主义是正确的,那么它必然是错误的,因为历史主义的原则同样是历史的产

111

物,因此它们也是相对的。如果它们是相对的,人们就不能以某种绝对的方式使用它们,进而否认科学的客观有效性。胡塞尔认为,"历史科学提不出任何中肯的理由来反对通常所谓绝对有效性的可能性,同理,它也提不出任何具体的理由来反对绝对的(即科学的)形而上学或其他任何哲学的可能性"(第 187 页)。从正面来说,如果哲学批判能够剥夺某些思想的客观有效性,那么肯定存在这样一个领域,在这个领域内,人们认为,某物具有客观性。用胡塞尔的话说,"任何一种正确而深刻的批评,必然是一种提出正确目标、以观念的方式指向这些目标的方法,因此,它是具有客观有效性的科学的标记。"据此胡塞尔宣称,历史主义是一种"认识错误",但这并不是说,他不知道广义的历史能够影响哲学家的思想。

批判了历史主义之后胡塞尔开始阐述和评价世界观哲学,为他比较世界观哲学与自己的科学性哲学做准备。胡塞尔注意到,世界观哲学是"历史主义怀疑论的产物",其目的是"尽可能地满足我们对彻底的、统一的、完备的、深刻的知识的需求,于是它把所有的具体学科都看作自己的基础"(第 188 页)。它承认科学是知识王国的一员,因此,它并不是一个真正意义上的科学概念。胡塞尔认为,多数世界观哲学家都完全赞同这种看法,甚至以此为荣。他们高兴地说,树立世界观确实是哲学唯一可能的存在方式,因为历史主义已经大大削弱了以科学为基础的世界观。

进一步说,树立世界观的动机表明,世界观的本质是非科学性的。不同的世界观皆服务于一个特殊的目标,即探求"智慧"。胡塞尔认为,世界观与"智慧"同义,它们是一切(理论的、价值的或实践的)经验、教育和价值观念的统一体。他这样写道:"人们用一个旧词'智慧'来指较高层次的价值观念(世界的智慧、处世之道);最重要的是,他们还用现在最流行的词'世界观'和'人生观',或 *Weltanschauung* 来指这些价值观念。"(第 189 页)他还说,我们不能把智慧或世界观的出现归功于某一个人。毋宁说这种思想的出现"属于一个文化群体和一个时代",因此我们不仅可以说,"那是某个人的文化和世界观,而且可以说,那是那个时代的文化和世界观"(第 189—190 页)。这显然是受了黑格尔的影响。

112

世界观思想的主要价值和目标，是拥有这样的"智慧"，然而，即使在大哲学家的心目中，这仍然是一种模糊不清、尚未形成概念的思想。它需要概念的澄清、逻辑的推演，还必须与其他学科的内容衔接起来。经过理性的一番改造，世界观概念就会转变为真正的世界观哲学，就会以"比较完善"的方式，解说生命之谜。胡塞尔作了如下阐述：

> 某个时代的文化动机具有极为重要和非常普遍的意义，如果人们不仅从概念上理解了这些思想，而且从逻辑上展开过这些思想，在脑海中详细阐述过这些思想；如果人们把这样获得的一些思想成果，以及它们与社会制度、思想观念的相互作用，带到科学的统一化与系统化的工作中，本来尚未概念化的智慧就会得到极大的扩展和提升。世界观哲学就会应运而生，它能够通过宏大的思想体系，比较完善地解答生命和世界之谜，换句话说，生命中有许多理论的、价值的或实践的矛盾，经验、智慧、对人生和世界的简单理解只能在一定程度上化解这些矛盾，世界观哲学能够为这些矛盾提供最好的化解途径和最令人满意的解释。（第 190 页）

世界观哲学高于单纯的世界观思想，好比一个成年人高于一个未成年的孩子。不仅如此，世界观哲学往往有一个令人向往的目标：塑造具有杰出能力和智慧的理想人类。胡塞尔如此描述这一崇高的人类理想："显而易见的是，一个人如何才能尽可能地做到全面发展，在生命的所有基本方面都能做到全面发展，这些基本方面对应于可能人生态度的基本类型。同样明显的是，每一个人在这些基本方面的每一个方面，都应该拥有尽可能多的'经验'和'智慧'，尽可能地成为'热爱智慧的人'。根据这种思想，一个努力奋斗的人，必然是一个真正意义上的'哲学家'。"

许多值得称赞的因素，赋予世界观哲学特殊的魅力，好评如潮。它与人类的理想、完美的智慧，以及人类希望获得的一些能力密切相关。它以某个时代的集体意识为土壤，因此它头上还有一个客观有效性的光环。胡塞尔认为，世界观哲学是"一种非常重要的文化现象，是每个时代最高贵的品格的辐射点"（第 190 页）。通过这种方式，胡塞尔赋予世界观思想

113

特殊的意义和作用。虽然它不是真正意义上的科学,却仍然与科学有关;虽然它与个人和实践有关,却仍然寻求合理性。看来,这种哲学的吸引力是无法阻挡的,人们对它的热情追求同样是无法阻挡的。

更确切地说,只有一件事是个例外。胡塞尔认为,真正的哲学必须符合其他一些更高的条件,"换句话说,它必须符合哲学科学的条件。""我们这个时代有高度发达的科学","客观而严密的各门科学已经成为一种强大的力量",因此胡塞尔认为,作为一种实践哲学的世界观与具有客观有效性的科学,"已经变得泾渭分明,它们将永远处于分离的状态。"(第191页)[6]这种说法把现代人提出的"事实/价值"二分法清清楚楚地摆在我们面前。过去所有的哲学都是世界观哲学,都是智慧与科学的混合物,二者没有进一步的区分。世界观的语言和科学的理性混合为一个没有区别的整体。"严密的科学具有超越时间的普遍性",随着这种科学的到来,世界观与科学混为一谈的局面彻底改变了。现在,人们必须恪守世界观与科学的明显区别,因为世界观是有限的、个人的、处于时间长河之中的、不断变化的,而科学是无限的、集体的、永恒的、不变的。因此胡塞尔认为,"世界观哲学和科学的哲学被当作两种截然不同的思想,从某个方面看,它们有一定的联系,但是我们绝不能把它们混为一谈"(第191页)。

尽管如此,科学的哲学毕竟还是一张期票。在过去两千多年的历史上,出现过许多世界观哲学,但是,古往今来的任何一种哲学,都未曾达到严密科学的标准。什么样的思想家才能或者应当肩负起建设科学哲学的重任呢? 胡塞尔认为,树立世界观的倾向,主要来源于人类的不同气质。他发现,有些人天生擅长理论思维,具有建设科学性哲学的特殊条件。有趣的是,他同时发现,这种倾向也可能是每一个人的人生观思想的根源和表现。另一方面,有些人——例如艺术家、神学家、法学家——则具有审美和实践的天赋,更注重世界观哲学实践的而非理论的方面。然而,在现实生活中,胡塞尔注意到,这两种气质的区分并没有明确的界线。

我们不仅要根据人类的气质,而且要根据人类文化所处的困境、根据人类发展的最终目标来理解这两种不同气质的哲学的发展问题。胡塞尔要考查的问题是：只有建立科学的哲学，我们才能为所有的科学研究提供一个基础，以确保这些研究具有客观的有效性和确定性；问题是，人类的历史文化与科学的哲学的距离究竟有多远？这些科学是人类彻底理解生命和实在的必要手段，问题是：如果延缓我们为科学研究提供坚实的哲学基础的时间，人类还等得起吗？胡塞尔说，等不起，西方不能再等了。欧洲的科学文化正面临危机，我们必须立刻行动起来。

多种因素使另外一些人认为，我们还得优先发展世界观哲学。首先，严密的科学还只是一个不尽完善的理论体系，许多方面尚待进一步的探讨。其次，即使思维严谨的科学家，也要求助于有典范性的直观（intuitions/*Anschauungen*），这些直观标志着他们的最高取向和最终观点（我们可以把这看作托马斯·库恩后现代式科学哲学的先兆）。再次，严密科学所提供的解释，仍然没有破解生命之谜（正如洛采[Lotze]所言，"推算世界的发展历程，不等于就理解了这一历程"[第 193 页]）。最后，既然心灵有不可遏制的需求，时代又面临生存的危机，最明智的做法也许是以某种观点为避难所，因为这种观点能够解释世界，能够使生命变得有意义。迫于亟待解决的一些实际问题，胡塞尔似乎认为，树立世界观的迫切需要，比建设严密的科学的哲学更重要。"毫无疑问，我们绝不能坐等[科学性哲学的建立]。我们必须选择一种立场，必须振作精神，协调我们对实在、对现实人生的不同理解，在我们看来，实在是有意义的，处身于实在的世界，我们的生命也是有意义的，这样，我们就能把不同的思想整合为一种合理的、虽然还缺乏科学性的'世界观和人生观'。如果世界观哲学家在这方面对我们有很大帮助，我们不是应该对他表示感谢吗？"（第 193 页）

胡塞尔对这个问题的回答直截了当，没有任何附加条件：不。无论上述实际问题是多么紧迫，胡塞尔态度明确，绝不妥协。我们必须把哲学建设成为一门严密的科学，因为它比人们所谈论的世界观哲学更重要。胡塞尔说："我们绝不能因为时间紧迫，就放弃对永恒性的追求；我们没有任何权利把数不清的需求传诸后世，以满足我们一时的需求，因为数不清的需求是一种永远无法消除的祸害。"虽然现在的危机起源于科学，但是胡塞尔相信，只要认识正确，措施得当，科学一定能够战胜危

115

机。他对科学的力量表现出异乎寻常的信心。他满腔热情地捍卫严密的科学性哲学，以此为文化的第一要务，而树立世界观的问题，却被置于次要的位置。

> 面对诸如此类的弊端，补救的措施只有一种：给予科学的批评，还要建立一门基本的科学，一门自下而上的科学，它应当立足于可靠的基础，根据最严密的方法来建设——我们所讨论的，正是这样一门哲学的科学。世界观哲学只能参与争论；只有科学才能做出抉择，其抉择还带着永恒性的标志。哲学的新变化无论走向何方，毋庸置疑的是，它绝不会放弃自己的目标：成为一门严密的科学。不如说哲学作为一门理论科学，必须坚决反对树立世界观的实际愿望，毫不含糊地与这种愿望划清界限。

至于世界观与科学的哲学的关系问题，胡塞尔断然拒绝任何形式的调解或协调。他认为，如果二者界限不清，"科学研究的动力就会被削弱，科学作品就会变得华而不实，空洞无物。这里绝不能有任何妥协"。胡塞尔认为，世界观思想其实只有一种义务：与科学思想彻底划清界线，然后靠边儿站。"需要做的只有一件事：世界观哲学必须真正放弃其作为一门科学的主张，不再混淆视听，不再阻碍科学性哲学的发展——这显然与其初衷背道而驰。"（第 194 页）。假如这一切都成了现实，哲学就会使用科学性语言，就会克服"深奥"的弊病，尽管人们对它赞誉有加，它却名不符实。胡塞尔认为，深奥是智慧或"世界观"的特征，概念明确、逻辑严谨、推理规范则是健康的科学（和现代性）的标志。他始终希望有说服力的哲学"会从深奥的层面努力上升到科学性清晰的层面"。他真诚地相信，他那个时代尽管已经取得很大成就，但"它最需要的，是哲学的科学"（第 195 页），因为这门科学"能够为其他种类的哲学提供最严密、最明确的认识"（第 196 页）。根据这个标准，以历史相对性和个体性、实用性为特征的世界观哲学，被毫不犹豫地逐出哲学的家园。

胡塞尔认为，克服西方危机的唯一办法，就是他所理解的作为严密

116

科学的哲学。这门严密科学的哲学，自然就是先验现象学，通过先验现象学，我们就能化解所有的哲学争论，克服世界观哲学的相对性，为所有的科学提供坚实的基础。现象学作为绝对的科学，是人类所有知识的绝对基础，是阿基米德的支点，是世界万物的动力，人们也许还能做出更准确的描述。胡塞尔宣称，他的这项研究没有任何假设。通过现象学还原，即所谓"加括号"（bracketing）或"悬置"（epoche），我们可以暂不考虑所有的形而上学假设和科学假设，历史的"积淀""中止了"，不知不觉地出现在人们思想中的"常识"，"不再发挥作用了"。这样做的目的是，对意识及其意向性对象进行客观的现象学描述（而不是解释）。阿瑟·霍姆斯（Arthur Holmes）说，"胡塞尔希望建立一种永恒的哲学，一种具有超时空有效性的哲学，这是一门严密的描述性科学，而不是历史移情理论的一种训练。他的口号是'直面事物本身'，给所有的科学理论和世界观加上括号以后，他开始在未经反思的意识中，探索生命世界的普遍结构。"[7] 这就是埃德蒙·胡塞尔的那篇动人演讲，他的突出贡献在于，他力图为哲学和其他科学建立可靠而明确的基础。

到了晚年，胡塞尔对自己的研究表现出明显的怀疑。他不但怀疑他的哲学是否已经取得成效，而且怀疑它是否具有概念的可能性。霍姆斯似乎认为，胡塞尔越来越认同存在主义者所谓的"生活世界"，因此他承认，"哲学思想具有存在主义所谓的历史意义"。[8] 晚年的胡塞尔是否已经放弃或改变了他所理解的哲学的绝对本质？根据胡塞尔晚年出版的一部著作的附录，以及他提出的"生命世界"这一概念，我们就能回答上述问题。

117

生活世界与世界观

《欧洲科学的危机与先验现象学》出版于胡塞尔逝世的两年前，该书的第九个附录耐人寻味。胡塞尔承认，他试图把哲学建设成为一门严密的科学，但是没有成功："哲学是一门科学，一门严肃的、严密的，而且是绝对严密的一门科学——**这个梦想破灭了**。"[9] 胡塞尔认为，"梦想"破灭的原因是不重视科学的世界观哲学已经在欧洲占据主导地位，这种世界观哲学似乎是人类能够制造的唯一思想武器。胡塞尔写道："像宗教怀疑的潮流那样，人们正在断然拒绝科学研究，这股强大的哲学思潮愈演愈烈，正在淹没整个欧洲。"[10] 他解释说，世界观哲学这股洪流，正在欧洲大陆泛滥。他的论述值得我们完整地引述如下。

> 哲学是人们进行生存［*Existenz*］斗争的一种武器。从欧洲文化来看，人类已经把自己抬高到独立自主的水平，由于科学的迅速发展，人类认为，他们已经到达无限的领域，已经完成了与此相关的一些使命。毫无疑问，这种思想已经占据主导地位。独立自主的人类在反思世界的过程中，必然会发现某种超越经验的事物，他们认为，超越者不可知，实际上，人们也不可能理解它。根据人类的现状，根据他们的认识能力和感觉能力，他们最多只能做出某些推测，形成某些信仰方式；作为**他们的世界观**，这些信仰方式是他们进行推测的证据，也是他们的行为规范，他们的推测和行为都要受这个虚构的绝对者的制约。很多人都有类似的经验，这样的心境能够成为他们共同的思想和共同的鼓励。
>
> 因此，**世界观**本质上是个人努力的结果，类似于个人的宗教信仰；但是这有别于传统的宗教信仰，即启示的宗教，因为它并不认为，它拥有绝对真理，这种真理对所有的人都有约束力，而且所有的人都能认识这种真理：科学真理不可能把握绝对的事物，同理，对每一个人都普遍有效的**世界观**真理同样是不可能的。任何这样的主张必然意味着，对绝对者及其与人类之关系的理性认识，即科学性认识，是可能的。[11]

因此胡塞尔断言，"哲学的未来危机四伏"。这种状况赋予当代哲学一种紧迫感。恩佐·帕西（Enzo Paci）曾为这一附录做注，他认为，胡塞尔面临的具体问题是："我们必须屈服于每一个人的哲学，屈服于'世界观'哲学或'主体性'哲学，不是现象学意义上的主体性，而是相对论意义上的主体性，果真如此吗？"[12] 胡塞尔的回答似乎又是否定的。他为什么拒不屈服于世界观哲学呢？他所谓生活世界（lifeworld/

118

Lebenswelt）的思想能够回答这个问题。

在胡塞尔的作品中，"生活世界"是一个异常晦涩的概念。[13] 从表面上看，"生活世界"这一概念模糊不清，内容庞杂，层次各异，很难解释。但是，如果提出下列问题，我们就能找到一种比较清楚的含义：我们能否把自在的世界和对它的不同理解真正区分开呢？[14] 有一个独立存在的世界，它是意识的对象，它存在于任何假设与科学解释之前，这是否可能呢？胡塞尔的回答是肯定的，他称这个先验领域为"生活世界"，他的描述如下："生活世界总是一个业已存在的世界，它总是有效的，而且早已存在了，但是它的有效性不是立足于某种研究目的或共同目标。所有的目标皆以它为前提；科学性真理也以它为前提，而且预先以它为前提，因为认识它是所有科学的共同目标。［科学性］研究总是以它为前提，因为世界是存在的，而且是以自己的方式存在着［，这是毋庸置疑的］。"[15]

生活世界本来就存在，这种存在先于任何概念化的过程。[16] 生活世界直接呈现于直观。[17] 它为意识而存在，是意识的对象，它是由现象学所谓的主体性构造或组建的。它不是一片混沌，而是有一种总体性结构。因此，生活世界是绝对的，而不是相对的。[18] 生活世界是"基础"，它有许多"先于逻辑的有效性"，它们是逻辑性、理论性真理的根基。[19] 因此胡塞尔认为，所有客观的科学理论皆与生活世界有关，并以此为基础。

> 从逻辑的角度看（总的来说，科学是有预见力的理论的总和，是不同的陈述体系的总和，它"逻辑上"包含了这样的思想：它本身就是"一些命题""一些真理"，从这种意义上说，它们都有逻辑关系），客观理论扎根于生活世界，以生活世界为基础，以其本来的不证自明的特点为基础。由于客观的科学扎根于生活世界，因此它总是与世界有关，而这个世界永远是我们的家园；即使我们是科学家，即使对全体科学家来说，科学总是与通常所谓的生活世界有关。[20]

哲学是一门严密的科学，世界观历史主义则是相对主义的一股势

119

力；为了挽救哲学，使其免于相对主义的侵蚀，胡塞尔诉诸生活世界这一客观基础，但这不是实在论者或康德主义者所谓的基础，而是先验现象学所谓的基础。[21] 正如卡尔所言，"生活世界**不是**［一种］历史的相对性现象，它总是所有其他现象的基础，是科学性解释的出发点，也是科学性解释的前提。"[22] 生活世界是先于意识的一种实在，是一个客观领域，世界观和科学都以它为基础，基于这一事实，胡塞尔认为，科学性哲学具有客观的、普遍的、永恒的有效性。

120　　不管怎么说，胡塞尔对世界观概念的哲学史的最大贡献在于，他试图清楚地区分世界观思想与作为一门严密科学的哲学。在胡塞尔看来，历史主义和可怕的自然主义，是欧洲的科学文化之所以面临危机的主要原因。生活世界这一概念略显笨拙，却颇有吸引力，胡塞尔认为，它是所有理论思维共同具有的一个客观的出发点，也是他克服相对主义威胁的最后一招，因为越来越多的人开始认同世界观哲学。胡塞尔绝不允许任何人怀疑其彻底的科学性哲学任务。

　　为了反对世界观哲学所具有的成见和主观主义特征，胡塞尔以巨大的努力来建设一种没有任何先决条件的科学性哲学。然而最具讽刺意味的是，人们认为，他的现象学本身就是一种世界观。和其他阐释者一样，卡尔认为，他努力建设一种没有任何先决条件的哲学，本身就是自相矛盾的。他指出，现象学是历史的产物；与别的哲学方法和思想体系一样，它也是一种具体的人生观和世界观。他的深刻分析如下：

　　　　要想以现象学的方法把握世界的结构以及世界意识的结构，人们就必须撇开历史的成见，但是从更深的层面看，胡塞尔的努力与主张似乎体现了历史的成见，他对生活世界的描述，似乎也包含着这样的成见……克服历史成见的动机，本身就是一种历史成见，就是伽达默尔所谓"区别于其他成见的一种成见"。有人认为，哲学就是世界观，就是某个历史时期的世界观的最高表现，在他们看来，胡塞尔哲学的命运，与其他任何哲学相比，似乎没有什么区别。[23]

　　与所有的哲学研究和人类思想一样，胡塞尔的工作也是在一定的历史背景下展开的。正如简·萨纳（Jan Sarna）所言，"胡塞尔所设想的没有任何先决条件的哲学，显然是不可能实现的；一种高于科学、高于人的经验史的理论——换言之，一种远离任何形式的世界观的理论——是不可能成立的。"[24] 谁也无法逃避这些历史的-心灵的范式，因为这是一切思想和行为的规范。既然如此，我们就不应该满足于哲学的解释，而应该从心理学的角度来研究这些规范。卡尔·雅斯贝尔斯的《世界观的心理学》承担了这项任务，成为 20 世纪世界观概念史的又一重要阶段。

卡尔·雅斯贝尔斯所理解的"世界观"

　　卡尔·雅斯贝尔斯（1883—1969）对世界观概念史的贡献，主要表现在其早期著作《世界观的心理学》（*Psychology of Worldviews*, 1919）中。[25] 这本书旨在阐述各种各样的理论，"这是个人精神生活的天地，也是个人心灵活动的主要特征的来源"。[26] 雅斯贝尔斯称这些理论为**世界观**，用他自己的话说，这些理论"反映了人类思想中最高、最完整的一些东西，**作为主体**，它们是一些经验、能力和信念；**作为客体**，它们就是形态各异的世界万物"。[27] 雅斯贝尔斯从两个不同的角度考察了世界观问题。从主体的立场出发，他以"各种态度"（attitudes/*Einstellungen*）为标题，讨论了世界观概念；从客体的立场出发，他以"世界图景"（world pictures/*Weltbilder*）为核心概念，考察了世界观问题。态度是心灵活动的主要形式和主要结构，人们可以不同的态度，不同的方式——积极的、沉思的、理性的、审美的、感性的、禁欲的，等等——来认识世界。它们是天赋观念或孩提时代的生活经历的产物，人们可以通过心理学的方法来分析这些态度。另一方面，世界图景是"个人的客观心灵内容的整体"。[28] 凭借这些基本态度，人们就能迈入客观世界，产生关于这个世界的一幅心灵图画。态度与世界图景的合而为一，就是世界观。[29]

　　有人认为，雅斯贝尔斯的这部著作类似于尼采的心理学论著，因为它旨在激发人们对现状的强烈不满。和尼采一样，雅斯贝尔斯认为，

121

122

"世界观的首要问题在于,人们对待生命的态度,究竟是肯定的,还是否定的"。[30] 还有人认为,这部书是"狄尔泰心理学的产物"。另外一些人则认为,该书与克尔凯郭尔所谓人生道路诸阶段和生存境界的思想具有密切关系。此外,雅斯贝尔斯的这部鸿篇巨制还带有黑格尔《精神现象学》的明显痕迹(因为它用了很长篇幅来论述黑格尔哲学),该书最后还有一个名为"康德的观念论"的附录。[31] 这些思想家在世界观概念的哲学史上,都发挥了各自的作用,雅斯贝尔斯的这部著作,深受他们思想的影响。雅斯贝尔斯本人也承认,黑格尔、克尔凯郭尔、尼采是其《世界观的心理学》的思想先驱。

> 一提到世界观概念的起源问题,曾发展了这种心理学的那些思想家的伟大传统,就会浮现在我的脑海中,虽然这些传统并不总是以心理学的名义出现。首先是黑格尔的《精神现象学》;其次是克尔凯郭尔,1914 年以来,我一直在研读他的著作;最后是尼采;他们给了我很大启发。他们能够洞察人类灵魂的每一个角落,直达灵魂的最深根源,把这种既有普遍性又有具体性的认识公之于世。[32]

正如雅斯贝尔斯的哲学自传所言,在他早期的所有心理学讲稿中,这部论述世界观心理学的著作占有最重要的位置。这也许是因为这部著作后来成为雅斯贝尔斯哲学研究的基础,不过在那个时候,他还没有认识到这一点。[33] 雅斯贝尔斯的初衷是写一部心理学著作,而不是哲学著作。雅斯贝尔斯认为,严格说来,哲学应当具有预见性,应当为人们提供一种世界观。另一方面,心理学旨在"考察不同的哲学观点,理解这些观点所包含的各种各样的可能性"。[34] 有人认为,这本书是"世界观思想的一个展览馆,人们可从中自由选择",但是雅斯贝尔斯另有一种说法。他认为,"该书旨在甄别人们面对的所有可能性,阐述其中最大的可能性,'生命的'抉择就立足于这种可能性,这是任何思想、知识或理论体系都无法预见的。"从雅斯贝尔斯的观点看,具有预见性的哲学旨在阐述一种人生观,人们甚至认为,它可以代替宗教,指导人们的生活,但《世界观的心理学》旨在阐述反思的可能性,帮助人们确定某种价值取向。

回顾过去,雅斯贝尔斯意识到,天生的兴趣促使他"以心理学为名"对世界万物进行哲学思考。用他自己的话说,"《世界观的心理学》不由自主地进行了一番哲学考察,当时我还没有清楚地认识到,我是在进行哲学研究。"[35] 如他本人所言,事后看来,当时他正在撰写"后来所谓现代'存在主义'的最早作品"。为了"强调人类的伟大",雅斯贝尔斯对《世界观的心理学》的要义做了如下阐释:

> 关键的是热爱人类,思想家要关心人类,人类应该是一个绝对的整体。本书所讨论的,几乎都是一些基本问题,以后这些问题会具有清晰性和普遍性:世界与人类的关系是什么;人类现在的处境及其无法逃避的最终结局(死亡、痛苦、机遇、罪疚、斗争)究竟是什么;时间及其意义的多重性是什么;在塑造自我的过程中,自由的行动是什么;什么是生存;什么是虚无主义;什么是保护性外壳;什么是爱;什么是实在和真理的显现;什么是神秘主义;什么是理念,等等。我们可以说,本书简要讨论了所有这些问题,却未曾进行系统的阐述。该书的总体特征是全面,而不是我所作出的那些论断。这个特点成了我以后思想的基础。[36]

翻开这本著作,我们就会发现,它的结构是辩证的,三大部分构成一个三一体(triad),每一部分又包含若干三一体。然而,这不是黑格尔的辩证法,因为黑格尔辩证法有一个重要特征:正题和反题的对立能够在合题那里得到化解。但是根据雅斯贝尔斯的辩证法,第三个方面是其他两个方面的根源和中心。第三个方面最不客观,最难理解,它是其他两个方面的基础,与它相比,第一、第二个方面更具体,更容易理解。雅斯贝尔斯所讨论的"第一个"方面是各种态度(*Einstellungen*),"第二个"方面是世界图景(*Weltbilder*)。态度与世界图景都以第三个方面为基础,因为这个方面是"心灵生活"(*Das Leben des Geistes*)的最终源泉。[37] 为了理解雅斯贝尔斯的三一体结构所包含的因果关系,这篇简要的概述将以终为始:我将以心灵生活为出发点,因为它是世界图景和态度的源泉,二者结合起来就是世界观。

124

要理解"心灵生活",就必须首先理解"心灵的种类"。要理解"心灵的种类",就必须首先考察雅斯贝尔斯所谓"限制""界限"或"终极"处境("ultimate" situations/Grenzsituationen)。[38]"终极处境"的概念是雅斯贝尔斯这本著作最重要的贡献之一。它阐述了这样一种通俗易懂的思想:人总是生活在一定的环境中,因此,他们不可能远离冲突、苦难、罪疚和死亡。面对这些终极处境,人们会做出不同的反应,我们可以此为根据,把心灵划分为不同的"种类"。现实生活充满挑战,不同的心灵会以不同的方式来寻求安全感或立足点。[39] 因此雅斯贝尔斯认为,"追问心灵种类的本质,就是追问:人类的立足点究竟是什么?"[40] 有些人以怀疑主义和虚无主义为立足点。[41] 有些人则以有限的事物(Begrenzten)为避难所,主张理性主义、独裁主义、绝对的价值观,以及雅斯贝尔斯所谓有保护作用的"外壳"(Shells/Gehäuse)。[42] 还有一些人,包括雅斯贝尔斯在内,以"无限的事物"为立足点(Der halt im Unendlichen)。[43]

"外壳"是一个颇有争议的概念。雅斯贝尔斯认为,面对"终极处境",人的心灵会发生巨大变化。"意识能够体验终极处境,此前,客观的不证自明的生命形态、世界观、信念和思想,仿佛一些坚硬的外壳,一直掩盖着这些终极处境;不懈的反思和不断的辩证运动,使得以前不证自明的那些外壳终于土崩瓦解了。"另一方面,雅斯贝尔斯发现,人类的生命少不了这些外壳,一如贻贝的生命离不开它们的外壳。因此,在生命的发展历程中,在面对终极处境时,一种外壳会被另一种外壳所取代,如此而已。雅斯贝尔斯指出,"生命的过程既指外壳的死亡,又指外壳的诞生。如果没有死亡,僵化就会出现;如果没有外壳,死亡就会降临。"[44]

面对终极处境,不同的心灵总是处于形式和混乱的交战状态。尽管不同种类的心灵试图赋予所有事物某种统一性或整体性,但是这些努力终究是徒劳无益的,雅斯贝尔斯称这种结果为"自相矛盾的综合"。雅斯贝尔斯又把形式、混乱以及自相矛盾的综合分为三类:首先是心灵混乱的人,他的生命基础是冲动、偶然和个人利益;其次是注重实用的人,他的注意力集中在功用和效能上;最后是有灵感的人,他能在包含冲突因而缺乏连续性的创造性生命中认识自己。[45]

心灵生命的最后一个特征是雅斯贝尔斯所谓"神秘"的方式和"观念"的方式。神秘的方式能够突破主客二分的界限，认识统一性和整体性。观念的方式却能消解这种整体性，根据观念来感知世界、灵魂和生命本身，因为观念是一些逻辑的规范性原理，是心灵的各种力量。[46]

无论如何，心灵的生命、不同种类的心灵、世界图景之间，存在着某种因果关系。世界图景是心灵生命的各种力量的客观化。各种各样的心灵对生命的终极处境的反应，结晶为一些"客观的"世界观。生命与世界图景之间，有一种共生关系：它们或多或少是同时发展的。实在的形象完全被吸纳了，与其他特征一样，它也成为人的一个组成部分。它们是自我的组成部分，虽然自我不一定能意识到它们的影响或它们的产生过程。它们不一定是选择的结果，却一定是生命发生作用的结果。"我选择了某种思想，这只能从我的生命实践中显现出来，一如苏格拉底的一生，始终相信灵魂不灭。我的生命本身……就是我的选择。"[47]世界图景与经验变幻不定：它们总是在变化、深化、进化，却从未达到最后的整体性。[48]

雅斯贝尔斯认为，世界图景包含着三一体：感性空间的世界图景、心理文化的世界图景、形而上学的世界图景；最后一种最独特、最具包容性。[49]雅斯贝尔斯认为，形而上学世界图景可以分为两类：神话-精灵的世界图景和哲学的世界图景。神话-精灵的世界图景是虚构的，具有寓言的特征。另一方面，哲学的世界图景不是来自权威或启示，而是来自主观经验或客观经验的绝对化。主体性的绝对化是唯灵主义（spiritualism）或观念论的根源，客体性的绝对化是唯物论或自然主义的根源。[50]面对生命的终极处境，不同的精神会做出不同的反应，不同精神的不同反应产生了各不相同的世界观。这是世界观的客观方面。

雅斯贝尔斯认为，世界观的主观方面主要指"各种态度"或思想体系，它们是精神生命所具有的各种力量的主观化。这些态度是人类活动的巨大动力和重要源泉。它们的最高表现是人们的行为，人们可以用心理学的方法来观察它们，把它们当作普遍原则来进行研究。雅斯贝尔斯认为，态度的发展也可以分为三个阶段：客观的态度、自我反思的态度，以及满腔热情的态度。[51]"理性"是诸多客观态度之一，其作用是在混乱的、偶然的、变幻不定的事物之间，建立相互关系、清晰性和统一性。理性的态度

126

的内容是知觉,但是它可能变得僵化,变得毫无生机。因为它包含着许多
直觉的态度和审美的态度,因此它不可能被分为若干部分,但是另一方
面,它也不可能理解事物的整体。理性的态度还可分为学术的态度和实
验的态度两个种类,它们都能为人类提供知识;理性的态度也要进行辩证
运动,雅斯贝尔斯认为,这是发展变化的基础。

在自我反思的态度中,最重要的一种态度是"直接性"(immediacy/
Augenblick)。雅斯贝尔斯承认,这种态度来自克尔凯郭尔的《非此即
彼》,他认为,直接性或此时此刻这种态度,强调的是可以感知的现在和直
接的实在;根据经验,人们认为,时间是一种连续性,是一种无始无终的连
续性,是永恒性的一个组成部分。用雅斯贝尔斯自己的话说,时间是"唯
一的实在,是精神生命的绝对实在。人们体验到的此时此刻,是有生命的
事物之终极的、温暖的、直接的方面,是充满生机的现在,是实在的整体,
是唯一具体的事物"。[52]

上述两种态度来自第三种态度——"热情"(enthusiasm),前者是后者
发挥作用的结果;这是三种主观态度中最全面、最难理解的一种态度。热
情的态度表现在理性的态度和自我反思的态度中,也表现在不同的生命
形态中,例如性行为、科学、艺术,以及人际关系。

因此雅斯贝尔斯认为,世界观是客观思想与主观思想的统一体。从
主观方面说,它们起源于人类的三种态度,表现在具体的生活与行为方式
之中。从客观方面说,它们起源于世界图景的三一体发展,是实在的某种
形象的反映,或是对实在的某种理解。世界观是不同态度与世界图景的
统一体,因此它总是处于运动变化的状态,不过它也可能演变为一种外壳
(例如虚无主义、个人主义、理性主义、浪漫主义、怀疑主义,等等),人们
必须经常更换这种外壳。世界观是一些具有保护作用的外壳,通过这些
外壳,人们能够克服对终极处境的恐惧;不同的精神之所以拟定各种人生
观,培育各种内在倾向,正是由这种恐惧心理促使的。它们是人类生存不
可或缺的一些实体。[53]

研究者认为,《世界观的心理学》是雅斯贝尔斯"彻底醒悟"的标
志。[54] 这部著作具有启蒙意义,是他后来存在主义哲学的基石。该书出
版以后,对世界的各种描述和看法就成为他哲学研究的核心。这部著

作是他与传统哲学彻底决裂的标志,因为传统哲学试图提出一种客观
而普遍的实在论。他坚持"普遍的相对主义",坚决反对任何形式的教
条主义,他认为,教条主义的目的就是让人闭嘴。胡塞尔贬低世界观概
念,认为它与真正的科学哲学背道而驰;雅斯贝尔斯颂扬世界观概念,
认为它是人类面对终极处境时的自然反应。比较二者的思想,必定饶
有兴趣。这些不同的世界观思想是我们考察马丁·海德格尔的必要条
件。随着 20 世纪世界观概念的哲学史的展开,海德格尔出现在我们的
视野中。

马丁·海德格尔所理解的"世界观"

马丁·海德格尔(1889—1976)迅速而深刻地改变了哲学的走向,
在西方思想史上,影响如此之大的人物寥若晨星。在早期希腊哲学与
经院神学的影响下,沿着索伦·克尔凯郭尔、弗里德里希·尼采、卡
尔·雅斯贝尔斯、埃德蒙·胡塞尔等创造性思想家的足迹,海德格尔哲
学——特别是其代表作《存在与时间》(1927)所包含的思想——着力探
讨本体论问题:存在的本质问题,对人的此在(*Dasein*)的主体性、历史
性、解释力(或自我解释力)进行生存论分析的问题。面对这些大问题,
海德格尔花费了大量的精力和时间来研究世界观哲学的本质和作用。
我们也许可以这样来解释他对这一关键问题的浓厚兴趣:生存论分析
使他认识到,"世界观之类的观念属于此在的本质特征"。[55]

海德格尔对这一问题的思考,可以分为三大部分。首先,他对雅斯
贝尔斯的《世界观心理学》做了重要阐述。这部作品写于 1919—1920
年之间,这时,第一次世界大战已经结束,他也回到了海德堡大学。其
次,他至少在三部不同的著作中呼吁人们,要比较世界观哲学的相对主
义和作为严密科学的哲学,这很容易使人想起胡塞尔。最后,他写过一
篇题为"世界图景的时代"的重要论文,文章认为,世界观或世界图景的
概念,是现代人的独创。我们先来考察他对雅斯贝尔斯的阐述。

128

129 对雅斯贝尔斯《世界观心理学》的阐述

以"卡尔·雅斯贝尔斯的《世界观心理学》述评"[56]为题的那篇论文,本来是海德格尔对这部重要著作所做的一些评论,因为这本书在德国引发了人们所谓的存在主义哲学(*Existenzphilosophie*)运动。作为"个人之间的一种交流",该文的打印稿于1921年6月被发给雅斯贝尔斯、胡塞尔和李凯尔特。1969年雅斯贝尔斯逝世后,人们在整理他的文集时发现了这部打印稿,因此直到1972年,它才得以出版。[57]海德格尔第一次把这篇文稿送给雅斯贝尔斯之后,很快就决定不发表该文,原因不详。大约五十年后,他才勉强同意把这篇文章发表在讨论雅斯贝尔斯哲学的一个文集中。这篇文章具有非常重要的意义,不仅因为它涉及世界观等问题,而且因为它包含着海德格尔很多重要思想的雏形,数年后,它们又出现在他的名著《存在与时间》中。[58]

这篇文章大致可以分为四个部分。[59]第一部分是一些感谢的话,以及对雅斯贝尔斯著作的简要评论(第70—76页)。第二部分主要讨论"生命现象"与极限处境的概念(第76—89页)。在第三部分,海德格尔主动出击,提出了分析生命现象的新的出发点(第89—94页)。第四部分则概括了第一部分所包含的一些简要的称赞与评论(第94—99页)。附录是一些改进的建议,以备该书再版时使用(第99—100页)。

海德格尔批评的重心是雅斯贝尔斯的哲学方法及其对各种人类学假设的无批判的接受。举例来说,海德格尔在第一部分开门见山地问:
130 "这种方法的选择和使用,是否真的适合于"雅斯贝尔斯想要分析的那些问题?他想要分析的,当然是人类的精神和心灵生活,他想建立世界观的哲学心理学,因为它能够揭示"人类的最高本质和全部的人性……他热衷于整体性问题"。海德格尔的另外一个问题是:"雅斯贝尔斯是否彻底理解了这些能够实现其目的的问题和倾向呢?"因为他不加批判地接受了西方本体论传统关于人类的某些见解。海德格尔认为,人类真的是什么与雅斯贝尔斯认为人类是什么,这两种认识之间存在着巨大差异。关于人的身份问题——"我是……"的问题——海德格尔认为，"表面看来我们'所有'和'所是'的那些特征"只能作为一种先期考察，雅斯贝尔斯哲学所缺少的，正是这样的准备工作。[60]

　　进一步说，雅斯贝尔斯认为，人类生活的"最初现象"是主客二分，这是生命中的原始对立。这种对立甚至成为雅斯贝尔斯著作的基本格式：他首先考察了人类心灵（psyche）的**主观**"冲突"，其次又讨论了与这些心灵冲突相对应的一些**客观的**世界图景。海德格尔认为，在这些显而易见的主客二分背后，是一系列有关心灵生活的重要假设，雅斯贝尔斯不加批判地接受了它们。如海德格尔所言，"他一开始就有一个明确的心灵观念，这个观念一直在发挥作用。"海德格尔认为，这个假设本身应该来自雅斯贝尔斯的分析。"如果真正的心理学旨在让我们认识'人究竟是什么'……关于全部心灵-精神生活本体论意义的假设，就是这项研究的先决条件和主要内容。当人们按照生活的本来面目解释生活时，他们所假设的那些可能的方法，同样是这项研究的先决条件和主要内容；这个道理也适用于某物的基本意义，'可能性'之类的属性之所以存在，正是因为它们建立在某物的基础上。"[61]

　　关键问题在于，我们必须具体地分析人类生命的基本特征及其可能性，进而揭示包括雅斯贝尔斯哲学在内的主观主义思想传统的先决条件。如果"此在"或 Dasein 是我们的审查对象，具体地说，如果此在的心灵生活及其整体性是我们的审查对象，那么只有当它自己的解释行为和生存特征也成了悬而未决的问题时，我们才能对它进行简明的心理学描述。雅斯贝尔斯不应该直截了当地描述现成的事物；相反，他必须进行"彻底的追问……这种追问使它［此在］本身也成了一个有待解答的问题"[62]。只有当雅斯贝尔斯仔细考察了这些基本假设，开始认真对待方法论问题时，他才能取得真正的进步。

　　至于生命现象，海德格尔认为，雅斯贝尔斯对他所谓"极限处境"的描述，是他那部著作中"最有说服力"的一个方面。雅斯贝尔斯曾论及三种极限处境，它们揭示了人类生命的斗争历程（机遇、死亡、罪疚）；海德格尔特别欣赏他对死亡的分析，这个话题最后成为《存在与时间》的一个组成部分。不过他认为，雅斯贝尔斯的论述存在严重的缺陷，根源还是那个众所周知的"先决条件的问题"。海德格尔还抱怨说，雅斯贝尔斯对生命

131

的描述,完全依赖康德、克尔凯郭尔的传统形而上学,这显然是不够的。因此他认为,我们需要一个新的出发点来分析生命现象。[63]

在评论雅斯贝尔斯的著作时,海德格尔在篇幅最长的部分中提出了自己分析生命的方法,他认为,我们必须以"完整的、具体的、历史的、真实的自我"为起点。这正是雅斯贝尔斯尚未迈出的一步,因为他默认了当时的某些心理学理论。海德格尔说,在提出自己的新方法时,他采取了这样的补救措施:"以具体的自我为解决问题的出发点,把它带到现象学解释的适当而基本的层面,换言之,这个层面与我们对生命的真实体验密切相关,这样,我们就能把具体的自我当作一个'已知项'。"[64]这一部分主要讨论了使用这种方法的一些注意事项。

海德格尔的《存在与时间》曾三次提到雅斯贝尔斯,每次都是指《世界观的心理学》这部著作。他的第三段引文干脆建议读者参阅雅斯贝尔斯对"当下即是"(moment of vision)的分析,这是基于克尔凯郭尔思想的一种发展,他对"当下即是"的"生命(existentiell)现象"做过"深刻剖析"。[65] 从第一段和第二段引文看,雅斯贝尔斯对海德格尔的影响不在于他对"世界观种类"的分析,而在于他对生存的分析,特别是他所谓"极限处境"的观念。例如海德格尔曾提出,死亡是一种极限处境,我们可以拿他的死亡分析来与威廉·狄尔泰、鲁道夫·温格(Rudolf Unger)、乔治·西美尔(Georg Simmel)的死亡分析进行比较,"尤其应该"与卡尔·雅斯贝尔斯的死亡分析进行比较,这种分析出现在他论述世界观的那部著作中。海德格尔这样写道:"雅斯贝尔斯一开始就把'极限处境'作为其解释死亡现象的一条线索——极限处境的基本含义已经超越了'态度'和'世界图景'之间的界限。"[66] 在论述此在的生存"处境"的开放性(openness)、本真性(authenticity)、烦(care)等特征时,海德格尔说,描述"真实的生存可能性的主要特征及其相互联系,根据它们的生命结构阐释它们,是专门的生存人类学的课题之一"。[67] 他指出,这正是雅斯贝尔斯那部论述世界观问题的著作的主题。该书旨在研究不同的心灵范式,海德格尔的看法恰恰相反,他认为,本书的主要价值在于,它分析了此在的生存,而且描述了它的极限处境。海德格尔说:"这里,作者提出了'人是什么'的问题,并且根据人实际上能够成为的那种事物,回答了这一问题……如此看来,'极限处境'的生存论-本体论的基本含义,就变得明确了。谁要是'认为',这不过是一本论述'不同世界观'的参考书,他就根本没有理解'世界观心理学'的哲学含义。"[68]尽管海德格尔对雅斯贝尔斯的方法和假设持批评态度,但是他仍然对后者心存感激,因为雅斯贝尔斯毕竟创造性地分析了人类的处境;海德格尔认为,该书对不同世界观的剖析,也具有一定的意义。

海德格尔对科学性哲学与世界观问题的理解

这一部分将讨论海德格尔与世界观的问题,这是他始终关注的一个问题:什么是哲学?哲学能否像世界观那样,具体地指出生命的意义和目的,为日常生活提供实际指导呢?反过来说,哲学是不是一门具有严密性和准确性的健全学科,像科学的哲学所希望的那样,能够确立一些清晰的、永恒的、普遍的原理呢?海德格尔至少在三个不同的地方,明确阐述了他对这些问题的看法。他对这一问题的最早思想表现在一篇题为"哲学观与世界观问题"的讲稿中,1919 年 2 月 7 日至 4 月 19 日,在弗莱堡大学的"战时学期"(*Kriegsnotsemester* = KNS),作者宣读了该文。[69]《现象学的基本问题》第二部分继续讨论这个问题,该书的主要内容本来是作者于 1927 年夏天在马堡大学宣读的一篇讲稿。[70]最后,《逻辑学的形而上学基础》第十一节也简要地讨论了这些问题,该书原为作者于 1928 年夏天在马堡大学暑期课程班上的讲稿。[71]在这三部著作中,海德格尔一直高度关注哲学观问题,这是因为,世界观思想的不断蔓延已经威胁到"此在"真正的形而上学,因此他急于区分存在概念的科学性本体论与漂移不定的世界观哲学。分析上述前两部讲稿,我们就能理解他的这种意图。[72]

在 1919 年的战时学期,海德格尔致力于"哲学观与世界观问题"的研究。海德格尔秉承其导师埃德蒙·胡塞尔的传统,开门见山地指出,哲学与世界观截然不同。在战时学期讲稿中,他试图阐述一种"崭新的哲学概念……这种哲学概念应该与终极的人类[世界观]问题毫不相干"。[73]海德格尔认为,哲学是真正的"元科学"(Ur-science),从这种意义上说,他必须

133

134

根据哲学的第一原理、主要问题、方法目的,系统地阐述一种学科结构。只有以"世界观问题"为背景,他的建设规划才是有意义的。因此,本书的第一部分着力探讨了把世界观与哲学联系起来的三种可能性。

首先,海德格尔认为,历史地看,哲学与世界观其实是一回事,"所有的重要哲学归根到底都是一种世界观。"[74] 长期以来,哲学的任务一直是提出一种最终的实在论,进而提出一种生活的理念。哲学还要考察真、善、美的价值,虽然它们也是对事物的整体性把握,超越了经验的范围。因此,所有的哲学归根结底都是世界观哲学。

然而,现代科学的一些主张已经推翻了哲学与世界观的这种合而为一,人们所理解的哲学与世界观的第二种关系应运而生。现代知识论认为,人类**无法理解**经验背后的那些实在和原因。只有严密的科学方法能够证明的那些命题,才能作为知识。因此,在现代的批判意识看来,科学性哲学既是科学世界观的基础,又是其终点。换言之,为了名正言顺,哲学的世界观必须具有科学的基础。世界观与哲学还是一回事,但必须建立在科学的基础之上。

海德格尔认为,哲学与世界观的关系,还不止这两种可能性。第三种可能性没有把哲学和世界观联系起来,这种观点认为,它们本质上是不相容的,必须分开。实际上,海德格尔认为,前批判时期的哲学和批判时期的哲学皆以世界观为终点,无论其强调实践,还是强调科学;现在,我们必须视之为"祸害"。哲学的任务不是树立一种世界观,更不是要寻找一种具有批判精神或严密方法的世界观。世界观与哲学"互不相识",世界观实际上"并没有哲学的特点",它是人们认识哲学真实身份的最大障碍。于是海德格尔提出另外一种选择。他对哲学的定义问题的回答,表现在他所谓现象学的"元科学"这一概念中。一个学生记录了海德格尔曾经做过的一个"即席"评论,这条记录没有出现在该讲稿的正式文本中。在评论中他就自己所理解的真正的哲学概念与世界观问题做了如下对比。

135

现象学旨在研究人的生命。虽然它看似生命哲学,其实它是世界观的对立面。世界观是某一文化中的生命在某一点上的客观化和固化。与此相反,现象学从未与世隔绝,它总是无条件地深入生活,因此它总是相对的。在它里面,没有任何理论方面的争论,只有本真的认识与非本真的认识。只有实实在在、完全彻底地深入本真的生活,人们才能获得本真的认识;只有通过本真的人生,这种认识才能最终实现。[75]

在这篇引言中,海德格尔解析了西方思想对哲学与世界观的合而为一,呼吁人们重新建构哲学。该讲稿的其余部分和主要篇幅都用于阐述原始的科学性现象学哲学的轮廓。他要告诉人们,现象学哲学完全不同于世界观哲学。

大约八年之后,即 1927 年,海德格尔仍然坚持其独特的哲学观,仍然认为哲学与世界观截然不同。《现象学的基本问题》揭示了这些思想的根源。本书的重要意义不仅在于它深化了哲学与世界观的区分,而且在于它简要地追溯了世界观概念的历史,阐述了海德格尔的世界观定义。他首先回答了我们为什么必须把哲学明确地称为"科学性哲学"的问题。他说,这种同义反复旨在划清与世界观及其恶劣影响的界限。"我们提倡'科学性哲学'的主要原因是,现行的哲学概念不仅危及,甚至否认,哲学是真正的科学。这种哲学观并非现代思想的产物;自从哲学作为一门科学存在以来,这种哲学观就始终伴随着科学性哲学的发展。"[76]

随后海德格尔阐述了世界观哲学的实质,拿它与科学性哲学进行对比。"根据这种观点,人们认为,[世界观]哲学不仅首先是一门理论科学,而且能够提供实际的指导:帮助人们认识世界万物及其相互关系,树立对待事物的正确态度,规范和指导人们理解人生及其意义。哲学是关于世界和人生的一种智慧,用现在流行的一个术语说,哲学能够为人们提供一种世界观,一种看待世界的方法。因此我们认为,科学性哲学与世界观哲学是对立的。" 136

世界观概念在人们的思想中发挥着重要作用,因此海德格尔认为,研究这个概念是必要的,于是他开始追溯世界观概念的历史。他非常简略地叙述了本书第三章的大部分内容。他指出,在康德、歌德、亚历山大·冯·洪堡的思想中,这个词是指对感性世界的知觉,或者是指

"对世界的直观，即思考呈现于感官的那个世界"（第 4 页）。在谢林那里，它的含义发生了变化，它"不是指感性知觉，而是指理性，不过它是指无意识的理性"。海德格尔认为，从谢林开始，世界观概念有了通常所理解的那种哲学意义，成为"一种理解和解释宇宙万物的方式，这种方式具有自我实现能力、创造力和自我意识"。此外，德国的其他许多大思想家经常用它来指"可能的不同世界观，它们就存在于人们的生活中"，例如"道德世界观"（黑格尔）、"诗学世界观"（格雷斯）、"基督教及宗教世界观"（兰克）等等（第 5 页）。[77]鉴于上述评论与不同的世界观模式，海德格尔还仔细考察了日常语言中世界观概念的用法。

根据以上所述世界观的形态及其可能性，这个概念的含义显然包括两个方面：它不仅是对自然事物的结构的一种理解，同时也是对人的此在及其历史的意义和目的的一种诠释。世界观往往包含人生观。世界观产生于人们对世界与人的此在的整体性反思，这种反思方式各不相同，个人可能进行清楚的、有意识的反思，也可能接受当时流行的世界观。我们成长于这样一种世界观思想中并逐渐习惯了它的思维方式。我们的世界观是环境的结果，环境即人民、种族、阶级、文化发展的程度。个人树立的任何世界观皆起源于一种自然世界观，起源于人们对世界与人的此在的规定性认识，无论何时何地，任何此在都会有这样一些清晰程度各不相同的观念。我们必须区分个人树立的世界观或文化世界观与自然世界观。（第 5—6 页）

在描述世界观的特征的过程中，海德格尔注意到，世界观不只是一个理论知识的问题，也不只是一个记忆的问题，仿佛认识的一种属性。相反，它是一种能动的实体，能够影响人类的事务，为他们指引方向、鼓舞士气，等等。

毋宁说世界观是一种连贯的信念，它能够程度不同地直接决定人们现在的生活状况。世界观的含义涉及某时某刻某个具体的此在。鉴于此在与世界观的这种联系，世界观就是此在的向导，是此在

137

应对压力的力量源泉。无论世界观的决定因素是迷信和成见，抑或纯粹的科学知识和经验，或如通常所见，是迷信与知识、成见与严肃的理性的混合物，其含义都是大同小异；其本质规定性并未改变。

对世界观的这番讨论得出一个非常重要的结论：世界观总是扎根于现实生活，总是起源于"人类具体的现实的生存，他们的生存依据是他们对现实可能性的缜密思考以及生存态度的树立；因此，它的出现完全是为了这个真实的此在。历史地看，世界观总是源于实际的此在，伴随着实际的此在，服务于实际的此在"（第 6 页）。换言之，世界观不是纯粹思想的产物，而是人类经验发展变化的结果。

海德格尔还进一步区分了未经审视的、不成熟的世界观（即讲求实际的、带有历史局限性的世界观）与作为理论研究成果的哲学世界观。必须把思想完备的世界观与只关注实在的某一方面的各门科学区别开，也必须把这种世界观与实在的艺术诠释与宗教诠释区别开，因为它们几乎没有经过理论思维的审视。回顾历史，哲学世界观不仅是哲学发展的副产品，而且是其唯一目的与特征。海德格尔说："毫无疑问，哲学的目的就是树立世界观。"人们还可以把哲学世界观的塑造理解为一种科学研究，因为它要吸纳科学的内容和规范。世界观的塑造还决定着人们对哲学这门学科的实质与意义的理解。只有当哲学吸纳了科学的思想，成功地建设了一种连贯的世界观理论，回答了生命的终极问题，人们才会说，这种研究是有价值的。

他发现，无论人们是否以科学的方式进行哲学研究，哲学的目标始终如一：树立一种世界观。因此，"'科学的哲学'与'世界观哲学'之间的区别并不存在。二者都是哲学的本质特征，因此归根结底，人们真正关注的，还是世界观问题。"（第 7 页）

这是海德格尔思想的转折点，他又回到以前做出的那种区别。有一段话与他的历史分析背道而驰，在这段话中，海德格尔突然改变了方向："树立世界观不可能是哲学的义务。"这里的"哲学"概念已经不同以往了，它有了自己的学术含义。从此，海德格尔开始根据他所谓基础本体论的思想，来努力阐述他心目中的"哲学"。作为他思想依据的那些假设，与传统的理

138

解大相径庭。海德格尔的思想以哲学与存在观念的关系为中心。他解释说,"哲学不是以实证的方式来探索某种具体存在者的存在,它不设立任何存在,从这种意义上说,'哲学的义务不是树立世界观'这种主张是正确的。"历史地看,探索世界观的思想家们总是把各种各样的存在者当作思维的对象。他的问题是:"如果具体存在者,即存在着的事物及其整体,不是哲学的对象,那么哲学应该以什么为对象呢?"(第 10 页)从海德格尔的立场看,传统哲学对存在者的分析,本来不是其真正的义务。他认为,我们首先必须在一种广泛而普遍的意义上理解存在本身,在此基础上,我们才能理解具体的存在者。严格说来,哲学是研究存在本身的科学,因此它是世界观的先决条件,因为世界观旨在解释具体的存在者。于是海德格尔提出了自己的论点:"存在是哲学真正的、唯一的论题。"(第 11 页)他重申,必须明确区分以存在为论题的哲学和以存在者为论题的世界观哲学,由于这个原因,后者与海德格尔所谓真正的哲学相去甚远。

> 哲学旨在以理论的、概念的方式,解释存在及其结构与可能性。哲学是本体论。比较而言,世界观旨在认识存在者,旨在树立对待存在者的正确态度;它不是本体论,而是一种实体论。树立世界观不是哲学的义务,但这不是因为哲学尚未发展成熟,不能够以普遍的一致的方式,中肯地回答世界观问题;毋宁说世界观的塑造不是哲学的义务,因为哲学原则上与存在者无关。不是因为存在某种缺陷,哲学便放弃了树立世界观的义务,而是因为它坚持这样一条独具特色的优先原则:所有存在者的存在,甚至包括某种世界观所设定的那种东西的存在,本质上都必须**设定**的那种东西[即存在],才是其研究对象。(第 12 页)

海德格尔认为,"世界观哲学"这种说法其实是一种矛盾修饰法。世界观是一回事,它要假设具体事物的存在。哲学是另外一回事,它要考察存在本身。哲学作为存在的科学,"必须依靠自己的[历史的]能力,使其主张合法化,成为具有普遍意义的本体论"(第 12 页)。因此,世界观与哲学是两种不同的研究,必须分开。"作为严密科学的哲学"

139

是胡塞尔的主张,它重现于独具特色的海德格尔思想中。

"世界图景的时代"

雅斯贝尔斯很可能有这样的想法:《世界观的心理学》提出的一些观点是永恒的、普遍有效的。雅斯贝尔斯把世界观描述为一些与人类的终极性和整体性有关的理念,它们可能是主观的,也可能是客观的,这种超时空的性质激发了马丁·海德格尔的思考。从某种意义上说,我们最好把海德格尔的论文《世界图景的时代》看作是对雅斯贝尔斯著作的一种回应。[78] 海德格尔并不认为世界观是普遍存在的一种现象,它扎根于人类此在的基本心理结构;他似乎认为,只有当我们把人类理解为主体,把世界理解为有待解释的客体时,世界观,更准确地说,世界图景(*Weltbild*)才会出现。事实上,这种主客二元论正是雅斯贝尔斯的思想基础,在此基础上,他剖析了人们据以思考和生存的心理结构。海德格尔认为,实在的这种一分为二不仅是世界图景得以产生的根源,更重要的是,它既遮蔽了存在的本质,又掩盖了此在的真实身份。因此,为了全面阐述自己的哲学思想,为了捍卫自己的人文主义理论,海德格尔认为,必须把世界图景这种现象看作误入歧途的形而上学衍生物,其实在现代人看来,形而上学也有时空局限性。他的论述很有趣,其轮廓如下。

海德格尔首先阐述形而上学的重要性,因为这是各个时代解释存在者及其真理的基础。思考和审视形而上学的基础,也要有相当的勇气,因为它是世界万物的主宰,能赋予每个时代特定的形式(第 115—116 页)。海德格尔认为,现代思想有五个重要特征:科学、机械技术、作为美学的艺术、文化、众神的消失。[79] 他想知道,哪种形而上学思想及其真理观是这五大特征的起源。他的方法是,研究当代科学的本质特征,弄清其形而上学的基础和知识论。如果他能够揭示当代科学的基础,他就能够把握整个现代思想的哲学基础(第 116—117 页)。

经过研究,海德格尔认识到,现代科学的特点是预测性、严密性、注重方法和过程,这些特点使科学成为一种研究纲领(第 117—126 页)。作为一种研究纲领,科学也包含着命题式表述的必然性;所有的科学研

141 究都意味着一切存在者的客观化。海德格尔认为,形而上学把世界万物客观化了,这是现代科学发展为一种研究纲领的基础,应该对此负责的是勒内·笛卡尔。通过尼采,他的形而上学思想长期以来一直占据统治地位。海德格尔这样阐述他自己的论点:"当且仅当真理变成表述的确定性时,我们才能得出科学是一种研究纲领的结论。'科学应该是什么'的问题第一次被理解为表述的客观性,真理也被第一次理解为表述的确定性,这就是笛卡尔的形而上学……包括尼采在内的全部现代形而上学,都是在'科学和真理应该是什么'的解释框架内进行的,笛卡尔是这一思想框架的创立者。"(第 127 页)

在探求科学的形而上学基础的过程中,海德格尔还考察了整个现代思想的基础。现代思想的核心是人类的自由和自主。他认为,"我们可以根据以下事实来理解现代思想的实质:通过自我解放,人类让自己从中世纪的枷锁中解脱出来。"(第 127 页)伴随着这种解放,一种具有革命意义的主观主义和个人主义应运而生,它们总是与客观主义和集体主义相互作用。最重要的是,在这个过程中,"人的本质发生了变化,人成为主体"。这不是一种肤浅的变化;毋宁说这是一场哥白尼式的革命,因为人成了世界万物的中心和基础。人一旦成为首要的和唯一真实的主体,他就会"成为万物的基础,成为万物的存在和真理。人成为万物的联系枢纽"。因此,现代思想的特征是,人的自我占据了统治地位,成为主宰一切的主体;我们可以把这一发展历程追溯至康德、费希特、谢林、黑格尔的观念论。

为了成为形而上学的核心,人类彻底改变了他们对自己的看法,他们对宇宙万物的理解也发生了相应的变化。于是海德格尔提出这样的问题:"这些变化究竟表现在哪些方面呢?从这些变化看,现代思想的本质究竟是什么?"(第 128 页)他回答说,这些变化就表现在"世界图景"这个观念中,这是现代思想的主要特征。在讨论"世界图景"的本质时,海德格尔说得很清楚。他这样写道:"就其本质而言,世界图景不是指关于这个世界的一幅图画,而是指这个世界被理解为一幅图画。人们这样来理解所有存在者:它们首先存在着,不过它们的存在只是就人类的设定而言,人类表述了它们,把它们摆到自己面前。"(第 129—130

页)因此作为图像的世界,其实是作为客体的世界,世界是认识和表述的对象,是使用和支配的对象。同理,人类的自我被当作主体,当作世界的认知者和解释者,因为世界是客体;人类是世界的使用者和支配者,世界的存在就是为了被征服、被占有(笛卡尔)。海德格尔在下文指出,把世界理解为一种图像、一种客体,把自我理解为一种主体的做法,必将导致世界观思想的出现。

人是主体,世界是客体,人把世界理解为一种图像,对基督徒和希腊人来说,这样一种关系实在是前所未闻。基督徒不知道这种关系,因为它改变了他们以往的看法,他们一直认为,在世界万物中,他们占有特殊的地位,因为他们是照上帝的形象造的(analogous being/*analogia entis*)。希腊人也不知道这种关系,因为它改变了他们所理解的存在(Being)的优先原则,因为存在能够把握人心。但是现代世俗主义认为,人类不仅摆脱了存在的直观,而且挣脱了上帝对他的安排,不再束缚于基督教的启示。人是最高的主体,这是一种新的自主的立场,由此出发,现代人试图理解存在,而不是被存在理解;他试图主宰大自然,而不是成为大自然的管理者。虽然获得了解放,人类却沦为万物中之一物,尽管他的重要性高于其他任何事物。他也是世界的一部分,也是作为图像的世界的一部分;与其他任何事物一样,他也必须由别人来表述、解释或观看。海德格尔说:"世界变成了图像,人变成了万物的主体(*subiectum*),二者其实是一回事。"(第132页)[80]

因此海德格尔认为,人类成了世界万物的主体,这种变化具有重要意义。首先,它包含这样的意思:人类不仅要定义或解释他们自己和其他所有事物,而且要掌握或统治全世界。"这就是人类的存在方式,换言之,人类有能力衡量万物,处置万物,因为他们要统治世界万物。"(第132页)其次,这种变化意味着,人类必须与自我、与社会的精神力量进行斗争,主观主义与社群主义(communitarianism)势不两立,前者总是摇摆于各种个人主义思想的边缘,后者总是强调个人对国家的责任。学会做社会的好公民,是现代社会特有的义务。"只有当人类实际上已经成为主体时,他们才有可能误入个人主义所谓主观主义的歧途。但是,只有当人类**依然是**主体时,反对个人主义、支持社群的积极斗争……才是有意义的。"第三,这种变化意味着现代历史上最主要事件的发生,即人文主义或人类学的产生和发展。"就是说,人类对世界的征服和统治范围越大,方法越有效,对象的客体性越明显,**主体**就越是急于往上爬,就会变得更加肆无忌惮,对世界的评论和解释就会变成一种人的理论,变成一种人类学。难怪世界一变成图像,立刻就出现了人文主义。"

海德格尔清楚地论述了人文主义或人类学。不能把人文主义或人类学归入自然科学或神学。毋宁说人文主义的实质是完全世俗的:"它是指关于人的哲学阐释,这种阐释从人的立场出发,以人为尺度,来解释和评价世界万物。"于是人类成为万物的标准,世界本身是什么,人类应该如何理解它,皆依据这一标准。人类是万物的中心,是全部实在的解释者和评判者。人类成为世界的创造者。

人类是主体、世界是客体这种看法的第四种、也是最后一种含义,已经显现出来。这是海德格尔这篇文章的主要论点之一。他认为,现代是世界图景的时代,因此它也是世界观的时代。他说,文艺复兴以来,人类学人文主义成为西方思想的主宰,其主要表现是,从世界观的角度来解释宇宙。他这样写道:"对世界的解释越来越多地依赖人类学,这种现象始于 18 世纪末,其主要表现是,人与世界万物的基本关系,被解释为一种世界观(Weltanschauung)。"(第 133 页)他注意到,自启蒙运动以来,"世界观"一词已经成为日常词汇之一,这是因为,世界一旦变成一幅图像,人类就把它当作一个客体来考察和解释。另一方面,"世界观"一词很容易被误解。它不是单纯指被动地思考世界,也不是一种"人生观",19 世纪的人们却通常这样认为。毋宁说它揭示了世界被理解为图像的方式,因此它具有人类学或人文主义的深刻内涵,如海德格尔所言:"尽管'世界观'一词很容易被误解,它仍然坚持自己的权利,因为它是表示人类在万物中的位置的一个名称,这一事实证明,人类一旦把自己的生命作为主体,使之凌驾于其他关系之上,世界就会完全变为一幅图像。换言之,只有被纳入[人类]生活,只有参照[人类]生活,人们才能理解世界万物的存在,它们才能被体验,才能成为生命的经历。"

因此海德格尔认为,"现代的一件大事就是人类对世界的征服,就是

144

世界被理解为一幅图像。"作为主体,人类把世界看作一幅图像,一种客体,一个结构分明的形象,这就是他表述出来并且摆在自己面前的那个对象。这样,人类为自己争得一席之地,他因此而成为"一种特殊的存在者,他可以订立尺度,制定世界万物的法则"(第 134 页)。人类凌驾于一切之上,他试图统治宇宙,试图随心所欲地解释和规划宇宙。人类的这种显赫位置就表现在世界观之中,因此,有重要影响的一些世界观就会发生冲突。为了争夺宇宙的统治权,不同的世界观开始斗争。"因为〔人类的〕这种位置以世界观来使自己获得保障,组织自己并表达自己,因此明确说来,现代人与世界万物的关系便转化为不同世界观的冲突;事实上,这种冲突不是发生在偶然形成的世界观之间,而是发生在那些已经占据且最牢固地占据了人类最根本位置的世界观之间。"(第 134—135 页)

不同世界观的这种斗争甚至诉诸科学的权威,因为科学是一种重要**工具**,它能够确立自我对世界的统治。"为了赢得世界观斗争的胜利,为了保持世界观的本来意义,人类极尽其思考、设计、塑造世界万物之能事。科学是一种研究活动,在自我确立自己在世界上的位置的过程中,它的作用是绝对不可或缺的;……伴随着世界观的斗争,现代思想第一次迈进自己的历史,这是最具决定性的一步,也很可能是影响最为深远的一步。"(第 135 页)

现代人渴望理解存在的本质,但是世界图景的时代却掩盖了这一特征,于是海德格尔简要考察了存在的本质之后,这篇论文就结束了。这里,海德格尔思想中的托马斯主义残余似乎很明显,因为世界观正是他要研究和解决的问题。他试图重新确立存在的位置,客观主义把世界描述为一幅图像,这种做法只能阻碍他实现自己的目的。世界观思想不仅妨碍人们认识存在,如上所述,它们还常常与哲学的本质混为一谈,实际上,后者是另外一门学科。为了说明哲学的本质,海德格尔追溯了世界观哲学的历史,仔细区分了世界观与他所谓基础本体论的科学方法。因此,海德格尔是在两条战线上反对世界观思想:一条战线讨论思想方法,另一条战线讨论思想内容。

然而,海德格尔对世界观思想的憎恶,具有讽刺意味。我们知道,埃德蒙·胡塞尔认为,现象学哲学是一门严密的、没有任何假设的科

145

学,但是很多学者认为,他的思想同样是有条件的,它们建立在一些具有重要意义的现代观念之上。他本人或他的思想都无法摆脱其世界观的影响。这种回应同样适用于海德格尔的思想。虽然他猛烈抨击世界观哲学,试图建立一种纯粹的、科学的基础本体论,以探讨存在的意义,但是他的全部思想看来也是有条件的,不仅受制于 20 世纪初的生活状况(*Sitz im Leben*),而且受制于他自己的经历和世界观。

尤尔根·哈贝马斯(Jürgen Habermas)曾就这个问题写过一篇重要论文——《著作与世界观》,他探讨的问题是,"海德格尔著作的哲学精神是否受到我们德国人所谓'世界观'思想的影响?它是否一种具有意识形态色彩的世界观?如果是,那么影响的程度如何?"[81]哈贝马斯在其《交往行为理论》(*Theory of Communicative Action*)中,阐述了他所理解的作为世界观的意识形态,上述论文旨在根据这一理论来考察"在海德格尔哲学与其对世界历史局势的政治判断之间,是否存在某种内在的联系"(第 189 页)。因为哈贝马斯认为,"在著作与人格之间,人们不可能发现任何捷径",他的论证很有说服力,他说,大约从 1929 年开始,"海德格尔的思想就表现出哲学理论与意识形态**合而为一**的特点"(第 203、191 页)。事实上,他甚至说,"意识形态已经侵入《存在与时间》的哲学思想""时代精神就表现在这部重要著作中,因为我们这位作者深受时代精神的影响"(第 192、190 页)。其他学者也有类似的看法。例如理查德·沃林(Richard Wolin)认为,如果能够充分揭示《存在与时间》的历史偶然性,我们就一定会大大压制其"本体论的"傲慢气势。他说,"我们必须把《存在与时间》理解为一部历史文献,理解为特定的历史条件与思想传统的产物。"[82]《存在与时间》的某些论断似乎暗示,海德格尔的总体思想也受制于思想之外的一些信念。海德格尔基本上认可这一事实,他说,"对本真生命明确的实体论阐述,此在的现实的理念,不正是此在生命的本体论阐述的基础吗?确实如此。"海德格尔已经认识到,"哲学绝不会否认自己的'假设',另一方面,它也不可能直截了当地承认这些假设。它思考它们,阐述它们,一步比一步深刻。它思考和阐述的对象既包括这些假设,又包括这些假设所要解释的事物。"[83]基西尔(Kisiel)认为,海德格尔的这种评论使很多注释者感到困

146

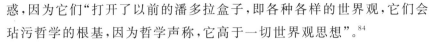

惑,因为它们"打开了以前的潘多拉盒子,即各种各样的世界观,它们会玷污哲学的根基,因为哲学声称,它高于一切世界观思想"。[84]

和胡塞尔一样,海德格尔哲学同样没有"超越"自己的世界观。随着其学术生涯的不断发展,他或许越来越清楚地认识到这一点。也许他已经认识到,要解开生命之谜,必须诉诸外力。也许正是由于这个原因,大约在其逝世十年前,海德格尔说:"只有一个上帝还能救助我们。"[85]

结语

以上是 20 世纪世界观概念的哲学史的前半部,高度浓缩。本章考察了三位思想家,他们就世界观概念提出了一些重要问题,基督徒思想家必须予以重视。胡塞尔认为,哲学是一门严密而实在的科学,因此他致力于区分哲学与世界观,因为后者注重个人特征和价值取向。既然如此,我们就可以提出这样两个问题:(1)基督徒应该如何理解世界观思想与哲学、神学的关系? 他们又该如何理解自己的基督教世界观与科学发现、学术研究的关系? (2)基督徒认为圣经世界观具有认识的可靠性,是真正的知识;还是说,圣经世界观仅仅是个人性的价值体系或人生观,缺乏认识的可靠性? 另一方面,胡塞尔认为,"生活世界"是一种深层的客观实在,如果这种解释是正确的,我们也许很想知道,基督教实在论与客观存在的关系的本质究竟是什么。从哪种意义上说,基督徒所谓事物的本质,正好符合上帝所创造万物的真实本质? 这种说法的依据是什么? 它是如何实现的?

卡尔·雅斯贝尔斯的《世界观心理学》着力考察了世界观概念,他认为,世界观是一些思想框架。本书试图把人类灵魂对生命的终极处境的思考,与主观的人生态度和客观的世界图景的产生联系起来。我们可以对雅斯贝尔斯的思想提出以下问题:(1)通常所谓的世界观具有哪些心理学意义? 基督教人生观对于信徒的思想状况应该产生哪些影响? (2)基

147

督教世界观的哪些理论和实践可以安慰那些遭遇人生磨难的人们?
(3)人生磨难如何才能帮助基督徒树立符合圣经世界观的思想和态度?

马丁·海德格尔赞同雅斯贝尔斯所谓终极处境的理论,把自己的
科学本体论与富有价值论思想的世界观哲学区分开;他同样认为,现代
是世界图景的时代。在笛卡尔思想的影响下,人类成为有思维能力的
主体,他们把世界看作客体,看作一幅图像。这种二元论模糊了人们对
存在的理解。他的思想引发很多争议,我们可以提出如下问题:(1)世
界观概念是现代的一个发明,它是否要求基督徒必须坚持主客二分,坚
持主体与世界的二元对立呢?(2)如果是的话,它是否会以不适当的方
式,促使人取用过分自信的方法,把世界万物当作可以通过科学技术来
划分、统治的实体呢?(3)这种生存于世的方式如何妨碍信徒们领悟万
物的圣礼意义、他们与万物的统一,以及他们对万物的管理权呢?
(4)基督徒是否被现代思想同化了,用世界观的语言来客观地描述
实在?[86]

注释:

1. Edmund Husserl, "Philosophie als strenge Wissenschaft," *Logos* 1(1910 - 1911):289 - 341. 英译本参见 Edmund Husserl, "Philosophy as Rigorous Science," in *Husserl: Shorter Works*, ed. Peter McCormick and Frederick A. Elliston (Notre Dame, Ind.: University of Notre Dame Press; Brighton, England: Harvester Press, 1981), pp. 185 - 197;下文所注页码皆是此译本的页码。数年后,类似的论点又被提出,参见 Heinrich Rickert, "Wissenschaftliche Philosophie und Weltanschauung," *Logos* 22(1933):37ff.

2. Walter Biemel, "Introduction to the Dilthey-Husserl Correspondence," ed. Walter Biemel, trans. Jeffner Allen, in *Husserl: Shorter Works*, pp. 199, 201.

3. Edmund Husserl and Wilhelm Dilthey, "The Dilthey-Husserl Correspondence," in *Husserl: Shorter Works*, p. 204. 狄尔泰的回信日期是 1911 年 6 月 29 日。

4. Biemel, p. 199. 胡塞尔的科学哲学对比世界观哲学的其他论述,参见 Michael J. Seidler, "Philosophy as a Rigorous Science: An Introduction to Husserlian Phenomenology," *Philosophy Today* 21(1997):306 - 326, and Wayne F. Buck, "Husserl's Conception of Philosophy," *Kinesis* 8(1977):

8,10 - 25。

5. Biemel, p. 199.

6. 1918 年,马克斯·韦伯做了一个题为"科学是一种职业"的著名讲演,在他的讲演中,事实/价值的二分法随处可见。他还用严密的科学性术语,描述了教授职位的本质特征。韦伯说,任何学生都不会认为,一个教授在履行自己职责的过程中,"会向他兜售一种世界观或行为准则",那不是老师的职责;如果老师认为那是他的职责,那也许只是一种课外活动。"如果他觉得自己必须投身于世界观的斗争和不同党派的争论,他可以在课堂外,在集市上,在报社,在集会上,在团体中,或在其他任何地方,满足自己的心愿。"(Max Weber, "Science as a Vocation," in *From Max Weber: Essays in Sociology*, translated, edited, and introduction by H. H. Gerth and C. Wright Mills [New York: Oxford University Press, 1946], p. 150.)和胡塞尔一样,韦伯认为,世界观哲学和真正的科学绝不能混为一谈。参见 Weber, "Science as a Vocation," pp. 129 - 156。

7. Arthur Holmes, "Phenomenology and the Relativity of World-Views," *Personalist* 48 (summer 1967):335.

8. Holmes, p. 332. 另见 David Carr, *Interpreting Husserl: Critical and Comparative Studies* (Boston/Dordrecht: Martinus Nijhoff, 1987), pp. 217 - 218。作者认为,"概念上的相对主义者也许认为,胡塞尔晚年提出了世界图景的概念[原文如此]。胡塞尔认为,人是一种'历史性的存在',每一种意识都包含着'概念的积淀'。人们理所当然地认为……常识不仅包含着成见,而且包含着一定的历史传统。"

9. Edmund Husserl, *The Crisis of European Sciences and Transcendental Phenomenology: An Introduction to Phenomenological Philosophy*, translated and introduction by David Carr, Northwestern University Studies in Phenomenology and Existential Philosophy (Evanston, Ill.: Northwestern University Press, 1970), p. 389. 粗体为胡塞尔所加。

10. Ibid., p. 390.

11. Ibid., pp. 389 - 390. 粗体为笔者所加。

12. Enzo Paci, *The Function of Sciences and the Meaning of Man*, translated with an introduction by Paul Piccone and James E. Hansen, Northwestern University Studies in Phenomenology and Existential Philosophy (Evanston, Ill.: Northwestern University Press, 1972), pp. 240 - 241.

13. John Scanlon, "The Manifold Meanings of 'Life World' in Husserl's *Crisis*," *American Catholic Philosophical Quarterly* 66 (spring 1992):229.

14. Carr, *Interpreting Husserl*, pp. 213 - 215.

15. Husserl, *Crisis of European Sciences*, p. 382. 括号为原书所有。

16. Ibid., p. 122.

17. Ibid., p. 134.

18. Ibid., p. 139.

19. Ibid., pp. 124, 141.

20. Ibid., pp. 129 - 130.

21. Carr, *Interpreting Husserl*, p. 219.

22. David Carr, "Husserl's Problematic Concept of the Life-World," in *Husserl: Expositions and Appraisals*, edited and introduction by Frederick A. Elliston and Peter McCormick (Notre Dame, Ind.: University of Notre Dame Press, 1977), pp. 206 - 207.

23. David Carr, *Phenomenology and the Problem of History: A Study of Husserl's Transcendental Philosophy* (Evanston, Ill.: Northwestern University Press, 1974), p. 246. 关于胡塞尔所谓"没有任何先决条件"的其他审视与批判,另见 Adrian Mirvish, "The Presuppositions of Husserl's Presuppositionless Philosophy," *Journal of the British Society for Phenomenology* 26 (May 1995): 147 - 170; Teresa Reed-Downing, "Husserl's Presuppositionless Philosophy," *Research in Phenomenology* (1990): 136 - 151; B. C. Postow, Husserl's Failure to Establish a Presuppositionless Science," *Southern Journal of Philosophy* 14 (summer 1976): 179 - 188。

24. Jan Sarna, "On Some Presuppositions of Husserl's 'Presuppositionless' Philosophy," *Analecta Husserliana* 27 (1989): 240.

25. Karl Jaspers, *Psychologie der Weltanschauungen* (Berlin: Verlag von Julius Springer, 1919). 该书有六个德文版本,最新版出版于 1971 年。它已被翻译成多种文字,其中意大利文版译自德文第三版: *Psicologia Delle Visioni del Mondo*, trans. Vincenzo Loriga (Rome: Astrolabia, 1950); 西班牙文版译自德文第四版: *Psicologia de las Concepciones del Mundo*, trans. Mariano Marin Casero (Madrid: Gredos, 1967); 以及日文版: *Sekaikan no Shinrigaku*, trans. Tadao Uemura and Toshio Madea (Tokyo: Risosha, 1971)。遗憾的是,该书尚无英文版。

26. Ludwig B. Lefebre, "The Psychology of Karl Jaspers," in *The Philosophy of Karl Jaspers*, Library of Living Philosophers, augmented edition (La Salle, Ill.: Open Court, 1981), p. 489.

27. 转引自 Lefebre, p. 489。粗体为笔者所加。

28. Lefbre, p. 489.

29. Lefbre, p. 489. On p. 488n. 38. Lefbre 指出,雅斯贝尔斯的世界观概念含混不清,在他那里,这个概念既指"普遍的人生观",又指"世界观",这要看作者是在强调比较具体的方面,还是在强调比较抽象的方面。他通常用 *Weltanschauung* 来指具体的方面,用 *Weltbild* 来指抽象的方面。此外,他

还用 *Weltanschauung* 来指指个人态度,以及哲学思想和宗教体系,使概念的含义更加模糊不清。

30. Walter Kaufmann, "Jaspers' Relation to Nietzsche," in *The Philosophy of Karl Jaspers*, p. 414.

31. Kaufmann, pp. 411, 417. 关于雅斯贝尔斯对黑格尔和康德的论述,可参见其 *Psychologie*, pp. 323 – 332, 408 – 428。

32. Jaspers, "Philosophical Autobiography," in *The Philosophy of Karl Jaspers*, p. 26

33. Ibid., p. 25.

34. Ibid., p. 26.

35. Ibid., p. 27.

36. Ibid., pp. 28 – 29.

37. Oswald O. Schrag, *An Introduction to Existence, Existenz, and Transcendence: The Philosophy of Karl Jaspers* (Pittsburgh: Duquesne University Press, 1971), p. 99.

38. Schrag, pp. 102 – 103. 见 Jaspers, *Psychologie*, pp. 202 – 247 关于"终极处境"的概念,还可参见 Charles F. Wallraff, *Karl Jaspers: An Introduction to His Philosophy* (Princeton: Princeton University Press, 1970), pp. 141 – 166; Edwin Latzel, "The Concept of 'Ultimate Situation' in Jaspers' Philosophy," in *The Philosophy of Karl Jaspers*, pp. 177 – 208。本书最后还附有一个论述该问题的简要书目。雅斯贝尔斯后来在 Karl Jaspers, *Philosophy*, vol. 2, trans. E. B. Ashton (Chicago: University of Chicago Press, 1970), pp. 177 – 128 进一步深化了他对这一问题的思考。

39. Karl Jaspers, *Basic Philosophical Writings*, edited, translated, and introduction by Edith Ehrlich, Leonard H. Ehrlich, and George B. Pepper (Atlantic Highlands, N. J.: Humanities Press, 1986), p. 96.

40. 转引自 Schrag, p. 103。

41. Jaspers, *Psychologie*, pp. 252 – 269.

42. Ibid., pp. 269 – 288.

43. Schrag, pp. 103 – 104; 参见 Jaspers, *Psychologie*, pp. 289 – 305.

44. 转引自 Latzel, p. 185。

45. Schrag, pp. 104 – 105; 参见 Jaspers, *Psychologie*, pp. 306 – 381.

46. Schrag, pp. 105 – 106; 参见 Jaspers, *Psychologie*, pp. 387 – 407.

47. 转引自 Wallraff, p. 150。

48. Jaspers, *Psychologie*, pp. 123 – 133.

49. Jaspers, *Psychologie*, pp. 133 – 188.

50. Schrag, p. 102.

51. Jaspers, *Psychologie*, pp. 44 – 121.

52. 转引自 Schrag, p. 100。

53. Elisabeth Young-Bruehl, *Freedom and Karl Jaspers' Philosophy* (New Haven: Yale University Press, 1981), p. 211. 和雅斯贝尔斯一样, Ernest Becker 认为,对死亡的恐惧是人们潜意识中产生不同世界观的主要诱因。相关讨论参见 Eugene Webb, "Ernest Becker and the Psychology of Worldviews," *Zygon* 33 (1988):71–86。

54. Young-Bruehl, p. 211.

55. Martin Heidegger, *The Basic Problems of Phenomenology*, translation, introduction, and lexicon by Albert Hofstadter, Studies in Phenomenology and Existential Philosophy (Bloomington: Indiana University Press, 1982), p. 10.

56. 参见 Martin Heidegger, "Anmerkungen zu Karl Jaspers' *Psychologie der Weltanschauungen*," in *Karl Jaspers in der Diskussion*, ed. Hans Saner (Munich: R. Piper, 1973), pp. 70–100。这篇评述也载于 Martin Heidegger, *Wegmarken*, in *Gesamtausgabe*, ed. F.-W. von Herrmann (Frankfurt: Klostermann, 1976), 9:1–44。本书尚无英译本。

57. Theodore Kisiel, *The Genesis of Heidegger's "Being and Time"* (Berkeley: University of California Press, 1993), p. 137. Kisiel 分析了海德格尔对雅斯贝尔斯著作的评论,参见 pp. 137–148。

58. David Farrell Krell, *Intimations of Mortality: Time, Truth, and Finitude in Heidegger's Thinking of Being* (University Park: Pennsylvania State University Press, 1986), pp. 11–12. Krell 的论述曾转载于 "Toward *Sein und Zeit*: Heidegger's Heidegger's Early Review of Jaspers' 'Psychologie der Weltanschauungen,'" *Journal of the British Society for Phenomenology* 6 (1975):147–156。

59. Krell, *Intimations of Mortality*, p. 12. 下文所注页码是海德格尔已经发表的论文 Anmerkungen zu Karl Jaspers' *Psychologie der Weltanschauungen* 的页码。

60. Krell, *Intimations of Mortality*, p. 12–13.

61. Ibid., p. 13–14.

62. Ibid., p. 14–15.

63. Ibid., p. 15–17.

64. Ibid., p. 17–22. 在与海德格尔的私人通信中,雅斯贝尔斯承认,海德格尔对其著作的批评,特别是对其方法的批评,是中肯的。与此同时,他也巧妙地反戈一击,认为海德格尔也没有一种"明确的方法"。雅斯贝尔斯这样写道:"在我读过的所有评论中,我认为,你的批评挖掘得最深,一直挖掘到我的思想根源。你的批评对我确实是一个很大的触动。尽管如此,在你讨论'我在'与'历史性'观念时,我还是没有见到你自己的明确方法。"转引自

Kisiel, *The Genesis*, p. 527 n. 5。

65. Martin Heidegger, *Being and Time*, John Macquarrie and Edward Robinson (New York: Harper and Row, 1962), p. 497 n. iii.

66. Ibid., p. 495 n. vi.

67. Ibid., p. 348.

68. Ibid., p. 496 n. xv.

69. Martin Heidegger, "Die Idee der Philosophie und das Weltanschauungs Problem," in *Zur Bestimmung der Philosophie*, in *Gesamtausgabe*, ed. Bernd Heimbuchel, vol. 56/57 (Frankfurt: Klostermann, 1987), pp. 3 – 117. 该书没有英译本。

70. Heidegger, *The Basic Problems of Phenomenology*. 德语书名为 *Die Grund-problem der Phanomenologie*, in *Gesamtausgabe*, ed. F.-W. von Herrmann, vol. 24 (Frankfurt: Klostermann, 1975, 1989)。

71. Martin Heidegger, *The Metaphysical Foundations of Logic*, trans. Michael Heim (Bloomington: Indiana University Press, 1984). 德语书名为 *Metaphysische Anfangsgrunde der Logik im Ausgang von Leibnitz*, in *Gesamtausgabe*, ed. Klaus Held, vol. 26 (Frankfurt: Klostermann, 1978)。

72. 第三部讲稿语焉不详，很多地方都是在重复第二部讲稿的内容，因此本书没有讨论这部讲稿。对于该讲稿的讨论，参见 Robert Bernasconi, *Heidegger in Question: The Art of Existing*, Philosophy and Literary Theory (Atlantic Highlands, N. J.: Humanities Press, 1993), pp. 28 – 31. 别的学者也研究过海德格尔对科学性哲学与世界观的比较，参见 Ingo Farin, "Heidegger's Early Philosophy between World-View and Science," *Southwest Philosophy Review* 14(1997):86 – 94; Tom Rockmore, "Philosophy and Weltanschauung? Heidegger on Honigwald," *History of Philosophy Quarterly* 16(1999):97 – 115。

73. 转引自 Kisiel, *The Genesis*, p. 39。Kisiel 的著作不仅详细论述了海德格尔的这篇讲稿(pp. 38 – 59)，而且概括了该书的要点，参见 Theodore Kisiel, "Why Students of Heidegger Will Have to Read Emil Lask," in *Emil Lask and The Search for Concreteness*, ed. Deborah G. Chaffin (Athens: Ohio University Press, 1993)。另见 Theodore Kisiel，"The Genesis of *Being and Time*," *Man and World* 25(1992):21 – 37。

74. 转引自 Georg Kovacs, "Philosophy as Premordial Science in Heidegger's Courses of 1919," in *Reading Heidegger from the Start: Essays in His Earliest Thought*, ed. Theodore Kisiel and John van Buren, SUNY Series in Contemporary Continental Philosophy (Albany: State University of New York Press, 1994), p. 94。

75. 转引自 Kisiel, *The Genesis*, p. 17。

76. Heidegger, *Basic Problems*，p. 4. 下文所注页码皆是此书的页码。

77. 海德格尔还提到民主世界观、悲观主义世界观和中世纪世界观。他注意到了施莱尔马赫的观察：世界观能够完善人们对上帝的认识；他还提及俾斯麦（Bismarck）的评论：聪明人的世界观总是非同寻常。

78. 本次讲座的时间是 1938 年 6 月 9 日，原来的题目是"根据现代世界图景的形而上学进行理论建设"。作者在"美学、自然哲学和医学学会"举办的一次学术会议上宣读了该文，会议在布赖斯高（Breisgau）的弗莱堡大学举行。本次会议的主题是现代世界观的建设问题。本文有十五个附录，本来是原稿的一部分，却没有在会议上宣读。海德格尔的这篇论文已被多次出版，具体情况如下："Die Zeit des Weltbildes," in *Holzwege*, in *Gesamtausgabe*, ed. F.-W. von Herrmann, vol. 5 (Frankfurt: Klostermann, 1977), pp. 75 – 113；英译本参见 "The Age of the world Picture," in *The Question concerning Technology and Other Essays*, translated and introduction by William Lovitt (New York: Harper and Row, Harper Torchbooks, 1977), pp. 115 - 154(下文所注页码皆是此译本的页码)；Marjorie Green, trans., "The Age of the World View," *Boundary* 4 (1976):341 – 355. 海德格尔的讲义是对雅斯贝尔斯著作的回应，这种理论来自 Krell, *Intimations of Mortality*, p. 178 n. 6。

79. 海德格尔（第 116—117 页）的评论很有趣，在他看来，众神的消失不一定意味着彻底的无神论，相反，众神消失的主要责任在教会，其原因涉及世界观。他这样写道："众神的消失是一个双向运动。一方面，世界图景被基督教化了，因为世界的起源被假设为无限的、无条件的、绝对的。另一方面，基督教王国把基督教教义改造成一种世界观（基督教世界观），这样基督教就被现代化了，就与时俱进了。众神的消失是人们在上帝和众神面前优柔寡断的结果。基督徒应该对这种局面的出现负最大责任。"后一种理由尤其重要。基督教在现代化自身的过程中，把自己改造成为一种世界观，与此同时，它显然违背了自己的本性，或者说它放弃了一些重要的思想，加剧了现代思想对神（deity）的怀疑。因此看上去，"世界观"与传统基督教似乎是不相容的，我们至少可以说，海德格尔的解释就是如此。

80. C. S. 路易斯在其预言性作品《人之废》第三章，也讨论了类似的问题，参见 C. S. Lewis, *The Abolition of Man* (New York: Simon and Schuster, Touchstone, 1996)。

81. Jurgen Habermas, "Work and Weltanschauung: The Heidegger Controversy from a German Perspective," in *Heidegger: A Critical Reader*, ed. Hubert L. Dreyfus and Harrison Hall (Cambridge, Mass.: Basil Blackwell, 1992), p. 186. 本段所注页码皆是此书的页码。

82. Richard Wolin, *The Politics of Being: The Political Thought of Martin Heidegger* (New York: Columbia University Press, 1990), p. 23. 类似的论点参见 Richard Rorty, "Heidegger, Contingency, and Pragmatism," in

Heidegger: A Critical Reader，pp. 209 - 230。

83. Martin Heidegger, *Being and Time: A Translation of "Sein und Zeit,"* trans. Joan Stambaugh, SUNY Series in Contemporary Continental Philosophy (Albany: State University of New York Press, 1996), p. 286.

84. Kisiel, *The Genesis*, p. 430.

85. Martin Heidegger, "'Only a God Can Save Us': The Spiegel Interview (1966)," in *Heidegger: The Man and the Thinker*, ed. Thomas Sheehan (Chicago: Precedent Publishing, n. d.), p. 57. 这篇采访刊登于 *Der Spiegel* 23(1966):193 - 219。

86. 我将在第十一章简要回答这里提出的有关海德格尔哲学的问题。

"世界观"概念的哲学史

20 世纪下篇

20 世纪的世界观哲学史，似乎包含着每个人都能接受的一些思想。我们已经分析了胡塞尔的现象学、雅斯贝尔斯的早期存在主义，以及海德格尔的基础本体论。我们将考察 20 世纪世界观哲学史在后现代的语言哲学家或分析哲学家那里的命运。实际上，路德维希·维特根斯坦所谓生活形式和语言游戏，包含着明确的世界观思想。唐纳德·戴维森用分析哲学的语言，批评了概念体系这一术语。后现代思想家都抛弃了这个范畴，原因众多，各具特色。在过去的一百多年，它似乎是某些非常重要的哲学思潮的核心。我们将首先分析它在路德维希·维特根斯坦思想中的地位，这是一位出生于奥地利的英国哲学家。

路德维希·维特根斯坦
所理解的"世界观"与"世界图景"

如上一章所述，由于各自不同的原因，胡塞尔和海德格尔都坚决反对世界观概念,我们却有理由说,路德维希·维特根斯坦(1889—1951)是一位关注人生观与世界观的哲学家,至少可以说,其后期思想是如此。如尼古拉斯·基尔(Nicholas Gier)所言,在其他几位思想家的影响和鼓励下,因为承认语法规则的传统属性以及不同生活形式的多样性,所以维特根斯坦的研究"以真正的世界观哲学为目的"。[1] 然而,

149 他是以一种不同寻常的方式迈向这一目标的。[2] 维特根斯坦绝不是要提出另外一种形而上学世界观或哲学主张,按照笛卡尔思想的框架,解释事物的真实本质。他拒不接受现代的思想方法,因为这种方法认为人类主体的心灵(mind)能够为世界提供新的表象,世界是有待解释的客体。启蒙运动的世界观声称,知识与人生必须建立在绝对可靠的基础上,世界与人类存在很大差异;维特根斯坦试图推翻这种世界观。他希望结束海德格尔所谓以"主客二分"为特征的世界图景的时代。他的理想是,把人类从这种图像以及其他所有一成不变的图像,甚至他自己一度坚持的语言图像论的奴役中解放出来。他曾说:"图像能够俘获我们。"[3] 从这种意义上说,他的哲学旨在为"苍蝇指出一条飞出捕蝇瓶的道路"。[4] 为了让苍蝇飞出捕蝇瓶,他致力于推翻现代主义的传统思想框架,尽管它强调某种基础以及准确的语言表述,代之以一种新的"图像"——事实上,这是一种新的非笛卡尔式的维特根斯坦主义世界图景(*Weltbild*),它包括不可证实的生活形式和非命题式的语言游戏。简言之,他想改变人们"看待"世界的方式。"我想把这幅图像摆在你面前,如果你**接受**它,你就会以不同的方式看待世界;也就是说,会拿它与**这**一系列图像进行比较。于是我改变了你**看待事物的方式**。"[5]

在努力改变人类思维方式的同时,维特根斯坦开辟了西方思想的一个新纪元。柏拉图关注本体论,笛卡尔关注知识论,维特根斯坦却以语法和语言为主要原则。西方哲学的重要范式转变大致如下:首先是柏拉图关于存在的理念世界,其次是笛卡尔关于知识的内在世界,最后是维特根斯坦关于意义的可以言说的世界。他的创新在于把意义作为

150 原始范畴,它比存在或知识更基本。维特根斯坦认为,不管有什么样的存在和知识,它们都是由语法和语言决定的,都是语法和语言发挥作用的结果,语法和语言深深扎根于生命的形式。[6] 这是维特根斯坦世界观

思想本来就有的一些论点，也是我们将要讨论的一个话题。

维特根斯坦与世界观

维特根斯坦很少使用世界观这个词（一共使用过六次），他很可能是尽量回避这个词。他的后期哲学主张多元主义和相对主义；他之所以回避世界观概念，很可能是因为世界观与形而上学有关，世界观宣称，它的真理能够揭示事物的本质（这至少是世界观概念的一种解释）。根据他早期在《逻辑哲学论》（*Tractatus Logico-Philosophicus*）中的观点，这种解释显然是正确的，该书比较了人们近来接受的现代自然主义世界观与对以前那种"不可侵犯的"、具体化的有神论和宿命论世界观守旧却坚定的信念。

> 6.371 现代世界观完全立足于这样一种错误观念：所谓的自然规律就是自然现象的解释。
>
> 6.372 于是人们现在满足于自然规律，认为它们是不可侵犯的，正如过去人们对待**上帝**和**命运**那样。[7]

我们必须把世界观理解为一些神圣不可侵犯的实在概念，一些用来考察世界的可靠而明确的概念或方法。它们不是浮在表面，而是存在于很深的层次，是所有人性格和文化的基础。维特根斯坦曾说，"幽默"是一种世界观，是人们对待生活的一种方式；纳粹德国却压制这种世界观，因此他认为，德国丧失了一种非常深刻、非常敏锐的东西。"幽默不是一种心情，而是人们对待世界的一种方式［*Weltanschauung*］。纳粹德国已经消灭了幽默，如果这种说法是正确的，那并不是说人们不再有好心情了，如此等等，而是说某种非常深刻、非常重要的事件已经发生。"[8]

维特根斯坦认识到，世界观是一种深刻而重要的思想，这种认识来自德国历史学家和生命哲学家奥斯瓦德·斯宾格勒（Oswald Spengler，1880—1936）。斯宾格勒认为，世界观是"世界（宇宙）的一幅图画"，是实在的一个范式或模型，人们据此来理解"意识的全部内容，即变化与

151

变化的结果、生命与体验的结果"。[9]世界观是一个包罗万象的概念,人们以它为根据来观察、解释、综合事物,这种思想清楚地表现在维特根斯坦《论弗雷泽的"金枝"》(*Remarks on Frazer's "Golden Bough"*)的一段话中。维特根斯坦赞同斯宾格勒的世界观定义,他认为,世界观是人们对事物的一种全面而"清楚的表述",是一种"基本思想"。

> "这一切都指向一个未知的法则"——这就是我们对弗雷泽所收集的那些资料的看法。我可以通过假说的形式来表述这种发展规律……但是,我也可以这样来表述这个规律:我罗列事实材料,使我们的思想能够顺利地从这一部分过渡到那一部分,于是我们清楚地理解了这一事物——"清楚地"把它展现出来。
>
> 对我们来说,清楚的表述……是一个基本概念。它能够揭示我们记述事物的方式,这是我们理解事物的方式。("世界观"似乎是我们这个时代特有的概念。斯宾格勒。)
>
> 我们看到了"事物之间的联系",清楚的表述是这个事实的前提。因此,认识**中间环节**具有重要意义。[10]

世界观无疑是一种处境中的现象,它能帮助人们理解事物,在它们之间建立联系。但是维特根斯坦不愿意看到,经过他修改的哲学和语言被错误地看作形而上学。《哲学研究》(*Philosophical Investigations*)中的一段文字非常清楚地说明了这一点,他认为,如果人类对其所用词语理解不清,就必然会出现哲学问题。维特根斯坦强调,语言必须具有清晰性,与此同时,他又担心,人们会把他的观点误解为一种世界观。

122. 我们不能理解事物的主要原因是,我们没有**清楚地理解**我们所使用的词语。——我们的语法缺乏这种清晰性。清楚的表述能够使人们理解事物,理解的意思是,他们"看到了事物之间的联系"。因此,发现和创造**中间环节**具有重要意义。

清楚地表述这个概念对我们来说具有非常重要的意义。它指明了我们解释事物的方式,这也是我们理解事物的方式。(这是不

152

是一种"世界观"呢？）[11]

在提出"这是不是一种'世界观'呢？"这个问题时，维特根斯坦似乎认为，人们应该明确区分他所理解的语言、意义的世界与传统的世界观概念。他并不希望人们把他的语言主义思想看作另外一种有竞争力的范式，或者看作现代主义阐述实在的又一种方式。从他的最后一部著作《论确定性》（On Certainty）来看，他显然同意人们把他的哲学思想称为一种世界图景（world picture/Weltbild），却不能称之为世界观（Weltanschauung）。原因何在？朱蒂斯·吉诺瓦（Judith Genova）的解释是，维特根斯坦认为，"世界观思想忘记了自己的地位，忘记了它只是解释事物的**一种**方式，它以自己是解释事物的**唯一方式**而自居。它把自己看得太重，以为它就是我们思想的最终解释和基础。与此相反，世界图景这个概念彻底避免了这种认识游戏。"[12]维特根斯坦正是要回避这种游戏。他知道，人们会把他的哲学理解为一种新的思想体系，以便正确地阐述世界。然而，以此为目的的任何世界观思想，都可能颠覆其真正的意图。如詹姆斯·爱德华兹所言，这种思想意味着人们已经"受到某种世界观的蛊惑，这种思想认为，解决哲学问题的方法必然是宣传和捍卫某种哲学观点。维特根斯坦坚决反对的，正是这种思想，因为这是思想和语言表面化的必然结果，是笛卡尔思想的基础"。[13]现代主义者对生命和世界之谜的解答，集中体现为世界观思想，维特根斯坦所能认可的，不是这种观点，而是众多相互排斥的世界图景、生活形式以及语言游戏这一事实。唯因如此，维特根斯坦成为现代性向后现代性过渡的一个关键人物，在这个历史时期，围绕同一个世界而展开的世界观斗争让位于实在的语言阐述，这些阐述多种多样，彼此间不存在竞争关系。因此，维特根斯坦是新哲学方法的设计师，这种方法关注各不相同的概念体系，所有的概念体系都是相对的，任何体系都不会比其他体系更有优势。通过这种方式，他实现了自己的目标：让人们以不同的方式理解世界，不是按照世界的本来面目，而是根据他们的社会语言环境。关于维特根斯坦思想的这番概述，对我们理解他在世界观概念史上的地位具有非常重要的意义。

153

维特根斯坦：生活形式与语言游戏

维特根斯坦的第二部重要著作《逻辑哲学论》提出了"实证主义"的语言哲学，其第一部重要著作《哲学研究》提出了"分析"的观点，二者存在巨大差异，这是众所周知的事实。经历了一种不同寻常的哲学忏悔之后，维特根斯坦改变了自己对语言本质的看法，采取了一种完全不同的哲学方法。冯奇（Finch）的这两句话简明扼要地描述了维特根斯坦语言思想的不同发展阶段。

（1）语言是**逻辑图景**，它通过**名称**的形式和结构，来描述**事物**的形式和结构；

（2）语言是**人类的活动**，通过不可胜数的**词语用法**，与**其他人类活动**形成一个整体。[14]

第二句话概括了维特根斯坦的后期思想，其他人类活动与语言本身密切相关，这就是他所谓"生活形式"（forms of life/*Lebensform*）；与生活形式有关的不可胜数的**词语用法**，就是他所谓"语言游戏"（language games/*Sprachspiel*）。生活形式与语言游戏都是维特根斯坦后期哲学的重要概念。[15]

154　　诺曼·马尔科姆说，"生活形式"这个概念"怎么强调都不为过"；[16] 尽管如此，它却是一个很难理解的概念。人们写了很多文章，试图澄清其确切含义。我们现在的任务不是详细探讨这个问题，而是解释《哲学研究》中这个词的用法，它一共出现了五次。同时，我们还要指出，它与"语言游戏"这个概念密切相关。我将在下一节指出，生命与语言的这种相互渗透，就是维特根斯坦所谓世界图景，其最后一部著作《论确定性》就是这样论述这个概念的。

《哲学研究》第一次提到生活形式与语言游戏时，它们关系密切，仿佛同一个概念。"19. 一种语言只包括战场上的命令和报告，这是不难想象的。——或者一种语言只包括一些问句，以及关于这些问句的对与错的回答，这也是不难想象的。类似的例子不胜枚举。——想象一种语言，就是想象一种生活形式。"[17]

维特根斯坦的这段话设想了语言的两种不同用法，第一种用法是在战场上，命令和报告一个接着一个，第二种用法是苏格拉底式的问答法，问题的可能答案只是对与错。然后他要求读者发挥想象，看看他们在使用战场语言或问答语言时，所指的生活形式究竟是什么。想象命令和报告的语言，就是想象战争；想象对与错的语言，就是想象问答行为。这只是两种可能的语言游戏和生活形式。维特根斯坦深知，语言的用法多种多样，语言游戏各不相同，如他所言，这些用法与游戏不是静止的，而是不断变化的。"23. 句子的种类究竟有多少呢？断言、疑问、命令？——句子的种类**不胜枚举**：我们称这些数不胜数的用法为'符号''词语'或'句子'。这种多样性不是固定不变的，永远如此；毋宁说新的语言种类和语言游戏产生了，旧的语言种类和语言游戏过时了，被淡忘了。（数学的演变可以为我们提供一幅**粗略的图景**。）"[18]

维特根斯坦的这段话是一个很有意义的注解，它不仅把语言游戏置于生活形式之中，而且为生活形式提供了一种定义。他认为，"'语言**游戏**'一词旨在说明这样一个事实：语言活动是**人类活动的组成部分**，是一种生活形式。"[19] 语言游戏不能等同于生活形式，它是生活形式的组成部分或一个方面。应该把生活形式理解为一种"活动"。鉴于这种认识，冯奇正确地指出："生活形式是［有意义的］行为的固定模式，某个群体的成员都具有这一模式。"[20]

进一步说基本的生活形式以有意义的活动为特征，这是某个群体的人们判断真理与谬误的标准。尽管这种判断表面看来是语言在发挥作用，其实它的真正基础是人们对某种更基本、更原始的生存方式的普遍认可。维特根斯坦的解释如下："241. '所以你认为，人们的认同是真理与谬误的标准？'——人们说的那些话可能是真理，也可能是谬误；他们所使用的语言却是相同的。这不是相同的看法，而是相同的生活形式。"[21]

表面看来，区分真理与谬误的认识义务似乎是人类约定俗成的一件事情。人们凭借其母语，会一致认为这些是真的，那些是假的，这就是他们判断真理与谬误的真正标准。他们对这些问题持有共同的看法,其真正原因不仅在于他们的公开立场或言语是相同的,而且在于他们都认同并且践行生存于世的某种方式。共同的生活实践以及对这些实践活动之意义的理解,是知识论的重要基础。即使希望这种现象以及使用这种语言的人通常所理解的那种含义,也与维特根斯坦所谓不可思议的"复杂的生活形式"密切相关。"是不是只有会说话的人才会希望? 只有掌握了语言才会希望? 换言之,希望这种现象是复杂的生活形式的表现形态。(如果某个概念表示人类的某种书写特征,它就不能用于不会写字的那些动物。)"[22]

156   某一群体的成员具有独特的社会环境和语言方式,希望并非他们意向性谈话中的唯一现象。他们对数学和颜色的理解也是如此,这也许使我们感到意外。接受某种生活形式,是计算和染色的语言游戏——这些过去都被认为是普遍概念——的基础。

> 所以人们也许会说,他们不得不接受的那种东西,那种给定的对象,就是**生活形式**。

> 人们通常认同他们关于颜色的判断,这种说法有意义吗? 如果他们不认同这种判断,如此等等。——我们有什么权利认为,这些人所谓"红色""蓝色"就是我们所谓"表示颜色的一些词语"呢? ——

> 他们是如何学会使用这些词语的? 他们所理解的语言游戏是不是我们所谓"表示颜色的一些词语"呢? 这里显然有一个不同程度的问题。

> 这种思考也必须用于数学。如果没有普遍的认同,人们就不会再学习我们所熟知的这种技能。它就会程度不同地区别于我们所谓数学,因为我们已经认不出它了。[23]

我们已经引述了维特根斯坦《哲学研究》中的五段话,我们可由此得出以下结论:生活形式这个概念是一个更基本的范畴。离它不远、与它密不可分的,是语言游戏这个概念。这也许是因为,在维特根斯坦看来,生活本身才是**最**基本的范畴。如前所述,他是一个名副其实的人生哲学家。在其未发表的著作《大打字稿》(*Big Typescript*，§ 213)中，这位日常语言哲学之父写下了这句名言："如果我们把主导权赋予语言而不是赋予**生活**，哲学难题就会接踵而至。"[24] 因此基尔推测，在维特根斯坦心目中，"生活哲学甚至比语言哲学更重要"。[25] 尽管生活具有这样的优先地位，但是语言仍然是每一种生活形式必不可少的有机组成部分，是生活实践与生活内容的显现或体现。生活与语言是同一枚硬币的两面。生活中的语言与语言中的生活，决定着现实的社会语言环境中人们所谓的真、善、美。成为某种生活形式的一员——参加它的活动，学习、使用它的语言，接受它的文化——就是要创造一个世界，拥有一个世界，共享一个世界。生活形式及其语言游戏体现了世界的基本特征与范畴，这就是维特根斯坦所谓的"世界图景"(*Weltbild*)，其最后一部著作《论确定性》深入探讨了这个关键性概念。

157

维特根斯坦与"世界图景"

在维特根斯坦心目中，《论确定性》的主要目的是推翻笛卡尔主义的知识范式，这个范式建立在如下两个主要论点之上：知识的基础是永恒不变的，人是心灵的具体化（心体二元论）。另一方面，摩尔(G. E. Moore)的思想颇具影响力，他试图克服怀疑主义，"捍卫常识"和"证明外部世界的存在"，然而这是以笛卡尔主义的方式提出的一种批判，因此摩尔也成了维特根斯坦的批判对象。维特根斯坦不是简单地提出另一种世界观，以便理性考察，因此他没有落入笛卡尔主义的陷阱。相反，他要批判这种预设的笛卡尔思想模式，他提出一种元哲学(metaphilosophic)方法，这是观看事物的一种新方法。[26] 他主要是通过世界图景这个概念来说明这种方法，这个概念只出现在维特根斯坦的这部著作中（一共出现了七次）。这就是人们所谓"维特根斯坦式的信仰主义"——这是一种看待世界的方式，它包括生活、语言、文化、意义等诸多模式，这些都是不可证实的。维特根斯坦的《哲学研究》坚持多元论，它认为，从知识的角度看，生活形式和语言游戏都是没有根据的，它们却是人们理解世界、在世界之中生活的条件。《论确定性》也探讨了这个问题。如冯奇所言,本书的主要内容是一些理所当然的基本观念和"世界观思想",即维特根斯坦所谓的世界图景。

《论确定性》主要探讨事实的作用,它们是世界观思想的主要观念。我们可以称之为**基本观念**,因为从某些方面看,它们类似于其他事实,从另外一些方面看,它们与其他事实又迥然有别。它们是这样一些事实……我们的思想、语言、判断以及行为,都以它们为基础。这些**世界观事实**(给它们取个新名字)还可分为不同的层次,我们称之为常识。它们包括许多事物,我们认为这些事物是理所当然的,它们是我们进行思考和研究的背景,也是我们语言活动的背景。我们从不怀疑这些事实,因为在其他条件相同的情况下,它们能够决定什么是**怀疑,怀疑的意义何在**。它们能够通过谈话和行动来证明,人们应该赞同什么或接受什么。[27]

这些基本观念或世界观"事实"不是维特根斯坦《逻辑哲学论》所谓实证的或绝对的事实——该书认为,事实是实在的真理与生存之道的最终基础。毋宁说这些世界图景是一些不容置疑的事实,用维特根斯坦自己的比方说,它们仿佛某种思维方式和行为方式的"轴心""河床""脚手架"或"合叶"。[28] 这些具体的世界图景能够"创造"实在,能够为其倡导者提供一种假形而上学,以便他们生存与活动。

《论确定性》探讨了世界图景这个概念,经过考察这部著作,我们就能确定维特根斯坦所谓世界图景的几个明显特征。首先,世界图景的最基本含义在于,它是人们看待和理解世界及其主要特征的一种方式。如维特根斯坦所言,摩尔认为并且知道,他一直生活在地球上。维特根斯坦不得不同意这种观点,因为按照他的方式为世界创造图景的过程,与这种观点并行不悖。事实上,所有的人都生活在地球上,维特根斯坦的这种认识立足于他的世界图景。

93. 表述摩尔"知识"的那些命题都有这样的特征:人们很难想象,他们**为什么**要相信与此相反的命题。例如这一命题:摩尔的一

158

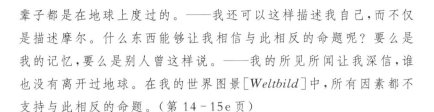

辈子都是在地球上度过的。——我还可以这样描述我自己，而不仅是描述摩尔。什么东西能够让我相信与此相反的命题呢？要么是我的记忆，要么是别人曾这样说。——我的所见所闻让我深信，谁也没有离开过地球。在我的世界图景[Weltbild]中，所有因素都不支持与此相反的命题。（第 14 - 15e 页）

159

沿着这个思路，维特根斯坦说，如果一个小孩问他，"在[他]出生以前……地球是否已经存在了？"他就会把自己关于世界的基本图景，即他所理解的地球年龄，告诉他。在回答这个问题时，维特根斯坦表明了自己的态度：在他出生之前，世界已经存在了；他认为，自己肯定是把"世界的一幅图景[Weltbild]告诉了提问者"。可是他又提出一个奇怪的问题，它怀疑他回答问题时的那种肯定态度。维特根斯坦说，"如果我以肯定的语气回答了这个问题，人们也许会问，我的这种确定性从何而来？"（§233[第 30 - 31e 页]）其言外之意也许是，他真的没有这样的信心，虽然他蛮有把握地回答了那个孩子的提问。于是就出现了第二个重要问题。世界图景是实在的基本表象或图景，不仅如此，人们对它的相信和认可，也**不是**某一实证过程的结果。毋宁说世界图景完全来自人们的生活环境，因此它是人们的思想背景，类似于《哲学研究》所谓的生活形式，人们根据它来判断真理与谬误。"94. 但是我不可能通过满足自己对正确性的要求而形成某种世界图景；我也不可能因为某种世界图景是正确的，我感到高兴，于是就产生了一个世界图景。绝非如此：世界图景是传承下来的一种思想背景，我就是根据这个思想背景来判断真理与谬误的。"（第 15e 页）

世界图景不是考察、证明或选择的结果，而是人们在孩提时代"无批判地接受"（§143[第 21e 页]）的结果，是特定生活环境的结果。唯因如此，大化学家拉瓦锡（Lavoisier）在做化学实验时，依据的是一些被他认为是"描述标准"的命题，它们立足于一种世界图景，这不是他的创造发明，而是他在很小的时候就已经认识的一种东西。现在它成了他的化学研究无须审查的一种假设。

167. 我们的全部经验命题显然没有同样的说服力,因为人们能够提出一个命题,把它从经验命题变成描述的标准。

以化学研究为例。拉瓦锡正在实验室用某种物质进行实验,他很快得出这样的结论:燃烧发生时,某种现象就会出现。他没有说,燃烧再次发生时,可能会出现其他情况。他把握了一个明确的世界图景[Weltbild]——这当然不是他的发明:他还是个孩子的时候,就已经有了这样的认识。我说的是世界图景,而不是假说,因为在他的科学研究中,它是一种理所当然的基础,因此谁也没有注意过它。(第24e页)

人们不仅"没有注意"拉瓦锡的假设,直到最后,他们还是没有"检验"这些假设。人类的一切活动(包括科学研究在内)都是以一些基本假设为前提,人们可以在一定时间内研究这些假设,但是维特根斯坦问道:"检验不是也有一个完的时候?"他的回答是显而易见的。如他所言,"我们的信念是没有根据的,认识到这一点很不容易"(§164和§166[第24e页])。这句话反映了维特根斯坦的信仰主义的实质。因此,世界图景是所有研究和主张的"基础",它未经证实,没有根据。即使在学校学到的那些基本知识,也是建立在某些世界图景之上,它们都是一些没有确实根据的基础,人们不能蛮有把握地说,它们是正确的或错误的。"162. 我通常认为,课本上讲的都是对的,例如地理知识。这是为什么? 我认为:所有这些知识都已经过成千上万次的证实。我是怎么知道这一点的? 证据何在? 我有一个世界图景[Weltbild]。它是否正确呢? 首先,它是我的所有研究和主张的基础。人们不能一一检验用来描述它的那些命题。"(第23-24e页)

人们为什么认为,某些"事实"真实可信呢? 原因在于,这些事实符合他们心中的世界图景,于是这些命题的第三种含义出现了:它们是一些处于主导地位的"神话"。这些神话命题类似于某种游戏规则,只有参与真正的游戏,人们才能掌握这些规则,理论考察或研究是无能为力的。人们把某些描述世界图景的神话的命题确定下来,于是它们成为能够决定生活的全部航程的"航道"或"河床",不过他们有时很难区分,哪些命题是

160

这样的航道或河床,哪些命题取决于它们。维特根斯坦解释如下:

> 95. 用来描述世界图景的那些命题,可能是某种神话的组成部分。它们的作用可以和游戏规则的作用相比;只要通过做游戏,人们就能认识这种游戏,不必学习任何明确的规则。
>
> 96. 人们可以想象,有些命题,如经验命题,它们固定化后,成了那些没有固定化而是易变的经验命题的途径;这种关系随着时间而变化,因为易变的命题会固定化,固定的命题会变化。
>
> 97. 这种神话可能恢复到流变的状态,思想的河床可能发生变化。但是我必须区分河床上水流的变化与河床本身的变化;不过二者是不能彻底分开的。(第15e页)

如果世界图景真的是一种神话——故事的主题彼此连贯,但是它们与实在世界不一致——阐述这种人生观的努力就可能是关乎说教的事情,而不是关乎科学论证或哲学论证的事情,因为后者的目的是追求真理。因此世界图景的最后一种含义是,人们巧妙地宣传它们,把它们当作一种信仰。维特根斯坦设想过人们进行说教的情况:"262.我可以这样设想:某人是在一种非常特殊的环境中长大的,别人告诉他,地球是在五十年前形成的,他信以为真。我们可能会这样劝导他:地球很久以前就……,诸如此类——我们一定是在给他灌输我们的世界图景。这是一种**说教**。"(第34e页)

维特根斯坦接着又写了一段话,这段话似乎与以上问题毫不相干。他莫名其妙地说:"263.小学生**相信**他的老师和课本。"(第34e页)根据前一段话(§262),他这里的意思是,所有"知识"都可以说是以说教为手段的信念的产物,课本上的知识也不例外,虽然它们是一些知识的积淀,历来被人们当作"真理",果然如此吗?用维特根斯坦的术语说,人们不应该把世界图景理解为一些可靠的认识概念,仿佛它可与其他概念的合理性相媲美,相反,世界图景是一些信念之网,人们必须用明确的语言把它们表述出来,只有这样,别人才能以此为整理实在的一种方式。说到底,对于世界观问题,人们只能说,我们就是如此,我们就是

161

这样理解的,我们就是这样做的,到此为止。

　　维特根斯坦的《论确定性》探讨了世界图景这个概念,它明确阐述了四个基本问题。首先,世界图景是人们看待世界、理解世界及其基本特征的一种方式。其次,世界图景不是某种实证过程选择以后的结果,而是人们生活环境的传统产物,因此它是所有思维、行动、判断以及生存活动理所当然的基础。再次,构成世界图景的那些描述是一种占据主导地位的神话。最后,世界图景的传播方式很巧妙,人们把它们当作信仰来接受。根据这些不同特征,世界图景、生活形式及其固有的语言游戏,几乎是同一的。吉诺瓦其实并不否认这种关系,她说:"生活形式这个概念……与世界图景是同义词","后者以较为主观的方式,表达了前者以较为客观的方式想要表达的名称。"[29] 但是,如果以上阐释能够成立,那么对维特根斯坦来说,世界观这个概念比世界图景更具客观性。实际上,维特根斯坦拒斥世界观,认为这是笛卡尔时代的残余;他接受生活形式与世界图景为其分析哲学方法的主要特征,这种方法扎根于生活、语言和意义。

　　具有讽刺意味的是,胡塞尔、海德格尔等哲学家试图否认世界观的必要性,和他们一样,维特根斯坦同样未能克服某种合理而稳固的立场,以说明实在与世界的本来面目。[30] 事实上,我们可以给维特根斯坦的立场起一个恰如其分的名字——"语言"世界观,这种观点立足于语词、语词的用法及其意义。具有讽刺意味的是,他所使用的语言可能与实在有关,他却用这种语言说,任何语言都不可能关乎实在。他借助语言这个梯子爬到了房顶,只是为了否认梯子是有用的。如果是这样,那么他的思想就不仅仅是另外一种看(seeing)的方式,而是看的唯一方式。尽管他的论点有自相矛盾之处,但是他所提倡的看世界的新方法(也是唯一的方法)导致了哲学基本任务的重大转变——在他那里,哲学的目的和范围都变小了很多。根据维特根斯坦的信仰主义,哲学绝不能认为自己是一门"严密的科学"。我们起码可以说,这种看法显然是没有希望的,是倒退,是幼稚可笑的。我们最好把它看作一种治疗方法。如康威(Conway)所言,维特根斯坦哲学"不是要无休止地追寻实在本身,而是要帮助我们思考与人类世界打交道的方式。哲学能够促进社会习俗、社会实践以及世界图景的自我意识与自我批判,我们可由

162

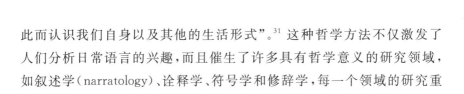

此而认识我们自身以及其他的生活形式"。[31] 这种哲学方法不仅激发了人们分析日常语言的兴趣，而且催生了许多具有哲学意义的研究领域，如叙述学（narratology）、诠释学、符号学和修辞学，每一个领域的研究重心都是特定的生活形式与语言游戏背景下的语言及其意义和用法。

唐纳德·戴维森论"概念系统"

唐纳德·戴维森（1917—2003）是当代形而上学家，心灵及语言哲学家，他对概念系统及其伴随物——相对主义——的著名批评，显然是在标新立异。事实上，他的分析"与现代哲学主流背道而驰，现代哲学开始于康德，他把世界的结构转化为心灵的结构，后来 C. I. 刘易斯（C. I. Lewis）把心灵的结构转化为概念的结构，现在人们又把概念的结构转化为多种符号系统的结构，如科学符号、哲学符号、艺术符号、感觉符号、日常语言符号"。[32] 按照中世纪经院哲学的有神论传统，神学家和哲学家认为，人类的心灵取决于外部世界的客观结构，这是上帝的设计，是上帝律法的体现。虽然康德把宇宙结构转化为心灵结构，但是这位哲学领域的"哥白尼"认为，只有一种理解世界的方式，这种方式的基础是人类心灵共有的一些范畴。如戴维森所言，"概念系统与内容的二元化一旦出现，不同概念系统的产生是不言而喻的。"[33] 事实上，刘易斯就是这种观点的拥护者。他在《心灵与世界秩序》（1929）中说："从我们的认识经验看，知识包含两个要素：一个是直接材料，如感觉材料，它们是呈现或出现于心灵的一些材料，另一个是形式、结构或解释，它们代表思维活动。"[34] 因此刘易斯认为，哲学的主要任务是探求这些基本范畴，它们是心灵整理经验的工具；换言之，"哲学旨在发现那些范畴标准，因为心灵是通过它们来整理直接材料的。"[35] 按照这个思路，不同的概念系统这个观念出现在我们面前，随之而来的还有概念式相对主义。

这些讨论与概念系统、相对主义有关，它们是现代哲学的核心问题，戴维森那篇颇有争议的论文所要探讨的，正是这样一些问题。坚持这些理论的人，常常被称为"系统论者"，他们用若干同义词来表述这种概念的源泉，如"世界的版本"（古德曼）、"范式"（库恩）、"范畴结构"

（克尔纳［Körner］）、"语言结构"（卡尔纳普［Carnap］）、"意识形态"（曼海姆）、"生活形式"（维特根斯坦）。[36] 对我们来说，"世界观"与概念系统密切相关。例如约瑟夫·伦佐（Joseph Runzo）直截了当地说："'概念系统'这个概念与'世界观'概念是同义词。"[37] 尼古拉斯·雷彻（Nicholas Rescher）也持类似的看法，他认为，"在现实世界发挥作用的概念系统，总是关乎某种世界观——这是人们对世界万物运作方式的一种看法。"[38] "概念系统"与世界观关系密切，因此戴维森对前者的可信度的批评，已经包含了对后者的分析。要理解戴维森对概念系统所持的怀疑态度，我们就应该考察其著名演讲——《论概念系统之观念》。[39]

戴维森的《论概念系统之观念》

这篇文章的论证过程很难理解，但是戴维森的总目标很清楚。他在导言部分说，他的目的是考察"以下命题是否有意义：不同的语言或概念系统以完全不同的方式'分割'实在或'应对'实在"。[40] 用普通的解释方法，就能推翻这样一种观点：不同的人具有不同的理解能力，这是他们划分世界的手段。事实上，**不同的**概念系统并不存在。在戴维森看来，更重要的是，"如果我们拒不承认未经解释的原始证据这个观念，概念与内容的二元论就没有任何立足之地"。（第 xviii 页）二元论消失了，概念式相对主义也就消失了，因为它有两个必要条件：不同的概念存在着，有待于概念化的某物也存在着。对戴维森来说，这并不意味着，人类还没有解释客观世界，它就消失了。他只是想说明，"语言不是一个筛子或过滤器，我们对世界的认识必须经过它的筛选。"他的论点是，"以下思想没有任何意义：不同语言的概念系统截然不同。"如果事实正是如此，我们就能够得出一个关于世界的重要结论（几乎是实在论的结论）；换言之，"我们的世界观总的来说是正确的；我们每个人乃至每个团体都可能犯很多错误，但是只有当我们的选择在大多数重要方面是正确的，我们才能犯很多错误。"因此说到语言与本体论，"我们不仅仅是在浏览我们关于事物的图像：我们认为存在的事物，很可能就存在着。"（第 xix 页）我们对事物的理解是这样的：关于真实的存在，不同的语言和概念系统之间存在一种基本的默契。[41]

戴维森的这篇文章首先描述了概念系统及其衍生物——概念式相对主义。他在定义概念系统时所用的那些词语，非常接近世界观思想，他还强调人们所谓这些词语的不可通约性。"概念系统……是人们整理经验的一些方式：它们是一些范畴系统，能够为感性材料提供形式；它们是一些观点，不同的个体、文化或时代，就是根据这些观点来审视发生在他们面前的一切。不同概念系统之间不可能有翻译活动，因此，某人的信念、要求、希望以及知识，不可能在另一个概念系统的接受者那里找到真正的对应物。"

从知识的角度看，这些迥然不同的概念系统意味着概念式相对主义；如戴维森所言，这种思想认为，"实在本身取决于某个概念系统：这个事物在这个概念系统中是实在的，在那个概念系统中就会没有实在性。"（第 183 页）戴维森说，如果这种理论真的是可以理解的或连贯的，它就是一种"蛮横的""古怪的"甚至"令人兴奋的"理论，或者说，它至少应该是这样一种理论。然而，它不是我们可以理解的一种理论，主要原因在于，它包含着致命的矛盾。"概念式相对主义的重要标志——各种各样的观点——似乎暴露了一种深层的矛盾。各种各样的观点是有意义的，但是，只有当我们根据一个共同的坐标系来理解它们时，它们才是有意义的；共同坐标系的存在却与不同命题绝无可比性的主张截然相反。我倾向于这样的看法：我们应该为概念的比较设立一些界限。"（第 184 页）

共同的坐标系是概念式相对主义的矛盾之源，也是概念比较的界限之基，这个坐标系就是语言及其可翻译性。根据这种"翻译法"，戴维森认为，一种语言可以被成功地翻译为另一种语言，同理，作为语言的概念系统也具有可翻译性这一特征。如果是这样，语言之间的绝对差异就不复存在了。和语言一样，不同的概念系统具有明显的相似之处，这种情况即使不能消除，起码也能降低它们的极端模糊性。他曾在另外一个地方说，"如果我们所谓概念式相对主义是指这样一种思想：概念系统、道德系统或与之相关的各种语言，彼此间存在巨大差异——它们之间没有可理解性或可比性，不可能有合理的解决方式——我就要

166

坚决反对概念式相对主义。"[42] 他之所以拒斥概念式相对主义,是因为语言与"翻译的标准"可以进行类比,这是不同概念系统之间开展交流的基础。戴维森的解释如下:"我们同意这样的理论:拥有一种语言就是拥有一个概念系统。我们可以这样来理解二者的关系:概念系统不同,语言必然不同。如果人们能够以某种方式,把一种语言翻译为另一种语言,不同语言的使用者就会有一个共同的概念系统。因此研究翻译标准,是研究概念系统的同一性标准的一种方式。"(第 184 页)

戴维森的方法是,"把概念系统和语言看作一回事,具体地说,他承认同一概念系统可由不同的语言来表达,这是一些可以相互翻译的语言。"(第 185 页)一方面,如果不同语言之间可以进行翻译,那么不同概念系统之间也可以进行翻译。如果语言和概念系统之间可以进行翻译,它们就不是截然不同,而是彼此相似。另一方面,如果不同语言之间不能进行翻译,不同概念系统之间也不可能进行翻译。不同的概念系统一定是迥然有别。不同语言之间根本不可能进行翻译,或只能进行一定程度的翻译,这种说法其实没有任何根据,因此,互不相容的概念系统之间根本不可能进行翻译,或只能进行一定程度的翻译,这种说法同样没有任何根据。如果是这样,概念式相对主义就无法成立。戴维森这篇论文旨在"考察可能出现的两种情况:绝对的不可译性和相对的不可译性"(第 185 页)。既然他已经证明,语言既无绝对的不可译性,又无相对的不可译性,那么**不同的**概念系统这个观念当然不能成立。

戴维森批评的实质是他所谓经验主义的"第三个教条",即概念系统与经验内容的二元对立,如上所述,C. I. 刘易斯赞同这种划分。戴维森的论点实际上是蒯因(Quine)的著名论文——《经验主义的两个教条》[43]——的一种发展。蒯因所批判的经验主义的第一个教条,是分析真理与综合真理的传统划分;这是经验主义者的一个非经验性主张,它立足于一种形而上学的信仰,其论据是社会学的循环论证。蒯因所批判的具有欺骗性的第二个教条是他所谓的"还原论";换言之,这种理论试图以经验的方式来证实某种独立不依的陈述的真理性,而不考虑该陈述与其他命题、信念的联系。蒯因的观点与经验主义和分析哲学的

167

这个基本立场恰好相反,他认为,证明一个命题或反驳一个命题,取决于某个完整的信念系统,它包括这样一些基本假设:人们应该赞成哪些经验,反对哪些经验;人们应该如何解释经验;这些经验的意义何在。在蒯因看来,关于分析性真理与综合性真理的划分以及还原主义的这两个教条,"实质上是一个东西",因为综合性陈述的真理立足于"语言以外的事实"或经验,还原主义也是如此;而在分析性陈述中,"语言要素决定一切"。[44] 虽然经验主义的这两个教条已经死亡,但是戴维森认为,第三个教条取而代之,仿佛死而复生的不死鸟,这个教条声称,概念系统与经验内容是二元对立的。戴维森说,这种新式二元论"成为经验主义的基础,这种经验主义不坚持分析-综合的传统划分以及还原主义这两个错误教条——换句话说,我们能以一种特殊的方法,逐句划分经验内容,这种说法是不能成立的"(第 189 页)。概念与内容的这种二元论当然是概念式相对主义的根源,戴维森的目标是揭露这种二元论的缺陷。如他所言,"我的论点是,概念与内容、有组织能力的概念系统与需要组织的内容之间的二元对立,不可能具有任何意义,理论上也站不住脚。这本身就是经验主义的一个教条,它的第三个教条。"(第 189 页)[45] 既然如此,那么和前两个教条一样,它注定要失败。实际上,分析性真理与概念系统之间、综合性真理与经验内容之间存在着某种内在联系,因此,经验主义者未能把分析性真理与综合性真理真正区分开,唯因如此,他们也很难区分概念系统与经验内容。简言之,如果分析-综合的区分不成立,那么概念系统与经验内容的二分法同样不成立。尽管经验主义的前两个教条已经死亡,第三个教条却莫名其妙地活了下来;如戴维森所言,很多有才华的学者,如沃夫(Whorf)、库恩、费耶阿本德(Feyerabend),甚至蒯因本人,都为概念-内容的二元论提出了颇具说服力的论证(第 190—191 页)。尽管如此,只有当前两个教条的命运也降临到第三个教条之上,他才会觉得心安理得。

戴维森批评概念-内容二分法的方式是,抨击用来描述这种关系的那些比喻(第 191—195 页)。[46] 第一个比喻说,概念系统或语言是用来**整理**、**系统化**或**分割**经验之流、实在、宇宙、世界或自然的。但是戴维森认为,除非一个事物包含着其他事物,否则谁也不可能整理任何事

168

物。举例来说,某人整理了壁橱,但他不是整理了"壁橱"这个东西,而是整理了壁橱里的东西。能够整理世界上相同事物的任何两个概念系统或两种语言,必然具有相同的本体论,它们的概念能够指示相同的事物。如果不同的语言能够整理和表达相同的事物,这就意味着它们是可以互相翻译的,不同的概念系统或语言的观点不成立。此外,很多人都见过大致准确的翻译,这种现象有助于人们理解不可译性,不可译的情况一定是局限于某个区域。戴维森论点的实质是:语言能够整理世界万物,这个比喻意味着,不同语言可以被翻译为它们都熟悉的一些习语,因此互相排斥的概念系统这个观点不成立。

第二个比喻说,人们认为,不同的概念系统和语言必须**适合**、**预见**、**说明**或**面对**经验、过去的事情、内心的不快、感官刺激、感性材料等已知事物的裁决。戴维森认为,当话题从**整理**转向**适合**以后,人们就该从语言的指示作用转向整个句子。作为命题的整体而能预示、应对、处理或面对经验裁决的,是句子而不是语词。然而,某个理论的句子经得起所有可能的感性证据(实际的、可能的、现在的、将来的)检验,这几乎等于说该理论是正确的。如果理论 A 和理论 B 都与证据相符,都是正确理论,但是它们属于两个不同的概念系统或两种不同的语言,那么这两种理论之间可能不存在翻译关系。两种理论在各自范围内,也许是正确的,但是它们不可以互相翻译。根据塔斯基(Tarski)提出的真理理论的检验标准,真理概念与翻译是不可分割的。换言之,真理包含着翻译。如戴维森所言,"[塔斯基的]惯例 T 理论(Convention T)表达了
169 我们对真理概念的用法的深刻理解,我们不可能证明,某个概念系统与我们的概念系统截然不同,如果这种证明的前提是,我们可以把真理概念与翻译概念分开。"(第 195 页)因此,"适合"这个比喻要么以蕴含着翻译的真理观为代价,要么坚持通常的真理观,认为某些理论与证据相符,因此它们是正确理论。无论哪一种情况,**整理**的比喻和**适合**的比喻都说明,一种语言或概念系统可以翻译成另一种语言或概念系统;于是,经验主义的第三个教条垮台了,因为它主张,不同的概念系统与经验内容互不相容。戴维森的结论是,这并不意味着,世界消失了,客观真理不存在了。毋宁说这种理论重新建立了二者的联系。

我们不再依靠未经解释的实在这个概念,因为它位于所有的概念系统和科学之外,但是我们没有放弃客观真理这个概念——事实恰恰相反。如果承认概念系统与实在的二元论教条,我们就会走向概念式相对主义,真理就会依赖概念系统。放弃了这个教条,这种相对主义就不复存在了。句子的真理固然要依赖语言,但是这无损于它的客观性。我们放弃了概念系统与世界的二元论,却没有放弃世界,而是在彼此熟悉的事物之间重新建立了直接联系,这些事物的滑稽表演是我们的句子或观点之所以正确或错误的根据。(第 198 页)

在他文章的最后这段话中,戴维森还提到一个更大的计划,目前这种讨论很可能是这个大计划的组成部分。他好像是在实现一种更大的目标,而不仅仅是为了追问概念系统这个观念。这些讨论是这个宏伟计划的组成部分,这个计划质疑现代主义所认可的自我的本质,它要改变人类主体与宇宙的关系。上述引文多少表达了这种思想,戴维森认为,他的研究旨在重新发现某种"客观真理","重新确立"人们与他们所熟悉的世界万物的"直接联系"。这就是说,必须彻底改造哲学人类学,重新理解人类认识的本质。

戴维森在《主体的神话》一文中说,现代主义区分了未经解释的经验与具有整理能力的概念系统,这个"重大错误""起源于人们对心灵的一种自相矛盾的解释,这种解释认为,心灵是心灵活动的旁观者,它是被动的,却具有批判能力"。[47] 这幅自相矛盾的心灵图像自然是起源于笛卡尔,这不仅是现代思想的主要特征,而且是大多数现代哲学问题的根源。概念系统是一种模糊思想,比这种思想更重要的一些思想,其实也是源于这种心灵图景。戴维森的说法有点像公开的否认,他说:"人们不应该认为,概念内容的二分法统治和决定了现代哲学的主要问题,他们却可以说,人们就是这样理解主客二元论的。因为这些二元论有一个共同的起源:处于特定状态、具有特定对象的一个心灵概念。"戴维森认为,我们所需要的,是"一种全新的心灵与世界的关系",事实上,这

170

种关系正在逐步形成。[48] 由此看来,戴维森还是一个先驱,因为他拒斥无所不在的现代人类学,呼吁人们把人类主体与外部对象重新联系起来。

戴维森的言论清楚地反映了马丁·海德格尔的观点:在笛卡尔的心灵模式与表象主义的统治下,现代不仅成了世界图景的时代,而且成了概念系统的时代,尽管它们用处不同,其实质却是同一的。马尔帕(J. E. Malpas)深刻地指出,"从某种意义上说,戴维森对概念系统的反驳,与海德格尔所批判的'世界图景'的思想并行不悖,不过后者的批判具有更广的覆盖面……'世界图景'的思想把世界理解为一幅图景。"[49]我们知道,对海德格尔来说,世界一旦被理解为一幅客观的图景,世界观概念就会凸显出来。戴维森也认为,世界一旦被理解为一种有待于语法分析的事物,人们可以按照某种组织原则来分析它,那么概念系统这种思想必然会出现。因为戴维森和海德格尔都认为,自律的人类是客观宇宙的对立面,他们试图通过主观心灵的语言和概念来理解宇宙的本质,这种思想与人类的本质特征恰好相反,与人类所熟悉的理解世界的方式、在世界上生存的方式恰好相反。弗兰克·法雷尔(Frank Ferrell)准确地把握了戴维森与海德格尔共同关心的问题,以及二者的相似之处。

和戴维森一样,海德格尔试图重新思考主体性的结构,因为这是现代哲学诸多问题之源。他拒不接受主体具有决定作用的思想,因为这种观点认为,主体能够独立不依地构造、整理对象世界,或把自己的模式赋予对象世界。思维之所以是思维,正因为它已经"属于"世界,已经表现了自己的特征。正因为"面对着"世界,置身于特定环境之中,我这个思维者或体验者的活动,才能获得实在的内容;语言不是要表达某种概念系统,而是一种"敞开状态",事物本身就显现在这种敞开状态之中。我们无须把遥远的主体性带回到事物那里,因为主体性的本质恰恰在于,它总是与事物密不可分。[50]

海德格尔与戴维森以类似的理由,提出了令人信服的论点,他们认

171

为,现代人类学有其自身的价值,因为它坚持客观主义知识论,坚持自主选择,于是出现了世界图景与概念系统的时代。海德格尔当然想用某种本真的、具有生存意义的存在体验来取代世界图景,戴维森则试图以一种通常所谓知识与意义的整体性理论来取代概念系统。以海德格尔与戴维森的思想为出发点,将二者融为一体,我们似乎可以说,世界观概念是现代思想的特殊产物。因为这个观念主要探讨作为主体的解释者对自然、世界和世界万物的运动的基本理解,因此它深深扎根于现代哲学这片沃土。戴维森思想的评论家会如何看待这个论点呢?

对戴维森概念系统批判的回应

戴维森的思想当然不乏批评者,他们总会以不同的方式,论及概念内容这种划分的可行性。[51] 克劳特(Kraut)做了一个有趣的比较,他认为,"概念内容这种划分好比人们所谓'里面-外面'的区别:这确实是一种划分,没有它,人们就会觉得不方便;但是我们不可能因此而认为,一个完全独立于人们生存空间的领域是存在的。"[52] 同样的道理,概念系统与经验内容的区分确实存在,实际上,这种区分是必然的,因为具有自我意识、能够使用语言的人类,必然会拥有一个世界,他们必须理解这个世界。虽然概念与内容各不相同,它们却从未有过分离,好比里面和外面、一个硬币的两面,换个比方说,它们好比一架飞机的两个机翼。因此克劳特认为,概念系统这个观念包含着分割、划分或整理世界等意象,我们不应该认为,这是一种错误的知识论。根据人类的自然倾向,概念系统的内容与解释者所赞同的本体论其实是对应的,其理由如下:"不同概念系统的可能性对应于不同理论的表现力与辨别力。这些差异并不意味着通常所谓的翻译是不可能的;它们具有非常有趣的本体论意义,所有的概念论者都试图通过比喻来捕捉这种意义。"[53]

实际上,如乔治·拉科夫(Gorge Lakoff)与马克·约翰逊(Mark Johnson)所言,虽然概念系统是人类理解实在的工具,是他们思考、解释、体验世界的工具,也是他们生存于世的工具,但是它"很大程度上是一种比喻"。[54] 不同的内容揭示了概念系统的可变性,这些内容的基础

172

即"我们所依赖的那些比喻",它们与某种范式是不相容的,因此不能进行直接的翻译。

戴维森认为,能够翻译成自己的语言,是某物之所以为语言的重要标志,也是概念系统存在的主要标志,尼古拉斯·雷彻认为,戴维森的论断走过了头。毋宁说我们应该坚持较弱意义上的可解释性。"我们完全有理由认为,专注于真正的**翻译**是一种误导。这里的主要范畴当然不是**翻译**,而是**解释**。'有自己的语言'不(一定)是说,我们能够逐字逐句地把他们说的话**翻译**成我们的语言,而是说我们能够**解释**他们说的话——以释义、'解释'等方式来理解他们的话。"[55]

雷彻说,如果我们坚持认为,可以翻译为自己的语言,是概念系统
173 存在的唯一标准,我们就不可能说明,不同系统之间的本质差异究竟是如何出现的。如他所言,"这些系统的区别恰恰在于,我们不得不诉诸释义或迂回的表述[即解释]"(第327页)。在他看来,概念系统确实有差异,甚至是完全不同,"这并不是说,[某个系统]对事物做了不同的描述,而是说它描述了完全不同的事物。"他的详细阐述如下:"不同系统所包含的,是用概念来表述事实的不同方式——这是人们**想要描述**的一些事实——这种描述旨在揭示事物的存在方式。不同的概念系统提出了不同的理论,而不是关于'同一事物'的不同理论……是关于不同事物的不同理论。由一个概念系统向另一个概念系统的转变,从某种意义上说,是话题的转变。它讨论的不是原来的那些问题。"(第331页)

因此雷彻认为,不同的概念系统实际上是一些互不相容的概念,一个系统中的主要问题根本不可能出现在另一个系统中。他的主要论点是,"不同概念系统之间的差异不在于它们具有不同的特征……而在于它们的互不相容,互不相干……因此概念划分的关键在于,它们的话题没有一致性——换言之,一个概念所描述的事物,完全处于另一个概念之外。"(第333页)不同的概念系统是真实存在的,它们并非如戴维森所言,是通过不同概念系统之间的互译来辨识,它们可以被辨识,是因为它们都具有一种解释能力,能够充分体现不同系统的真正差异。

概念系统与世界观看来是现代世界的思想宝库中必不可少的一个组成部分。"拒不承认不同概念系统的做法毕竟不合常规——仿佛某

个不现实的人,故意对别人的所作所为视而不见。"(第 324 页)人们的所作所为就是对概念系统的一种理解,这是他们解释世界的方式。然而,在由现代转向后现代的过程中,这些意义系统的意义也发生了重大变化。

"世界观"与后现代性

进入现代社会以前,一般的西方人,尤其是基督徒真的相信,通过上帝及其在圣经中的自我启示,我们能够从总体上把握宇宙、宇宙中的各种事实及其价值观念。现代以来,思想的重心从上帝转向人类、从圣经转向科学、从启示转向理性,人类相信,以自己为出发点,通过自己的认识方法,就能理解世界,即使不能理解其价值观念,至少也能理解其诸多事实。后现代以来,人类的信心又发生了变化,客观的无所不知的认识者消失了,把握宇宙的真理、宇宙中的事实及其价值观念的希望破灭了。让-弗朗索瓦·利奥塔给这种局面起了一个广为人知的名字:"对宏大叙事的不信任",[56] 换言之,后现代主义不相信,某种世界观或宏大的实在论具有真理性,人们应该相信它,宣传它。留给后现代人的,是许许多多建立在社会和语言之上的意义系统,哪一个系统都没有特权或霸权,都非常宽容。用海德格尔讲稿的题目说,后现代主义强调世界**图像**,"不可胜数的**话语方式**"[57] 是其主要特征。如格里菲恩(Griffioen)、毛瑞祺(Mouw)和马歇尔(Marshall)所言,随后出现的多元主义预示着一个后世界观时代的到来。"人们不再用世界观的冲突一类的术语来描述这种彻底的多元论,因为只有当世界观是同一个'世界'的不同[理论]阐述时,它们才会发生冲突。[后现代性]……是彻底的多元论,并没有一个独一无二的'世界'——有多少种世界观,就有多少个世界。我们可能……正处于一个世界观思想即将消失的时代。"[58]

后现代主义的到来是否意味着世界观思想的终结?[59] 为了回答这个问题,我将考察后现代思想的几个重要方面,以此来结束我们对世界

174

观概念的哲学史的探索。

雅克·德里达对逻各斯中心主义及在场形而上学的解构

如果说世界观与某种语言有关,其目的是准确地表现实在,那么它们正好成为雅克·德里达(1930—2004)解构计划的主要对象。解构理论以语言为中心(具体地说,以实在论的语言理论为中心),它强烈质疑语言能够准确而客观地表现实在。如沃尔特·楚厄特·安德森(Walter Truett Anderson)所言,德里达之类的解构主义者旨在说明:"说真话是一件很难的事情。"[60] 世界观一旦被解构,就会变成一种自我指认的语言符号系统,不再具有真正的形而上学、知识论或道德教育的意义。

德里达的批判主要针对西方思想传统中的一个基本概念,即他所谓"逻各斯中心主义"(logocentrism)。顾名思义,语词(逻各斯[*logos*])占据了西方话语和写作理论的中心位置,成为意义和真理的可靠工具。根据这一可敬的传统,语词是一些符号,它们能够表述一种高于文本符号的终极实在。这种终极实在以语言为媒介,是所有的意义和真理的基础和最高标准。除了怀疑主义,人们完全相信,人类的心灵能够理解客观实在的本质,并以语词为媒介,表述这种本质。特里·伊格尔顿(Terry Eagleton)在评价德里达的这种批判时清楚地指出,西方思想如何长期坚持逻各斯中心主义,始终在寻找一种终极实在,以此为人类所有思想、语言和经验的稳固基础。

> 西方思想一直在寻找一种能够赋予所有事物以意义的符号——所谓"超验的能指"(transcendental signifier)——这是一种精神支柱,一种毋庸置疑的意义,我们可以说,所有符号皆以此为参照(所谓"超验的所指"[transcendental signified])。许许多多这样的符号——上帝、理念、世界精神、自我、实体、物质,等等——不断涌现。每一个概念都试图建立一个完整的思想和语言体系,因此,它本身必须处于这个体系之外,不受语言差异的污染。它绝不能陷入语言的牢笼,因为它要规范语言,成为语言的基础。[61]

人们在寻找一种能够承载终极实在的语言——"超验的能指"，这自然意味着这种终极实在——"超验的所指"——的存在。换言之，西方的逻各斯中心主义与德里达所谓的"在场形而上学"（metaphysics of presence）携手并进，在场形而上学认为，具有形而上学实在性的某种事物真的在场或真实地存在着。根据布赖恩·沃尔什（Brian Walsh）和 J. 理查德·米德尔顿（J. Richard Middleton）的解释，"在真理的概念系统中在场的，据说是一种真实的**事实**（given），它先于语言和思维而存在，另一方面，通过语言和思维，我们完全能够理解它。换言之，西方思想传统……声称，它能够准确地反映和表现实在，可以说，它就是事物真实存在的一面**镜子**。"[62] 被准确地再现出来的这种形而上学在场（metaphysical presence），是诸多概念构架的枢纽，因此，它制约着不同哲学思想的发展。如德里达所言，"这个枢纽的作用不仅在于指导、协调、组建概念……更重要的是，它必须保证，这个组建原则能够制约我们所谓概念构架的作用。"[63]

西方的形而上学传统——古代的、中世纪的和现代的——认为，语言能够真实地模仿或模拟实在，这就是德里达试图推翻的一种主张。和尼采激进的视角主义一样，德里达抛弃了逻各斯中心主义和在场形而上学的理论。他不相信，人类能够通过语言而接近实在，能够认识先于语言和概念的实在。如果中心或可以接近的中心本来就不存在，"上帝、理念、世界精神、自我、实体、物质等"本来就不存在，那么任何事物都是语言，都是符号的自由发挥和自由解释。"文本"之外无物存在。"阅读……不可能合情合理地超越文本而面对一个不同于文本的事物，面对一个所指对象（一种形而上学的、历史的或心理传记性的实在），或者面对文本之外的一个符号，其内容并不在语言之内，就是说，我们应该听命于通常所谓写作之外的那个语词……文本之外无物存在。"[64]

如果语言不能模仿最高真理或最高实在，它不过是一个自我指认系统，那么语言具有任意性。语词的意义取决于它们在某一语言系统中所占的位置。在这样的语言系统中，各种可能性能够自由地发挥作用，几乎没有任何边界来限定读者在文本中发现的或他们赋予文本的那些意义或解释。语词是一些模糊不清的对象，其意义模棱两可，几乎

无法界定。德里达认为,语词没有固定不变的具体定义,语言系统变化
177 不定,语词的"意义"就出现在**各不相同**的语词中,因此,我们必须无限
期地**推迟**最终意义或最终解释的可能性。[65]

由此看来,西方思想家所谓形而上学的**在场**,即通过语言我们能够
接近的那种原始实在,其实是形而上学的**不在场**。信仰体系据说能够
使信徒接触到实在世界,它们不过是人类的解释。如果说人们根本找
不到作为最高形而上学参照系的那个"超验的所指",他们就只好不停
地玩弄所谓"超验的能指"。除了"不停地玩弄符号",[66] 解构理论不仅
推翻和驱逐了概念系统,而且推翻和驱逐了"非话语性力量"和"非概念
性秩序",这本来是概念系统得以产生和维持的基础。

> 解构理论不可能限制自身,或直接宣布保持中立:它必须……
> 否定传统的对立状态,全面清除传统思想。只有这样,解构理论才
> 能找到一种合适的方法,来批评传统的对立状态,这种方法也是一
> 种非话语性力量。另一方面,每一个概念都属于一个概念系统,它
> 本身就是不同属性的统一体。根本不存在什么自在自为的形而上
> 学概念。概念系统有自己的作用——这种作用可能是形而上学的,
> 也可能不是。解构理论不是要从这个概念过渡到那个概念,而是
> 要推翻和驱逐概念体系,以及用来阐述这些体系的非概念性
> 系统。[67]

这简直可以说是戳穿了整个西方思想与文化传统的老底,亮出了
它的本来面目(至少德里达是这样认为),就是说,西方文化是一个骗
局。如果我们提出这样的问题:不同的概念系统究竟具有哪些知识意
义和形而上学的意义?两千多年以来,一直推动着西方思想的那些世
界观和文化体系,究竟有什么作用?回答应该如下:解构的过程昭示我
们,它们不过是我们的解释,虽然我们认为,它们是事物固有的,全然不
知我们是它们的创造者。我们是世界的建筑师,是制造实在的工匠。
178 解构理论明确宣布,它要克服我们"把抽象概念物体化"[68]的错误思想,
这是后现代思想的一个核心概念,彼得·贝格尔和托马斯·卢克曼仔

细研究过这个概念，从此，学术界开始注意这一问题。

彼得·贝格尔和托马斯·卢克曼论"抽象概念的物体化"

贝格尔和卢克曼曾就"作为一种客观实在的社会"展开过讨论，通过研究社会制度的历史可变性，他们针对社会制度客观化的方式提出这样一个重要问题："从哪种意义上说，我们认为，一种社会制度或这种制度的某一方面具有非人为的真实性？"[69] 这是一个有关"社会实在具体化"的问题，他们对这个概念的定义如下：

> 抽象概念物体化是我们对人类现象的一种解释，这些现象仿佛实实在在的事物，换言之，人们用非人类的，甚至超越人类的词语来描述它们。换一种说法：抽象概念物体化是我们对人类活动结果的一种解释，这些结果似乎不同于人类的活动——例如自然事实、普遍规律的作用或神意的显现。抽象概念物体化的意思是，人类忘记了自己就是人类世界的创造者，另一方面，他们全然没有意识到，作为创造者的人类与人类作品之间，还存在着一种辩证关系。从定义看，物质化了的世界是一个没有人性的世界。根据人类的经验，这是一种陌生的事实（*opus alienum*），一种他们无法驾驭的事实，而不是他们创造活动的结果（*opus proprium*）。[70]

作为一种意识形态或理解事物的方式，抽象概念物体化就是人类世界的完全客体化，"被客体化了的世界是人们无法理解的，它没有人类的痕迹，是一种固定不变的、没有人性的、被动的事实"。人们不再认为，人类发现的各种意义是一些能够创造世界的事物，在他们看来，意义植根于事物的本质。具有讽刺意味的是，人类创造了文化和社会现实，它们却拒不承认，自己是人类的创造物。人类能否回想起自己是世界的创造者这个事实呢？人们能够澄清这个事实吗？贝格尔和卢克曼认为，"问题的关键在于，［人们］是否记得，无论客体化的程度多么高，人们的世界是他们自己创造的——因此，他们可以重新创造这个世

179

界。"[71] 以下引文来自肖伯纳（George Bernard Shaw）的剧作《凯撒与克利奥帕特拉》（*Caesar and Cleopatra*），它辛辣地讽刺了一个不幸失去这种记忆的人："原谅他吧，西俄多托：他是个野蛮人，他认为，那个部落、那个小岛的习俗，就是自然的律法。"[72] 这个可怜的野蛮人表达了人们通常所谓抽象概念的物体化，这种思想反映了人们对安全和真理的渴求。

贝格尔和卢克曼指出，人们可以通过抽象概念的物体化来理解社会制度的整体及其组成部分（例如婚姻问题）。社会角色也是抽象概念物体化的主要事例（例如丈夫、父亲、将军、主教、董事会主席、强盗、刽子手、犹太人）。贝格尔和卢克曼认为，以下事实具有特别重要的意义：抽象概念物体化是前理论思维和理论思维共有的现象。前理论思维的抽象概念物体化过程，主要表现在普通人的思想中，无论从本体的角度看，还是从历史的角度看，这些人所理解的社会制度已经彻底地物体化了。"那就是事物的存在方式，它们就是那样发生的。"复杂的理论体系也被物体化为绝对的事物，尽管它们来自前理论思维的抽象概念物体化过程，这些物体化过程扎根于各不相同的社会环境。[73] 因此，人们在创造了制度、习俗、社会角色、神话、法律，以及信念体系之后，就会刻意去做某些事情：他们忘记了自己是这些事物的创造者，他们全然不知，他们生活在一个自己创造的世界中。[74]

后现代主义的很多思想——特别是德里达的解构理论——旨在使个人和社会认识到，他们创造了自己的世界，根本不存在任何超验的、永恒的、自然的或超自然的事物。这是最重要的破除偶像之举。"解构理论不是像虚无主义所主张的那样，要破除一切，相反，它要通过揭示抽象概念的物体化过程，积极地医治后现代文化（因为它正在解体）。我们要勇敢地面对自己创造的概念，把它们当作我们的创造。"[75] 贝格尔和卢克曼认为，外在于某人的这种意识的非物体化，是内在于他的意识非物体化的结果，这种现象尤其表现在文化史和个人生活的靠后阶段。[76] 难怪所有的文化和所有的人直到历史和人生的靠后阶段，才认识到抽象概念物体化的事实及其错误所在。

世界观与人们对语言能力的信心有关，他们认为，语言能够表述实在的真理，而实在是一种真实的存在，从这种意义上说，德里达解构逻

180

各斯中心主义、批判在场形而上学的努力，似乎把这些世界观思想送上了绝路。它们都不能反映实在。贝格尔和卢克曼认为，在后现代时期，人们必须承认包括世界观概念在内的所有思想概念的真实存在，换言之，人们必须承认，它们是人类的创造物，不过人类患有严重的思想健忘症，他们完全忘记了文化是他们创造的。因此人们必须承认，所有的世界观都是抽象概念的物体化，就是说，它们是一些由人类创造的独立不依的概念系统，说到底，它们与某种外部实在或客观真理没有任何关系。不仅如此，它们还是一种具有悠久历史的伪知识，是政治权力和社会压迫的工具。

米歇尔·福柯及其知识、谱系与权力

人们认为，米歇尔·福柯（1926—1984）是"尼采的现代信徒中最重要的一位"，这个评价恰如其分。他既是历史学家，又是哲学家，还是文学评论家，以及其他角色，当然不是现代意义上的某种专家。[77] 用他自己的话说，他之所以进行详尽的研究，正是为了"创造另外一种历史，在这一历史进程中，我们文化中的人类应该被当作主体"。[78] 许许多多文化力量会影响人类的生活，这似乎是他学术研究的主要对象。爱德华·赛义德（Edward Said）解释说："他研究并揭示了知识和自我的各种技术，它们困扰着社会，使之易于统治和管理，变得循规蹈矩，与此同时，这些技术却发展得无人能够驾驭，既无界限，又无原则。"另一方面，在学术批评领域，作为一个有志于分析"人类死亡现象的哲学家"，福柯"消解了现代人类学所谓同一性和主体性的思想模式，因为它们是人文科学和社会科学研究的基础"。[79] 福柯清楚地指出，人们具有各自的社会作用，但不是因为他们是笛卡尔所谓自由而独立的自我、离群索居的艺术家、天分卓越的个人或训练有素的专业人员，而是因为意识形态、训练、话语和知识具有一种权利：它们能够事先制定所有人的思想、语言和行为必须遵守的一些规则。福柯概括出有关这些规则的一些规则，揭露了它们的权利机制。知识的权力尤其表现在医疗机构、精神病院和人类性活动的历史上，福柯不容许人们对此抱任何幻想。[80] 我们可

181

以问：世界观概念在福柯的分析中具有什么作用呢？

知识（episteme）是福柯思想中的一个关键概念，表面看来，它与世界观概念具有家族相似性。帕米拉·梅杰-普策（Pamela Major-Poetzl）也是这样认为，她写道："**话语**（discourse）、**知识**这两个术语常常被认为是作者特有的表达方式，通俗地说，它们的意思是**纪律**和**世界观**。"[81]这种论点似乎有原著作证，特别是在《事物的秩序》中，古代的知识被很多读者解释为一个基本范畴，他们认为，这是 17、18 世纪思想成果的基础。福柯曾这样写道："在任何时期的任何文化中，总有一种能够界定所有其他知识的可能性的知识，它可能表现为一种理论，也可能悄然无声地表现为一种实践活动。"[82]福柯认为，知识大厦是一个复杂的结构；知识好比一种世界观，是这个非常复杂的结构的组成部分。在《知识考古学》一书中，福柯指出，"人们也许认为，知识类似于一种世界观，这是所有种类的知识都共同具有的一段历史，它把相同的标准和规范赋予每一种知识，它是理性的一个发展阶段，是一种特殊的思维模式，某个历史时期的人们都无法逃避这种思维模式——这是某个无名氏一挥而就的一部大法典。"[83]这句话很有趣，因为它包含着福柯本人对知识和世界观的描述，尽管二者关系密切。它们都有一套必不可少的原则和规范、一种推理方法、一种思维模式以及一套能够产生和规范形式知识的各个方面的法则。

与此同时，当福柯说**知识**是一个重要的认识层面，人们不应该认为它与世界观是一回事的时候，他又在某种程度上混淆了概念。他在《知识考古学》的导论中承认，《事物的秩序》一书的方法不够完善，人们也许会说，他的"分析立足于文化的整体"。[84]这应该是一种误解。在后来的英文版《事物的秩序》中，福柯指出，这本书原来的目的不是要"分析通常所谓古代文化，也不是要探求一种世界观，而是要进行一番真正的'区域性'研究"。[85]能够证明这一点的，还有《知识考古学》。他认为，从某种意义上说，该书旨在修正包括《事物的秩序》在内的以前几部著作的论点。福柯清楚地指出，他的"目的绝不是要使用文化整体之类的范畴（如世界观、理想的形式、某个阶段的时代精神），把结构分析的各种形式强加于历史"。[86]福柯区分了知识与世界观，这是其历史方法论的

182

一个方面。他试图把前者理解为一个不可见的具有地域特征的信念层面,我们决不能把它与实在的总体性阐述混为一谈。

尽管含义模糊,但是知识的这种原始而规范的作用,正是福柯迫切希望揭示出来的内容;为了达到这个目的,他没有采用通常的历史研究方法,而是采用了众所周知的"考古学方法"和"谱系学方法"。"他着力研究的不是人们知道了什么(历史学),为什么会有知识(知识论),而是知识的不同领域究竟是如何产生的(考古学)。"[87] 他不仅想知道知识的结构,而且想了解它们的起源(谱系学)。弗里德里希·尼采的《道德的谱系》启发了福柯,他暂时把这种思想称为"渊博的知识与区域性记忆的结合,这种结合允许我们历史地认识各种斗争,然后巧妙地使用这种知识"。通过进行谱系学的研究,人们应该能够掌握、公开和使用这种主观性知识。[88] 谱系学的使用最后还是超过了考古学,尽管如此,福柯还是希望它们能够共同发挥作用。[89]

183

知识的考古学研究和谱系学研究与福柯对权力问题的思考密切相关。他呈现给读者的是这样一个世界:人类受制于语言的结构和知识的权威,这是他们不可逃避的处境。人类的所有对话都是一种权力游戏,所有的社会结构都具有压迫功能,所有的文化背景都具有专制的特征。在福柯的宇宙中,特殊的或超验的、不受历史的相对性或社会的统治力量制约的话语是不存在的。世界上到处都是权力意志,社会关系都会受到它的污染。[90] 所有话语行为都意味着一定形式的权力政治学和知识专制主义,根据福柯的解释,"真理不在权力之外,真理本身不是没有权力。"

> 真理是这个世界上的一种事物:它产生于各种各样的限制。它导致了权力的诞生。每个社会都有自己的真理模式,即真理的"大众政治学":它认可某种形式的话语,认为它们是真理;它认为,某些机制和事例能够使人辨别真假判断,真理就是这样被认可的;在发现真理的过程中,认识真理的方式和方法也有了某种价值;有人拥有这样的地位:人们认为,他们的话就是真理。[91]

知识与权力也有某种联系,因为知识与话语有关,话语能够创造世界。话语创造的世界是一个拥有制度、知识和惯例的世界,现行的政治制度认为,它们很有用。知识确实是有权者的权力。因此,福柯建议人们放弃以下观念:知识能够以某种方式独立于人们的计谋,服务于大众的利益。他是这样表述的:

> 我们应该承认,权力能够产生知识……权力与知识具有直接蕴含的关系;任何权力关系都会产生一个与之相应的知识领域,反过来,任何知识都会预设、构造这样一种权力关系。因此,人们在分析"权力-知识的关系"时,不应该立足于知识的主体,无论这个主体在相应的权力体系中是否拥有自由,恰恰相反,具有认识能力的主体、有待认识的客体以及认识的方式,必须被理解为权力-知识这种基本的蕴含关系及其历史发展的结果。简言之,能够决定知识的形式和可能的领域的,不是知识主体的活动,无论这种活动是否对权力有用,而是权力-知识这种关系及其包含着的那些过程和斗争,这些过程和斗争就是它的内容。[92]

世界观是一些知识概念,它们也不会独立于权力知识关系之外。作为人生观和实在论,它们决定着人们的思想、价值观念和行为,不应该把它们简单地理解为一些中性的概念;事实上,它们服务于某种社会政治目的,有利于权力的巩固(例如有神论有利于教会,自然主义有利于马克思主义和达尔文主义,等等)。用福柯的怀疑主义术语说,世界观不过是权力精英们的语言构造。它们是一种不在场的实在(absentee reality)的反映,是社会压迫的有效工具。

所有的世界观都是关于实在的一些具有威慑作用的假设,它们是有效的强制工具;无论它们多么适合福柯所理解的知识的秩序,人们都必须把它们"与那些关系的整体联系起来,因为在任何历史时期,这个关系的整体都是话语活动的纽带,话语活动则是……各种规范性制度的源泉"。[93] 既然如此,人们也必须对它们进行考古学的和谱系学的研究,以揭示其思想结构和认识根源。这种研究将昭示人们,这些世界观究竟在为"谁的正义服务，为哪一种理性服务"。福柯再现了高尔吉亚（Gorgias）和普罗泰哥拉的思想，他的话可归纳如下：无物存在；即使某物存在，人类也不可能思想或理解它；即使人类可以理解它，他们也无法表述它；即使他们可以表述它（他们真的能够表述它），他们也只能通过话语惯例来表述，而话语惯例总是服务于强者的利益！总之，福柯式后现代主义者的结论必然如下：世界观不过是终极实在的一些伪诠释，这些伪诠释都披着话语权力的外衣。

在后现代社会中，世界观思想经历了重大变化。雅克·德里达认为，它们是逻各斯中心主义所谓的一些思想和信念体系，我们必须解构这些体系，揭示其本来面目：它们是一些能够自我指认的符号系统，与外部实在没有任何关系。历史悠久的西方传统认为，哲学主张有一个客观的参考系，其实在世界观"文本"之外无物存在，世界观能够把宇宙概念化，却不能把无边无际的形而上学不在场概念化。因此，世界观实际上是一些精致的物体化了的抽象概念——用贝格尔和卢克曼的话说，我们可以把它们理解为一些已经得到确立的概念系统，我们认为，它们立足于某种公认的客观性，然而，它们起源于人类的事实却被遗忘了，这是一件危险的事情。米歇尔·福柯认为，世界观是认识层面的相关产物，而知识是认识的原始层面；他为我们提供了一个理解世界观的基础，因为世界观是知识/权力关系的组成部分，而这种关系只是服务于强者或努力成为强者的那些人。对这些系统的起源和内容进行彻底的考古学和谱系学的分析研究，必将揭示其真实本质及其在社会上发挥作用的方式，因为它们能够塑造自我，创造人类经验的基本范畴。因此，从现代到后现代的过渡，明显地改变了人们对世界观概念的本质和特征的理解。

185

结语

路德维希·维特根斯坦、唐纳德·戴维森和后现代主义者对基督徒所理解的世界观概念提出了哪些问题？与胡塞尔和海德格尔相反，维特根斯坦抛弃了实证主义者用来描述事物本质的所有方法（无论他早期的语言观如何认为），他认为，所有的世界图景都是由不可证实的语言游戏组成的，这些语言游戏扎根于不同的生活形式。现有的图像和与此相关的话语方式都没有真实性，但是他的哲学方法毕竟促使人们认识了不同的社会生活，提高了他们的自我认识。维特根斯坦的世界图景这个概念，引发基督徒去思考这几个问题：（1）基督徒的生活形式具有哪些显著特征？有没有一种与此相关的、以圣经为基础的、特殊的话语方式？（2）基督徒的不同生活形式和语言游戏是如何加以区分的？为什么会有这样的区别？（3）从知识的角度看，基督徒的世界图景能否成立？如果能，它又是如何成立的？它是否是一种单纯的信仰许诺，与其他许多宗教和哲学并行不悖？换言之，基督教怎样才能避开维特根斯坦式信仰主义的陷阱？（4）最后，维特根斯坦哲学思想的世界观基础究竟是什么？

186 唐纳德·戴维森根据不同语言可以互相翻译的事实，戳穿了不同概念系统的思想。与此同时，他还试图推翻现代主义者的主客二元论，他认为，这是经验主义的第三个教条。他的观点很接近海德格尔的思想，因为他试图把认识者和认识对象重新联系起来。我们应该考虑如下问题：（1）基督教教义的哪些方面能够为不同的概念系统提供真正的基础？宗教教义和人心的内容如何可能成为不同实在论的基础？（2）不同的概念系统之间，基督教和自然主义或泛神论之间，难道没有真正的区别？基督教概念系统的总体特征是什么？其他概念系统的总体特征又是什么？（3）从很多方面看，人类历史就是不同的概念系统互相争夺文化霸权的斗争过程，果真如此吗？发生于历史的核心地带与人类心灵深处的属灵之战，难道不能被理解为正确世界观与错误世界观、正确宇宙观与错误宇宙观的冲突吗？

最后来看后现代主义。后现代主义者抨击西方传统文化，因为这种文化坚信，语言是实在的载体，与此同时，后现代主义拒不承认，人类能够接近超越语言的真理。所有世界观都是抽象概念的物体化，都是人类思想的产物；人际关系在政治上只是服务于强者的利益。后现代思想促使我们思考以下问题:(1)后现代主义不是以自然主义世界观为其理论基础吗?(2)后现代主义声称,任何世界观都没有连贯性,这难道不是一种世界观?这不是自相矛盾吗?(3)基督教世界观对于我们理解语言的本质、超文本的实在的可认识性(尤其在启示的帮助下),究竟有何意义?(4)在此基础上,我们可以说,基督教远比后现代主义更有说服力,实际上,它是一种正确理论,因为它宣扬上帝存在的福音,宣扬宇宙的神圣本质和意义,宣扬作为上帝形象的人的尊严,宣扬通过耶稣基督的工作和圣灵的能力,人类有望获得彻底的救赎,难道不是如此吗?

注释:

1. Nicholas F. Gier, *Wittgenstein and Phenomenology: A Comparative Study of the Later Wittgenstein, Husserl, Heidegger, and Merleau-Ponty*, SUNY Series in Philosophy (Albany: State University of New York Press, 1981), p.48.基尔在该书的几个地方都论及维特根斯坦与人生哲学的联系,以及他对世界观哲学的认同(pp.49-71,101-102,113)。他总结说:"维特根斯坦主张彻底的多元论,这种思想立足于不同世界观和世界图景的可能性,不再贬低'特殊情况',保持了生命体验的完整性和丰富性。"(p.48)

2. 参见 James C. Edwards, *Ethics without Philosophy: Wittgenstein and the Moral Life* (Tempa: University Presses of Florida, 1982), pp.184-185。

3. Ludwig Wittgenstein, *Philosophical Investigations*, trans. G. E. M. Anscombe, 3rd ed. (New York: Macmillan, 1968), §115 (p.48e).

4. Wittgenstein, *Philosophical Investigations*, §309 (p.103e).

5. Ludwig Wittgenstein, *Zettel*, ed. G. E. M. Anscombe and G. H. von Wright, trans. G. E. M. Anscombe (Los Angeles: University of California Press, 1970), §461 (p.82e).

6. Henry LeRoy Finch, *Wittgenstein: The Later Philosophy—An Exposition of the "Philosophical Investigations"* (Atlantic Highlands, N. J.: Humanities Press, 1977), p.246.

7. Ludwig Wittgenstein, *Tractatus Logico-Philosophicus*, trans. D. F. Pears and B. F. McGuinness, introduction by Bertrand Russell (London: Routledge and Kegan Paul, 1961), §§6.371,6.372 (p.70).

8. Ludwig Wittgenstein, *Culture and Value*, ed. G. H. von Wright and Heikki Nyman, trans. Peter Winch (Chicago: University of Chicago Press, 1980), p.78e.

9. 转引自 Gier, p.62。

10. Ludwig Wittgenstein, *Remarks on Frazer's "Golden Bough,"* ed. Rush Rhees, trans. A. C. Miles, rev. Rush Rhees (Atlantic Highlands, N. J. : Humanities Press, 1979), pp.8e-9e.

11. Wittgenstein, *Philosophical Investigations*, §122 (p.49e).

12. Judith Genova, *Wittgenstein: A Way of Seeing* (New York: Routledge, 1995), p.50.从维特根斯坦的著述看,世界观概念还有另外两种用法,参见 Ludwig Wittgenstein, *Notebooks, 1914-1916*, ed. G. H. von Wright and G. E. M. Anscombe, trans. G. E. M. Anscombe (New York: Harper and Row, Harper Torchbooks, 1969),05.06;以及 *On Certainty*, ed. G. E. M. Anscombe and G. H. von Wright, trans. Denis Paul and G. E. M. Anscombe (NewYork: Harper and Row, Harper Torchbooks, 1972), §§421-422 (p.54e)。

13. James Edwards, p.184.

14. Finch, p.7.对维特根斯坦的思想和学术生平做如此明确的划分,这种做法近来受到几位维特根斯坦研究者的质疑,参见 *The Cambridge Dictionary of Philosophy*, 2nd ed. (1999), s. v. "Wittgenstein, Ludwig",简要讨论了这一问题。

15. Gordon Hunnings, *The World and Language in Wittgenstein's Philosophy* (Albany: State University of New York, 1988), p.244.

16. Norman Malcomb, "Wittgenstein's *Philosophical Investigations*," in *Wittgenstein: The Philosophical Investigations*, ed. George Pitcher (Garden City, N. Y. : Anchor Books, 1966), p.91.

17. Wittgenstein, *Philosophical Investigations*, §19 (p.8e).

18. Ibid., §23 (p.11e).维特根斯坦还建议读者"考察以下例子以及其他例子中语言游戏的多样性:发出命令,以及服从命令——描述一个对象的外观,或量一下它的大小——根据描述(画图)构造一个对象——报道一个事件——思考一个事件——提出并且检验一种假说——用图表来说明实验的结果——编一个故事,再把它讲出来——演戏——唱歌——猜谜语——编笑话,再把它讲出来——解一道应用算术题——把一种语言翻译成另一种语言——请求、感谢、谩骂、问候、祈祷"(pp.11e-12e)。

19. Wittgenstein, *Philosophical Investigations*, §23 (p.11e).强调为笔者所加。

20. Finch, p.90.

21. Wittgenstein, *Philosophical Investigations*, §241 (p.88e).

22. Ibid., IIi (p.174e).

23. Ibid., IIxi (p.226e).

24. 转引自 Gier, p.70.

25. Gier, p. 68.

26. James Edwards, pp. 168 - 174.

27. Finch, pp. 221 - 222.

28. Finch, p. 222. 关于维特根斯坦的比喻,参见 *On Certainty*, §152 (p. 22e), §97 (p. 15e), §211 (p. 29e), §341 (p. 44e)。下文所注页码皆是 *On Certainty* 的页码。

29. Genova, p. 208 n. 13.

30. 有几位学者试图勾勒维特根斯坦世界观的轮廓,他们是 K. Kollenda, "Wittgenstein's *Weltanschauung*," *Rice University Studies* 50 (1961): 23 - 37; J. F. Miller, "Wittgenstein's *Weltanschauung*," *Philosophical Studies* 13 (1964): 127 - 140; Wilhelm Baum, "Ludwig Wittgenstein's World View," *Ratio* 22 (June 1980): 64 - 74.

31. Gertrude D. Conway, *Wittgenstein on Foundations* (Atlantic Highlands, N. J.: Humanities Press, 1989), p. 168.

32. Nelson Goodman, *Ways of Worldmaking* (Indianapolis: Hackett, 1978), p. x.

33. Donald Davidson, "The Myth of the Subjective," in *Relativism: Interpretation and Confrontation*, edited and introduction by Michael Krausz (Notre Dame, Ind.: University of Notre Dame Press, 1989), p. 160.

34. C. I. Lewis, *Mind and the World Order* (New York: Scribner, 1929), p. 38.

35. Lewis, p. 36.

36. Steven D. Edwards, *Relativism, Conceptual Schemes, and Categorical Frameworks*, Avebury Series in Philosophy of Science (Brookfield, Vt.: Gower, 1990), p. 120.

37. Joseph Runzo, *World Views and Perceiving God* (New York: St. Martin's Press, 1993), p. 43 n. 3a.

38. Nicholas Rescher, "Conceptual Schemes," in *Midwest Studies in Philosophy*, vol. 5, ed. Peter A. French, Theodore E. F Uehling, Jr., and Howard K. Wettstein (Minneapolis: University of Minnesota Press, 1980), pp. 330 - 331.

39. 戴维森的这篇论文最早发表于 1973 年 12 月 28 日,美国哲学学会东部分会第 70 届年会在乔治亚州的亚特兰大市举行,本文是本次会议的主席发言。该文还刊载于 *Proceedings and Addresses of the American Philosophical Association* 47 (November 1973 - 1974): 5 - 20;以及 Donald Davidson, *Inquiries into Truth and Interpretation* (Oxford: Clarendon, 1984), 183 - 198。还可参见 *Relativism: Cognitive and Moral*, edited and introduction by Jack W. Meiland and Michael Krausz (Notre Dame, Ind.: University of

Notre Dame Press, 1982), pp. 66 - 79。Barry Stroud 提出了类似于戴维森的论点，参见 "Conventionalism and the Indeterminacy of Translation," in *Words and Objections: Essays on the Work of W. V. Quine*, ed. Donald Davidson and J. Hintikka (Dordrecht: Reidel, 1969), pp. 89 - 96。

40. Davidson, "On the Very Idea of a Conceptual Scheme," in *Inquiries and Interpretation*, p. xvii；下文所注页码皆是此书的页码。

41. 理查德·罗蒂是戴维森的对话者之一，他就此提出了自己的论点，参见 Richard Rorty, "The World Well Lost," in *Consequences of Pragmatism: Essays: 1972 - 1980* (Minneapolis: University of Minnesota Press, 1982), pp. 649 - 665.

42. Davidson, "Myth of the Subjective," pp. 159 - 160.

43. W. V. O. Quine, "Two Dogmas of Empiricism," in *From a Logical Point of View* (Cambridge: Harvard University Press, 1953), pp. 20 - 46.

44. Quine, "Two Dogmas of Empiricism," p. 41.

45. 蒯因对戴维森批评的回应，参见 W. V. O. Quine, "On the Very Idea of a Third Dogma," in *Theories and Things* (Cambridge: Harvard University Press, 1981), pp. 38 - 42。

46. 这部分内容程度不同地参考了 Robert Kraut, "The Third Dogma, "in *Truth and Interpretation: Perspectives on the Philosophy of Donald Davidson*, ed. Ernest LePore (Cambridge, Mass.: Basil Blackwell, 1986), pp. 400 - 403。

47. Davidson, "Myth of the Subjective," p. 171.

48. Ibid., p. 163.

49. J. E. Malpas, *Donald Davidson and the Mirror of Meaning: Holism, Truth, Interpretation* (Cambridge: Cambridge University Press, 1992), p. 197.

50. Frank B. Ferrell, *Subjectivity, Realism, and Postmodernism — The Recovery of the World* (Cambridge: Cambridge University Press, 1994), p. 133.

51. 对戴维森思想的主要回应包括 Kraut, pp. 398 - 416; Quine, "On the Very Idea," pp. 38 - 42; Rescher, pp. 323 - 345; Chris Swoyer, "True For," in *Relativism: Cognitive and Moral*, pp. 81 - 108; Alasdair MacIntyre, "Relativism, Power, and Philosophy," in *Relativism: Interpretation and Confrontation*, pp. 182 - 204。

52. Kraut, p. 414.

53. Kraut, p. 415.

54. George Lakoff and Mark Johnson, *Metaphors We Live By* (Chicago: University of Chicago Press, 1980), p. 3. Stephen C. Pepper, *World*

Hypotheses: A Study in Evidence (Berkeley: University of California Press, 1970)探讨了"基本比喻"(root metaphors)的作用,他认为这是一种世界观。

55. Rescher, p. 326. 下文所注页码皆是雷彻的论文"Conceptual Schemes"的页码。

56. Jean-Francois Lyotard, *The Postmodern Condition: A Report on Knowledge*, trans. Geoff Bennington and Brian Massumi, forward by Fredric Jameson, Theory and History of Literature, vol. 10 (Minneapolis: University of Minnesota Press, 1984), p. xxiv.

57. William Rowe, "Society after the Subject, Philosophy after the Worldview," in *Stained Glass: Worldviews and Social Science*, ed. Paul A. Marshall, Sander Griffioen, and Richard J. Mouw, Christian Studies Today (Lanham, Md.: University Press of America, 1989), p. 174.

58. Marshall, Griffioen, and Mouw, introduction to *Stained Glass*, p. 12.

59. Howard Snyder, "Postmodernism: The Death of Worldviews?" in his *Earth Currents: The Struggle for the World's Soul* (Nashville: Abingdon, 1995), pp. 213 – 230.

60. Walter Truett Anderson, *Reality Isn't What It Used to Be: Theatrical Politics, Ready-to-Wear Religion, Global Myths, Primitive Chic, and Other Wonders of the Postmodern World* (San Francisco: Harper and Row, 1990), p. 90.

61. Terry Eagleton, *Literary Theory* (Minneapolis: University of Minnesota Press, 1983), p. 131.

62. J. Richard Middleton and Brian J. Walsh, *Truth Is Stranger Than It Used to Be: Biblical Faith in a Postmodern Age* (Downers Grove, Ill.: InterVarsity, 1995), p. 33.

63. Jacques Derrida, *Writing and Difference*, trans. Alan Bass (Chicago: University of Chicago Press, 1976), p. 158.

64. Jacques Derrida, *Of Grammatology*, trans. Gayatri Chakravoty Spivak (Baltimore: Johns Hopkins University Press, 1976), p. 158.

65. Ibid., p. 52. 另参 Jacques Derrida, *Margins of Philosophy*, trans. Alan Bass (Chicago: University of Chicago Press, 1982), pp. 1 – 27。

66. Derrida, *Writing and Difference*, p. 280.

67. Derrida, *Of Grammatology*, pp. 329 – 330.

68. Middleton and Walsh, p. 33.

69. Peter L. Berger and Thomas Luckmann, *The Social Construction of Reality: A Treatise in the Sociology of Knowledge* (New York: Doubleday, 1966; Anchor Books, 1967), p. 88.

70. Ibid. , p. 89.

71. Ibid.

72. 转引自 Anderson, *Reality*, p. vi。

73. Berger and Luckmann, pp. 89 - 90.

74. Walter Truett Anderson, ed. , *The Truth about the Truth: De-Confusing and Re-Constructing the Postmodern World* (New York: Putnam, a Jeremy P. Tarcher/Putnam Book, 1995), p. 36.

75. Middleton and Walsh, p. 34.

76. Berger and Luckmann, p. 90.

77. Edward W. Said, "Michel Foucault, 1926 - 1984," in *After Foucault: Humanistic Knowledge, Postmodern Challenges*, ed. Jonathan Arac (New Brunswick, N. J. : Rutgers University Press, 1988), p. 1.

78. Michel Foucault, afterword to *Michel Foucault: Beyond Structuralism and Hermeneutics*, by Hubert L. Dreyfus and Paul Rabinow (Chicago: University of Chicago Press, 1982), p. 208.

79. Said, pp. 10 - 11.

80. Said, p. 10.

81. Pamela Major-Poetzl, *Michel Foucault's Archaeology of Western Culture* (Chapel Hill: University of North Carolina Press, 1983), p. 23. David Carr, *Interpreting Husserl: Critical and Comparative Studies* (Dordrecht: Martinus Nijhoff, 1987), pp. 220 - 221, Carr 认为, 知识相当于概念系统或世界观, 尽管他知道, 福柯本人并不认为, 它们与世界观或文化的时代精神是异质同形。

82. Michel Foucault, *The Order of Things: An Archaeology of the Human Sciences*, World of Man (New York: Random House, 1970; Vintage Books, 1973), p. 168.

83. Michel Foucault, *The Archaeology of Knowledge*, trans. A. M. Sheridan Smith (New York: Random House, Pantheon Books, 1972), p. 15.

84. Foucault, *The Archaeology of Knowledge*, p. 16.

85. Foucault, *The Order of Things*, p. x.

86. Foucault, *The Archaeology of Knowledge*, p. 15.

87. Major-Poetzl, p. 21.

88. Michel Foucault, *Power/Knowledge: Selected Interviews and Other Writings, 1972 - 1977*, ed. Colin Gordon, trans. Colin Gordon, Leo Marshall, John Mepham, and Kate Soper (New York: Pantheon Books, 1980), pp. 83, 85.

89. Foucault, The *Archaeology of Knowledge*, p. 234.

90. Sheldon S. Wolin, "On the Theory and Practice of Power," in *After*

第 6 章 "世界观"概念的哲学史:20 世纪下篇

Foucault, p.186.

91. Foucault, *Power/Knowledge*, p.131.

92. Michel Foucault, *Discipline and Punish: The Birth of the Prison*, trans. Alan Sheridan (New York: Random House, Pantheon Books, 1995), pp. 27 – 28.

93. Foucault, *The Archaeology of Knowledge*, p.191.

第 7 章

"世界观"概念的学科史上篇

自然科学

我们关于世界观概念史的讨论,现在进入一个新领域。前四章讨论了世界观概念的语言史和哲学史,现在我们要探索这一概念与学科研究的关系。事实上,它已从哲学的故乡移居许多研究领域,自然科学和社会科学是最好的例证。人们用来理解世界以及人在世界上的位置的那些基本方法,会影响他们对自然界和人类社会的认识,从这种意义上说,世界观概念在这些领域所具有的重要作用,怎么强调都不过分。本章将考察世界观概念对于我们理解自然科学的本质和方法,具有哪些直接或间接的作用。我们将首先考察两位大思想家的革命性思想。第一位是科学家出身的哲学家迈克尔·波兰尼(Michael Polanyi),他的观点与现代科学传统相反,他认为,所有的知识都是由整体性概念引导和构建的,既符合惯例,又包含着个人的特点。然后,我们将讨论托马斯·库恩所谓世界观式的范式,它们在自然科学的常规研究和伟大革命中具有重要作用。下一章将主要讨论社会科学,着力阐释心理学、社会学和人类学领域的重要思想家。对他们来说,世界观不仅是一种方法,而且是一个研究对象。研究世界观概念在自然科学与社会科学领域的历史,有助于我们进一步认识这个重要概念的广泛影响和特殊作用。

迈克尔·波兰尼论自然科学中的
默会维度与位格性知识

那是一个以"毁灭的逻辑"[1]为特征的时代（如果我们真的可以这样使用"逻辑"一词），它促使犹太裔匈牙利科学家迈克尔·波兰尼（1891—1976）把自己的注意力从世界公认的化学研究转向知识论和科学哲学。他生活的那个年代经历了欧洲文明的毁灭，无数难以形容的暴行降临到自己同胞的头上，他不禁自问："我们为什么要毁灭欧洲?"[2]舆论以及心灵和知识的环境都发生了重大变化，道德的基础崩溃了，两千多年以来，它一直是欧洲文化的基石。随着思想的巨变，毁灭性的虚无主义汹涌而来；弗里德里希·尼采以清晰的哲学思想预言，我们将生活在一个"无助的"[3]世界。波兰尼认为，问题就出在人们看待世界的方式，这种方式立足于客观主义的科学观，脱离了人类道德这个基础。如他所言，"科学对现代人类的主要［毁灭性］影响不在于技术的进步，而在于我们的世界观。"[4]波兰尼显然没有把欧洲的灾难归诸科学技术本身；毋宁说现代人心目中的科学世界观——某种具体的科学观——塑造了西方思想，这才是问题的关键。于是他把很大精力从实验室转向知识论，特别致力于科学知识的本质与合理性等问题。在其最主要的著作《位格性知识》（*Personal Knowledge*）的序言中，他解释说，他的研究旨在批判"现代人所谓超然物外的科学理想"，因为它"歪曲了我们的整个思想，远远超越了科学的界限"；他要用"知识的另外一种理想"来取代这种科学理想，因为知识的理想具有更大的范围和更广的适用性。[5]

事实上，"位格性知识"这个大理想才是波兰尼努力宣传的思想，他认为，位格性知识的意思是，"一个人的情感贯穿于所有的认识活动，他知道，什么是他的认识对象；这个因素不是一种缺陷，而是知识的关键要素"。[6]他还用这句话来解释其主要论点："作为人类，我们在理解宇宙时，必然要以我们思想中的某个中心为出发点，用人类的语言来阐述它，语言是人类交往的必要条件。谁要是真的想消除我们世界观中的人类因素，他就必然会犯错误。"[7]

这是一次彻底的哥白尼式的革命。从现代的立场看，这完全是离经叛道，自相矛盾，"真正的知识应该是独立于人类情感的、可以普遍证实的和客观的。"[8] 然而，格式塔心理学（Gestalt psychology）的新发现帮助了波兰尼，他完全赞成这一理论，据此他可以证明，他的革命性理论是合理的：它改造了科学，却没有否定科学研究；它肯定了人的作用，却没有走向主观主义；它以新的方式解释了实在，却没有否定实在。波兰尼的主要任务是，让知识论再次人性化。他提出一组"相关的信念"来阐述这种思想。他想做的不过是为欧洲人的世界观重新开一张处方，他认为，只要重新定义人类的认识过程，这种世界观就一定会出现。我将讨论这种思想的几个方面，因为它们关系到我们正在探讨的世界观问题。

首先，波兰尼认为，所有知识都是位格性知识，因为它是认识者默会的（tacit）或立足于一个默会的维度。如果将知识比作冰山，通常所谓知识仅仅是指水平线以上的冰山。但是波兰尼认为，知识的更大部分位于我们的视线之外。可以说，它处于水平线之下。在人类的认识过程中，它发挥着极其重要的作用。[9] 人类的思想有一个看不见的背景，因此**"我们能够认识的，要多于我们能够说出的"**。[10] 这种思想质疑现代客观主义，同时它还指出了客观主义的潜在危险。"现代科学声称，它要建立一种客观公正的知识。凡是达不到这个标准的知识，都会被认为具有暂时的缺陷，我们必须努力克服这一缺陷。但是如果我们假设，默会的思想是所有知识必不可少的组成部分，那么消除知识中所有位格性因素的理想，其实就是要消灭所有的知识。严密的科学这个理想实际上是完全错误的，它可能是很多毁灭性错误的根源。"[11]

从波兰尼的观点看，如果默会维度的论点能够成立，那么很多问题都有待探讨。换言之，包括默会维度在内的正确认识模式可能会受到批判，流行的客观主义认识范式可能会摧毁这种模式。进一步说，流行的客观主义认识范式缺乏默会的维度，因此它可能具有欺骗性，可能成为很多错误思想的根源。波兰尼提出一种立足于默会维度的复杂认识

190

模式,同时他还指出了现行认识模式的一些局限。限于篇幅,我们不可能充分阐述这种错综复杂的关系,而只能简述如下。

波兰尼认为,认识是人类积极而巧妙地理解事物的过程。它在两个层面上活动。首先是他所谓的"中心意识",它指的是认识者直接关注的任务、问题或意义;因为它看上去与认识者保持着一定的距离,所以他又称之为"远条件"。其次是他所谓"辅助意识"或"近条件",就是说,认识者利用某些线索或工具来完成理论探索或实际应用方面的某一任务。人们在认识过程中要使用这些线索和工具,但是他们看不到这些工具。认识者依靠它们,却不关注它们,否则认识者的意识和行为就会发生重大变化(所有的钢琴师、高尔夫球玩家或木匠,都知道这一点)。它们是一种基础,是人们所默会的,它们表现为一些基本假设,认识者生活在这些假设中,一如他生活在自己的身体中。实际上,它们是身体的延伸,是人们认识世界的工具,因此它们也会影响认识者的存在方式。凭借这些线索和工具,或者说由于辅助意识的作用,理解的过程是不加批判的,因为它们是在假设的基础上进行的,而且是不可逆的,因为人们不可能以同样的方式观察它们。不管怎么说,人们的认识既有赖于辅助意识,又有赖于中心意识。波兰尼的新知识论是客观因素和主观因素的结合,是接近实在的最佳途径。他自己的解释如下:

> 在所有的理解行动中,认识者的**位格性参与**就是如此。但是这不会使我们的理解成为**主观的**。理解既不是一种武断的行为,又不是一种消极的经验,而是一种可靠的具有普遍有效性的行为。这种认识活动具有真正的**客观性**,因为它与一种看不见的实在相联系;人们认为,这种联系是他们预见那些未知的(也许是不可想象的)正确含义的前提。把位格性知识和客观知识的这种融合称为**位格性知识**,看来是合理的。[12]

所有知识都具有位格性特征,都有一个不可见的或"默会的"维度,因此在探索知识本质的过程中,我们必须考察这些特征。波兰尼希望他的新模式能够消除科学客观主义的破坏性影响,因为它割裂了认识

191

与存在的关系,探索真理不再是人类的义务,这就意味着人们对待世界以及包括人类在内的世界万物的态度,是无关紧要的。

第二,波兰尼认为,所有知识都是位格性知识,因为这种知识的本质是信任,它立足于古代奥古斯丁的思想模式,这种模式认为,信仰是知识的基础。这位可敬的早期教父提出了最早的后批判哲学,波兰尼借助他建立第二种后批判哲学。"现代人是史无前例的;但是我们必须返回到圣奥古斯丁那里,以恢复各种认识能力的关系。公元 4 世纪,圣奥古斯丁终结了希腊哲学史,首次提出一种后批判哲学。他认为,所有知识都是恩典的礼物,我们必须在已有信念的指导下,努力获得这种礼物:除非有信仰,否则你不可能有真正的理解(*nisi credideritis, non intelligitis*)。"

奥古斯丁的方法统治欧洲达千年之久。但是随着启蒙运动的到来,作为一种认识源泉的信仰理论衰落了,取而代之的是人们对人类心灵的理性能力和经验能力的百倍信心,现代批判哲学应运而生。波兰尼认为,约翰·洛克(John Locke)是这种新观点的很好例证,他引述洛克《论宗教宽容的第三封信》(*Third Letter on Toleration*)中的话说,"信仰的保证有多少根据和说服力,人们就会认为它有多少根据和说服力;但它仍然是信仰,而不是知识;是一种信念,而不是一种确定性。就启示宗教而言,我们最多只能说这些,因此我们说,它们是信仰的对象;关于我们心灵的某种信念并不是知识,它决定着我们的信仰真理。"(第 266 页)

在 17 和 18 世纪,这种观点愈益成为舆论的主流,"人们完全不信任信仰的作用……现代人不能把任何明确声明当作自己的信念。所有信念都被看成是主观的:它们都有缺陷,因为这种知识没有普遍性。"(第 266 页)波兰尼的知识论正是要为信念知识平反,因为这是人类认识不可或缺的一个源泉。"现在我们必须再一次清楚地认识到,信念是所有知识的源泉。默许的赞同,理智的激情,共同拥有一种方言和文化传统,隶属于一个具有相同思想观念的社会:这就是我们认识事物本质的动力,我们就是依靠它们来把握事物。一种思想无论多么具有批判性或创造性,都不可能在这样的信念范围之外发挥作用。"

192

确切地说,这种信仰框架不是自明的,它所具有的确定性只能来自坚定的信念。另一方面,作为一个人的中心,信仰是我们摆脱极端客观主义的一条出路,它所包含的那些信念领先于而且主导着所有的知识命题和知识形式。信仰寻求理解;在寻求理解的过程中,信仰本身也会在批判性对话中受到质疑。在援引奥古斯丁名言的同时,波兰尼这样写道:"人们认为……考察某个问题的过程既是对这个问题的一种研究,又是对基本信念的一种解释,我们就是根据这些基本信念来考察这个问题的;这是研究和解释的一种辩证综合。在这个过程中,我们会不断地重新思考我们的基本信念,但是我们只能在它们的基本假设这一范围内进行考察。"(第 267 页)换言之,信仰永远是知识的基础,在探求知识的过程中,信仰会不断地受到考验,但是只有在信仰设定的范围内,人们才能考察信仰的合理性。根据这种观点,波兰尼指出,除非人们首先有了信仰,否则他们既不会有知识,也不会有理解。信念是知识的关键,也是默会维度中的关键因素。信仰是每个人的统帅,由此看来,个人因素与认识行为密不可分。

第三,由于默会维度和位格性知识中信任因素的存在,探求真理的过程总是表现为一个循环,因此它包含着风险,可能给人带来耻辱。但这并不是说,探求真理必然会落入主观主义的泥潭。波兰尼坚信,所有知识都有一个独立不依的参照系。他说:"探求真理的义务感是认识的指南:我们要努力接近实在。"(第 63 页)事实上,当思想家试图以纯粹客观的态度接近这种客观实在时,真正的问题就出现了。有的人赞成科学观及其所谓个人的超然物外,这些人必然会面对波兰尼所谓"客观主义的困境",就是说,为了赢得某种承诺,他们必须放弃这种承诺!"于是这位思想家深陷困境而不能自拔,一方面是超然物外的要求,它不相信任何许诺,另一方面是下定决心的鼓励,它会使他再次做出许诺。"(第 304 页)为了满足这种要求,有些人把自己的生活一分为二:公共的/职业的部分和个人的/私密的部分。前者的特点是,努力保持超然物外的姿态,后者却让人格自由地驰骋。这是一种破坏性的人格分裂,终将导致自我在公共/职业领域内毫无意义的失落。走出这一困境的办法是,人们必须认识到人类的信念是不可回避的和普遍存在的,必须承认推理的过程是一个循环。这里存在着一种危险，可是除此之外，人类还会有哪些选择呢？波兰尼说，**"尽管这里存在着危险，但是我认为我必须探求真理，说出我的体验……**所有关于我们最高信念的研究，只有首先预设自己的结论，才会具有连贯性。这必然是一种故意的循环论证。"（第 299 页，粗体为波兰尼所加）。这种说法类似于波兰尼的以下论点：人们往往不加批判地接受和认可某些假设，并以此为不言而喻的生活环境。"我们接受了一套假设，以此为我们解释世界的观念，这时我们就可以说，我们生活在这些观念中，一如我们生活在自己的身体中。"（第 60 页）一种无法避免的立足于义务的循环论证，伴随着人类认识的所有活动，因此认识的所有活动预设了某种程度的风险。由于人类的局限和偏见，他们不可能彻底地或客观地认识事物。人类的局限和偏见意味着，认识者只能根据自己的义务、参照自己的不足来认识事物。因此，波兰尼的思想体系要求人们保持一种特殊的知识性谦卑，他本人已经表现出这一特征。纵观他的全部思想，他始终明确否认所有的客观性幻想，他明白，客观性的基础和保证就是他自己的那些信念。"位格性知识是一种理性义务，它本身包含着某种风险。唯有可能出错的那些论断，才能表述这类客观知识。本书提出的所有论断都是我自己的个人信念；它们只能肯定这么多，决不能超越这个界限。"（第 viii 页）

波兰尼似乎认为，在辅助意识这个层面，我们的知识范围可能大于我们的语言范围，但是在中心意识这个层面，我们必须注意，决不能谈论我们事实上没有认识的事物。位格性知识本身具有循环论证的特点，包含一定的风险，是一种卑微的知识。

最后，位格性知识具有默会维度、信任以及循环论证的特点——简言之，位格性知识具有不同的形式和作用——因此，我们必须用不同的教学法来传授这种知识。我们也许可以用传统的客观教学法，把客观知识传授给别人。但是位格性知识，尤其是艺术，则另当别论，因为它包含着真正的人性因素。波兰尼认为，"人们无法具体说明的某种艺术，是不能以法令的形式传授的，因为这样的法令并不存在。这种艺术只能以师徒相传的方式传授。"下面一段话详细阐述了以师徒相传的方

194

式获得位格性知识的过程。

> 通过效法来学习就是要服从权威。你听从师傅的教诲,因为你相信他的技术,虽然你还不能具体地分析说明这种技术的有效性。通过观察、模仿师傅的技艺,徒弟不知不觉地掌握了这门艺术的规则,包括师傅本人也不十分清楚的那些规则。徒弟只有潜心学习,不加批判地模仿师傅,他才能接受那些潜规则。一个社会如果希望保存某些位格性知识,就必须接受传统文化。(第 53 页)

随着时间的推移,学徒的水平提高了,有了"鉴赏力","和技术一样,鉴赏力的传授也不是靠说教,而是效法……你必须在师傅的指导下,实习很长一段时间"(第 54 页)。另一方面,这个学习过程全赖"理性的热情这种公民素质"的支持,换言之,全赖社会的支持和培育,因为它尊重和扶持理性的热情,反过来,理性的热情又能为社会提供丰富多彩的文化生活。用波兰尼的话说,认识者加入具有相同思想的社会的"欢宴"才是问题的关键。如他所言,"坚持真理的意思是,我们加入一个尊重真理的社会,我们相信它会尊重真理。通常所谓热爱真理、热爱理性的价值,现在变成了对社会的热爱,因为它培育了这些价值观。"(第 203 页)由此看来,客观主义知识论倡导没有人性的教学法和极端个人主义,与此相反,以位格性知识为基础的知识论强调义务感,提倡通过效法来学习知识,关注理性对和睦社会的积极作用。

迈克尔·波兰尼的思想显然不合潮流,但是他表现得很勇敢。根据以上简短介绍,我们可以看出,他认为位格性知识具有默会、信任和循环论证的特点,只有通过特殊的教学法,我们才能把这种知识传授给别人。盖尔维克(Gelwick)认为,我们可以把波兰尼的特殊贡献概括如下:他创造性地阐述了传统与创新的关系;他强调认识者与世界的统一;他创造性地把科学与人文学科结合起来;他强化了世界与人类的联系;他的历史观认为,历史事件具有重要的道德意义。[13] 总之,他的目的是破坏偶像,但是他也有一个建设的目标。他确实想砸烂那些偶像,因为它们曾以无情的客观主义科学之手,砸烂了欧洲文明。与此同时,他

195

努力建设一种新的世界观,根据这种世界观,西方文明乃至全人类的文明都能够以位格性知识的教化程度为标志,认识自己以及它们周围的世界。如哈里·普罗什(Harry Prosch)所言,"波兰尼试图告诉我们,如果把他所理解的更为正确的知识论和科学哲学用于理解人生、人类及其行为,将会产生什么结果。"[14]

后来的思想家们没有忘记波兰尼的重要贡献。事实上,波兰尼所谓科学研究的默会维度与托马斯·库恩所谓"范式"这一革命性概念,具有明显的相似之处。库恩确实认为,波兰尼的思想启发了他。1961年,牛津大学举办了一个名为"科学变革的结构"的学术研讨会,库恩在发言中做了如下解释:"波兰尼先生非常全面而详细地探讨了科学的各个方面,他启发我提出了['范式']这个看上去有些怪异的术语。波兰尼先生反复强调,他所谓科学知识的'默会维度',在科学研究中起着不可或缺的作用。这个不言而喻,甚至无以言表的部分,是科学家带到研究中来的:这部分内容的学习不能依靠说教,而只能依靠效法和实践。"[15]

库恩是如何利用波兰尼思想的?我们将考察这一问题,因为我们想知道,什么是世界观革命,它对自然科学的正常运作及其主要认识结构的变化具有哪些影响。

托马斯·库恩论科学哲学中的范式革命

196

托马斯·库恩(1922—1996)的著作《科学革命的结构》仿佛一枚炸弹,突然炸响在科学和科学哲学领域。[16] 捷报也好,伤亡报告也好,随便你怎么说,报告仍在继续。库恩认为,科学革命是范式的转变,这一思想影响深远(且聚讼纷纭),我们完全可以说,它是对传统观念——权威、理性甚至现代科学的本质——发起的一次正面攻击。这绝非一件无足轻重的小事,我们都知道,科学是(或曾经是)当代社会至高无上的认识权威和文化权威。[17] 库恩的炸弹给现代科学理论以致命的打击,这种理论与逻辑实证主义相联系,著名哲学家如卡尔·亨佩尔(Carl Hempel)、鲁道夫·卡尔纳普和卡尔·波普,都是这个学派的发起者和倡导者,直到上个世纪 60 年代早期,逻辑实证主义始终占据着统治地位。[18] 科学哲学的这个传统分支主要关注如下问题:知识实在论、统一的科学语言以及真理符合论;玛丽·赫塞(Mary Hesse)对其基本原则的概括,对我们很有益处。

> 有一个外部世界,我们完全可以用科学语言来详尽地描述这个世界。科学家既是观察者,又是语言的使用者,他可以通过命题来描述外部世界的事实;如果这些命题与事实相符,它们就是正确命题,否则,它们就是错误命题。科学是一个理想的语言系统,在这个语言系统中,正确命题与事实的关系是一对一,这些事实包括我们不能直接观察到的那些现象,因为它们是一些不可见的实体或属性、过去的事件或很久以后才会发生的事件。理论可以描述这些不可见的事件,理论的建立却要靠观察,换言之,通过观察,我们能够认识这种不可见的解释世界的方法。我们认为,作为科学家的人类能够离开世界,能够客观地、公正地针对它进行实验,进而提出理论。[19]

由此可见(这会把波兰尼气疯了),实证主义的科学强调外部世界的独立不依,客观而理性的观察者能够清楚地认识这个世界的物理结构;知识的确定性和可证实性是语言系统的标志,通过具有逻辑规范性的语言系统,他们能够提出自己的科学理论和科学命题。这种科学研究方法显然不符合历史,完全忽视了心理维度。库恩及其追随者没有把历史因素排除到科学领域之外,相反,他们试图通过研究科学的历史,重新建立一种科学理论。[20]《科学革命的结构》开宗明义地说,"历史如果不仅仅是一些趣闻轶事或一部编年史,它就能够彻底改变科学的形象,尽管我们现在痴迷于这种形象。"[21] 换言之,科学史上的那些有效事例如果是可信的,它们就能证明,科学家们很少遵守或公然违背实证主义者强加于科学的那些徒有其表的理论和方法;比较可取的办法是,

197

修改或更换传统的占统治地位的实证主义科学观,而不是否定真正的历史事例的价值和作用。[22] 库恩宣称,实证主义的正统思想必须应对和接受科学史的裁定。这种方法创造了一个更为复杂但更加人性化的观念——科学的合理性,这个观念既关系到科学的常规运作,又关系到它异乎寻常的变革。这种新的人性化和历史化了的科学哲学,不像传统的"斯波克"版本("Spokian" version)的科学哲学那样具有整洁条理的逻辑形式和知识形式,但是它更加真实地反映了作为人类的科学家们的思维方式。

詹姆斯·科南特(James Conant)首先注意到历史与科学哲学的关系,库恩继承了这一传统。[23] 如上所述,迈克尔·波兰尼关于"位格性知识"和"默会维度"的思想启发了库恩,[24] 于是他提出了著名的范式理论,发起了埃德温·霍恩(Edwin Hung)所谓的"世界观革命"。[25] 科学研究是科学理性的内在本质,科学革命的意义在于,人们开始认识到,科学研究总是在某种范式或世界观的指导下进行的,"因为接受一种范式就是接受一种全面的、科学的、具有形而上学意义和方法论意义的世界观"。[26] 霍恩解释说,从库恩的观点看,范式世界观决定着科学研究的本质。"库恩认为,范式在科学活动中起着关键作用。它们决定着研究资料的意义、观测的内容、问题的作用和答案的认可。不,它们的作用远远大于这个范围。范式能够为人们提供价值观念、行为准则和方法论。简言之,每一种范式都能够决定科学研究的方法;范式是一种世界观。"[27]

因此,从某种意义上说,托马斯·库恩是新康德主义式的构造主义者(constructivist),构造主义宣称,心灵、感觉或概念在构造世界的过程中发挥着积极作用。库恩在科学研究的中心地带建立了一个世界观式的范式,因此而成为后实证主义科学哲学之父。对范式的重要意义的认识彻底改变了原来的科学哲学,我们必须探讨这次变革的一些重要特征。[28]

首先,范式是所有科学的指南。什么是范式?托马斯·库恩的名字和"范式"这一术语其实是同义词,这个概念使他理所当然地闻名于世,这是一个时髦但非常模糊的概念,在这个概念广为人知之后,他还

198

199

做了相当大的修改。[29] 库恩最初认为，范式是"人们普遍认可的一些科学成就，它们是科学家们在某一时期思考问题和解决问题的基本模式"。[30] 库恩认为，范式即科学成就，这也许是说，科学成就是一些主导模式，我们可以从两个方面来理解：首先，这些模式的**内容**与科学成就（规律、方法和形而上学）有关——这是一种非常宽泛的科学世界观；其次，这些模式与科学成就在科学界所发挥的**作用**有关（示范性的规则和惯例是人们从事科学研究时达成的共识）。[31] 作为科学成就的范式具有这样的意义：它是常规科学活动的基本假设和界限。后来，库恩为《科学革命的结构》1970 年版写了一篇后记，进一步解释了范式理论，他称范式为"学科研究的母体"（disciplinary matrix）："'学科研究'的意思是，范式乃某一学科从业者的共同财富；'母体'的意思是，范式包含着不同类别的有序因素，每一种因素都需要进一步的解释。"[32] 库恩至少论及学科研究母体的四种因素：符号式概括、对不同形而上学模式的共同许诺（如热和其他可感知的现象）、科学的价值观（如准确性、简单性、连贯性和可信度等），以及解决问题的规范方法。与范式一样，学科研究的母体也是一个经验概念，它能够说明研究方案的选择方式，它还决定着科学解释的可接受性。根据历史事例和观测实验，库恩得出这样的结论：范式是"常规科学"的基础。

> 经过仔细研究，我们不难发现，无论在历史上，还是在当代实验室中，[常规科学]研究似乎都要把自然塞进一个事先做好的比较结实的盒子里，这是范式提供的一个盒子。常规科学的目的不是发现新现象；实际上，我们根本看不到不适合这个盒子的那些现象。科学家的目的往往不是建立新理论，事实上，他们往往不能容忍别人提出的新理论。相反，常规科学研究旨在阐述范式已经提供给我们的那些现象和理论。[33]

继承众所周知的普罗克汝斯忒斯（Procrustes）的传统，常规科学迫使自然接受主流科学范式的各个方面。仿佛一副有色眼镜，范式可以粉饰科学家眼中的任何事物。换一个比方说，范式仿佛棒球比赛中的裁判,他们控制着赛场上(科学领域)的一切动作,但是人们很少注意到他们。霍恩说,"范式能够为我们提供世界观和概念结构,在库恩看来,这是科学研究——常规科学研究——的必要条件。"[34]

有趣的是,科学革命发端于范式指导下的常规科学。用霍伊宁根-胡恩(Hoyningen-Huen)的话说,"常规科学会出现重要的反常现象,这是科学革命的开端。重要的反常现象会使人们发现相对孤立的、出乎他们预料的新现象或新实体,它们也可能引起一场大革命,原来的理论不是被修正,而是被别的理论取而代之。"[35] 换言之,有时科学裁判(范式)也无法裁定赛场上的动作,眼镜也会成为哈哈镜,自然也会反抗普罗克汝斯忒斯的暴行。这些事件预示着重大变革的到来,因此库恩的第二个重要命题是:科学革命即范式转移。西方的科学革命当然是与这样一些名字联系在一起的:哥白尼、牛顿、拉瓦锡、达尔文、玻尔以及爱因斯坦。然而,实证主义和后实证主义对他们的成就的解释,却存在很大差异。前一个学派认为,科学变革意味着更为精确的实在论取代了欠精确的实在论。这是科学进步的标志。后一个学派是库恩的论点,他认为,许多反常现象的存在说明,现行的科学范式出现了危机,于是人们开始寻找新的模式,新模式一旦被证实,就会取代旧模式。因此,科学的进步是范式革命的结果,而不是科学成就的结果。《科学革命的结构》中的若干重要段落,描述了库恩所谓科学革命的显著特征,包括以下这一很有概括性的段落:

> 每一次[科学革命]必然会使人们摒弃某种历史悠久的科学理论,接受另一种与此不相容的理论。每一次革命都会使科学研究的问题发生相应的变化,都会使科学家们用来衡量哪些是科学问题、哪些是合理解决方案的标准发生相应的变化。每一次革命都会使科学家们的想象发生变化,我们必须把这种变化理解为世界的变化,科学研究就是在这个世界上进行的。这些变化以及始终伴随着它们的那些争论,就是科学革命的主要特征。[36]

科学革命的确会带来巨大变化,人们会抛弃旧的范式,接受新的指导原则,以发现科学问题,制定新的标准,以评估可能的解决方案。同样重要的是,想象力会给人们创造一个变化了的科学世界。另一方面,新范式具有更强的解释力和解决问题的能力。尽管具有这样一些优点,但是库恩很清楚,科学革命不会使人们更接近真理。如他所言,"我认为,在人们理解'真的存在'之类的说法时,他们必须依赖某种理论;本体论与其自然界的'实在'对象相适应的观点,现在看来是完全错误的。"(第 206 页)

202 　　不仅真理要依赖范式,所有的科学标准和评价性语言都要依赖范式。说到科学标准,库恩断言,范式转移时"标准通常也会发生很大变化,因为标准决定着问题及其可能解决方案的合理性"(第 109 页)。至于评价性语言,库恩的态度同样很坚决:"一种语言如果只能描述人们已经完全认识了的一个世界,它就不可能以中立的态度,客观地描述这个'对象'。"(第 127 页)因为这些自我指认的无懈可击的"真理""标准""意义"和"科学范式"——无论是革命前的,还是正在进行革命的,抑或革命后的——都是不可比较的。库恩认为,这个观点至少可以从三个方面加以说明。首先,不同范式的坚持者对于各自范式应该解决的那些问题莫衷一是。其次,新范式必然要吸收旧范式的词语和表达方式,但是语言的含义和表达方式的用法却不尽相同。第三,也是最重要的一点,不同范式的坚持者是在**不同的世界**开展科学研究(第 150 页,粗体为笔者所加)。这是库恩的一个非常重要的思想,第十章的总论点是,科学革命的最高点是"世界观的转变"(第 111—135 页)。第十章开宗明义地说,根据当代科学史提供的证据,他认为,"随着范式的变化,世界也会发生变化"。他还说:"科学革命之后,科学家们要面对一个不同的世界""接受了新范式的科学家们,会以不同的方式看待世界。"(第 111,115 页)举例来说,库恩认为,哥白尼革命之后,"天文学家们开始生活在另外一个世界"(第 117 页);发现氧元素之后,"拉瓦锡开始在另外一个世界工作"(第 118 页)。库恩还程度不同地解释了这些论断的含义,他说:"虽然世界不会随着范式的变化而变化,但是科学家们开始在另一个世界工作了。"(第 121 页)库恩的这些话以及类似的表述(第 6,53,102,116—120,122,124,144 页)究竟是什么意思？

我们可以用康德的术语来解释以上论断。宇宙中存在着两个不同的"世界"。第一个世界是自在的世界，即本体界（noumenal world/noumena）或物自体（ding an sich）。第二个世界是显现给观察者的那个世界，即现象界（phenomenal World/phenomena）。显现给观察者的那个现象世界当然是感觉的先验形式与知性范畴共同作用的结果。这些形式和范畴是人们认识世界的条件，但是世界不是自在的世界（本体界），而是人类心灵组织起来的那个世界（现象界）。库恩也持类似的看法，他认为，有一个自在的世界，但是我们不可能按照其本来面目认识它，我们只能把它当作库恩所谓范式的构造，而非康德所谓范畴的构造。因此，科学家的范式变化以后，本体界实际上并没有发生变化，只是科学家用以观察世界的那个思想结构发生了变化。发生变化的是主体，而不是客体；确切地说，是主体的范式结构发生了变化，世界就是由这种结构组建起来的。霍伊宁根-胡恩的以下评论，阐述了他所理解的库恩的思想："尽管自在世界保持不变，现象界的变化却是可能的；随着认识主体内部那些构造世界的因素——所谓范式——的变化，现象界也会发生变化——经过变化，范式没有失去其构造世界的功能，而是构造了一个不同的世界。"[37]

库恩认为，范式具有构造世界的作用。他的以下论述清楚地说明了这一点："民族、文化和职业都是范式的体现，因此，科学家的世界总是包括行星、钟摆、电容器、化合矿石，以及诸如此类的物质。"[38] 为科学家乃至全人类而存在的那些事物，并不像实在论者所言，是在那里客观地存在着，具有一定的本质或特征，等待着科学家们去发现和阐述。相反，约翰·塞尔（John Searle）以批评的口气说："总的来看，库恩似乎认为，科学不能为我们描述一种独立不依的实在；毋宁说科学家是一些非理性主义者，他们总是从一个范式转移到另一个范式，其目的并不是要发现客观真理。"[39] 由此可见，库恩不是要讨论合理性的本质，而是要追问实在论的基础。[40] 库恩认为，不同的范式没有可比性，因此它们似乎与任何形而上学基础无关。赫塞认为，库恩的思想包含着极端相对主义的因素，这种评价似乎是中肯的："极端相对主义认为，理论不过是一

203

些具有内在联系的命题系统或'语言游戏';它们是世界观,在各自的范围内具有重要意义。'真理'的意思是与自己的理论体系相一致;'知识'沦为社会化制度化了的信念。这种论点就是'相对主义',因为对信念来说,能够超越不同理论的标准是不存在的,在理论领域内,人们不可能越来越接近某种普遍认可的有效知识。"[41]

204　　库恩当然不能接受这种批评,他曾做过回应。[42]有的学者已把库恩的思想内涵扩展到科学社会学领域,有的学者则发展了一种彻底的反实在论的构造主义。[43]有的学者直截了当地批评他,他们试图在理性的基础上重新建立科学的权威。[44]还有的学者则是受到范式观念的启发而重新构造了这一思想。拉卡托斯便是其中之一。他试图通过他所谓"科学研究纲领的方法论"来协调库恩和波普的思想。为了改进库恩的范式和拉卡托斯的研究纲领,拉里·劳丹(Larry Laudan)提出了他所谓的"研究传统"。[45]这些尝试说明,库恩以后的科学哲学不得不承认,科学固然是理性的事业,但它也是人类的事业,它也有历史。这种历史性叙述表明,作为科学家的人类和作为人类的科学家,是如何在范式与学科研究母体的影响下进行科学研究的。另一方面,科学研究一直受到社会心理因素甚至政治因素的干预。有人甚至认为,作为知识的科学服务于统治阶级的政治利益(福柯就是这样认为)。尽管如此,所有的知识领域——包括自然科学在内——都会程度不同地染上历史的色彩。知识总是有意识或无意识地成长于一定的语境之中,总是要表达一定的观点。完美无缺的理性思维者是不存在的。纯粹的人类逻辑是不存在的。尽善尽美的观点是不存在的。某种形式的世界观,无论是广义的还是狭义的,构成科学研究(和人生)的基础,原因很简单:科学(和人生)是人类的事业。

　　范式、研究纲领或研究传统,无论你喜欢哪一种说法,以下事实是永恒不变的:托马斯·库恩在科学哲学领域发起的世界观革命已经留下了不可磨灭的印迹。我们应该简要地回顾一下,库恩对范式和世界观的思想究竟做出了哪些重要贡献,产生了哪些重要影响。第一,托马205　斯·库恩也许是20世纪下半叶着重强调以下论点的第一人:人类的全部生活和思想——包括自然科学在内——都是范式或世界观的表现。

库恩以前，一些关注世界观问题的思想家如克尔凯郭尔（存在主义）、狄尔泰（历史主义）、尼采（视角主义）、维特根斯坦（语言游戏和生命形式）以及波兰尼（默会维度和位格性知识）已经有了类似的认识。但库恩是把范式和世界观问题放在了一个突出位置的那位当代思想家。因此他在自然科学领域对世界观的历史做出了重要贡献。第二，库恩不仅强调范式在科学研究中的决定作用，而且突出了不同范式的不可比性。从哪种意义上说，不同范式之间的交流和相互理解是可能的？这些完全不同的话语世界究竟是多么不同、多么不可翻译？不同范式的交流如果是可能的，它将如何进行？难道世界观是一些无窗单子（monads），相互作用不过是其表面现象？第三，库恩的范式理论制造了相对主义的幽灵，它认为，理性原则不是超验的，而是扎根于世界观，体现着世界观，理性思维者就是在世界观的背景下思考、生活和研究。所有的逻辑和论证都要依赖范式，都离不开循环论证的模式。类似于范式的信仰是一切理性行为的默会维度，无论是在信仰内部，还是在信仰为自己辩护时，都是如此。库恩的思想仿佛把人们关进了范式的牢狱，人们很难逃出这座牢狱（如果笛卡尔得到平反，他们也许能够成功出逃）。第四，我们来看库恩所谓知识的本质。范式和世界观的知识意义究竟是什么？库恩认为，每一个科学家（或者每一个人）都会以不同的方式看待世界，这取决于他或她的范式取向。作为一个康德主义者，库恩却告别了物自体。实在论就这样被克服了，虽然这种方式不够成熟。库恩的观点包含着视角主义、构造主义和反实在论的因素。如此说来，知识难道是一些社会化制度化了的信念？在朴素实在论与反实在论这两个极端之间，有没有一条中间道路呢？综合以上四点，我们不难发现，库恩的范式是不可比较的、相对的、非理性的和反实在论的。无论人们是否赞同这些过激的论断，以下事实却不容否认：历史事例和人类因素的存在仿佛一副重担，里面的反常事例实在太多了，现代的客观主义科学观已不堪重负。托马斯·库恩所谓世界观革命的结构，揭示了范式在科学研究中的重大作用，引发了科学哲学领域史无前例的巨变。[46]

206

结语

"世界观"概念在自然科学领域的作用值得关注;有些基督徒喜欢从基督教信仰的角度,深刻地思考世界观问题,对他们来说,上述简要概括包含着一些重要而有趣的问题。我将在本章的最后部分考察这些问题的不同含义。

迈克尔·波兰尼确实是当代知识论和科学哲学领域具有开拓精神的后现代思想家。[47]他利用自己作为科学家的经验资源(或许还受到自己犹太传统潜移默化的影响)精心设计了一种观点,对理解人类认识过程的既定方式提出了挑战,这种观点在复杂局面中注入了独特的人类成分。波兰尼主义是**默会式**的犹太教-基督教思想吗?它似乎包含着基督教人类学和知识论的因素,这些因素影响了而且表现在他对位格性知识的思考中。如果这是事实,那么它说明,现代知识论和基督教思想形成了鲜明的对照。波兰尼所谓默会知识与人们所谓世界观的作用是一致的,世界观是一组假设,它隐藏在明确意识这条"水平线"以下,却决定着个人认识世界和生存于世的方式,难道不是如此吗?他区分了辅助意识和中心意识,这种区分似乎对应于通常所谓前理论的世界观和建立理论的过程,后者旨在解释和认识世界。另一方面,如波兰尼所言,信仰和信念是认识过程必不可少的出发点,难道不是如此吗?这似乎是波兰尼思想中最有基督教特色的一个方面。他让现代世界开始关注圣经、古代的奥古斯丁主义以及宗教改革的信仰传统,他认为,这些具有历史性和一贯性的思想能够取代当时流行的概念化宇宙的那些做法,因为它们坚持客观主义,不重视道德和人性。由此看来,波兰尼思想与当代基督教或圣经前设论,究竟有哪些相似之处?前设论是基督徒认识和捍卫自己信仰委身的一种方式。他关于理性认识过程实际上是循环论证的思想,无论过去,还是现在,无论基督徒思想家,还是非基督徒思想家,都会表示赞同,难道不是如此吗?波兰尼强调师徒关系和互助友爱、欢乐和谐的社会的重要性,因为它是传统的保持者和传递

207

者,这种思想如何才能以圣经为导向,对基督教群体保持和传递基督教传统产生重要影响呢？诸如此类的许多问题表明,当代基督徒在思考世界观以及其他有关问题时,会受到波兰尼思想的很大影响。

托马斯·库恩创造了思想的历史,他在科学哲学领域发起的范式革命改变了现代思想的发展道路。他认为,所有的科学活动(包括所有的理论思维和学术研究)都受制于不同的学术传统和许多不可见的历史因素和人文环境。这种观点使许多人认为,现代所谓纯粹的科学的客观性是异想天开。认同思考世界观问题的基督徒,特别是那些深受奥古斯丁、加尔文和凯波尔的神学传统影响的基督徒,可能会赞同这种观点:科学研究和学术活动总是立足于一些有影响的能够指导理论的基本假设。他们也许知道,自己是在回应库恩所谓世界观式的范式思想,尼古拉斯·沃特斯多夫就是如此。他说:"我第一次……读《科学革命的结构》时,最明显的感觉是,'本来就是如此'。"[48]信仰总是领先于而且主导着理解(奥古斯丁),原罪具有认知的后果(加尔文),有没有灵性的重生影响着一个人的全部生命(凯波尔),因此这个神学传统一定会否定理论的自主,而肯定它对"世界观"的依赖。从学术的角度看,库恩所谓的范式和哲学世界观也许属于不同的种,但是它们毕竟是同一属,具有家族相似性。因此,库恩所谓革命的科学哲学为这个传统的基督教思想提供了一种论证或证明,因为它已认识到,不同的世界观在塑造人类意识、指导包括自然科学在内的理论活动时,发挥着不同的作用。如果这是事实,人们就可以把学术分歧,至少是某些学术分歧,部分地归因于不同的范式或世界观,因为它们控制着理论思维的过程,决定着它的结论。因此,一个有信仰的科学家或学者应该清楚地认识圣经世界观的这些基本前提,让它们在各种形式的理论活动中发挥其应有的重要作用。

但是我们必须思考以下问题:范式和世界观真的能够解释一切吗？范式具有很强的解释力,但是它们在科学上是万能的吗？世界观具有权威性,但是它们在知识方面的影响,是否像一个暴君呢？"浪漫主义者所谓的表现主义"认为,一切理论活动都是内心倾向的一种表现;"宗教极权主义"认为,一切学术研究都是由灵性决定的(沃特斯多夫曾警

208

告我们,要注意这种危险);为了克服表现主义、宗教极权主义和库恩所谓诸范式没有可比性的缺陷,我们应该思考以下问题:科学家和思想家工作在不同的领域,具有不同的哲学思想,难道他们不可能有任何共同之处、他们的方法和结论不可能有任何连接点吗?毫无疑问,世界观在学术研究中具有决定作用,不过它们所起的作用可能时大时小,这取决于科学家的性格、世界观的内容和研究对象的本质三者之间的动态关系。

注释:

1. Richard Gelwick, *The Way of Discovery: An Introduction to the Thought of Michael Polanyi* (New York: Oxford University Press, 1977), p. 137.

2. Michel Polanyi, "Why Did We Destroy Europe?" *Studium Generale* 23 (1970):909 – 916,转引自 Gelwick, p. 160 n. 1。

3. Gelwick, p. 3.

4. Michel Polanyi, "Works of Art"(这是作者在得克萨斯大学和芝加哥大学的演讲稿,演讲时间为 1969 年 2 月至 5 月,尚未公开发表), p. 30;转引自 Gelwick, pp. 5 – 6。

5. Michael Polanyi, *Personal Knowledge: Towards a Post-Critical Philosophy* (Chicago: University of Chicago Press, 1958, 1962), p. vii. 该书的雏形是波兰尼的吉福德讲座稿,1951—1952 年,他曾在阿伯丁大学主持该讲座。

6. Ibid., p. viii.

7. Ibid., p. 3.波兰尼所理解的知识与基督教思想似乎具有密切关联,后者认为,人心是一个具有统一能力的中心,是理智、情感和意志的所在地,因此,它能回答人生的主要问题(《箴言》4:23)。

8. Ibid., p. vii.

9. Gelwick, pp. 65 – 66.

10. Michael Polanyi, *The Tacit Dimension* (Garden City, N. Y.: Doubleday, 1966), p. 4.

11. Ibid., p. x.

12. Polanyi, *Personal Knowledge*, p. vii – viii.下文所注页码皆是此书的页码。

13. Gelwick, pp. 139 – 41.

14. Harry Prosch, *Michael Polanyi: A Critical Exposition* (Albany: State University of New York Press, 1986), p. 124.

15. Thomas Kuhn, *Scientific Change*, ed. A. Crombie (New York: Basic Books, 1963), p. 392.转引自 Gelwick, p. 128。

16. Thomas Kuhn, *The Structure of Scientific Revolutions*, 2nd enlarged ed., International Encyclopedia of Unified Science, vol. 2, no. 2（Chicago: University of Chicago Press, 1970）. 这是 20 世纪下半叶最重要的学术著作之一，截至上个世纪 90 年代中期，该书的英文版已发行约七十五万册；到目前为止，该书已被翻译成 19 种不同的语言。关于这些翻译版，参见 Paul Hoyningen-Huene, *Reconstructing Scientific Revolutions: Thomas S. Kuhn's Philosophy of Science*, trans. Alexander T. Levine, foreword by Thomas S. Kuhn（Chicago: University of Chicago Press, 1993）, p. xv n. 2。

17. Gary Gutting, "Introduction," in *Paradigms and Revolutions: Appraisals and Applications of Thomas Kuhn's Philosophy of Science*, ed. Gary Gutting（Notre Dame, Ind.: University of Notre Dame Press, 1980）, pp. v, 1.

18. 参见 Karl Hempel, *Aspects of Scientific Explanation*（New York: Free Press, 1965）; Rudolf Carnap, *Logical Foundations of Probability*（Chicago: University of Chicago Press, 1950）; Karl Popper, *The Logic of Scientific Discovery*（London: Hutchison, 1959）.

19. Mary Hesse, *Revolutions and Reconstructions in the Philosophy of Science*（Bloomington: Indiana University Press, 1980）, p. vii.

20. 支持库恩的看法，并以各自的方式和语言倡导库恩的新科学哲学的学者包括：N. R. Hanson, *Patterns of Discovery: An Enquiry into the Conceptual Foundations of Science*（Cambridge: Cambridge University Press, 1958）; Paul Feyerabend, *Against Method*（London: New Left Books, 1975）; Stephen Toulmin, *Foresight and Understanding*（Bloomington: Indiana University Press, 1961）; Imre Lakatos, "Falsification and the Methodology of Scientific Research Programmes," in *Criticism and the Growth of Knowledge*, ed. I. Lakatos and A. Musgrave（Cambridge: Cambridge University Press, 1970）, pp. 91–195。科学哲学的先驱包括 19 世纪和 20 世纪初的一些思想家，如 William Whewell, *The Philosophy of the Inductive Sciences*（London: Parker, [1847], 1945）, chap. 2，他认为，科学家所谓的事实是他们所坚持的那种理论的结果。Ludwick Fleck, *Genesis and Development of a Scientific Fact*, trans. F. Bradley and T. J. Trenn（Chicago: University of Chicago Press, [1921], 1979），他认为，所谓"思维方式"或"思想集体"是存在的，它们不但是一些思维方式，而且是科学研究的思想背景。最后一位是 R. G. Collingwood, *Essay on Metaphysics*（Oxford: Clarendon, 1940），他认为，包括科学在内的一切思维活动，都是建立在一系列的问答之上，每一组问答都以其他的问答为前提，所有的问答则以某些无条件的假设为前提。

21. Kuhn, *Structure*, p. 1.

22. Carl G. Hempel, "Thomas Kuhn, Colleague and Friend," in *World Changes: Thomas Kuhn and the Nature of Science*, ed. Paul Horwich (Cambridge: MIT Press, 1993), pp. 7 - 8.

23. 参见 James Conant, *Science and Common Sense* (New Haven: Yale University Press, 1951)。科南特的研究具有开拓性,他是库恩的思想先驱。以下著作很好地介绍了科南特的思想:Robert D'Amico, *Historicism and Knowledge* (New York: Routledge, 1989), pp. 32 - 51。库恩承认科南特对他的影响,参见 *Structure*, p. xi.

24. 库恩承认波兰尼对他的影响,参见 *Structure*, p. 44 n. 1。以下著作很好地论述了波兰尼的位格性知识和默会维度与世界观和科学研究的关系:Vladimir A. Zviglyanich, *Scientific Knowledge as a Cultural and Historical Process*, ed. Andrew Blasko and Hilary H. Brandt (Lewiston, N. Y.: Edwin Melen Press, 1993), pp. 233 - 244。名为"人类活动与人类文化中的科学知识"的第三章,论述了"世界观的假设及其作为'默会知识'的意义"的问题。

25. Edwin Hung, *The Nature of Science: Problems and Perspectives* (Belmont, Calif.: Wadsworth, 1997), pp. 340, 355, 368, 370. Floyd Merrell, *A Semiotic Theory of Texts* (New York: Mouton de Gruyter, 1985), p. 42,也称库恩的观点为"世界观的假说",其解释如下:"根据这种假说,科学研究取决于非此即彼的整体主义世界观,用库恩的话说,这就是'范式'。"

26. Gutting, p. 12.

27. Hung, p. 368.

28. 这些特征见于 Ian Barbour, "Paradigms in Science and Religion," in *Paradigms and Revolutions*, pp. 223 - 226。

29. Margaret Masterson, "The Nature of a Paradigm," in *Criticism and the Growth of Knowledge*, pp. 59 - 89,据说此书罗列了《科学革命的结构》中"范式"一词具有的二十一种不同含义。库恩曾这样回应其批评者对范式概念的理解:"这本书[《科学革命的结构》]出版以来,我的思想发生了很大变化。"参见 Thomas Kuhn, "Reflections on My Critics," in *Criticism and the Growth of Knowledge*, p. 234。

30. Kuhn, *Structure*, p. viii.

31. Gutting, pp. 1 - 2.

32. Kuhn, *Structure*, p. 182.

33. Ibid., p. 24.

34. Hung, p. 370.

35. Hoyningen-Huen, p. 223.

36. Kuhn, *Structure*, p. 6.另参 pp. 57, 94, 150, 151, 199。下文所注页码皆是此书的页码。

37. Hoyningen-Huen, p. 36. 以下论文很好地分析了这个问题：Ian Hacking, "Working in a New World: The Taxonomic Solution," in *World Changes*, pp. 275 – 310。

38. Kuhn, *Structure*, p. 128.

39. John Searle, "Is There a Crisis in American Education?" *Bulletin of the American Academy of Arts and Sciences* 46 (n. d.): 24 – 47, 转引自 Philip E. Johnson, *Reason in the Balance: The Case against Naturalism in Science, Law and Education* (Downers Grove, Ill.: Inter Varsity, 1995), p. 116。

40. Ernan McMullin, "Rationality and Paradigm Change in Science," in *World Changes*, p. 71.

41. Hesse, p. xiv. 讨论库恩的范式时，把语言游戏和相对主义联系在一起的，还有 A. Maudgil, "World Pictures and Paradigms: Wittgenstein and Kuhn," in *Reports of the Thirteenth International Wittgenstein-Symposium*, ed. P. Weingartner and G. Schurz (Vienna: Hölder-Pichler-Tempsky, 1988), pp. 285 – 290。

42. 《科学革命的结构》1970 年版的"后记"，就是他所做的回应之一。另参 Thomas Kuhn, "Objectivity, Value Judgment, and Theory Choice," in his *The Essential Tension: Selected Studies in Scientific Tradition and Change* (Chicago: University of Chicago Press, 1977), pp. 320 – 339。

43. 参见 Hung, pp. 434 – 438, 440 – 452。

44. Israel Scheffler, *Science and Subjectivity*, 2nd ed. (Indianapolis: Hackett, 1982); Paul Thagard, *Conceptual Revolutions* (Princeton: Princeton University Press, 1992); Paul R. Gross and Norman Levitt, *Higher Superstition: The Academic Left and Its Quarrels with Science* (Baltimore: Johns Hopkins University Press, 1994).

45. Lakatos, pp. 91 – 195; Larry Laudan, *Progress and Its Problems* (Berkeley: University of California Press, 1977).

46. 我将在第十章讨论该总结的某些问题。

47. 关于波兰尼是后现代思想家的问题，参见 Jerry H. Gill, *The Tacit Mode: Michael Polanyi's Postmodern Philosophy* (Albany: SUNY Press, 2000)。

48. Nicholas Wolterstorff, "The Grace That Shaped My Life," in *Philosophers Who Believe: The Spiritual Journeys of Eleven Leading Thinkers*, ed. Kelly James Clark (Downers Grove, Ill.: InterVarsity, 1993), p. 270。

第8章

"世界观"概念的学科史下篇

社会科学

社会科学,顾名思义,总是关乎人类的事务。由人类来研究人文学科,这种模棱两可很难使人们用看待自然科学的目光,来看待社会科学领域的发现和规律。实际上,研究比较软性的解释性学科的学者们,往往患有一种所谓"科学"羡慕症,他们担心其研究成果的有效性,担心其工作是否有价值。我们来回顾威廉·狄尔泰的研究,他试图为精神科学奠定知识的基础,一如伊曼努尔·康德为自然科学奠定了知识的基础。迈克尔·波兰尼和托马斯·库恩的思想,特别是后者,彻底改变了这种局面。如第七章所述,库恩认为,范式、世界观以及其他的人为因素和历史因素,在常规科学研究和科学革命的过程中,发挥着重要作用。我们完全可以说,社会科学也是如此。[1] 虽然它们的研究对象不同,具体地说,一个研究自然界,一个研究人类社会,但是对工作在这两个领域的科学家们来说,两种科学都部分地取决于和依赖于包括世界观在内的一些人为因素。按照这个思路,以前总是处于对立状态的两种思想文化,现在建立起一种平等的关系,它们进行比赛的场地似乎变得更加平坦了。[2]

然而,有一点是不同的。尽管范式决定着自然科学的研究,但是这些思维模式从来不是科学研究的对象或问题(只有科学哲学家例外)。

自然科学家研究的是物质世界,而不是人类社会。另一方面,社会科学家聚精会神于分析和理解世界观之类的巨大认知力,它们不仅是社会科学的基础,而且决定着人类的灵魂(心理学)、社会(社会学)和文化(人类学),是它们的重要组成部分。因此在自然科学领域,范式和世界观至多具有**间接的**意义或影响,但是在社会科学领域,它们占有明显的优先地位,是各种研究的主要对象。[3]

举例来说,1985 年 7 月,位于密歇根州大急流城的加尔文学院举办了一个学术会议,会议的主题是"世界观与社会科学"。会议的目的很明确:探讨"社会科学领域的世界观问题"。[4] 与会者承认四处蔓延的多元主义的潜在影响,于是他们把目光转向世界观概念,他们认为,世界观是一种分析方法,可以帮助他们渡过当代社会科学和自然科学的多元主义急流险滩。在这样的历史背景下,会议纪要的编者们以下方式,阐述了世界观概念在人们理解生命和社会科学时所发挥的作用。

人们认为,研究世界观就是要告诉他们,社会理论应该如何应对多元主义。本世纪头十年,威廉·狄尔泰把现代思想描述为世界观的冲突(*Streit der Weltanschauung*)。后来,托马斯·库恩在阐述科学革命无法估量的作用(*imponderabilia*)时,又赋予世界观概念特殊的地位。库恩的科学革命之后,人们似乎普遍认为,世界观具有创造力。詹姆斯·奥修斯(James Olthuis)把这一过程概括如下:"我们发现生活和科学中的冲突,起源于不同的世界观。"[5]

世界观是根本基础,是分析问题的方法,是研究对象,它与社会科学的哲学、理论和研究具有千丝万缕的联系。[6]随着我们研究的展开,这一点会变得越来越明确。我们先来考察心理学。

心理学中的"世界观"

世界观对于精神性创伤的治疗、人格的培养、婚姻的满意度以及人生意义的探讨[7]都有一定的影响,除此之外,我们将主要考察论述世界观的两篇论文,文章的作者是 20 世纪两位最著名的心理分析家——西格蒙德·弗洛伊德和卡尔·荣格。他们都认为,世界观概念具有非常重要的意义,整篇论文都是用来讨论这个问题,虽然他们的目的各不相同。荣格重视心理治疗与世界观的关系,弗洛伊德研究世界观问题,却是为了回答以下问题:心理分析能否作为一种独立自主的世界观?我将首先"分析"弗洛伊德的贡献。

西格蒙德·弗洛伊德:"世界观问题"

212

西格蒙德·弗洛伊德(1856—1939)在一篇颇有趣味的论文中说,他的支持者们可能把他的思想发展成为"一种心理分析世界观的基础"。[8]出人意料的是,弗洛伊德拒绝了这个建议,他的解释如下:

> 我必须承认,对于塑造世界观,我没有丝毫偏见。我们可以把这种事情留给哲学家,他们公然宣称,没有贝德克尔[Baedeker,德国出版商,专门出版指南一类的图书]给他们介绍每个学科的情况,他们就不可能生活下去。他们心怀崇高目的,因此他们鄙视我们,我们就谦卑地接受这种鄙视吧。另一方面,我们又不能放弃自爱的尊严,于是我们欣然以为,"生活指南"一类的知识很快就会过时;正因为我们目光短浅,心胸狭窄,吹毛求疵,它们才不断翻新;即使最新潮的生活指南也不过是为了替代那本古老的、有用的、无所不能的教会要理问答。我们很清楚,到目前为止,科学只能解决我们所遇到的问题中很少的一部分。尽管哲学家们费尽心机,还是无济于事。只有通过坚持不懈地耐心研究,一切问题都有了明确的解答,情况才会有所改变。为了克服内心的恐惧,愚昧的行路人会在夜色中大声歌唱;尽管如此,他还是看不到前面的任何东西。[9]

弗洛伊德以非常否定的语气说,塑造世界观其实是徒劳无益的,意志薄弱的哲学家们适于这项工作,因为他们需要一本"指南"来为他们介绍生活的全部内容,以此来取代教会的说教。但是科学在进步,心理分析家们的心理学发展更快,作为生活指南的世界观不得不经常更新。值得我们坚持不懈地研究的,是某些科学知识,而不是世界观的发展,因为世界观只能给我们提供虚妄的生活安慰,却不能提供真正的知识。科学主义必须主宰思想的王国。

213   在另外一篇题为"世界观的问题"的讲稿中,[10] 弗洛伊德详细阐述了他拒绝心理分析世界观的理由,这是他七十六岁时做的一次演讲。他开门见山地问道:"心理分析是否与某种世界观相联系呢?如果是,那么与它相联系的世界观又是什么?"(第 158 页)为了回答这个问题,他首先给这个具有"德语特色"的概念下了一个定义:

> 世界观是思想的构造,它能够根据一个至高无上的假设,以统一的方式解决我们生活中遇到的一切问题;换言之,这个假设能够回答所有问题,我们感兴趣的任何事物,在这个假设中都有其确定的位置。很显然,拥有这样的世界观是人类的理想需求之一。相信它,人们就会有安全感,他们就有了奋斗的目标,他们就知道,如何才能最合理地处理自己的情感和利益。

弗洛伊德认为,一种世界性的"假设"应该能够解答一切问题,回应所有疑问,使万物各得其所。世界观是人类的终极理想,它能为其信仰者提供心灵的平静或安全感,因为它能解释至善的含义,指导人们的实际生活。心理分析能够满足这些条件吗?弗洛伊德毫不犹豫地回答说,不能,只有科学能够满足这些条件。弗洛伊德指出,"如果这就是世界观的本质,那么心理分析的回答是显而易见的。作为一个专业化的学科,作为心理学的一个分支——精神分析学或潜意识心理学——心理分析很不适于建立自己的世界观:它必须接受科学的世界观"(第 158 页)。在这篇文章的结尾处,弗洛伊德以类似的措辞,重申了他对心理分析与世界观问题的认识:"我认为,心理分析不可能建立自己的世界观。它不需要任何世界观;它是科学的组成部分,可以坚持科学的世界观。"

（第 181 页）科学是人类最终的、最理想的知识,心理分析是科学的一个分支。心理分析不是伪科学,而是广义的科学世界的正式成员,在弗洛伊德看来,科学具有拯救世界的能力。

弗洛伊德在该文的剩余部分提出两个基本主张。首先,科学本身也有其特殊的局限,因此它也不能为人们提供弗洛伊德所谓理想的、涵盖一切的世界观。另一方面,其他认知系统同样不能胜任这一工作。宗教、艺术、哲学、虚无主义或马克思主义,作为科学的主要竞争对手,可能成为整体主义世界观概念的所在地,却不能胜任这一工作。事实上弗洛伊德认为,**人力所及的任何认识手段,包括科学在内**,都不足以创造一种包罗万象的世界观,以满足人类的最大需求。现代科学虽然具有各种缺陷,却仍然是我们最好的,甚至唯一的选择。它明显高于各个对手。弗洛伊德为科学人生观的优越性提供了辩护,以反对所有其他可能的选择,特别是宗教。[11]科学才是人类知识的真正希望。心理分析是科学的一个分支,在这个大范围内,它发挥着自己的作用。它不是另外一种世界观。

心理分析是科学世界观的组成部分,那么弗洛伊德所谓的科学世界观究竟是什么呢?我们将讨论科学世界观的三个基本特征。首先,现代科学的基础是具有形而上学意义的自然主义,或具有方法论意义的自然主义。"科学态度"容不得丝毫超自然的、启示性的或直观的因素,否则它就不再是真正的科学。如弗洛伊德所言,科学具有这样的特征:"它完全排斥异己的因素。它宣称,人类的宇宙知识起源于理性对观测资料的仔细研究,这就是我们所谓的研究。任何知识都不是起源于启示、直观或预知。"(第 159 页)这些东西都是幻想,是一厢情愿的空想,它们的基础是情感。我们没有任何理由认为,它们是有根据的。弗洛伊德说,它们确实存在,这个事实警告我们,"必须把[科学性]知识与一切幻想或情感需求之类的东西区分开。"因此科学要想成为真正的科学,就必须完全建立在自然主义的基础上。

其次,这种科学自然主义看上去索然无味,因为它不承认理智的主张和需求,但是弗洛伊德认为,心理分析把人类生活的精神方面作为科学研究的对象,把它们与没有人性的自然事物视为同一。心理分析弥补了科学的一个严重缺陷，也许还使它获得了新的魅力。用弗洛伊德的话说，"在这个问题上，心理分析有一种特殊的权利，能够为科学世界观进行辩护，因为人们不再会指责科学，说它忽视了宇宙图景的精神性方面。它对科学的贡献恰恰在于，它把科学研究的界限延伸至精神的领域。顺便提一句，如果没有这样一种心理学，科学就会具有明显的缺陷。"（第159页）很多人会反对这种观点，他们不承认，我们可以用研究分子的办法来研究"心灵"。他们会说，心理分析是一门伪科学，属于一个完全不同的领域。有趣的是，弗洛伊德认为，心理分析与物理学、化学和生物学同类，因此它能够使自然科学具有完整性。

最后，弗洛伊德的科学世界观坚持实证主义，完全属于现代思想，这一点也许很有趣。科学是人类寄予未来的最美好的希望。他所理解的科学研究，值得我们详细引述，因为它包含着我们所熟悉的一切现代话题，如一个独立不依的世界、人类的客观性、严密的科学实验以及真理的符应理论。

> 科学思维与日常思维没有本质的区别……我们的日常生活都要依赖日常思维。科学思维不过是有一些不同的特点：它对事件感兴趣，即使这些事件没有直接的明显的用途；它小心翼翼地避开个人因素和情感的影响；它会非常严格地审查感官知觉的可靠性，这是日常思维所无能为力的；它能分析出实验过程中出现的新经验的决定性因素，科学家们故意使这些实验具有多样性。科学的努力旨在实现与实在的统一——换言之，科学旨在符合某种外在于我们、独立于我们的东西，经验告诉我们，这是我们的愿望能否得到满足的关键。与实在的外部世界的这种符合，我们称之为"真理"。即使我们不考虑科学的实用价值，真理仍然是科学研究的目标。（第170页）

216

对科学的这种论断显然属于波兰尼和库恩以前的思想——任何个人的或情感的因素，都不应该玷污科学研究。科学旨在获得关于外部世界的严密知识，这是一种能够使人驾驭实在的知识。弗洛伊德认为，人类能否满足自己的愿望，知识是关键。难怪弗洛伊德说，科学世界观的理性精神一定会胜利，这是人类末世希望的基础。"我们对未来的最美好的希望是，随着时间的推移，理智——科学精神、理性——能够主宰人类的精神生活。理性的本质能够保证，有朝一日，它将赋予情感的冲动及其影响以应有的位置。常见的冲动是理性的统治发挥作用的结果，事实证明，这是把人们联系在一起的最强力量，也是他们增进团结的基石。"（第 171 页）

弗洛伊德的迫切愿望是，科学理性应该成为人类的最高主宰。尽管如此，他还是认为，理性的统治一定会为人类生活的情感方面提供一个适当的位置，一定会成为人类团结的纽带。

弗洛伊德认为，心理分析无须成为一种世界观，因为它是方兴未艾的科学世界观的重要组成部分。这种科学世界观的基础是一种彻底的具有形而上学意义或方法论意义的自然主义。由于心理分析的诞生，科学具有了完整性，它的领域也包括了对人类心灵和理智的缜密研究。最后，弗洛伊德所理解的科学完全属于实证主义和现代主义的传统。他乐观地认为，他的理论是科学世界观的重要组成部分，这种世界观一定能够以理性为纽带，把全人类团结起来，这是未来人类发展的保证。

我们当然可以稍事休息，提出一两个问题。虽然弗洛伊德表示反对，但是心理分析难道不是一种独立的世界观？具有讽刺意味的是，近来一些理论家认为，心理分析也是一种宗教。[12]D. H. 劳伦斯（D. H. Lawrence）也不无讽刺地这样认为。他写道："心理分析家们知道，结果应该是什么。他们已经作为医生或治病术士潜入我们中间；他们变得越来越胆大，他们宣称，自己拥有科学家的权威；两分钟以后，他们就会成为使徒一类的人。我们不是耳闻目睹了那个无误的荣格吗？是否必须请一个先知来评判，弗洛伊德理论几乎就是一种世界观呢？"[13]

其实上述分析已经表明，即使没有火箭专家或先知那样的知识，我们也都知道，"作为信仰的一种表白，弗洛伊德的世界观不过是在坚持 19 世纪科学方法论所公认的一些原则。"[14] 换言之，"从哲学的角度看，心理分析是启蒙运动思想和古典经验主义的反映……弗洛伊德赞同唯物论或自然主义的世界观，这是他的思想背景。"[15] 不仅如此，阿尔伯

217

特·列维认为,弗洛伊德理论的人类学内涵必然会催生一种世界观。

> 弗洛伊德的早期思想不承认经验科学方法论之外的任何世界观,这或许是不成熟的表现(假如他不是言不由衷的话)……弗洛伊德当然没有明确的形而上学目标,无意于创造一种世界图景,像黑格尔或斯宾诺莎那样。但是从某种意义上说,他必定要创造一种世界观。因为心理分析的基础是一种关于人的理论,严格说来,**这是心灵的一种逻辑**。无论是什么时代,人类的新形象一旦出现,表述它的那种理论就会成为这个哲学传统的组成部分。[16]

由此看来,弗洛伊德的世界观是一种具有形而上学意义的自然主义,一种科学经验主义或实证主义,还是一种独特的有心理分析特征的人类学。这些不是客观地建立起来的中立原则。相反,它们是一些被选择的信念,甚至是信仰的一个信条或声明。通过心理分析而建立一种独立不依的世界观,也许不是弗洛伊德的理想,但是心理分析必须以某种世界观为基础,从这种意义上说,它能够传递其基本理论所包含的一些重要信念。

218 荣格:"心理治疗与人生哲学"

1942 年,荣格(1875—1961)发表了一次演讲,着力阐述心理治疗与世界观的关系,德语标题为"Psychotherapie und Weltanschauung",英译为"Psychotherapy and a Philosophy of Life"(心理治疗与人生哲学)。[17]人们认为,他的思想体系"复杂、深奥而晦涩",[18] 这篇演说也不例外。弗洛伊德认为,理论必须具有严密的科学性,与此相反,荣格更强调心理治疗中感觉以外的因素,这也许是他的理论晦涩难懂的部分原因。琼斯(Jones)和巴特曼(Butman)的解释是:"与其他方法相比,荣格的分析法能更好地解释那些无法描述的神秘事物,更好地为人治病。虽然荣格的方法具有科学方法的某些因素,但是它拒不承认科学的客观化或还原主义精神。它反复提示我们,我们现在的思想观点包含着一些难以解释的因素。"[19]

荣格的这篇文章旨在探索心理治疗的"思想基础"，这一事实说明，他承认在人文科学及其相关科学中，一些不可量化的因素发挥着某种作用（第 76 页）。荣格认为，分析心理学的基础是一些基本的思想假设，不仅如此，他还非常重视世界观的力量，因为在心理治疗过程中，世界观既影响着医生，又影响着病人。这些力量是荣格这篇论文的主要研究对象。尽管该文晦涩难懂，我还是要阐述几个主要问题，因为这是荣格的主要论点。

首先，荣格已经认识到，在心理治疗过程中，有效的治疗方法旨在医治心灵（*cura animarum*），因此它必须关注一些深层次的问题，如人生的意义或世界的意义。医生和病人都生活在一种具有普遍意义的人生观和实在论之中，我们必须对它们进行仔细的分析。为了避免任何形式的还原主义，我们决不能忽视这些具有普遍意义的信念，因为它们影响着心理治疗的全过程。从理论上说，我们必须把病人当作一个完整的人，重视他们的人生哲学。荣格的解释是："人们迟早会认识到，不关心人及其生活的全部，不关心那些终极的最深层的问题，我们就不可能医治心灵；不考虑身体的整个机能，就不能治好有病的身体——现代医学的一些代表人物甚至认为，不了解病人的全部情况，就不可能治好他的病"（第 76 页）。

荣格认为，整体性是关键。适用于医疗实践的，同样适用于心理治疗：医生在治病时，必须考虑病人的各个方面，包括他的人生哲学。他这样写道："一种病情的'心理特征'越明显，它就越复杂，它与整个生活的联系就越密切。"

为了全面探讨整体性问题，荣格提出了第二个重要论断，他认为，根据自己的治疗模式，影响心灵整体状况的因素，不是一个，而是两个：物质因素和精神因素。荣格断言，"毫无疑问，生理因素至少是心灵世界的一个支柱。"比物质因素更重要的，是某些精神现象——理智的、伦理的、审美的、宗教的和其他传统思想，科学不可能证明，它们有一个物质基础。荣格说，"这些异常复杂的因素是心灵世界的另一个支柱"，经验证明，与生理支柱相比，心灵支柱对灵魂的影响力要大得多（第 77 页）。

219

从这种意义上说,人生哲学或世界观是心理治疗过程的一个重要组成部分。

第三,荣格认为,心理医生一定会遇到人们所谓的启示,一定会听到他们所谈论的人生哲学,它们都起源于那个"诸对立点的问题"(problem of opposites),即灵魂具有的一种辩证的或对立的结构。以一种被压抑的本能为例,消除压抑之后,本能获得了自由。问题随之而来:刚刚获得自由的本能希望能够随心所欲,那么我们应该如何约束它呢? 应该如何改造或提升它呢? 理性无法回答这一问题,因为人类不一定是一种有理性的动物;理性不足以改造本能,使之服从理性的命令。面对这种困境,各种各样的道德问题、哲学问题和宗教问题接踵而至。荣格认为,为了解决本能问题,心理医生"不得不与自己和搭档探讨他的人生哲学"。由此可见,世界观在规范获得自由的本能时,发挥着重要作用,在心理医疗过程中,它与其他力量具有密切的联系。

这还不是哲学探讨在医生病人关系中得以出现的唯一方式。荣格的第四个重要论断是,"哲学探讨是心理治疗必须承担的一项任务",当病人要求医生阐释某些基本原理时,哲学探讨的必要性会更加突出。不是所有病人都会提出这样的要求,但是心理医生必须做好思想准备,以阐述自己的哲学基础,因为这是其建议和意见的决定性因素。如荣格所言,"标尺是用来衡量事物的,医生必须以某种方式来说明标准问题或决定着我们行为的那些道德准则,因为病人完全有可能要求我们说明自己的判断和决定。"于是荣格断言,心理医生必须有一套值得信赖的观念,而且要通过自己的经验来证明这些观念。如他所言,"心理治疗的要求是,心理医生必须具有一套能够公开承认的、可信而合理的观念,其作用主要表现在以下两个方面:它们治好了心理医生自己的某种精神分裂症,抑或它们能够防止精神分裂症的发作。"(第78页)由此可见,人生哲学的必要性在于,它能够为病人说明正在进行的治疗的思想基础。

荣格由此认为,世界观在人类生活与心理治疗中发挥着重要作用。这是他提出的第五个主要论点,同时他还阐述了世界观的不同特征、作用及其变迁。

人生哲学[世界观]是人的心理结构中最复杂的部分,它是由生理机能决定的那部分心灵的对立物;作为最高层次的心理因素,它最终决定着后者的命运。它指导着心理医生的生活,决定着他的治疗内容。虽然它具有非常严密的客观性,但是它本质上仍然是一个主观性的体系;它很可能遭到一次又一次的破坏,因为它与病人的病情发生了冲突,但是它会死而复活,通过经验而焕发生机。坚定的信念很容易变成一种自我保护的观念,甚至变得僵化,开始危害生命。坚定信念的标志是灵活性和适应性;和其他所有的崇高真理一样,它之所以充满生机,是因为它勇于承认自己的错误。

这段话包含着非同寻常的意义,因为荣格谈到了世界观的一些重要特征。首先,世界观决定着人的命运。第二,它指引着心理医生的生活。第三,它是心理治疗的总特征。第四,它的目标是客观性,但它本质上是一个主观性的思想体系。第五,在与病人的病情发生冲突时,它可能遭到破坏,但是它能够经得起考验,凭借经验,它能够再次焕发生机。第六,它会变得僵化。第七,它必须具有应变能力。第八,它必须承认自己的错误,从中吸取教训。居于生活和心理治疗核心地位的,是一种主宰着世界万物的世界观。

世界观是心理治疗过程的核心,这是荣格提出的最后一个论点,它 221 克服了心理治疗、哲学与宗教之间的对立。他认为,心理医生应该作为哲学家而发挥作用,他应该认识到,在生活的最深层面,哲学与宗教具有相似性。还是让荣格自己解释吧。"我绝不能掩盖以下事实:心理分析家真的应该成为哲学家或哲学家式的医生——或许我们已经是这样的医生了,却不愿意承认这一事实,因为我们的研究与人们在大学里谈论的哲学,正好形成鲜明的对照。我们也可以称之为萌芽状态(*in statu nascendi*)的宗教,因为生活中到处都是模糊不清的观念,哲学与宗教没有分界线。"(第 79 页)

患有"世界观紊乱症"(cosmopathy)的病人可能需要心理医生的帮

助，因为心理医生是"治疗世界观紊乱症的专家"，他们能够利用自己的哲学观和宗教观，帮助病人塑造一种更符合实在的新世界观。[20]换言之，某种世界观所包含的那些形象，可能与实在发生严重冲突，因此不再具有效力。病人必须对其知识进行彻底的重新定位。患者可能患有各种精神疾病，包括哲学性的疾病或其他疾病，在治疗这样的病人时，心理医生必须提高警惕，切莫染上同样的心理疾病；医生也许应该根据病人对治疗的反应，帮助他探索一些最能满足其情感需求的宗教原则和哲学原则。

总之，在世界观问题上，弗洛伊德与荣格显然是各持己见。弗洛伊德坚决反对心理分析是一种独立不依的世界观。他想让人们知道，他的研究是受人尊敬的，因为它是与现代思潮相适应的唯一可行的世界观——科学世界观——的组成部分。但是我们有充分的理由提出以下质疑：弗洛伊德否认他有一种世界观，这种说法能不能成立呢？他接受了某些实在论，他的理论也包含着这些实在论，它们早已超越了中立的、科学的、客观的界限。另一方面，荣格旨在突出分析心理学与基本的人生哲学的密切联系。世界观问题必须受到重视，它必然会出现在心理治疗的过程中，因此医生不仅要认识世界观的重要作用，而且要阐述自己的信仰，帮助患者探索那些基本的哲学原理，因为它们有助于治疗。从弗洛伊德与荣格的著述看，世界观已经成为心理学中的一个重要概念。根据他们的思想，以下论断应该是不容置疑的：心理治疗的任何方案——弗洛伊德主义、荣格主义或其他理论——都是建立在一些基本的世界观假设之上，诸如此类的哲学基础在心理治疗过程中始终发挥着极其重要的作用。[21]

222

社会学中的"世界观"

有几位非常重要的社会学家对世界观概念史做出了贡献，我们将考察他们的思想。卡尔·曼海姆、彼得·贝格尔、托马斯·卢克曼、卡尔·马克思和弗里德里希·恩格斯，都对这一重大问题提出过自己独到的见解。曼海姆着重考察方法论，因为它决定着某个历史时期所有人的观念。社会学家们如何才能以客观而科学的方式，发现并表述世界观思想呢？贝格尔和卢克曼首先提出了知识社会学这个概念，这个理论旨在说明，在知识的产生过程中，各种社会力量是如何发挥作用的；知识的产生与世界观的形成具有明显的关联性。最后，我们将简要地考察卡尔·马克思与弗里德里希·恩格斯著作中的"世界观"与"意识形态"这两个概念，这显然是社会主义的思想。先来看卡尔·曼海姆的思想。[22]

卡尔·曼海姆："论解释世界观"

在诸多社会科学中，世界观概念占有什么位置？在社会学领域，什么方法才适于分析这个概念？为了回答这些问题，卡尔·曼海姆（1893—1947）写了一篇题为"论解释世界观"的论文，内容长达五十页。[23] 尽管他的论证肯定包含着某种世界观，但是他的目的不是要为"世界观"下一个哲学定义，而是要探讨以下方法论问题，因为它们能够帮助社会科学家和其他研究者认识潜在于某个时代或某种文化的世界观。"文化历史领域的研究者（艺术史家、宗教史家或社会学家），要想认识某个时代的普遍观念（世界观），或者追本溯源，把部分现象与其包罗万象的实体联系起来，必须面对哪些问题呢？世界观概念所指的那种实体，是否已经成为我们的知识？如果是，那么它究竟是如何成为我们的知识的？与文化历史领域的其他事实相比，这种知识具有哪些特点？"（第 8 页）

假如某种普遍观念或世界观真的存在，同时我们真的认为，这就是某种文化的基础，我们还是必须面对以下问题："我们能否把这种观念转变为科学观念或理论术语呢？这个'已知事物'能否成为有效的、可以证实的科学知识的对象呢？……我们能否以一种客观而科学的方式，认识某个时代的普遍观念呢？反过来说，对这种普遍观念的所有规定必然是空洞无益的思辨吗？"（第 8,9 页）换言之，这种观念处于人类

223

知识文化的最深层面,我们如何才能科学地理解它们,合理地表述它们呢?世界观能否成为科学研究的对象呢?约翰·哈姆斯(John Harms)认为,曼海姆试图回答这些问题;他致力于诸如此类的研究,因为他相信,社会理论中的教育思想应该推动"不同世界观之间的交流……加深人们对社会整体性的理解和认识"。[24]

首先,曼海姆发现,社会科学以自然科学为榜样,片面强调原子论式的研究方法。在关注部分——研究个别的具体事物——的同时,人文科学忽视了具体的可经验的整体以及文化的整体性。它们丧失了一种基本的研究权利。但是近来人们已经认识到,即使文化研究领域内的某个具体学科,也不能放弃其"对象的前科学的整体性";最近,人们开始重视"综合"与"概括"(第9—11页)。曼海姆清楚地指出,"现在人们开始强调综合,其主要表现是,他们对世界观问题的兴趣已经觉醒,这标志着历史性的综合所成就的巨大进步。"(第11—12页)注重综合的思想有利于人们考察这个重要概念及其概括能力。然而要想做到这一点,社会科学必须抛弃自然科学中的主要范式,因为它不允许人们思考这样的问题。

曼海姆认为,世界观是一个综合性概念,与这项研究相关的主要问题是,世界观概念不在理论思维的范围之内,事实上,它先于理论思维。换言之,世界观不是一种纯理论现象,而是一种前理论现象:它先于抽象思维,是抽象思维的前提。与此相反,人们总是把世界观等同于某一文化的理性概念,这些概念可能是哲学的,也可能是科学的或宗教的,这种看法早已成为一种牢不可破的传统。这些学科的共同宣言就是某种文化的基本哲学,即世界观。虽然曼海姆首先提出了这种观点,但首先证明这一论点的是威廉·狄尔泰;他认为,世界观与理论体系不是同义词;相反,世界观先于理论体系,前者是后者的先验基础。曼海姆引述狄尔泰的话说,"世界观不是思维活动的结果",换言之,它不是理论思维的产物。既然如此,那么如曼海姆所言,"非理论的"世界观与"非理性的"世界观之间必定有一段认识距离,理论的世界观源于非理性的世界观。曼海姆的解释如下:"我们称这种整体性为世界观,如果我们认为,它既是一种非理论的(atheoretical)事物,又是一切客观性文

化——宗教、风俗习惯、艺术、哲学——的基础;另一方面,如果我们承认,我们可以根据这些客观现象与这个非理性事物的距离,把这些现象划分为不同的层次,那么理论思维一定是这个基本实体最模糊的表现方式之一。"(第 13 页)

如果把世界观理解为一种支撑着文化现象的基本实体,我们就会提高文化研究的水平,理由如下。首先,要想求得某种综合,我们就必须考察所有的文化领域,每一个领域都是那个深层的、可以感知的基本概念的反映。其次,如果承认世界观是万物的基础,社会研究者就会更"深切地感受某种文化所蕴含的那种自发的、非意向性的原始冲动"(第 14 页)。对研究者来说,这显然是一大优势,此前,他们试图根据不同学科公开发表的理论宣言,来认识某种世界观。曼海姆的主要论点是,世界观以最彻底的方式,存在于一个原始领域之中。

> 我们决不能把它[世界观]理解为一种逻辑或理论;哲学命题或任何理论形式都不能完整地表达这个概念——与世界观相比,即使非理论性的事物,如艺术作品、伦理思想和宗教体系,都具有一定程度的合理性以及可以解释的确切含义;相反,世界观是一个整体性概念,它处于一个更深的层面,是一种无形的完全原始的实体。(第 16 页)

225

曼海姆认为,世界观其实是人们潜意识中的一些现象,它们的出现是自发的,没有明确的意向。它们深藏于人类心灵,是一些无形而原始的实体,坚持这些世界观的人们认为,它们是理所当然的,另一方面,它们却是思想和行为的主要推动力。它们是一些默默无闻的基本假设,是社会生活与文化现象的基础。

我们应该牢记,曼海姆的这篇论文旨在阐述某些方法论原理,以便人们认识某一时代的普遍观念。如上所述,倘若世界观是文化的原始层面,本节一开始提出的那些问题就会再次出现:它们是否科学研究与科学发现的合法候选者呢?我们能否对这些原始的深层领域进行科学研究,以理论的形式把它们表述出来呢?

曼海姆的回答是肯定的,他详细讨论了方式或方法问题,因为这是人们科学地研究并理论地表述世界观的关键。我将简述其论点的主要方面。他首先考察了文化现象可能具有的三种意义——客观意义、表现意义和纪实意义或证据意义。客观意义**直接**以客体的本来面目为基础;表现意义间接地以主体的意向为基础;纪实意义或证据意义同样是**间接地**以主体的本质特征、总体评价和基本取向为基础(第18—22页)。在曼海姆看来,通过上述三种意义中的最后一种意义,我们就能科学地认识世界观。他这样写道:"我们所谓某个时代的'天才'或'精神',其实是一种整体性,我们是通过所谓'纪实意义'才认识了这种整体性;某些基本因素构造了某个创造性人物或某个时代的普遍观念,通过上述观点,我们就能理解这些因素。"(第23页)在此基础上,曼海姆试图证明,文化现象真的具有纪实意义(第24—28页)。然后他描述了人们理解文化现象的纪实意义的方式:他们能够直接体验那种前理论的实体(第38—45页)。他最后指出,纪实意义存在于所有的文化现象

226 之中,它是某种普遍观念的反映。如果这是真的,曼海姆就能证明,我们可以对世界观和纪实意义进行科学研究,并以理论的方式来阐述它们(第45—57页)。

这一节主要阐述方法论问题,曼海姆着力解决的"关键问题是,被我们称为某个时代的精神或世界观的那种整体性,是如何从这个时代的诸多文化现象中分离出来的——我们又是如何从理论上阐述这种整体性的"(第48页)。换言之,他的问题是:"在一切事物中,我们都能感受到[世界观]的整体性,从科学的角度看,这些事物属于相同的历史时期,是人们能够驾驭和证实的,我们如何才能描述这种整体性呢?"他试图建立一种科学的方法论,以证实这种具有时代意义的世界观,但是一个人尽皆知的难题困扰着他:诠释学循环(hermeneutic circle)。曼海姆对这一问题的阐述如下:"我们的'时代精神'来自它的纪实性显现——另一方面,我们又是根据自己所理解的时代精神来解释它的纪实性显现。所有这些都证明这样一个论断……在人文科学领域,部分与整体是同时出现的。"(第49页)

虽然他没有解决(很可能是无法解决)这一问题,但是他试图证明,

他所谓的纪实方法何以能够把握某种时代精神，而且这种认识还有科学的可信度。如他所言，"所有这些纪实性解释都能通过一些包罗万象的普遍概念，把零散的纪实意义结合起来，我们给这些普遍概念起了一些不同的名字，如'艺术动机''经济价值''世界观'或'精神'……文化领域不同，名称也不同。"（第 33 页）文章的结论部分宣称，作者的目的是，"把前理论现象的意义和形式纳入科学的范畴"，这样一来，探讨世界观的社会科学家们就会经历一次解放，不再完全依赖自然科学的方法论。（第 57 页）

　　总之，我们似乎可以说，曼海姆至少从两个方面再现了威廉·狄尔泰的思想。首先，他重视方法论。狄尔泰试图为社会科学建立牢固的科学基础，曼海姆也致力于类似的目标，他要设计一种能够帮助人们把握某种时代精神（Zeitgeist）的方法。近代思潮强调综合，这是曼海姆的思想动力；他认识到，我们不可能孤立地看待文化现象，这是他的方法论基础；他始终在探索一种方法，以建立有效的、可证实的、科学的世界观。他是否取得成功，则另当别论。其次，曼海姆认为，世界观处于前理论的层面，这也会使人想起狄尔泰。狄尔泰明确指出，世界观的三种基本形态（自然主义、自由的观念论和客观观念论）是常规理论研究的主要目标。意识的原始层面（或无意识层面），对待世界的基本态度，是日常事务的主要动力。曼海姆认为，世界观也占有这样的认识地位：它是众所周知的理论形态和文化观念的基础。狄尔泰把世界观和宇宙联系在一起，曼海姆把世界观和"社会整体"联系在一起；二者都认为，世界观是思想的原始实体（Urstoff）。这是促使曼海姆考察方法论问题的首要原因。归根结底，狄尔泰和曼海姆所理解的世界观，是人类知识和文化现象的先决条件，詹姆斯·奥尔、亚伯拉罕·凯波尔、荷兰的新加尔文主义者以及北美的众多福音派思想家，似乎都能接受这种世界观。

227

彼得·贝格尔与托马斯·卢克曼：知识社会学与神圣的帷幕

　　帕斯卡尔（Pascal）的以下著名论述清楚地表达了知识社会学的倡

导者所关注的核心问题:"我们所谓的正义或非正义,无不随着自然环境的变化而变化。纬度相差三度,就会有一套完全不同的法律体系;子午线是真理的标志。几年以后,基本规律也会发生变化;真理也有自己的时代;土星进入狮子星座,我们就应该知道,又有人犯了某种罪。河流是正义的界线,真够奇特! 在比利牛斯山脉(Pyreness)的这边是真理,到了那边就是谬误。"[25]

正义、法律、正确、真理、错误等观念为什么会随着地理、时代、社会环境的变化而变化呢?"真理"和"实在"的决定性因素究竟是什么? 这些因素与社会环境和生存环境是否密切相关呢? 不同的心灵观念和知识观念是否起源于不同的社会环境和历史环境呢? 世界观可能是一些前理论的实体,也可能是一些更为形式化的概念,某一社会团体是如何树立、传播和巩固这些基本观念的? 这个团体中的每一个成员又是如何接受这些观念的? 不同文化在知识、意识和宇宙论方面,为什么会有 **228** 明显的差异? 这就是知识社会学所要研究的一些问题。我们可以给社会学的这个分支下一个粗略的定义:知识社会学旨在"分析与理性生活和认识方式有关的那些社会过程和社会结构的规律(舍勒[Scheler]),它是研究思想的相互关系的一种理论(曼海姆)"。[26] 如果"世界观"思想也存在于社会学中,那么它们很可能就在知识社会学这个领域之中(尽管它面对着一些来自其他领域的强劲对手,如意识形态、社会结构、基本假设、范式等)。我们还可以说,这片学术天地本来就是世界观的家园。[27] 如查尔斯·史密斯所言,知识社会学的基本主张是,人们的社会环境即使不能决定,也能影响他们理解世界的方式。他认为,"知识社会学家旨在'根据社会条件来解释某些世界观固有的成见,因为这些社会条件是这些世界观的起源。'"[28] 卡尔·曼海姆也许正是这样认为,根据彼得·汉密尔顿的解释,在曼海姆心目中,知识社会学旨在"研究某种世界观得以产生的那些社会条件"。[29] 马克斯·舍勒赞同这种论点,他说知识社会学的主要目的之一,就是揭示他所谓"自然而然的世界观"得以产生的那些规律。如他所言,世界观是某个社会或某种文化所接受的、既没有根据又不可证明的一种思想倾向,这种认识是知识社会学的主要贡献之一。

关于人们所谓的原始人、儿童的生物形态世界观以及现代以前的整个西方文明,知识社会学为我们提供了一种最可靠的认识;通过研究和比较最大的文化团体中相对……自然形成的那些世界观,我们也能获得这种认识:人类**根本没有**任何**永恒不变**的、与生俱来的世界观;相反,不同的世界图景起源于**事物本身的概念结构**。[30]

根据这些评论,我们显然不可能怀疑世界观与知识社会学这门学科的关系,知识社会学的谱系是一个很有趣的话题。阐述社会环境与思想意识的关系的例证,可以追溯至古代。[31] 例如柏拉图的"信念"(*doxa*)这一概念,它的意思是,民众(非哲学家和下层群众)的意见和灵魂本身是由他们所经历的变化不定的世界决定的,或是由他们的手艺决定的。中世纪的思想方式和生活方式缺乏灵活性;人们后来才认识到,这是社会决定的;马基雅维利(Machiavelli)的嘲讽反映了这个事实,他说,置身于宫廷或置身于街市,人们的想法会完全不同。现代理性主义者和经验主义者的理论,同样继承了这一传统。理性主义者认为,真理仿佛数学运算法则,它会使人们认为,社会文化生活是各种谬误的根源。虽然经验主义者试图为知识提供一种实在论的解释,但是他们相信,心灵中的任何事物,无不首先出现于感觉之中,这就等于说,不同的经验和感觉材料会产生不同的实在论,甚至会走向怀疑论。弗朗西斯·培根(Francis Bacon)认为,"心灵的偶像"是错误的根源,这些偶像说明,人类的多少知识竟然产生于种族偶像、市场偶像、剧场偶像和洞穴偶像。伊曼努尔·康德试图把知识建立在人心的先验范畴之上,人们甚至从"社会"的角度质疑这种努力,他们认为,"康德的范畴表不过是欧洲思想的范畴表"。[32] 欧洲思想的所有这些特征,为后人从社会学的角度分析知识铺平了道路。

知识社会学的"基本命题"是由卡尔·马克思提出的。《政治经济学批判》的序言中,有这样一段经常被人引用的文字:"物质生活的生产方式决定着通常所谓的社会生活、政治生活和文化生活。不是人们的意

229

识决定着他们的存在,恰恰相反,人们的社会存在决定着他们的意识。"[33]
马克思显然认为,文化可以分为两个基本层面:"基础"(substructure/
Unterbau)和"上层建筑"(superstructure/Überbau)。"基础"指的是一系
列的经济关系,"上层建筑"指的是意识和思想,前者是后者的决定因
230 素。知识不是与生俱来的(如相信启示的人所认为的),也不是人心固
有的(如理性主义者和观念论者所认为的)。相反,如唯物论者所言,知
识是生活的社会经济状况的反映。这个基本命题成为现代知识社会学
的出发点:某些因素决定着包括世界观在内的知识,这些潜在的社会性
因素究竟是什么?

彼得·贝格尔与托马斯·卢克曼提出一种独具特色的知识社会学
理论。有些知识论和方法论的问题常常与知识社会学纠缠不清,他们
把这些问题搁置一旁,却把知识社会学纳入通常的经验社会学或"普通
人"的社会学。于是他们重新定义了这一领域。知识社会学主要研究
思想史、理论思维、思想体系等的社会根源。贝格尔和卢克曼承认,这
是知识社会学理所当然的**组成部分**,但是它未能表述这个学科的**全部**
内容。传统的方法和模式强调思想史,因为思想史旨在探讨理论、思想
和意识形态的社会根源,但是他们认为,知识社会学应当覆盖大得多的
范围。他们声称,"**知识社会学必须研究社会上认为是'知识'的所
有事物**。"[34] 对我们来说,重新定义的结果是,贝格尔和卢克曼把世界
观的重要意义当作知识社会学的核心问题和研究对象,因为它具有很
强的理论导向作用。不过,由于阿尔弗雷德·苏兹(Alfred Schutz)的影
响,他们强调大众的历史与社会文化"生活世界"(lifeworld/Lebenswelt)
的重要性,以此为认知意识的主要来源。其理由如下:"理论思维、'思
想'和世界观在社会生活中并没有非常重要的作用。虽然每一个社会
都存在这些现象,它们不过是人们所谓'知识'总和的一部分。在所有
的社会中,只有为数很少的一部分人才致力于理论、'思想'和世界观的
建设。但是所有的社会成员都会以某种方式拥有自己的'知识'。"[35]

只有少数人才有能力从事理论工作,任何社会都是如此;所有的社
会成员都有自己的符号"世界",因此,以少数人而不是多数人为知识社
会学的研究对象,显然是有缺陷的。知识社会学家一类的理论家自然

会说，理论具有重要意义，然而这是一种"理智主义的错误认识"。精妙的认知体系，无论它是宗教思想，还是科学思想或哲学思想，都不是一个社会的全部知识。于是贝格尔和卢克曼得出以下结论："既然如此，知识社会学就必须首先研究人们所'认识'的'实在'，这就是他们日常的、非理论或前理论的生活。换言之，知识社会学必须以普通人的'知识'而不是所谓'思想'为主要研究对象。这种'知识'才是意义的基础；没有这种基础，社会将无法存在。"[36]

贝格尔和卢克曼明确指出，他们也关注世界观之类的理论问题，然而这不是他们关注的主要问题。他们关注的主要问题是先于一切理论思维的、人们认为是理所当然的那个认识层面。他们关注那种前意识的认识基础，因为这是形式化、理论化的世界观的根源。狄尔泰、曼海姆一类的思想家自然会说，世界观就存在于这个层面，由此看来，世界观无疑是贝格尔和卢克曼所谓知识社会学的研究对象。换言之，无论他们是否已经认识到以下问题，世界观应该是"人们在其日常的、非理论或前理论的生活中所'认识'的那种'实在'"。然而，贝格尔和卢克曼没有这样定义世界观，唯因如此，他们没有重视这一问题。总之，他们试图把知识社会学从一种精英文化改造为一种大众文化。他们对自己的论点概括如下：

> 我们认为，知识社会学必须研究一个社会所认可的"知识"，无须考虑这种"知识"……是否真的有效。人类的所有"知识"都是在社会环境中发展、传播和保存的，因此，知识社会学必须研究这些过程，正是在这些过程中，一种毋庸置疑的"实在"确立在普通人的心目中。换言之，我们认为，**知识社会学旨在分析实在的社会结构**。[37]

贝格尔和卢克曼的著作——《实在的社会结构》(*The Social Construction of Reality*)——旨在阐述这个论点，全书分为三个部分。在第一部分的绪论之后，是第二部分题为"作为一种客观实在的社会"的分析。这里，他们考察了"实在"在普通人心目中确立或具体化自身的方式,特别是其制度化、法律化的过程。第三部分的题目是"作为一种主观性实在的社会",作者分析了"实在"通过社会化过程而使自己内

232 在化的方式。世界是社会创造的,它既有客观的有效性,又有主观的有效性;它们仿佛决定着所有实在的一些法则(nomos)。这是一种理智的、连贯的、规范的看法,它能够解释日常生活中我们所遇到的那些事物。虽然他们不愿意称这种看法为"世界观",但是他们的论述很像一种世界观。按照这种更通俗的理解,"世界观"思想正好是贝格尔和卢克曼所谓的社会学解释。

贝格尔认为,人类的心灵既刻有生物的法则,又刻有心理的法则,因此,他们必然要创造一个会使用符号的、遵守法则的世界。人类必须用概念建造一堵城墙,使自己免受陌生的无意义的宇宙可能造成的侵害。如他所言,这堵城墙仿佛一幅"神圣的帷幕",它能为所有的文化和个人提供庇护,使之免于无时不在的混乱状态的威胁。在另一部题为《神圣的帷幕》的著作中,贝格尔作为该书唯一的作者,解释了这个概念的含义,着重阐述了法则(nomos)的思想,因为它建构或安排了这个世界。"从社会的角度看,所有的法则都是一个意义的领域,这是从广阔的无意义事物中开辟出来的一片天地,是从无形而黑暗的险恶丛林中开辟出来的一小块林中地。从个人的角度看,所有的法则都代表生活的'白昼'与'黑夜'的不祥氛围形成鲜明对照。从这两个角度看,所有法则都是一座用来抵御强大而陌生的混乱状态的大厦。我们要不惜一切代价,防止混乱状态的出现。"[38]

人们创造法则和秩序的完整体系,是为了避免巨大灾难。一条不甚清晰的认识界线,把个人、社会与虚无主义区分开来。如果抹去这条界线,帷幕一旦坠落,就会发生巨大灾难,人们就要面对纯粹的虚无。

很久以前,《传道书》的作者非常直言不讳地描述了人类的质朴天性,他说"日光下"的人生都是虚空,都是捕风。他悲观地说,人死的日子胜过人生的日子(《传道书》7:1)。最近,存在主义哲学家以同样惊人的笔调,把宇宙中的生命描述为一种"瘟疫"(加缪),或经久不息的"恶心"(萨特)。绝望、忧虑和烦恼始终伴随着人的情感。虽然相隔数千年,但是基督教思想与非基督教思想的区别,常常使人深切地想到具有

重大影响的虚无主义，它似乎遍布宇宙，我们至少可以说，虚无主义弥
漫在宇宙的堕落部分。如果不采取某种预防措施，以仁爱的心来保护
人类，使之免于冷酷的实在的侵害，那么置身于混乱状态的人类定然不
能生存，更谈不上发展了。说到这里，我们会想起卡尔·雅斯贝尔斯所
谓生命的"终极处境"，它包含着冲突、苦难、罪疚和死亡。他有时称之
为"极限处境"或"界限处境"，它们能够生长出各种各样的知识"外壳"
和信念"外壳"，作为它们应对无所不在的痛苦和愚蠢的必要手段。如
雅斯贝尔斯所言，没有这些"外壳"，人类无法生存，一如贻贝没有外壳，
它们就无法生存。

　　由于上述原因，我们也编织了一幅贝格尔所谓"神圣的帷幕"。虚
无主义实际上并不适合人类的生存；为了防止混乱状态的出现，人类想
尽一切办法，创造了一个稳定的能用符号来表达的宇宙，它能够保护人
类，使之免受一个尚未概念化的世界的可怕威胁。为了摆脱知识和生
存的无家可归状态，人类社会必须掌握某些能够反映事物本质的"真
理"。暂时搁置其真实性问题，也许正好反映了世界观思想在人类经验
中所发挥的作用：它们不一定是完备的概念体系（虽然它们也可能是完
备的概念体系），但是我们起码可以说，它们是宇宙的本质以及宇宙中
生命的总体反映，也是一种规律、观念或范式，能够在无边的混乱状态
中建立某种秩序。世界观的确是一幅"神圣的帷幕"，对其拥护者来说，
它是"神圣的"，具有至高无上的价值；它还是一幅"帷幕"，能够抵御无
时不在的虚无主义的威胁。贝格尔和卢克曼实际上并没有考察世界观
概念，因为他们认为，世界观是一些思想体系，尽管如此，他们却用学术
性较弱的术语，把世界观重新定义为先于任何假设的概念，而且把它们
与神圣的帷幕联系起来，使之适于社会学的分析。如果世界观真的能
够反映个人或社会所理解的实在的本质，我们就完全有理由认为，知识
社会学是理解世界观的产生、传播和影响的关键。

卡尔·马克思与弗里德里希·恩格斯：世界观与意识形态

　　创造世界是人类的一项重要活动，它具有很大的不确定性，因此，

社会创造的实在有时会凝固为"意识形态",人们把思想当作"社会利益的工具"。[39]"神圣的帷幕"也能具体化,很快就被用作打人的棍棒。卡尔·马克思和弗里德里希·恩格斯已经预见到这种实在,预见到资产阶级会利用它来服务于自己的利益。虽然人们常说"马克思主义的世界观"或"马克思列宁主义"的世界观,[40] 但是严格说来,关注世界观问题,特别是唯物论世界观的,是弗里德里希·恩格斯(1820—1895),而不是卡尔·马克思(1818—1883)。在考察"革命"的形而上学时,恩格斯说,心灵与物质的关系是哲学的基本前提。无论是从本体论的角度看,还是从知识论的角度看,心灵都是物质的一种作用。换言之,自然就是"核心"(whole show,路易斯的描述)。恩格斯认为,辩证唯物论的这种"普遍"而"简明"的世界观,是真正的科学哲学。它具有科学的传统特征,即客观性、合理性、普遍性和确定性。恩格斯在共产主义世界具有重要影响,这个世界的大多数人都认同他的论断,他们认为,科学的辩证唯物论是理解实在的标准方式。[41] 以下一段来自《苏维埃大百科全书》的引文,不仅仅是一种宣传,它明确地表述了共产主义世界观的这种立场。

> 与资产阶级的世界观相反,共产主义的世界观总结了科学的发展和社会的进步,是一贯的、科学的、普遍的、合乎人性的。它正好产生于工人的革命运动时期。马克思-列宁主义哲学——辩证唯物论和历史唯物论——是共产主义世界观的核心。马克思-列宁主义的世界观是人们彻底地改造世界的有力武器。这是一种决定性的力量,它能把人民组织起来,为社会主义和共产主义而奋斗。两种对立的世界观——共产主义世界观和资本主义世界观——正在现代世界进行激烈的斗争。马克思-列宁主义拥有真理的力量和一贯的有效的科学假设,因此它已经取得胜利,它的影响正随着这场斗争的进行而不断扩大。[42]

马克思-列宁主义世界观已成为社会主义社会占主导地位的意识形态,它是人生意义的源泉,它决定着一切人类活动的发展和理论。

"让广大的工人阶级树立共产主义世界观，是党的所有思想教育工作的核心。"[43] 这种世界观内容完整，涵盖了思想、生活和文化的每一个方面。"共产党务必要使所有的人都认识到，生命的意义在于为实现共产主义的理想而奋斗；他们必须清楚地认识世界性重大事件的发展过程和前景，正确地分析社会政治事件，有意识地建立一个新社会。党的至关重要的任务是，培育人民的共产主义世界观、道德观以及真正的人道主义、爱国主义和国际主义精神。"[44]

恩格斯认为，在知识的所有重要领域中，唯有马克思主义才准确地表述了唯物论世界观。虽然马克思从未重视应该按照自己的思想来改造其他学科的问题，但是恩格斯非常重视这一问题。恩格斯认为，劳动人民——无产阶级——所热切希望的是，他们能够按照马克思主义的科学唯物论来理解生命的意义和奥秘。于是他全面阐述了这种思想的各个方面，把它们运用于不同的学科，提出了一种能够作为党的思想认识中心的人生观。[45]

马克思的世界观涵盖了较多学科，他也许觉得很满意，不过他所关注的，却是世界观的近亲——意识形态。[46]《苏维埃大百科全书》认为，"世界观概念与意识形态概念有关，但不是同一个概念。世界观概念大于意识形态概念，后者只包括世界观的某些方面，即与社会现象和阶级关系相联系的那些方面。与此相比，世界观能够运用于一切客观实在。"[47] 马克思还研究了意识形态的问题，他认为，意识形态是世界观的一个分支或种类，它可以作为一种认识工具而服务于某个阶级的利益，这个阶级可能是革命的，也可能是反革命的，可能是进步的，也可能是守旧的，可能是开明的，也可能是激进的，可能是国际主义的，也可能是民族主义的。

我们可以拿马克思主义的意识形态概念来与法国启蒙思想家们讨论过的一个问题进行比较，虽然他们没有提出一种令人满意的回答："为什么会有这么多关于社会和人性的错误观念？"[48] 启蒙思想家认为，宣传者的思想局限和花言巧语是主要原因，但是马克思认为，这些因素还不足以说明问题。他的解释突出了意识形态问题："社会可以分为不同的阶级，就此而言，马克思的主要论点是，在阶级社会中，许多意识形

236

态都是必然的,因为经济上占主导地位的那个阶级需要这些错误观念,以维护其主导地位,另一方面,它也有能力维护对它有利的那些观念。"[49] 在一个由资产阶级和无产阶级组成的社会中,不仅存在着脑力劳动和体力劳动的差别,更重要的是,占社会大多数的工人阶级很可能体验到他们劳动的异化,因而产生一种非人化和不安的感觉。生产资料的拥有者又不可能放弃其有利的社会地位。为了维护其优越的特权地位,占统治地位的阶级必须建立一套终极关怀理论(上帝、宇宙、人类、道德等),以令人信服的方式传诸大众,以便使他们安分守己。由于这些观念的愚弄,工人阶级形成一种错误认识,他们深信,现存的社会经济秩序是自然的、永恒的。经济斗争正在继续,资本家发明了一种能够控制无产阶级的具有意识形态特征的上层建筑。马克思的《德意志意识形态》描述了这一过程,它包含着马克思关于意识形态的许多论述。"统治阶级的观念是一切时代占统治地位的观念,换言之,阶级既是社会中占统治地位的物质力量,又是其占统治地位的精神力量。控制着物质生产方式的阶级,同时也控制着精神生产方式,因此总的说来,不占有精神生产资料的人们的观念,往往从属于占有精神生产资料的人们的观念。"[50]

马克思认为,人类是自己那些思想观念的创造者,因为这些思想观念均来自物质的社会生活条件。谈到意识的起源时,他提出了以下重要论断:"不是意识决定生活,而是生活决定意识。"[51] 占统治地位的思想方式不过是统治阶级意识的体现,因为它是现存的物质条件的衍生物。人们认为,这些占统治地位的观念是一些超时空的普遍法则,是宇宙万物固有的一种机制。因此,统治阶级的观念决定着它们所主宰的那些时代的思想状况。"他们是统治阶级,他们决定着一个时代的广度和深度,从这种意义上说,他们的统治是彻底的,因此他们不仅是其他事物的统治者,而且是思想家,是思想的创造者,他们控制着他们那个时代的思想的创造和传播:因此他们的思想是他们那个时代占统治地位的思想。"[52]

马克思和恩格斯立志清除工人阶级脑海中的错误思想,解放他们,使他们投身于反抗压迫者的革命。过去,"哲学家们只是以不同的方式

237

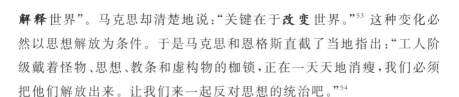

*解释*世界"。马克思却清楚地说:"关键在于**改变**世界。"[53] 这种变化必然以思想解放为条件。于是马克思和恩格斯直截了当地指出:"工人阶级戴着怪物、思想、教条和虚构物的枷锁,正在一天天地消瘦,我们必须把他们解放出来。让我们来一起反对思想的统治吧。"[54]

当然,马克思和恩格斯并不认为,他们的思想体系是抽象概念的具体化或一种意识形态。时间或相对主义的流沙似乎不会危及它的安全。他们是如何逃脱这个知识陷阱的? 答案很简单。他们把自己的思想体系看作正确的哲学,看作唯一科学的世界观。所有的意识形态和不同的世界观,都缺乏马克思主义独有的那种科学性和形而上学特征。它的科学性立足于辩证唯物论,这是它批判压迫者的社会经济结构及其自私自利的意识形态的必要尺度。马克思和恩格斯显然是真正的现代主义者,他们认同启蒙运动的理念,对理性和科学充满信心。他们是这个时代知识论思想的化身,他们显然认为,自己的思想就是真理的标准,就是人们渴望已久的能够判断世界和移动世界的阿基米德支点。对马克思和恩格斯来说,所有意识形态的对立面,正是他们那种具有真理性和客观性的科学世界观。[55]

总之,在意识形态和世界观问题上,马克思和恩格斯都做出了重要贡献。马克思没有清楚地阐述其哲学体系的理论意义,但是他根据这个体系的基本主张,提出一种有说服力的意识形态理论,通过这一理论,他揭示了文化欺骗和文化统治的内在机制。意识形态是物质生产和社会关系的衍生物,始终服务于统治阶级的利益。它们是政治权力的工具,是为强者的政党利益服务的,是对事物秩序的神秘诠释。恩格斯继承了辩证唯物论的形而上学,把它与马克思主义结合起来,并把这种思想运用于其他学科。在他那里,马克思主义成为一种能够影响人类生活的无所不包的世界观。就马克思主义而言,虽然世界观和意识形态是两个不同的术语,但它们都是人们理解事物本质的基本方式,人们当然可以用后者来为经济上占统治地位的阶级服务,以确保其霸主地位。

238

文化人类学中的"世界观"

　　本节将探讨学术界所谓文化人类学中的"世界观传统",特别是该学科在美国的发展。[56] 布朗尼斯洛·马林诺斯基(Bronislaw Malinowski)说过的一段话,恰如其分地描述了这种世界观传统的"基本特征",他从世界观的角度,阐述了自己的人类学立场。

　　　　在研究土著人的过程中,真正使我感兴趣的,是他们对事物的看法、他们的世界观、他们的生活范围,以及他们与之同呼吸共命运的那种实在。人类的每一种文化都会为其成员提供一种明确的世界观,这是一种明确的生活热情。回顾人类历史,放眼全球,人们总是在不同的文化中,从不同的视角来理解生活,理解世界,正是这种可能性深深地吸引了我;在求知欲的鼓舞下,我总是想透彻地理解其他文化以及其他种类的生活方式。[57]

239

　　世界观思想固然重要,不幸的是,人们没有从理论上探索这个问题。如迈克尔·吉尔尼(Michael Kearney)所言,"虽然世界观是美国文化人类学的主要问题之一,但是从理论上阐述这一问题的学者却寥寥无几。"[58] 毫无疑问,世界观概念的重要性在当代人类学中急转直下。这主要是因为社会理论的"语言转向",由于这种转向,符号学以及语言研究的其他分支,成为人们思考和解释文化现象的典范。大致说来,它们是同义词,但是"符号秩序"或"文化代码"之类的说法,已经取代了"世界观",显然已经成为占优势地位的一种倾向。[59] 近期的发展固然不容乐观,但是我们将会看到,世界观概念在人类学理论与人类学历史上,具有重要位置。我们将首先考察迈克尔·吉尔尼关于世界观问题的论著,该书明确地以马克思主义的观点,阐述了世界观概念。

迈克尔·吉尔尼：《世界观》

迈克尔·吉尔尼的这部著作首先阐述了这项研究已经取得的成果；换言之，"在哲学社会科学领域，世界观是一个非常重要的课题"。遗憾的是，"时至今日，人们还没有提出一种连贯的世界观理论"，因此该书的主要目的之一，就是从理论上和实践上"推动世界观问题的研究"。[60] 他采用了科学的研究方法，接受了马克思主义的许多假设（第1，53页，及其他各处）。首先，吉尔尼认为，"人类意识是在社会中形成的，世界观可能是我们探索人类意识最深处的有效工具，因此，它可能具有真正的解放作用，虽然大多数人尚未认识到这一点"（第 ix 页）。换言之，实在产生于社会的构造，把世界观理解为实在的原因或结果，将大大推动各种信念体系或意义体系的非实体化过程，有利于人们的解放，因为他们曾经受制于这些体系。这当然是马克思主义所关心的一个问题。

其次，吉尔尼发现，世界观与意识形态具有密切关系。[61] 不仅世界观服务于阶级利益，对"世界观"概念的思考或论证同样立足于意识形态（文化观念论或历史唯物论传统，尤其能够说明这一点）。如吉尔尼所言，"这里的基本假设是，世界观理论以及人们对待世界的态度，往往是某个团体或阶级的观点，人们认为，不同的世界观是对立的，因此它们实际上是一种意识形态。换言之，世界观有助于提高或维护其信仰者的社会地位，但这取决于他们与其对手的关系。"（第 2 页）事实上，吉尔尼认为，当代世界观理论的意识形态源泉，是"广义的美国自由资产阶级的文化"，狭义地说，则是"自由人类学的默认假设"（第 x 页）。他的目标是，提出一种新的人类学模式——这是一种与马克思主义相一致的、"进步的、具有真正的解放意义的世界观"（第 x 页）。吉尔尼显然知道，"世界观理论具有社会学的相对性。"（第 2 页）他认识到，并没有一个中立的、不包含价值观念的基础，可供我们建设、推动或批判一种世界观理论。以实证主义为例，它不仅是贫乏的哲学和贫乏的科学，而且是一种有成见的意识形态。关注世界观问题的所有理论家，都会从

240

一定的立场出发。这样论证的结果自然要反映理论家的意识形态立场。换言之，一种世界观是所有"世界观"理论的基础！

吉尔尼最重要的成果之一是，他要求人们承认，世界观理论包含着意识形态的成见。我们需要一种"能够反思自身的世界观人类学"，或曰"元世界观理论"（meta-worldview thery），以揭示不同世界观的意识形态背景（第 x，2 页）。世界观的模式和理论不是无前设的思维之产物。

吉尔尼还进一步阐述了这个重要论断，他认为，文化观念论和历史唯物论是两个最重要的意识形态取向，它们决定着世界观理论。前一种观点，即文化观念论，一直统治着美国文化人类学界，是一种保守思想；后一种观点，即历史唯物论，是马克思主义理论，是一种进步思想。这两大阵营所争论的问题，并不是什么新问题：思想意识是社会状况的原因，抑或社会状况是思想意识的原因？文化观念论认为，思想是最重要的实在，因此他们宣称："物质条件决定于某种非物质力量，这些力量本质上独立于物质，是物质现象的原因。"（第 11 页）根据人类学的这一模式，文化是由人们共享的知识组成的，人们能够不知不觉地获得这种知识；人类学家的任务是研究文化，而文化是思想的产物，它存在于社会成员的脑海中。因此，人们往往根据贫乏的思想来理解世界观，要么根据心灵的单方面作用来理解世界观，他们认为，心灵是概念或符号的创造者，这些概念或符号才是物质生活条件的决定因素。吉尔尼指出，这种观念论方法长期统治着美国的文化人类学研究，这主要是因为大多数有影响的人类学家都比较富裕，都与欧洲和美国的上层社会相联系（包括源于弗朗茨·博厄斯[Franz Boas]的那种传统）。[62] 以下是他做的一个有趣但有争议的评论："时至今日，大多数人类学家并没有亲身体验过饥饿和贫困，有些人却正在死亡线上挣扎。他们生活在一个思想的世界，对思维现象的偏好影响了他们的人类学理论，他们认为，在他们所研究的那些人的生活中，思想发挥着同样重要的作用。"（第 16 页）

历史唯物论是这种冷漠的人生观的对立面。历史唯物论宣称，物质是最终的实在，它认为，"物质条件和社会状况最重要，它们是一切自我意识和通常所谓知识的源泉……根据这种观点，知识问题与人类的现实事务和人类历史不可分割。"(第 14 页)"历史唯物论"这种称呼很贴切,因为思想的内容是历史发展的产物,而历史发展与物质世界密不可分。吉尔尼做了一个生动的比喻:历史唯物论是基础,意识是上层建筑,如果前者是狗,后者就是狗的尾巴(文化唯物论者的比喻恰好相反)。如果意识是人们关注物质历史生活的产物,那么唯物论者对观念论者的批评就不足为奇了,唯物论者认为,"观念论者在社会的上层建筑中游荡,却没有把他们的分析建立在物质基础上,这种基础才是他们感兴趣的那些社会文化现象的主要条件。"(第 16 页)对世界观概念感兴趣的理论家可能是唯物论者,也可能是观念论者,这种区别会大大影响他们对这个问题的看法,同时也会影响他们的思想结果。他们不可能保持中立,相反,他们必须隶属于某个思想派别。虽然吉尔尼有自己的偏好,但是他这篇文章的主要目的是"把世界观概念从观念论的阵营中拯救出来,让它重返故里——回到历史唯物论的阵营中。"(第 16 页)

于是他开始阐述自己的"世界观"理论,历史唯物论的基本取向决定着这个理论的所有发展阶段。吉尔尼的"世界观"定义就是如此,他认为,"世界观是关于世界的一套图像和假设"(第 10 页)。他详细阐述了这个简短的定义:"人们的世界观是他们理解实在的方式。它包含一些基本的假设和图像,这些假设和图像具有不同程度的连贯性和准确性,它们是人们思考世界的一些方式。世界观包括自我的图像和人们所谓非我的图像,还包括自我与非我的关系,以及这种关系与其他思想的联系……"(第 41 页)

做出这个有指导意义的"世界观"定义之后,吉尔尼引述了三大问题,要建立一种连贯的世界观理论,就必须首先解决这些问题(第 10,65,109,207 页)。[63] 第一个问题涉及这些基本图像和假设的必然性和普遍性,它们是所有世界观的组成部分。范畴是进化过程的产物,问题是,哪些具有普遍意义的知识范畴,是人类心灵的组成部分,是一切世界观不可或缺的要素?哪些问题或图像是一切世界观固有的,是人们进行比较和跨文化交流的条件?这是吉尔尼世界观理论的一个重要特征,很容易让人想到康德哲学。他认为,从解剖学和生理学的角度看,人类有一些普遍特征,因此,医生随时随地都能进行诊断和治疗,同样的道理,"人们也有一套普遍的范畴来描述他们的世界观"。(第65页)尽管这些普遍概念的实质或内容各不相同,它们毕竟是一些独立不依的范畴。它们是一些先验的具有普遍意义的世界观。吉尔尼举了五个例子:自我与他人、关系、分类、因果关系、时间与空间。[64] 心灵的这些方面决定着人类对生命与实在的思考,不过它们的内容取决于不同的时代、社会环境和文化。这些范畴已经融入一种"逻辑-结构的统一体",这个统一体好比一副骨架,世界观好比肌肉,肌肉必须依赖骨架的支撑(第65—107页)。

　　吉尔尼理论的第二个问题主要讨论这些普遍概念和范畴的形成过程。人们认为,它们能够反映世界,问题是,它们与世界的关系究竟是什么?哪些因素才能决定不同范畴的内容?为什么会有不同的世界观?吉尔尼认为,主要原因有二。首先是"外部原因",他所谓的外部原因是指非知识性的环境因素与条件,包括自然环境、物质生活条件、社会组织、技术以及历史事件,它们能够影响和决定人的思想。其次是"内部原因",吉尔尼认为,内部原因关系到不同世界观假设的内在机制或"彼此间的竞争",它们都想实现"逻辑-结构的统一"。思想和物质生活条件决定着知识范畴,不同的知识范畴之间必须建立一种内在的连贯与和谐。吉尔尼在另外一个地方说:"以因果观念为例:因果观念关系到事物的分类法,神秘的因果观念与人们所相信的那些事物的存在是一致的,因为这些事物能够改变其身份,正如一个巫婆能够变作一种动物。"[65] 吉尔尼还考察了希腊宇宙论的内在机制,以及科学世界观与基督教世界观的思想结构,进一步阐述了世界观的形成过程(第109—145页)。吉尔尼还说,人们常常把世界观投射到宇宙上,使之具体化。根据他的解释,人们之所以这样做,"是因为生命、死亡、疾病、宇宙的起源和通常所谓人类的命运,是一些基本问题,不回答这些问题,人类就会有不安的感觉。因此,人类会不知不觉地做出一些自己所满意的回答,尽管这些回答与他们希望解释的事物没有多少直接的联系"(第117页)。吉尔尼理论的这两个特征——外部原因与内部原因——旨在解释普遍的世界观范畴的形成过程,以及它们整合为一种全面的实在论的方式。吉尔尼用这个过程来说明世界观的多样性,另一方面,这个过程又是不同的世界观进行比较、不同的范式进行交流的基础。

于是第三个问题、同时也是最重要的一个问题出现了:世界观对日 244
常生活行为的实际影响。世界观概念的内容与社会文化行为的关系,
究竟是什么? 世界观对人生有哪些影响? 吉尔尼用了两个人种学例证
来回答这些问题。第一个例证是对加利福尼亚印第安人的研究(只限
于印第安人与欧洲人开始交往之前的那段历史),研究表明,世界观具
有完整性。其次,他还阐述了墨西哥农民,特别是 Ixtepeji 地区农民的
世界观概念,说明了贫困的历史经验如何造就了这些观念,这种世界观
又如何影响他们的社会文化行为。[66] 他的主要论点是,"只有站在历史
的角度,我们才能理解农民的世界观,这种世界观在经济、政治以及人
口统计等方面,与一个更大的世界相联系,农民是这个世界的组成部
分。"(第 7 页)这两个例证阐述了世界观对人类行为的影响,为吉尔尼
理论的核心主张提供了充实的内容。

总之,迈克尔·吉尔尼适时地填补了世界观理论,尤其是文化人类
学领域的一个空白。他清楚地认识到,世界观概念不仅有助于人们理
解在社会中形成的人类意识的本质,而且有助于人类意识的解放。他
还简要阐述了世界观与意识形态的关系,这是他做出的一个重要贡献。
吉尔尼不仅证明,世界观概念能够发挥意识形态的作用,而且证明,意
识形态的一些基本主张能够影响人们对世界观的性质、内容和作用的
理解。吉尔尼的理论包括三个主要部分。第一部分强调世界观概念的
统一性,具有结构主义或康德主义的色彩。第二部分探讨了这些普遍
概念的形成与发展,主要从外部原因和内部原因两个方面展开讨论。
外部原因与内部原因造就了世界观概念,因此,第三个部分开始考察世
界观对日常生活及社会文化行为的影响。吉尔尼的马克思主义世界观
理论内容丰富,具有创造性,发人深思。事实上,这是迄今为止所有学
科中最为完整的世界观理论之一。

罗伯特·莱德菲尔德:原始世界观与现代世界观 245

罗伯特·莱德菲尔德(Robert Redfield, 1897—1958)认为,世界观

概念与人类同龄。如他所言,"从某种意义上说,世界观与人类的其他事物一样古老,这些事物,如文化、人性和品格,是随着世界观而发展的。"[67]他认为,世界观本来具有"人类学"的性质,而且受人尊重;也许是由于这个原因,他把世界观概念作为其研究计划的主要问题之一。莱德菲尔德是20世纪50年代一个规模较大的学术团体的领导人,这个团体的总部设在芝加哥大学,其成员以"世界观概念"为主要研究对象。莱德菲尔德的早期著作之一《尤卡坦半岛的民间文化》(1941)[68]最早表现了他对这一问题的兴趣。他的思想在发展,关于这个问题的几部(篇)重要论著相继出版。首先是一篇题为"原始世界观"的论文,发表于1952年,其次是一篇题为"原始世界观与文明"[69]的论文,该文的论点类似于第一篇论文,是其著作《原始世界及其变化》(*The Primitive World and Its Transformation*,1953)中的一章。1955至1956年间出版的另外两部著作,没有对以前的论点做重大修订。[70]我将考察莱德菲尔德1953年写的一篇论文,文章的题目是"原始世界观与文明",该文阐述了他对世界观概念的基本思想,介绍了他所谓"世界观的巨变",描绘了他所理解的原始人生观向现代人生观的转变。[71]

　　莱德菲尔德认为,"世界观"就是人们对世事人生最普遍、最连贯的看法。它是诸多人文概念之一,例如文化、民族心理、民族性格和人品特征。根据莱德菲尔德的看法,应该把"世界观"定义为"人们看待宇宙的普遍方式"(第85页)。举例来说,文化是一个民族在人类学家心目中的行为方式,但"'世界观'是世界万物在一个民族的心目中的表现方式,'是存在物整体的表现方式'"。"世界观"常常与其他问题联系在一起:实际存在的事物与应该存在的事物、思维模式、思想态度、时间、情感,等等。莱德菲尔德认为,世界观概念有一种特殊含义,它特指"人类能够认识的事物的结构。它出现于我们与所有其他事物的关系中"(第86页)。世界观仿佛舞台上布置的场景,我们每一个人都是其中的一个人物,我们能够看到自己的身影,说出自己的台词,也能看到其他所有的事物。世界观概念内容丰富——大自然、不可见的事物(存在者、原理、潮流、命运)、历史等,无所不包。莱德菲尔德认为,最重要的是,所有这些事物都是由世界观组织建构的。他解释说,"世界观不同于文

246

化、民族心理或民族性格，因为它是我们放眼世界时用以整理世界万物的一个概念，是我们认为首先存在着的一种事物。界限或'无限'是人生的陪伴和依靠，世界观是我们认识这些事物的普遍方式。"（第 87 页）因此，世界观能够规范地解析宇宙以及宇宙万物，使我们能够认识实在。

相同社会中的每一个人是否具有相同的世界观呢？莱德菲尔德的回答是否定的。我们似乎可以用一种非常粗略的方式来分析某个民族。举例来说，我们可以非常笼统地说，所有美国人都坚信人的自由、平等和尊严。与此同时，某一文化中的好学深思者会以不同的方式看待世界，这是他们与其不善思考的同胞的区别。即便在原始社会，敏于行者和善于思者也会有不同的世界观；在发达的倡导科学的社会中，世界观的不同会更加明显。由此看来，文化**中**的世界观确有差异（第 87—89 页）。

莱德菲尔德希望了解全人类的真实情况，也希望了解所有世界观的真实情况。他认为，世界观概念是我们探索普遍人性的一种方式。我们似乎可以有把握地说，所有的人拥有一个共同的世界。世界是唯一的，虽然它可以有各种各样的解释。另一方面，世界观概念似乎具有普遍性。每个人都有一种世界观，无一例外。既然如此，莱德菲尔德认为，我们就可以找出所有世界观都在探讨的一些普遍问题和范畴。和吉尔尼一样，他也把"世界观概念"分为几种类型。首先是"自我"与"他者"。自我又可分为"作为主语的我"和"作为宾语的我"。与自我不同的"他者"也可进一步分为两个范畴："人"和"非人"。"人类他者"还可分为"年轻人"和"老人"，"男人"和"女人"，以及作为宾语的"我们"和"他们"。"非人"同样可以分为两个领域："上帝"和"自然"。最后，莱德菲尔德说，"每个人的世界观"都包括生与死、时间与空间。

所有世界观都要使用这些普遍范畴，当然，文化背景不同，其内涵也会迥然不同。为了说明"这些各具特色的世界观的重要性"，莱德菲尔德根据这些无所不在的世界观，阐述了以下四个问题：人们面对的事物是什么？他者的本质是什么？人类的使命是什么？万物的秩序从何而来？他比较了几个文化群体对这些问题的回答，如阿拉配什人

247

(Mountain Arapesh)、祖尼人(Zuni)和古代的美索不达米亚人,他们面对的问题相同,但他们的答案却截然不同。因此,在世界观问题上,人们使用的概念具有明显的同一性,其内涵却千差万别。

这个问题的讨论延伸至原始世界观的演变,因为它遇到了以科学为代表的现代文明。莱德菲尔德认为,尚未开化的原始世界观具有三个重要特征。首先,它认为宇宙是一元的,人类、自然和上帝合而为一。人们认为,处于这种统一性中的宇宙是神圣的和富有人性的。其次,人类与他者的关系是相互依存、相互合作。上帝、自然和人类共处于一个连贯的体系中,相互依存,相互支持。原始世界观的最后一个特征是,人类与他者共处于一个道德秩序之中。宇宙生命取决于一个固定不变的善恶体系,受制于一系列可能的后果。

莱德菲尔德指出,比较原始世界观与“开化”的世界观,我们就会认识人类心灵所经历的巨大变化之一。文明的出现和城市的诞生即使没有推翻,至少也大大削弱了原始思想的上述三个特征。原始思想认为,宇宙具有统一的秩序,各部分相互依存,而且具有道德属性,人类告别这种思想以后,变化就出现了,他们成了宇宙的对立面,他们认为,宇宙是一种有待他们认识和驾驭的事物。在新环境中,宇宙被看作一些客观的物质属性,不再具有神圣性,宇宙的道德特征消失了。人们开始认为,世界是一个冷漠的、甚至怀有敌意的处所,对人类的幸福漠不关心。思想的巨变主要在于世界观的变化,西方人理解人类、上帝与自然的方式发生了变化。莱德菲尔德是这样阐述思想的变化的:“[原始世界观认为,]人类是自然和上帝的组成部分,其行为以三者的统一为出发点。但是后来,人离开了自然-上帝,开始思考这个统一体;在希伯来人的心目中,上帝的观念并不包含自然;在伊奥尼亚哲学家们的脑海中……自然的观念并不包含上帝。”(第109页)

因此,我们可以把原始世界观到现代世界观的过渡,分为几个阶段。在第一个阶段,人、上帝与自然合而为一(原始思想)。在第二个阶段,人与上帝、自然有了区分,他开始思考上帝和自然。在第三个阶段,人只考虑上帝,而不考虑自然(一神论)。在第四个阶段,人只考虑自然,而不考虑上帝(唯物论)。在后来的发展过程中,人和上帝脱离了自

248

然,"开发利用物质世界成为人们的主导思想"(第109—110页)。莱德菲尔德引述索尔·泰克斯(Sol Tax)的话说,彻底抛弃原始世界观,是西方人独一无二的"文化创举"。莱德菲尔德似乎认为,世界上的其他任何地方,都未曾发生过诸如此类的思想变革。他的意思是,统一、神圣、有道德属性的宇宙消失了,取而代之的是一个支离破碎、索然无趣、冷漠无情的世界。莱德菲尔德对这次范式大变革做了如下介绍。

> 在17世纪的欧洲哲学中,上帝在宇宙之外,是宇宙这个大钟的钟表匠。在早期美国人的心目中,自然是上帝的馈赠,是人类开发利用的对象……笛卡尔首先指出,充分地开发利用物质作**各种**用途,是人类的全部义务。东方正在学习西方,当代西方人认为,人与自然的关系其实是人与物质的关系,将自然科学用于人的物质享受,是人生的第一要务。(第110页)

把上帝看作宇宙的钟表匠,的确是自然神论的解释,自然神论认为,自然是科学研究的对象,它服务于人类的需求。这其实就是笛卡尔(及其追随者)为西方人制定的哲学理想和科学蓝图。它蕴含着哲学家对人类使命的一种特殊诠释。科学是人类最重要的使命和最崇高的追求,因为科学能够征服桀骜不驯的地球,使其服务于人类的理想和福祉。换言之,现代思想是世界观变革的巅峰。

从原始世界观到现代文明,是一段趣味盎然的漫长旅程。莱德菲尔德以原始文化为标准,强调其积极因素,对这个标准的任何偏离都被看作是消极的,具有破坏作用。"农民文化是现代城市文化的对立面,在考察现代城市文化时,莱德菲尔德还想再次看到民间文化的那种纯洁质朴,实际上,他希望推行这种文化,因为他关心的是幸福生活、对和平的热爱与民族的和解。"[72] 因此,莱德菲尔德的"世界观"理论是为社会政治事业服务的,是一个改革纲领。现代思想腐蚀了我们的宇宙观和人生观,亟待拯救。原始世界观仿佛一种福音,西方却由此堕落了。其实,原始世界观是一种毋庸置疑的文化选择,我们必须把它重新引入这个完全世俗化了的语境当中。因此,从某种意义上说,莱德菲尔德是

249

后现代主义的先驱,因为他呼吁人们从文化上抵御现代形而上学、知识论和道德思想对他们的严重危害。具有讽刺意味的是,从他的人类学研究来看,这些危害的最终基础是原始世界观。

我们来回顾一下莱德菲尔德的理论贡献。他认为,世界观的形成是人类与生俱来的特征。所有人共同拥有一个世界,每个人都有一种世界观,尽管它们各不相同。他认为,"世界观"一词具有确切含义,它是指置身于万物中心的人类看待宇宙(特别是宇宙整体)的方式。人类是世界万物的中心,世界观旨在整理宇宙万物,以便人类认识这些事物。另一方面,世界观也是人们处理他们与所有其他事物之关系的方式。莱德菲尔德力图揭示人类及其世界观的本质——他认为,这些本质表现为一些普遍范畴,人们以此来理解宇宙。于是他提出一个具有普遍意义的分类原则,自我、他者(它们又可分为人与非人)、时间和空间、生命和死亡,是这个原则的主要范畴。人们可以对每一个领域作出不同的解释,因此世界观具有明显的多样性。原始世界观与文明世界观形成鲜明的对照。莱德菲尔德对原始世界观的描述引发不少争议,他认为,原始世界观具有统一性和道德性,各部分之间相互依存。现代人的宇宙观是支离破碎的,没有道德属性,它掩盖了原始世界观,在它那里,上帝、人与自然是相互分离的。莱德菲尔德以原始世界观为分析批判的基础,他认为,这种观点具有建设性,是一种"后现代"思想,它可以取代悲剧性的现代生活。

结语

在心理学领域,弗洛伊德考察了心理分析所包含的世界观思想。他认为,心理分析不是一种单独的世界观,因为它完全是现代自然主义和科学主义的一个分支。在弗洛伊德看来,这是人类在哲学和知识领域的唯一选择。但是从基督教的立场看,这种论断是彻头彻尾的形而上学还原主义(自然就是一切)和知识论还原主义(世界上只有科学事

实,没有所谓最终的价值观念)。与此相反,基督教有神论是另外一种
具有完整性的理论,它立足于一位超越的上帝,它认为上帝是宇宙的创
造主,也是一切事实和价值观念——更确切地说,一切有价值的事实和
有真实性的价值观念——的最终源泉。这种实在论不是一种还原主
义,而是一种整体主义,将可见世界与不可见世界、理性与信仰融为一
体。基督教世界观令人信服之处在于,它能以统一而连贯的方式,令人
满意地阐释被造物的非同寻常的多样性,以及各种各样的人类经验。

250

荣格确实把心理分析带上一条新路。他关心的是世界观在不同关
系中(特别是在治疗过程中)所起的作用。基本的哲学假设既是心理医
生的原动力,又是患者的原动力;我们必须弄清这些基本假设的内涵,
以它们为诊断和治疗的基础;我们必须根据不同的病情检验和修改这
些假设。具体地说,我们很想知道,心理医生、病人或他们二者的世界
观,如何影响他们的关系或治疗效果。以圣经为基础的人生观,如何才
能积极地影响人们的心理健康?如果它能把医生和患者与客观实在正
确地联系起来,它会如何影响他们的关系?任何行业的各种关系自然
会在很大程度上受制于专业人士与顾客的不同观点。就基督教会而
言,信徒们深信基督教实在论(克尔凯郭尔称之为"统一的人生观"),这
是基督徒团契,或圣徒相通(*koinonia*)的基础,他们在探索真正意义上
的"共同生命"。[73]荣格考察的是世界观在心理治疗过程中的作用,但是
他的研究有利于我们理解基督教世界观在心理治疗和其他行业,以及
基督教群体中所起的作用。

在社会学领域,曼海姆试图提出一种科学方法,以便客观地考察不
同的世界观,因为它们是不同文化环境和历史环境中一些前理论的知
识层面。他的方法论思想很有趣,但更重要的是,他把"世界观"定义为
一种深层现象,凭借其可见的"纪实意义",我们能够感知它的存在。作
为深藏于默会维度(借用波兰尼主义的一个术语)中的一种结构,许多
基督徒思想家——尤其是新加尔文主义思想家——已经接受了这种"世
界观"。把一种世界观看作人类知识的深层的默会维度,有什么根据?
这种理解有圣经依据吗?我们可以用不同的方式看待基督教世界观
吗?这也许是一个时尚的词汇,人们用它来探讨基督教教义与神学的

基本含义。曼海姆的思想有助于我们考察世界观在人类知识中所起的作用。

贝格尔和卢克曼阐述了知识社会学与神圣帷幕的核心概念,提出
251 一些值得思考的重要问题。人类的大部分知识确实起源于社会,我们
可以沿着这个思路来理解上帝的安排。换言之,在与伙伴们的日常交
往中认识世界万物,也许是上帝寄予其子民的希望。无论如何,人们的
大部分信念起源于文化的交融与同行的压力。对基督教人生观的接受
也不例外:它虽然不是起源于社会(它来自上帝的启示),却是通过社会
来传播的。从知识论的角度看,社会团体具有重要作用,因此,教会决
不能忽视基督教群体的巨大力量,因为它能够培育基督教思想。既然
如此,树立基督教人生观不正是这些社会力量与历史经验的明确目标
吗? 为了有效地传播或接受基督教的实在论,家庭、社区、教会、文化等
团体或力量应该具备哪些知识和条件呢? 教会及其礼拜仪式应该在这
一过程中发挥什么作用? 作为社会认可的神圣帷幕,世界观是一些人
为的概念,它们能为我们提供秩序,使我们不再有恐惧感,还能为我们
制定目标,指导我们的生活。基督教当然是这样一种世界观,但是它与
别的"帷幕"有所不同,因为它宣称,它具有宗教上和哲学上的最高
真理。

马克思和恩格斯认为,辩证唯物论是正确的科学的世界观,他们还
强调意识形态在阶级斗争和文化论战中的重要作用。恩格斯把辩证唯
物论的内涵延伸至共产主义思想和生活的每一个方面,基督徒思想家
必须由此而认识圣经思想的完整含义,认识上帝的无所不包的权能。
基督教不仅是一个教会组织、一种神学体系、一部信仰纲领,而且是一
种完整的宇宙观,它对世界万物作出了重要判断。马克思揭示了意识
形态的欺骗性和强迫性,戳穿了它为统治阶级服务的本质,基督徒必须
由此而警惕基督教信仰的意识形态化倾向。以史为鉴(十字军东征、宗
教裁判所、基要主义[fundamentalisms],等等),教会必须运用适当的属
灵武器,发挥信仰的力量,宣扬天国及其世界观。相反,如果基督徒以
政治压迫或社会自利、经济自利的方式,挥舞信仰的大棒,我们怎能期
待不信者会有所回应呢?

在人类学领域，迈克尔·吉尔尼为澄清"世界观"的含义，作出了重要贡献。他的思想反映了以上所述马克思和恩格斯对世界观和意识形态的探讨。他提出的三个重要论点有助于基督徒思考世界观问题。首先，他清楚地知道，世界观理论具有社会学的相对性：思想家的"世界观"取决于他或她的社会地位与世界观的基本假设。对基督徒来说，这个论点的含义是显而易见的：基督教思想（或基督教世界观）与世界观理论的建设，究竟是什么关系？吉尔尼的马克思主义思想直接影响了他的理论思辨；同样的道理，信徒对教义的委身也应该从概念上影响其世界观的模式。[74] 其次，吉尔尼发现了五个具有普遍性的世界观范畴，它们出现在所有的宇宙论之中，不过它们的内容会随着时代和环境的变化而变化。上帝是秩序的创立者，这种秩序是否是这些范畴的基础呢？从哪种意义上说，自然神学能够阐释这些范畴以及其他可能的世界观问题呢？基督教思想有两个来源，即自然的启示和特殊的启示，问题是，基本论点一旦确立，我们如何才能赋予它们具有基督教特色的思想内容呢？最后，吉尔尼考察了一种必不可少的重要关系——世界观与行为的关系：基本概念存在于意识中，我们如何才能把它们付诸实践呢？世界观是社会文化环境的产物，它们如何影响人类行为？对信徒来说，他们如何才能正确处理基督教世界观与其行为的关系？只有生活在一定的社会、文化、政治环境中，我们才能树立基督教世界观，问题是，从哪种意义上说，这些环境会影响信徒的选择，使其忠于或违背自己的信仰呢？吉尔尼对世界观理论、范畴与人类行为的思考，有助于我们从基督教的立场，深刻认识世界观的本质。

　　最后，罗伯特·莱德菲尔德认为，世界观是人类必然要进行的一种探求；另一方面，和吉尔尼一样，他也提出一些基本范畴，人生观问题必然涉及这些范畴。最重要的是，他试图为原始世界观恢复名誉，以拯救现代生活。莱德菲尔德的人类学研究使他得出如下结论：现代人的生活支离破碎，不讲道德，"野蛮"人的世界观能够弥补这些缺陷。基督教世界观有这种缺陷吗？为什么不选择基督教世界观呢？基督教世界观拥有统一的宇宙论，是一个上帝、人、自然相互依存的连贯体系，强调稳固的道德秩序——这都是莱德菲尔德的原始主义思想特征——基督教

252

是当今世界一种生机勃勃的宗教和哲学思想,胜过其他任何宗教与哲学,难道不是如此吗?近代的许多基督徒思想家,例如詹姆斯·奥尔、亚伯拉罕·凯波尔、卡尔·亨利和弗朗西斯·薛华,都这样认为。基督教会既有文化意识,又有敏感的心灵,她必须以先知的热情和使徒的权柄来积极宣扬其壮丽的宇宙观,以拯救这个陷入危机的世界。

注释:

1. 参见 Barry Barnes, *T. S. Kuhn and Social Science* (New York: Columbia University Press, 1982)。

2. 借鉴哈贝马斯的《知识与人的兴趣》(*Knowledge and Human Interests*) Mary Hesse, *Revolutions and Reconstructions in the Philosophy of Science* (Bloomington: Indiana University Press, 1980), pp. 169 – 173 比较了实证主义以前和以后的科学,介绍了自然科学与社会科学停战以后的和睦关系。类似的观点有 Charles Taylor, "Interpretation and the Sciences of Man," *Review of Metaphysics* 25(1971):3 – 51。

3. 按照这个思路,我们应该注意以下评论 Karl Mannheim, "On the Interpretation of Weltanschauung," in *From Karl Manheim*, edited and introduction by Kurt H. Wolff (New York: Oxford University Press, 1971), p. 12:"除非某人愿意把自己从自然科学的方法论原则中解放出来,否则他不可能真正理解新出现的这些问题[即社会科学中的世界观问题];因为在自然科学领域,肯定不会出现这种问题,我们所遇到的观念,与文化领域我们必须处处与之打交道的那些思维模式毫无相似之处。"

4. Paul A. Marshal, Sander Griffioen, and Richard J. Mouw, eds., introduction to *Stained Glass: Worldviews and Social Science*, Christian Studies Today (Lanham, Md.: University Press of America, 1989), p. 12. 按照这个思路,加尔文学院的基督教学术研究中心于 1996 年 8 月举办了一次研讨会,专门探讨地理与世界观的相互作用。本次会议的纪要,参见 Henk Aay and Sander Griffioen, eds., *Geography and Worldview: A Christian Reconnaissance* (Lanham, Md.: Calvin Center Series and University Press of America, 1998). 特别关注以下论文:Sander Griffioen, "Perspectives, Worldviews, Structures,"该文考查了世界观在社会科学中所起的正反两方面的作用,pp. 125 – 143。

5. Marshal, Griffioen, and Mouw, p. 11.

6. 以下论文是我这里讨论的这个大问题的补充,参见 Sander Griffioen, "The Worldview Approach to Social Theory: Hazards and Benefits," in *Stained Glass*, pp. 81 – 118。

7. 例如 Devora Carmil and Schlomo Brenznitz, "Personal Trauma and World View — Are Extremely Stressful Experiences Related to Political Attitudes, Religious Beliefs, and Future Orientation?" *Journal of Traumatic Stress* 4 (July 1991):393 - 406; Anne V. Sutherland, "Worldframes and God-Talk in Trauma and Suffering," *Journal of Pastoral Care* 49(1995):280 - 292; L. J. Myers, "Identity Development and Worldview — Toward an Optimal Conceptulization," *Journal of Counseling and Development* 70(1991):54 - 63; Bryce Bernell Augsberger, "World View, Marital Satisfaction and Stability" (Ph. D. diss., University of Denver, 1986); Carol C. Molcar, "Effects of World View on Purpose in Life," *Journal of Psychology* 122 (July1988):365 - 371。

8. Sigmund Freud, "Inhibitions, Symptoms and Anxiety," in*An Autobiographical Study,*" "*Inhibitions, Symptoms and Anxiety*," "*The Question of Lay Analysis*," *and Other Works*, vol. 20 in *The Standard Edition of the Complete Psychological Works of Sigmund Freud*, trans. James Strachey (London: Hogarth Press and the Institute of Psycho-Analysis, 1962), p. 95.

9. Freud, "Inhibitions, Symptoms and Anxiety," p. 96.

10. Sigmund Freud, "The Question of a Weltanschauung," in *New Introductory Lectures on Psycho-Analysis and Other Works*, vol. 22 in *The Standard Edition of the Complete Psychological Works of Sigmund Freud*, pp. 158 - 182. 下文所注页码皆是此书的页码。

11. 笼统地介绍一下弗洛伊德的论点,应该是有益的,从论文"The Question," pp. 161 - 175 来看,他试图说明这样一种观点:科学世界观能够战胜宗教世界观。弗洛伊德认为,宗教是科学的死敌。宗教控制着人类最强烈的情感。因为它是一种连贯的独立自主的世界观,所以它能够延续至今。弗洛伊德认为,他必须回应这一事实。他认为,宗教世界观有三种作用。首先,它能够满足人类的求知欲。其次,它能够减轻人类对危险和世态炎凉的恐惧。最后,它能够规定行为规范、禁忌和限制。尽管宗教发挥着重要作用,但是建立在自然主义之上的科学已经证明,宗教是人类的创造,经不起批判的考察,以下问题更是如此:神迹、宇宙的起源和罪恶问题。另一方面,心理分析已经指出,宗教世界观起源于孩童的无助心理,他们需要父亲的保护,因此他们把这种需要赋予了整个宇宙。人们也许会说,科学不应该在如此崇高、如此重要的宗教面前说长道短,但是弗洛伊德回应说,宗教没有权利限制思想自由,也不能独立于批判的考察之外。很多人的经历表明,宗教对思想的限制已经造成巨大伤害。宗教学家却针锋相对地指出,科学也有自己的局限:科学的成就究竟是什么? 它不能给人安慰,使人振奋。它不能连贯地解释宇宙——说明宇宙的过去、现在和将来。它那些支离破碎的发现,缺乏内在的连贯性,它那些法则和解释只有暂时的真理性,必须经常更新。弗洛伊德则诉诸近代科学史,强调科学尚处于发展阶段。随着时间的推移,人类终将跨越科学道路上的一切艰难险阻。他的结论是:"科学的前途是光明的。"(第 174 页)根据上述讨论,弗洛伊德宣称,科学是知识与文化的唯一主宰。宗教的唯一作用是,它承认一种更高层次的不可证实的"真理"。然而,承认一种无理性的或非理性的知识论,就等于否认知识对人类有任何作用,因为它没有真正的认识意义。因此弗洛伊德宣称,科学世界观能够战胜宗教世界观。弗洛伊德对宗教问题的详细讨论,集中在《幻象的未来》(*The Future of an Illusion*)一书中。

12. 参见 S. A. Figueira, "Common (Under) Ground in Psychoanalysis — The Question of a *Weltanschauung* Revisited," *International Journal of Psycho-Analysis* 71 (1990): 65 – 75; P. L. Rudnysky, "A Psychoanalytic *Weltanschauung*," *Psychoanalytic Review* 79 (summer 1992): 289 – 305; B. Wood, "The Religion of Psychoanalysis," *American Journal of Psychoanalysis* 40(1980): 13 – 26。

13. 转引自 Albert William Levi, *Philosophy and the Modern World* (Bloomington: Indiana University Press, 1959), p.151。

14. Levi, p.153.

15. Stanton L. Jones and Richard E. Butman, *Modern Psycho-Therapies: A Comprehensive Christian Appraisal* (Downers Grove, Ill.: Inter Varsity, 1991), p.67.

16. Levi, p.160.

17. 1942 年 9 月 26 日,苏黎世举行了一次"心理学研讨会",本文是作者在该会议上宣读的一篇论文。原来的题目是 "Psychotherapie und Weltanschauung," *Schweizerische Zeitschrift für Psychologie und ihre Anwendungen* 1(1943): 3, 157 – 164。这里的讨论依据 C. G. Jung, "Psychotherapy and a Philosophy of Life," in *The Practice of Psychotherapy: Essays on the Psychology of the Transference and Other Subjects*, trans. R. F. C. Hull, Bollingen Series 20, 2nd ed. (New York: Pantheon Books, 1966), pp.76 – 83。下文所注页码皆是此书的页码。

18. Richard M. Ryckman, *Theories of Personality*, 3rd ed. (Monterey, Calif.: Brooks/Cole, 1985), p.62.

19. Jones and Butman, p.121.

20. "世界观紊乱症"(cosmophthalmology)的思想来自 William Rowe, "Society after the Subject, Philosophy after the Worldview," in *Stained Glass*, p.159。

21. 例如 Orlo Strunk, "The World View Factor in Psychotherapy," *Journal of Religion and Health* 18 (July 1979): 192 – 197; Armand M. Nicholi, "How Does the World View of the Scientist and Clinician Influence Their Work?" *Perspectives on Science and the Christian Faith* 41 (1989): 214 –

220。

22. 关于诸世界观在社会学中的作用，参见 Jan Verhoogt, "Sociology and Progress: Worldview Analysis of Modern Sociology," in *Stained Glass*, pp. 119 - 139。作者专门研究了库恩提出的一个问题："社会学家们的世界观——他们自己的价值观和兴趣——会不会渗透到他们的科学思维中呢?"(p. 119)以下论文从社会学的角度，分析评价了世界观: Jerome Ashmore, "Three Aspects of *Weltanschauung*," *Sociological Quarterly* 7 (spring 1966): 215 - 233。

23. Karl Mannheim, "On the Interpretation of Weltanschauung," in *From Karl Mannheim*, pp. 8 - 58。下文所注页码皆是此书页码。

24. John B. Harms, "Mannheim's Sociology of Knowledge and the Interpretation of *Weltanschauungen*," *Social Science Journal* 21 (April 1984): 44. 哈姆斯认为，曼海姆后来放弃了这种希望。该文详细阐述了曼海姆讨论世界观的那篇论文。

25. Blaise Pascal, *Pensées*, trans. W. F. Trotter, in *The Great Books of the Western World*, vol. 33 (Chicago: William Benton and Encyclopedia Britannica, 1952), p. 225 (§ 5. 294). 帕斯卡尔的思想概括了彼得·贝格尔与托马斯·卢克曼所讨论的知识社会学问题。参见 Peter L. Berger and Thomas L. Luckmann *The Social Construction of Reality: A Treatise in the Sociology of Knowledge* (New York: Doubleday, Anchor Books, 1966), p. 5。

26. *The Balckwell Dictionary of Twentieth Century Social Thought* (1993), s. v. "sociology of knowledge."

27. Griffioen, "Worldview Approach," p. 88.

28. Charles W. Smith, *A Critique of Sociological Reasoning: An Essay in Philosophical Sociology* (Oxford: Basil Blackwell, 1979), p. 110, 转引自 Griffioen, "Worldview Approach," p. 88。

29. Peter Hamilton, *Knowledge and Social Structure: An Introduction to the Classical Argument in the Sociology of Knowledge* (London: Routledge and Kegan Paul, 1974), p. 121. 转引自 Griffioen, "Worldview Approach," p. 88。

30. Max Scheler, *Problems of a Sociology of Knowledge*, trans. Manfred S. Frings, edited and introduction by Kenneth W. Stikkers (Boston: Routledge and Kegan Paul, 1980), pp. 74 - 75.

31. *The Encyclopedia of Philosophy* (1967), s. v. "sociology of knowledge."

32. Max Scheler, "The Sociology of Knowledge: Formal Problems," in *The Sociology of Knowledge: A Reader*, ed. James E. Curtis and John W. Petras (New York: Praeger, 1970), p. 178.

33. Karl Marx, "Preface to *A Contribution to the Critique of Political Economy*," in *The Marx-Engels Reader*, ed. Robert C. Tucker, 2nd ed. (New York: Norton, 1978), p. 4. 马克思的"基本命题"这种说法，来自 Berger and Luckmann, p. 5。

34. Berger and Luckmann, pp. 14–15. 粗体为贝格尔和卢克曼所加。

35. Berger and Luckmann, p. 15.

36. Berger and Luckmann, p. 15.

37. Berger and Luckmann, p. 3.

38. Peter L. Berger, *The Sacred Canopy: Elements of a Sociological Theory of Religion* (New York: Doubleday, Anchor Books, 1967), pp. 23–24.

39. Berger and Luckmann, p. 6.

40. 参见 John McMurray; *The Structure of Marx's World-View* (Princeton: Princeton University Press, 1978); 关于"马克思–列宁主义"世界观的提法，请参见 *Great Soviet Encyclopedia*, 3rd ed. (1977), s. v. "worldview"。

41. Griffioen, "Worldview Approach," pp. 86–87.

42. *Great Soviet Encyclopedia*, 3rd ed., s. v. "world view."

43. Ibid.

44. Ibid.

45. Griffioen, "Worldview Approach," p. 87.

46. 以下著作专门阐述了这一问题，参见 Martin Seliger, *The Marxist Conception of Ideology: A Critical Essay* (Cambridge: Cambridge University Press, 1977); Bhikhu Parekh, *Marx's Theory of Ideology* (Baltimore: Johns Hopkins University Press, 1982)。

47. *Great Soviet Encyclopedia*, 3rd ed., s. v. "worldview."

48. Richard W. Miller, "Social and Political Theory: Class, State, Revolution," in *The Cambridge Companion to Marx*, ed. Terrell Carver (Cambridge: Cambridge University Press, 1991), p. 73.

49. Miller, p. 74.

50. Karl Marx and Friedrich Engels, *The German Ideology*, Parts I and II, edited and introduction by R. Pascal (New York: International Publishers, 1947), p. 39.

51. Marx and Engels, p. 15.

52. Marx and Engels, p. 39.

53. Marx and Engels, p. 199. 这是马克思的著名文章《关于费尔巴哈的提纲》第十一条。

54. Marx and Engels, p. 1. 根据这一思想，Paulo Freire, *Pedagogy of the Oppressed*, trans. Myra B. Ramos, new revised twentieth anniversary edition (New York: Continuum, 1994)中，提出一种激进的教育哲学，他认为，通

过"觉悟启蒙运动"(*conscientizaçao*),被压迫者能够克服占统治地位的"沉默文化"。这种教育要求人们学会以问答的方式来"揭示社会、政治、经济领域中的矛盾,然后采取行动,反抗现实的压迫"(p. 7)。

55. Job L. Dittberner, *The End of Ideology and American Social Thought: 1930—1960*, Studies in American History and Culture, no. 1 (UMI Research Press, 1979), p. 4.

56. 美国以及其他国家的人类学家都对这一传统做出了某种贡献,参见 *Dictionary of Concepts in Cultural Anthropology* (1991), s. v. "world view"; *International Encyclopedia of the Social Sciences* (1968), s. v. "world view"。还应参阅以下两部著作:Clifford Geertz, "Ethos, World-view and the Analysis of Sacred Symbols," *Antioch Review* 17 (1957) : 421 - 437,重印于 *The Interpretation of Cultures* (New York: Basic Books, 1973), pp. 193 - 233。Geertz 的这部著作区分了精神特质(ethos)与世界观,他认为,前者指的是文化的规范性与评价性,后者指的是世界结构的知识性与存在性。另参 W. T. 琼斯(W. T. Jones)的报告,1968 年,在 Burg Wartenstein 举行了一次学术会议,这是作者在该次会议上宣读的报告,本次会议的赞助者是 Wenner-Gren Foundation,会议的主题是:"World Views: Their Nature and Their Function," *Current Anthropology* 13 (1972) : 79 - 109。

57. Bronislaw Malinowski, *Argonauts of the Western Pacific* (London: Routledge and Kegan Paul, 1922), p. 517.

58. Michael Kearney, *Worldview* (Novato, Calif. : Chandler and Sharp, 1984), p. 1. 以下两部关于人类学理论的著名教科书,能够证明吉尔尼的判断,它们从未论及世界观问题。参见 Marvin Harris, *The Rise of Anthropological Theory: A History of Theories of Culture* (New York: Harper Colins, 1968); Paul Bohannan and Mark Glazer, eds., *High Points in Anthropology* (New York: McGraw-Hil, 1988)。

59. Griffioen, "Worldview Approach," p. 90.

60. Kearney, *Worldview*, p. 9;下文所注页码皆是此书页码。关于吉尔尼思想的其他材料,另参 Michael Kearney, "World View Theory and Study," *Annual Review of Anthropology* 4 (1975) : 247 - 270。

61. 在近来发表的一篇文章中,吉尔尼不仅把世界观和意识形态联系起来,而且把世界观和"霸权"(hegemony)联系起来。意识形态和霸权都是世界观(它们与种族、阶级、性别有特殊的联系),它们仿佛同一把计算尺上的一些不同的点。一方面,服务于阶级利益的意识形态,一般来说都是知识分子一手创造的(教师、政治家、作家、牧师等),为了实现其阶级目的,他们总会以某种方式阐释世界。例如宣传活动,为了在某些社会问题和政治问题上控制舆论,一些专业人士专门从事这种活动,这是一种纯粹的意识形态。

另一方面霸权主义思想似乎是"非施事的"（nonagentive），人们往往是根据事物的本来面目来理解它们。霸权思想植根于民间传说、比喻、种族特征、价值观念，当然还有世界观。行之有效的意识形态发展到一定阶段，就会成为霸权思想。参见吉尔尼撰写的词条：*Encyclopedia of Cultural Anthropology* (1996), s. v. "worldview"。

62. 吉尔尼所谓文化观念论者还包括 Edward Sapir、Ruth Benedict、Margaret Mead、Morris Opler 和 Alfred Kroeber。

63. 这些段落概括了这三个问题的主要内容。

64. 吉尔尼在本书的结尾处说，这五个普遍概念是"西方理智传统的产物"，是"前爱因斯坦物理学"的反映。它们显然是社会的产物，因此它们不是永恒的。（第 208 页）

65. *Encyclopedia of Cultural Anthropology*, s. v. "worldview."

66. 对墨西哥瓦哈卡（Oaxaca）州 Ixtepeji 地区的世界观及其社会组织的专著讨论，参见 Kearney, *The Winds of Ixtepeji: World View and Society in a Zapotec Town*, Case Studies in Cultural Anthropology, ed. George Spindler and Louise Spindler (New York: Holt, Rinehart and Winston, 1972)。

67. Robert Redfield, *The Primitive World and Its Transformations* (Ithaca, N. Y.: Cornell University Press, Cornell Paperbacks, 1953), p. 103.

68. Robert Redfield, *The Folk Culture of Yucatan* (Chicago: University of Chicago Press, 1941).

69. Robert Redfield, "The Primitive World View," *American Philosophical Society Proceedings* 96(1952): 30 - 36.

70. Robert Redfield, *The Little Community: Viewpoints for the Study of a Human Whole* (Chicago: University of Chicago Press, 1955); *Peasant Society and Culture: An Anthropological Approach to Civilization* (Chicago: University of Chicago Press, 1956).

71. 下文所注页码皆是《原始世界及其变化》一书的页码。

72. *International Encyclopedia of the Social Sciences*, s. v. "world view."

73. 朋霍费尔在《团契生活》中，阐述了这种生活，参见 Dietrich Bonhoeffer, *Life Together*, translated and introduction by John W. Doberstein (San Francisco: Harper and Row, 1954)。

74. 这是下一章的主要论点，我们将从基督教的立场考察"世界观"。

第9章

"世界观"概念的神学反思

本书的前八章考察了世界观概念在宗教、哲学以及其他学术领域内不同寻常的发展历程。本章和下一章将把研究的目光由历史转向理论。现在我想说的是，"世界观"的任何理论或定义，都真实地反映了理论家或定义者的世界观。这个概念的使用问题一直受到福音派基督徒群体的高度重视，原因很多，主要是由于其相对主义倾向，尽管如此，我还是要从神学的角度来考察基督教世界观对世界观理论的影响。换言之，基督教有神论是一种世界观，它与世界观概念有哪些细微的差别呢？在此基础上，第十章将进行一番哲学探索，以说明世界观是一个叙事性符号系统，对人类的一些基本活动，如思维、解释和认识，具有重要意义。首先来看以下论点：任何"世界观"理论都以一种世界观为前提。

不同的世界观与"世界观"概念

当启蒙运动如日中天的时候，反对偏见的偏见成为人们的指导思想。[1]这场运动的推动者担心，知识会感染个人偏见和文化假设之类的病毒。他们试图把客观的科学理性这种抗生素运用于一切理论思维，以便获得一种未曾受到污染的像数学那样精确的知识。有些人倡导这种没有人性的知识论,虽然他们做出了巨大的努力,但是,不包含价值观念的知识理论近来已落入低谷。人们发现,反对偏见的偏见是一种偏见,启蒙运动的自相矛盾之处大白于天下。进入"后现代"以来,许多思想家已经认识到,把思想封闭起来,使所有的概念都摆脱个人的或文化的偶然因素的困扰,这种做法根本行不通,而且有害无益。理论不是与世隔绝的,相反,它一开始就受到理论家的各种传统观念、价值观念和思想观念的影响。近年来,认识过程恢复了人性的特征,这说明离开了思想家的世界观这个制约因素,谁也不可能开展任何研究。

这一点适用于"探讨那个神秘事物的所有理论,德国哲学家称之为**世界观**"。[2] 我们试图提出、宣传或批判一种世界观论题,事实上,根本没有一个不偏不倚的基础可供我们依靠。"世界观"的定义、含义或模式**绝非**无条件的思维的产物,相反,它们是定义者的观点和利益的反映。回顾上一章,我们发现,人类学家迈克尔·吉尔尼曾论及"世界观理论的社会学相对性";他指出,探讨这个问题的每一位思想家,都是立足于一定的意识形态。[3] 因此如上所述,人们对"世界观"的理解,立足于他们的世界观!请看以下两个例证。

1968 年 8 月,欧洲召开了一次人类学研讨会,会议的主题是世界观的本质及其在文化中的作用,哲学史家 W. T. 琼斯受命编辑会议纪要。本次大会的一个主要目的,就是为"世界观"下定义。会议组织者的观点各式各样,一致的看法寥寥无几,展开的讨论往往无果而终。他们对这个问题的讨论毫无进展,原因很简单。琼斯的报告说,与会者**公开地探讨**"世界观"问题,却**暗暗地表达**了自己的世界观。人们对"世界观"问题的公开争论,正反映了与会者内心深处的各种世界观。琼斯的描述很简洁:"对世界观的不同理解反映了我们各不相同的世界观。"[4] 琼斯认为,学术会议陷入僵局,这种情况的最好解释是,与会者具有各不相同的意识形态,这是他们各自世界观的反映。[5]

第二个例证来自詹姆斯·塞尔的著作《邻居的宇宙:主要世界观概览》第三版。该书论述了八种不同的世界观对哲学的七个基本问题的回答。首先是关于终极实在或终极存在的本质问题,即形而上学或本

255

体论的问题;其次是关于宇宙、人类、死亡、知识和伦理学的问题;最后是关于历史的问题。[6] 尽管这些问题有不同的次序,但是它们都反映了塞尔本人的世界观。评论家们认为,他一开始就列出了他要探讨的问题,这些问题的罗列方式决定了他将要分析的那些问题的范围。安东尼·吉登斯(Anthony Giddens)认为,当代的主要特征是自我反思,在这种观点的启发下,塞尔觉得有必要后退一步,明确指出他的七个世界观问题和视角的先入之见(preconception)。他的"元分析"说明,他那些问题的排列次序是前现代的(premodern),是有神论的,他以形而上学或本体论为开端,这是一个基本的决定一切的范畴;其他问题,如人类、知识、历史等,都隶属于这个范畴。塞尔认为,世界观起源于人们对终极实在或终极存在的理解,以此为基础,他们就能回答其他所有问题,评价其他所有的世界观。简要地说,塞尔的本体论,尤其是他的基督教有神论信仰,是他所理解的世界观的基础。他是基督徒,又是"前现代主义者"(premodernist),因此他以存在为开端;相反,如果他是现代主义者,他的分析就可能以知识论为出发点;如果他是后现代主义者,他就很可能以语言或意义为出发点。他是这样的人,他的世界观理论也是这样的。塞尔的基督教思想决定了他的世界观理论。[7]

256

在这点上塞尔当然不是唯一的。从历史的角度看,黑格尔的观念论、克尔凯郭尔的有神论、狄尔泰的历史主义、尼采的无神论、胡塞尔的现象学、雅斯贝尔斯的存在主义、海德格尔的本体主义(ontologism)、维特根斯坦的语言理论和后现代主义者的怀疑论,定然深刻地影响了他们的"世界观"假设。这对我们的论点具有重要意义。具体的世界观为世界观理论设立了框架,果真如此的话,我们就必须研究以圣经为基础的**基督教**世界观的内涵以及世界观概念的本质。

这是一项重要任务。一些基督徒思想家,尤其是改革宗思想家,已经开始考察"世界观"的内涵及其对教会的危害。威廉·罗威(William Rowe)通过一个生动的比喻来说明这种危害,他说,当"世界观"从其文化故乡移居至基督教群体(Christian commonwealth)时,它的行李箱中已经有了很多概念。为了让它服务于基督教,我们必须没收这个行李箱,给它换上适合的圣经内容。

别人曾提醒或警告我们，在基督教的思想王国，世界观概念不是本地人，而是外来户。和所有的外地人一样，它是提着行李箱跨过我们国境的。我们可能……对它进行入境检查，打开世界观概念这个语言式提箱，检查其中的语言式违禁品。为了坚持基督教思想，基督徒必须没收这种违禁品，把它们送交基督。我认为，简单地扣押世界观概念的某些内容是不够的；用基督教术语说，如果我们希望世界观思想能够在天国安家落户并兴旺发达，我们就必须拿合法内容来替代这些非法内容。[8]

257　19 世纪下半叶，詹姆斯·奥尔和亚伯拉罕·凯波尔借用了世界观概念，用它来传播基督教思想，这时，它已经是一个内容丰富的现代观念了。在欧洲观念论和浪漫主义的思想环境中，它已经有了特殊的含义：彻底的主观主义和立足于人或文化的实在论。举例来说，简·佛胡特（Jan Verhoogt）认为，"就浪漫主义而言，世界观概念的出现旨在合理地说明人类历史上丰富多彩的文化现象，反对以笛卡尔和康德为代表的传统理性主义哲学的统一化倾向。"[9]"世界观"是浪漫主义者反对理性主义者的一种手段，因为理性主义者试图进行文化的整合，不仅如此，世界观思想还关注生活的具体方面，注重历史经验的连续性，与传统的哲学思想形成鲜明对照，因为传统哲学注重普遍特征，是一门理性的科学的学科。[10]因此，胡塞尔反对世界观思想，他认为，哲学是一门"严密的科学"。结果，世界观概念有了历史主义、主观主义、视角主义和相对主义的内容。现代以来，人们没有把世界观当作"事实"或"价值"，把它划归个人生活。

后现代以来，"世界观"的地位越来越受到人们的怀疑，因为它是目光短浅的自我或文化的产物，具有明显的个人色彩，是一种过时的观念。"不相信元叙述"成为一种时代特征，世界观沦落为一种人生经历。[11]"怀疑的诠释学"对世界的一切终极解释都表示怀疑。"自我的死亡"彻底消除了人类的信心，谁也不会形成一种连贯的人生观。"不在场形而上学"不承认人类能够理解实在，它认为，一切"真理"体系都是社会的产物，都是抽象概念的具体化。"暴力形而上学"认为，试图获得文化主导权的任何实在论,都孕育着压迫的祸根,我们绝不能让它生根发芽。在这个提倡极端多元主义的时代,"宽容"成为最高的价值观,人们可以接受任何人生观,大多数人生观耐人寻味,但是没有一种人生观具有真理性。作为诸多元叙述之一,世界观被彻底"解构"了,它们被当作个人化的微型叙述(micronarratives),几乎没有公开的权威。[12]

在这样的背景下,经常使用"世界观"这个术语的福音派人士,绝不能忽视或否认它的历史发展及其在现代和后现代词语中所具有的新含义。基督教群体也必须回答以下几个重要问题。首先,随着历史的发展,"世界观"有了相对主义和个人主义的含义,基督徒了解这种情况吗?或许不了解。其次,由于这些新的含义的出现,世界观概念已不再能服务于基督徒了,是这样吗?不一定。最后,革新"世界观"概念,赋予它基督教思想,去掉它原有的现代和后现代毒素,让它服务于基督教,是否可行呢?[13] 我认为这是可行的。

实际上,我们可以把世界观概念与近来的文化讨论分开,让它服务于基督教;我们可以荣幸地与圣奥古斯丁进行比较,在古代,他借鉴了基督教之外的一些观念,让它们为基督教教会发挥一定的作用。他坚信,一切真理都属于上帝。在《论基督教教义》(De doctrina Christiana)中,他使用了一个著名的比喻:埃及人的财宝。《出埃及记》第11—12章记载了这个故事,他通过这个故事,阐述了信徒们积极地发现真理、利用真理的方式。

> 如果那些有哲学家美名的人们碰巧说出了某些真理,它们又符合我们的信仰,那么我们不应该害怕,尤其不要害怕柏拉图主义者,不仅如此,我们还要索取他们说出的真理,为我所用,因为他们不是真理的合法拥有者。以埃及人为例,他们不仅有各种偶像和沉重的负担,这是以色列人深恶痛绝、尽力躲避的东西,而且有各种各样的金器银饰和华美衣物,以色列人悄悄地将这些东西据为己有,当他们逃出埃及时,他们还在使用这些东西。这不是他们的选择,而是上帝的指引;埃及人不经意地借给了以色列人这些东西,因为他们并不能很好地使用它们。

259 　　奥古斯丁详细阐述了这一对比，首先是一些告诫性的话，然后他提倡基督徒要大胆地满怀信心地吸纳非基督徒的思想概念，因为他们也是通过普遍恩典（common grace）才获得那些概念的。

　　同样的道理，非基督徒的全部理论中肯定有一些虚妄迷信的观念，他们必须承担一切繁重而多余的劳动，这是我们每一个人都深恶痛绝、尽力躲避的事情，于是我们在基督的带领下，离开了他们。尽管如此，他们的理论仍然包含着一些开明的思想，这些思想能更好地服务于真理；另一方面，他们的理论还包含着一些非常有用的道德原则，他们还谈到"只崇拜一位上帝"这样的真理。这一切都好比他们的金银器物，这不是他们的创造，而是他们从神意的宝藏中开发出来的，因为神意的痕迹随处可见。他们腐化堕落，滥用这些东西为魔鬼服务，因此，基督徒必须从心灵深处与这些不幸的人们分开，带走这些东西，让它们服务于福音的传播。还有他们的华美服饰，它们确实是人类制造的，能够满足人类社会的需要，我们的生活离不开它们，因此，我们有理由占有它们，让它们服务于基督教。[14]

　　我认为，世界观概念就是"埃及人的财宝"，很有价值。如果我们赞同奥古斯丁的理论，我们就可以说，基督徒应该吸纳这个概念，让它服务于基督教。与此同时，我们必须去掉其非基督教的成分，根据圣经的思想来改造它，让它服务于耶稣基督。圣保罗在《哥林多后书》10：5中说："［我们］将人所有的心意夺回，使他都顺服基督。"[15] 我们将在本章的剩余部分，努力实现这一目标。

基督教世界观与"世界观"概念

　　本书和教会均**未曾**质疑"辞典"上的"世界观"定义。事实上，这个术语的含义——其实际的**指称**——在**所有人**的心目中都很清楚,很少引发争议。粗略地说,它指的是一个人对实在和人生的基本解释。一谈到它的**含义**或含义的**细微差别**——它的实际**内涵**是什么——一谈到它与理论思维或科学思维的关系,就会发生争议,教会所关注的问题也会随之出现。下一章将探讨世界观与理论思维的关系问题。本章的问题是,如果从基督教立场来考察"世界观",我们能从这个概念得出哪些结论。我将考察以下几个问题:(1)客观性问题;(2)主观性问题;(3)罪与属灵争战问题;(4)恩典与救赎的问题。与世界观概念的世俗意义相比,基督教赋予这个概念一种非常特殊的含义。它认为,"世界观"意味着上帝的仁慈救赎,魔鬼的欺骗和罪使人瞎眼造成了偶像崇拜和各种错误的人生观,上帝能够把人们的心灵从这些束缚中解放出来;通过信仰耶稣基督,人们能够认识上帝、上帝创世的真理和实在的方方面面。

客观性问题

> 基督教"世界观"意味着三位一体的上帝是一种客观存在,其本质属性是宇宙道德秩序的源泉,其话语、智慧和律法规范和统治着被造物的各个方面。

两百多年以来,"世界观"概念已经沾染(或被污染)了相对主义的色彩——相对主义认为,"世界上根本没有普遍真理:这个世界没有任何内在特征,只有解释世界的不同方式"[16]——从这种意义上说,立足于上帝的客观性论断,是医治相对主义的一剂良药。上帝的存在与本性是世界万物的唯一源泉和超验准则。无论如何,圣经的基本前提是,永恒的上帝是存在的。根据基督教神学的核心教义,他存在着,是一个神圣的实体,却有三个同样平等、同样永恒的位格——圣父、圣子和圣灵。虽然三位一体的真理模式在东方和西方、古代和现代各不相同,我们却很难修改圣奥古斯丁在《论三位一体》(*De Trinitate*)中所作的经典性阐述:"在这个问题上,我们必须相信,圣父、圣子和圣灵是一位上帝,他是宇宙万物的创造主和统治者;圣父不是圣子,圣灵也不是圣父或圣子,他们是一种彼此相连的位格三一体,是本质相同的统一体。"[17]

说到上帝的本性,他的确是多样性中的统一性和统一性中的多样性;一位上帝,三个位格,三个位格均在一位上帝之中——他是三位一体的、一神论的和有位格的。因此,他能够解释宇宙的统一性和多样性及其固有的位格特征,在万事万物中彰显其本质和荣耀,"因为万有都是本于他,依靠他,归于他"(《罗马书》11:36)。他是超越的君王,他的属性无比神圣(《以赛亚书》6:3),他所行无不公平(《申命记》32:4),上帝就是爱(《约翰一书》4:8)。上帝有最高的恩慈和严厉(《罗马书》11:22)。他确实是"我们所能想到的最伟大的存在者"。[18]至于上帝的作为,他所造的一切都甚好(《创世记》1:31),他判断我的时候显为清正(《诗篇》51:4),他用自己的血从各族、各方、各民、各国中买了人来(《启示录》5:9)。他的意旨无所不包,"耶和华在天上立定宝座,他的权柄统管万有"(《诗篇》103:19)。他所做的事都好(《马可福音》7:37)。"[他是]那可称颂的、独有权能的万王之王、万主之主,就是那独一不死、住在人不能靠近的光里,是人未曾看见,也是不能看见的。但愿尊贵和永远的权能都归给他。阿们!"(《提摩太前书》6:15—16)

因此,上帝是终极实在,其三位一体的本性、位格特征、道德品质、奇妙的作为和至高无上的统治,成为一切实在的客观参照。从基督教的立场看,宇宙不是中性的,它具有立足于上帝的内在意义。他是有物存在而非空无一物的原因。他也是事物这样存在而非那样存在的原因(罪恶除外)。实在的基础是有神论,因此,人类没有为宇宙创造另外一种意义的自由,他们没有理由这样做,也没有能力这样做。他们没有这样做的自由,因为一切都是上帝安排的。他们没有理由这样做,否则他们就僭越了被造物的从属地位。他们也没有能力这样做,因为他们具有无法克服的局限性。只有那些叛逆的、高傲的或被蒙骗的人,换言之,只有堕落的人性,才会有这样的荒谬之举。宇宙的意义和主宰宇宙的权能,并非悬而未决的问题,二者都取决于上帝的存在和本质。因此,我们必须把相对主义和主观主义排除在外。基督教有神论的上帝观是生机勃勃的**神学客观性**之基础。

另一方面,上帝的神圣、公正和仁爱是一种超验的权威性标准,这是宇宙道德秩序之根基。以上帝为基础的这种道德结构——与所有人的思想、信念或行为无关——规定了人类的美德及其行为准则。这些超验的美德和准则以有神论为源泉,它们是人生的指南,这一事实说明,某些倾向和行为方式本身就是善的或恶的,对的或错的。聪明的或愚蠢的行为会产生一定的结果,这也是由上帝决定的。上帝是这样设计道德经验的:在日常生活中以及最后的审判日,人种的是什么,收的也是什么(《加拉太书》6:7;《罗马书》2:5—10)。

上帝以自然启示和特殊启示的方式,仁慈地告知我们一些人类生存的道德模式。保罗在写给罗马人的信中说,所有的人,不管他们相信什么,生来就知道上帝对他们的基本道德要求,因为这些东西就写在他们心上,良知起到了巩固它们的作用。"没有律法的外邦人若顺着本性行律法上的事,他们虽然没有律法,自己就是自己的律法。这是显出律法的功用刻在他们心里,他们是非之心同作见证,并且他们的思念互相较量,或以为是,或以为非,就在上帝借耶稣基督审判人隐秘事的日子,照着我的福音所言。"(《罗马书》2:14—16)

进一步说,获救的人不仅知道上帝写在他们心上的作为自然启示的普遍律法,而且知道他写在圣经上的作为特殊启示的特殊律法。摩西律法中有上帝的训诫,福音书中有耶稣的教诲,新约的书信中有道德劝勉的章节,这些在救赎之约的框架中表达了上帝的道德旨意。通过自然启示和特殊启示,所有的人都能够认识上帝判断是非的标准,因为它立足于上帝的神圣性。

C. S. 路易斯非常清楚地意识到,有一股力量正在瓦解西方的客观主义道德传统,这也许是 20 世纪思想家当中最突出的一个例子。其经典著作《人之废》探讨了道德相对主义的起源,道德相对主义是西方传统的死敌。举例来说,路易斯认为,这种道德立场是某种教育制度的基础,如果我们接受这种教育制度,就会出现很多道德败类(他形象地称之为"穿着裤子的猴子""城市里的傻瓜""没有头脑的人"),"接受这种制度的社会必然走向灭亡"。[19] 经过分析**东西方**的主要思想传统和宗教传统——柏拉图主义、亚里士多德主义、斯多葛主义、基督教以及东方思想,他深刻地认识到,宇宙中有一种道德秩序,在他看来,这种道德秩序的基础是有神论。路易斯简称这种秩序为"道",其描述如下:"这是一种客观的价值理论,它认为,对于宇宙的本质以及我们人类的本质,某些看法确实正确,另外一些看法确实错误。"[20] 在另外一篇题为"主观主义毒素"的文章中,路易斯指出,现代以前,任何重要思想家都未曾怀疑道德价值的客观性或道德判断的合理性。现代以来,人们根本不把道德"判断"当作一种判断,他们认为,它们不过是一种"感受、情结或态度",实际上是一种情绪,受到社会与文化的制约,具有无限的可塑性。[21] 路易斯坚决反对这种观点,斥之为"一种社会弊病,如不铲除,必将毁灭我们人类(玷污我们的心灵);他们的一个致命弱点是,他们盲目地相信,人能够创造价值观,一个社会能够选择其'意识形态',一如人们能够选择自己喜欢的衣服。"[22] 这种观点危害甚大,于是路易斯呼吁,要振兴客观主义的道德传统,这是堵截相对主义污水唯一有效的方法,目前,相对主义正在西方蔓延,西方传统正面临巨大威胁。圣经的道德观和路易斯的绝对价值观进一步说明,**道德客观性**是基督教思想的重要组成部分。

基督教不仅具有神学真理性和道德真理性,而且包含一种客观的宇宙论结构,其基础是圣经的创造论教义。宇宙的特征是,它是一种独立不依的"馈赠"。实在的各个方面都表现出内在的统一性和连贯性,我们可以把这些特征追溯至神学或圣经的三个源头。首先,圣经认为,我们应该

264 从"宇宙**论**"**的角度**(cosmo*logically*)来理解上帝创世的过程,世界是道(*logos*)的产物。上帝从无中(*ex nihilo*)创造了宇宙,不仅如此,其创造的方式是通过语言(*per verbum*)。面对空虚混沌的地,上帝说话了,在六"天"时间内,通过八个行动(《创世记》1:3,6,9,11,14,20,24,26),混沌让位于秩序,空虚的宇宙有了各种事物。上帝发布命令,一个美好的世界就出现了,他的创造意志就化为现实。《诗篇》这样写道:

> 诸天借耶和华的命而造,
> 万象借他口中的气而成……
> 因为他说有,就有,

命立,就立。

(《诗篇》33:6,9;参考《诗篇》148:1—6)

　　创造当然是新约基督论的一个主题。约翰在第四福音书的序言中,把耶稣基督描述为上帝的道(《约翰福音》1:1)和万物的中保。他这样写道:"万物是借着他造的;凡被造的,没有一样不是借着他造的"(《约翰福音》1:3)。使徒保罗持相同的看法。他在《歌罗西书》中把耶稣描述为宇宙的创造者,"他在万有之先"(《歌罗西书》1:17a),"因为万有都是靠他造的,无论是天上的、地上的、能看见的、不能看见的;或是有位的、主治的、执政的、掌权的;一概都是借着他造的,又是为他造的"(《歌罗西书》1:16)。《希伯来书》的作者同意这种观点,他说借着圣子,上帝创造了世界(《希伯来书》1:2)。作为上帝的道,耶稣基督不仅是宇宙的创造者,而且是其支撑者和维护者。圣保罗说,"万有也靠他而立"(《歌罗西书》1:17b);在《希伯来书》中,我们还能读到这样的描述:上帝"用他权能的命令托住万有"(《希伯来书》1:3)。因此,整个宇宙的存在、本质和维护都是耶稣基督的作为,他是上帝的道,是万物的中保。

　　其次,圣经要求我们"从宇宙**智慧**的角度(cosmo*sophically*)来理解上帝的创造计划,万有是其智慧(*sophia*)的结晶。宇宙不但是由上帝的话语创造的,而且是由上帝的专门技能精心设计的,这种技能"主宰着全世界,直至树上沙沙作响的叶子"。[23]《箴言》3:19—20 这样写道:

> 耶和华以智慧立地,
> 以聪明定天,
> 以知识使深渊裂开,
> 使天空滴下甘露。

《耶利米书》10:12(另参《约伯记》28:23—28)也有类似的思想:

> 耶和华用能力创造大地,
> 用智慧建立世界,

用聪明铺张穹苍。

与此相呼应的,是《箴言》8:22—31中一首赞美智慧的颂歌,早期教会从基督论的角度解释了其中的一段,解释者认为,"任何物质……任何秩序……完全是智慧的创造……上帝所做的一切都曾依赖智慧。"[24] 如此看来,《诗篇》作者的话不足为奇。纵览神奇的万物,惊叹世界的多样,他感慨万千(《诗篇》104:24):

> 耶和华啊,你所造的何其多!
> 都是你用智慧造成的,
> 遍地满了你的丰富。

第三,圣经还建议,我们应该从"宇宙**法则**"的角度(cosmonomically)来理解上帝对万物的统治,这是上帝律法的结晶。[25] 旧约和新约表明,上帝的立法是全面的,它适用于物质世界、宗教和道德生活,以及人类生活的其他方面。上帝通过律法治理万物。《诗篇》第148篇说,上帝的命令创造了天地,上帝的律法主宰着天地,它们的存在颂扬着上帝。《诗篇》第19篇考察了上帝律法在天上和圣经中的普遍效力,着重探讨了被造物中的自然启示,为崇拜者阐述了律法的灵性价值和思想价值。《诗篇》第119篇说,大卫热爱上帝的普遍律法,热衷于沉思其中的奥秘,公开表示要遵守律法,痛恨所有背离律法的人。摩西律法指导着犹太人的全部生活,写在圣经和人类心灵之上的基督新约,在道德上完全指导着基督徒的生活。除了用来规范物质世界和宗教生活的律法,基督教还有一些用以指导人类全部生活的神圣原则。圣经明确指出,技艺(《出埃及记》35:30—35)、农耕(《以赛亚书》28:23—29)、婚姻(《马太福音》19:1—12)、工作(《歌罗西书》3:22—4:1)、治理(《罗马书》13:1—7)等不同领域都是上帝的安排。同样的道理,教育、政治、家庭生活、商业、外交、体育等领域,也是上帝的安排。上帝的律令充满在万物之中,通过认真研究和心灵的启蒙,人们就能认识和理解它们的规范作用。它们在自然界的作用是自发的,但是到了人类社会,它们就有顺从或不顺从的区别。根

266

据人们的回应,整个人生可能走正或走偏,可能受尊荣,也可能受侵犯,可能受祝福,也可能受诅咒。[26] 能够解释万物的实际存在及其固有属性的,是它们具有的三种性质:"话语""智慧"和"法则"。基督教思想的实质,是**创世的客观性**,这是上帝的话语、智慧和律法的产物。

由此看来,**神学的、道德的和创世的客观性**,是基督教世界观的特征;在基督徒理解他们的世界观时,这一点具有重要意义。三位一体的上帝存在着,宇宙中有一种基于有神论的道德秩序,一切被造物都是上帝创造性艺术的反映。根据圣经的思想,"世界观"概念必须脱去相对主义和主观主义的外衣,换上客观主义的新装。上帝的存在和属性是宇宙的绝对价值。他是万物的意义的确立者和给予者。从基督教的观点看,世界观思想会考察这些真理,它们内在于世界观概念。换一种说法,如果把"基督教"和"圣经"用作形容词,以修饰"世界观"这个名词,它们具有的客观主义含义就事关重大。"基督教"世界观或"圣经"世界观不但具有宗教意义或哲学意义,而且是一种真的、善的和美的绝对主义人生观。上帝确实是万物的本原,圣奥古斯丁的解释最有说服力。

因此上帝是最高的实在,他是道,是圣灵——三位一体。他是全能的上帝,是一切肉体和灵魂的创造者……一切存在方式、一切物种、一切秩序、一切尺度、数字和重量单位,都起源于他。他是自然万物的起源,任何种类的事物、任何价值的事物、任何形式的原因、任何原因的形式、任何原因和形式的运动,都起源于他。他是肉身的起源,他赋予它们美、健康和生育能力,安排它们的身体器官,让各部分协调一致,保持健康。他甚至让非理性的动物的灵魂也具有记忆、感觉和欲望,最重要的是,他让理性的灵魂具有思想、智慧和意志。他甚至关注最小、最低级的动物的内部组织,例如鸟的羽毛(更不用说诸天和大地、天使和人类了)——他让它们的各个组成部分协调一致,平安祥和。最不可想象的是,他会让人的国、他们的统治和奴役不受他的意旨和律令的指导。[27]

267

上帝确实伟大,他不仅创造了世界万物,而且要治理人类。这是基督教"世界观"的客观主义成分,我们还必须考察其主观主义成分。上帝所做的一切都是好的,他不但以某种方式创造了宇宙,而且把人类创造为有意识的造物,他们能够根据自己的心愿,以某种方式来思考世界,回应世界。

主观性问题

从基督教的观点看,"世界观"的意思是,有上帝形象的人类立足于并统一于心灵,心灵是意识的主观领域,它决定着人生观的塑造,也决定着通常所谓**世界观**概念的作用。

人类有上帝的形象,思想、情感和意志是人类的重要能力,圣经称之为"心灵"(heart),它是人类的主观动力,从内部决定着人类的存在。戈登·斯派克曼(Gordon Spykman)认为,"上帝的形象包括我们的全部存在及其作用,它们集中并统一于心灵。"[28] 卡尔·巴特(Karl Barth)也持类似的看法,他说:"心灵不但是人的一种实在,而且是他唯一的实在,是其灵魂和肉体的全部存在。"[29] 圣经人类学有许多重要术语,"心灵"无疑是其中最重要的一个术语。这个词有"中心"的意思,圣经用其字面意来指事物的内在深处,例如一棵树的心(《撒母耳记下》18:14〔参考和合本修订版注解〕)、海的中心(《出埃及记》15:8;《诗篇》46:2;《约拿书》2:3)、诸天的中心(《申命记》4:11)、地里头(《马太福音》12:40)。在某些段落,"心灵"具有生理学的意义,指的是为身体各部分提供血液的那个器官(《撒母耳记下》18:14;《列王纪下》9:24;《诗篇》37:15;《耶利米书》4:19),食物能给它滋养(《创世记》18:5;《士师记》19:5;《列王纪上》21:7;《诗篇》104:15;《使徒行传》14:17;《雅各书》5:5)。"心灵"一词多次出现于圣经,这说明,它是人的核心部分。希伯来语中的"心灵"(*leb, lebab*)可能源于一个古老的闪米特语词根,意思是"跳动",这也许是该词最早的含义。它在旧约中出现过大约八百五十五次,其含义是"人的各个方面"。[30] 希伯来人认为,心灵的作用是全面的,它是人类的思想根基(如《箴言》2：10a；14：33；《但以理书》10：12)、情感生活(如《出埃及记》4：14；《诗篇》13：2；《耶利米书》15：16)、意志生活(如《士师记》5：15；《历代志上》29：18；《箴言》16：1)和宗教生活(如《申命记》6：5；《历代志下》16：9；《以西结书》6：9；14：3)的处所。这个词具有极端重要的意义,因此了解一个人的心,也就了解了这个人。心灵是人的一面镜子。《箴言》27：19 这样写道：

> 水中照脸,彼此相符；
> 人与人,心也相对。

心灵掌握着人性的钥匙,所以我们必须经常检查其内容和状态。先知在《箴言》4：23 中这样告诫我们："你要保守你心,胜过保守一切,因为一生的果效是由心发出的。"别人因外貌自傲或以貌取人,上帝却知道,什么是人的本质,他用明察秋毫的目光注视着我们的心(《撒母耳记上》16：7；参考《约翰福音》7：24；8：15；《哥林多后书》5：12)。

　　新约和耶稣的教诲发展了这个论点。从《马太福音》到《启示录》,"心灵"(kardia)一词出现了约一百五十次,这说明,心灵是"人们精神生活和灵性生活的主要器官,是上帝能够自我证明的处所……是人的内在生活的全部,与其外在生活相对应……它也是上帝关注的一个中心,是宗教生活的基础,是道德行为的本原。"[31] 事实上,新约的几位作者都认为,心灵是人类的情感中心(《马太福音》22：37—39；《约翰福音》14：1,27；《哥林多后书》2：4),是灵性生活的源泉(《使徒行传》8：21；《罗马书》2：29；《哥林多后书》3：3),也是理智和意志的所在(《罗马书》1：21；《哥林多后书》9：7；《希伯来书》4：12)。耶稣也持同样的观点,他认为,心灵是精神生活的中心,生命围绕这个中心运转。他的登山宝训是这种人类学实在的证明。耶稣警告人们,要区分天上的财富和地上的财富,这是人们日常生活中所追求的不同对象,你会以其中之一为至善(summum bonum)。他说,地上的财富会腐烂,会被偷走,天上的财富却是永恒的。任何一种选择都是至关重要的,因此,耶稣把它和

269

生命的中心与生命的凝聚力联系起来,他说:"因为你的财宝在哪里,你的心也在那里。"(《马太福音》6:19—21;参考《路加福音》12:33—34)一旦发现了某人的财宝,他的心灵就不会藏在远处。生活方式也是如此。耶稣知道,占据人心的那些财宝会通过语言和行为表现出来。他还以树木为例,来说明这一点。事实上,福音书的好几个地方都使用过"树木"和"财宝"的比喻,主要是为了说明,心灵是人生问题之源。"因为,没有好树结坏果子,也没有坏树结好果子。凡树木看果子,就可以认出它来。人不是从荆棘上摘无花果,也不是从蒺藜里摘葡萄。善人从他心里所存的善,就发出善来;恶人从他心里所存的恶,就发出恶来;因为心里所充满的,口里就说出来。"(《路加福音》6:43—45;参考《马太福音》7:17—20;12:33—35;15:18—20;《马可福音》7:21—23)

耶稣认为,财宝就在人的心中,它会开花结果,它有自己的语言和行为。撇开这些比喻(树木或财宝),他显然认为,心灵是人类的基础,也是人生的基础。

旧约、新约以及耶稣的教诲,为我们提供了一个人类学的视角,在此基础上,我想就基督教"世界观"提出三个论点。首先,我们必须根据圣经的心灵说,来理解世界观现象。换言之,世界观问题的实质与心灵有关。世界观是一个能够决定人生的实在论概念,与传统的西方哲学有着千丝万缕的联系,直观地看,它似乎包含着非常正确、非常深刻的人生哲理。假如这是一个合理的有价值的概念,那么我们必须根据圣经来阐述其思想。"世界观"概念的提出者无意中发现了哪些真理?他们发明这个概念时,无意中揭示了人性的哪些方面?我认为,他们以一种不够完善却差强人意的方式,窥见圣经的思想,初步认识到心灵的重要特征及其在人类经验中所起的作用。从基督教观点看,心灵是什么?其作用是什么?哲学家们在创造"世界观"这个术语时,无意中遇到了这些问题。奥古斯丁曾以埃及人的财宝为例,用他的话说,哲学家们正在神意的宝矿中挖掘,但他们全然不知。通过哲学家们的努力与智慧,真理的宝藏得到开发,我们可以从圣经的角度来理解其真正的起源、全面的含义和正确的用法。它仿佛一块宝石,只有经受基督教思想的改造,它才能成为银匠手中的一件器皿(参考《箴言》25:4)。如果我们从

270

"心灵"教义的光照下,重新解释"世界观"概念,那么我们不但能够探明其真正的来源,其含义也会比哲学意义上的世界观更加丰富,它不仅是一种抽象的实在论,而且是希伯来人谈论人类生存状态的一种方式。[32]我们甚至可以认为,撇开哲学兴趣,一个敏感的解释者只要对圣经中的"心灵"概念进行一番认真细致的研究,就一定(也许是应当)会发明世界观概念,其含义也会更加丰富。因为他或她将要发现的,正是我们在前面几章已经把握的知识;即我们已经认识到,心灵是一个人的宗教中心、思想中心、情感中心和意志中心。信仰、思想、情感和行为都会表现在心灵中。心灵与某种宝藏有关,这种宝藏乃至善。这是人们的语言、生活之源。它是人们全部生活的反映。它是生活的源泉。因此,人类的生活是在心灵的指引下(kardioptically)进行的,其基础是人们的心灵观;根据心灵的具体特征,它总是先给自己磨制一副镜片,再通过这副眼镜来认识世界。所以,从圣经的立场出发,我认为,心灵及其思想是人类意识的主要内容,它们创造了我们通常所谓的世界观概念。

其次,生命问题**进入**心灵。[33]在生命的泉水从心灵**流出**之前,某种东西必须首先流入心灵,而且是持续不断地流入心灵。心灵不仅能够表达在它之内的生命,而且能够接受在它之外的生命。事物的变化总是**由内而外**。实际上,心灵的创生功能不仅取决于自然或身体素质,更取决于教育。一个人的自然遗传、基本特征和天生的观念,当然是其心灵组织的关键因素。但是人生经历丰富多样,从外部进入心灵的因素,也会对心灵产生重大影响。由于这个原因,柏拉图和奥古斯丁都很关心叙述文对青年的教育。后者很关心孩子们,他们的心灵是纯朴的,他们正在学习维吉尔的伟大诗作;他曾引述贺拉斯的话:"先给新瓶子倒上什么酒,它就会长期具有什么酒的味道。"[34]从孩提时代起,许许多多东西开始进入我们的心灵,它们来自四面八方,品质不同,有些纯洁如初,有些已被污染。影响心灵的因素多种多样,例如宗教传统、哲学传统、文化传统;社会经济状况;不同的社会制度,如婚姻制度、家庭制度、教育制度;友谊与人际关系;职业的选择与工作经历;心理健康与生理健康;性经验;战争,等等。因为这些因素的影响在适当的时候会留在生命中并形成生命的源泉,所以《箴言》中的"智慧"导师告诫听众,要

271

保守心灵,胜过保守一切(《箴言》4:23)。心灵的要义——其基本的宗教立场、思维方式、基本的情感和意志的活动,简言之,我所谓的"世界观"——在于,它与外部世界是一种**互动的**或**相互依存的**关系。一个人的成长要经历不同的阶段,心灵也会提出一种实在论,虽然它还不能清楚地解释这种实在。[35] 一个人会坚持第一个、第二个甚至更多的"幼稚观念"(naïvetés),直至生命的终结。在不同的历史时期,他很可能发现、接受、证实、怀疑、悬置、重新证实或替换、巩固这种观念。它时而保持稳定,时而运动变化,因为新经验总会进入心灵,它要过滤这些经验,有所吸纳,有所抛弃。无论如何,世界观总是处于发展变化的状态。纵观人的一生,心灵不仅要给予,而且要吸纳,从外部世界进入心灵的那些东西,最终决定着从心灵里流出的是什么。

最后,生命问题出自心灵。一个人的心灵产生于自然和教育的强大作用,它一旦出现,就会成为人生的基本前提。基本前提是一些第一原理,大多数人认为,它们是毋庸置疑的。其特征有多个方面,把它们加起来,就构成人生最基本的心理层面。它们是一切思想与行为的背景。它们不以其他原理为基础,其他原理却以它们为基础;它们不是论证的**结论**,而是论证的**前提**。世界的诞生,生命的延续,皆源于此。泰德·彼得斯(Ted Peters)说:"它们使我们认识到,我们的基本实在论是什么,我们以哪些东西为不证自明的真理,我们所理解和赞同的一切事物,皆以此为默认的前提。"[36] 它们是心灵的产物,是所有语言和经验的基础。这些最基本的思想十分隐秘,常常被人忽视,然而,它们是绝大部分人生的指南与坐标。它们的作用类似于指南针,又像是夜空的北极星。它们在许多不稳定的因素之间回旋,是人生迷宫中的一个向导。这些基本信念对人来说至关重要,它们仿佛鸟的巢、蜘蛛的网。正如迈克尔·波兰尼所言,我们一旦承认,某些基本前提是阐释人生意义的框架,"人们就可以说,我们生活在这个框架内,一如我们生活在自己的肉体内。"[37] 因此,要仔细地考察一个人(包括你自己);听其言,观其行,考察其态度,辨别其信念,很快你就能到达其生命的源泉,掌握其心灵的基本前提,这就是其人生观的本源。

从基督教立场看,心灵决定着人们理解世界的方式。事实上,从外部世界进入心灵的那些东西,最终决定着心灵的基本倾向,决定着出自心灵的那些东西,此即生命的源泉。由此看来,心灵决定着生命的基本前提,它具有塑造生命的能力,我们必须细心地守护它。西方思想与神学历来认为,心灵及其内容,或我所谓的"世界观",对人类生活具有重要意义。圣经说,我们必须以适当的方式把内心生活与上帝联系起来,心怀敬畏,这样,心灵才能领略上帝的智慧,宇宙的秩序以此为起源(《箴言》1:7;9:10;15:33;《约伯记》28:28;《诗篇》111:10;《歌罗西书》2:2—3)。柏拉图的第七封书信说,人们理解美德的能力取决于他们自己的品德,与智商无关。[38] 圣奥古斯丁已经认识到,理解基督教的真理不仅需要理智,而且需要心灵,心灵**首先**必须接受信仰的指导。[39] 约翰·加尔文赞同奥古斯丁的知识论,再次强调虔诚的重要性,他认为,"虔诚以及对上帝的爱"是认识上帝的先决条件。他说,"只有依靠信仰,依靠上帝的内在启示,人们的心灵才会敞亮",否则他们是不会理解上帝的。[40] 布莱斯·帕斯卡尔认为,人们对真理的认识"不仅要靠理性,而且要靠心灵"。以下也许是其最有名的一句格言:"能够感知上帝的,不是理性,而是心灵:这就是信仰。上帝是心灵的感知,不是理性的推论。心灵包含着理性,理性本身却视而不见。"[41] 乔纳森·爱德华兹认为,生命,尤其是宗教,是心灵之"爱"的一种作用,有一位评论家说,心灵之爱"能够表达人的全部存在,能够确定人生的基本方向"。[42] 忧郁的丹麦人索伦·克尔凯郭尔更是如此,他强调主体的作用以及真理的内在源泉。[43] 圣经所谓敬畏,柏拉图所谓性情,奥古斯丁所谓信仰,加尔文所谓虔诚,帕斯卡尔所谓心灵,爱德华兹所谓爱,克尔凯郭尔所谓主体性,这一伟大传统中的每一种思想都证明,心灵在人类事务中发挥着最大的影响力。美国实用主义哲学家威廉·詹姆斯说,心灵是"我们认识事物本质最得力的工具"。[44]

273

谈到基督教世界观的主观因素,我们必须牢记,人类具有上帝的形象,立足于、统一于心灵,这是意识的主观领域,其基本走向决定人生观的构造。心灵发挥着历代哲学家们曾赋予世界观概念的那种作用。不幸的是,灾难发生了,罪严重歪曲了心灵的实在观,在善良与邪恶的属灵之战中,撒但的主要目标就是篡改人类的世界观。

274

罪与属灵争战的问题

从基督教观点看，"世界观"概念有这样的含义：罪给人类的心灵和思想带来巨大灾难，偶像崇拜篡夺了上帝的位置，人类被卷入一场全面的属灵之战，实在的真理、人生的意义成了悬而未决的问题。

论及罪对理性的影响，圣经中的任何段落都不及《罗马书》1：18—32 描述得好，这段经文包含着明确的基督教"世界观"。它们认为，所有的人生来就认识上帝，这种启示却被他们草率地弃置一旁——确切地说，它遭到压制——因为人性中有撒但的傲慢和叛逆思想。心灵空虚出现了，这些段落描绘了人类心灵的无用与昏暗，因为它们用偶像崇拜（其实，这就是世界观）代替了上帝。这段经文最后指出，人们用其他的神以及心灵的愚蠢推论取代了上帝的真理，终于导致道德沦丧，这是上帝的审判。至于与罪相关的问题和世界观概念，《罗马书》1：18—32 的确是经典论述（*locus classicus*），卡尔·巴特恰当地称之为"暗夜"。[45]

使徒保罗首先指出，上帝对世人表现出愤怒，因为他们不相信上帝的真理，坚持偶像崇拜，道德沦丧。所有的人都能认识上帝，都能感悟其力量与神性。可是这种启示遭到错误的压制，于是上帝愤怒了。巴特说："他们用自己的标准来修改上帝的启示，因此启示的真诚与价值消失了。"[46] 心灵的这种过错是不可原谅的，圣保罗解释如下："原来，上帝的忿怒从天上显明在一切不虔不义的人身上，就是那些行不义阻挡真理的人。上帝的事情，人所能知道的，原显明在人心里，因为上帝已经给他们显明。自从造天地以来，上帝的永能和神性是明明可知的，虽是眼不能见，但藉着所造之物就可以晓得，叫人无可推诿。"（《罗马书》1：18—20）

人类必然是宗教性动物，尽管他们背离了真神上帝。根据圣经的思想，我们不难推测，人们为什么会有这种基本的宗教倾向，他们为什么要用某些终极思想来指导生活。他们是照上帝的形象造的（《创世

275

记》1∶26—27），在罪的驱使下，他们破坏了上帝的形象，但是他们的思想意识似乎还记得自己的基本结构。也许是由于这个原因，加尔文认为，上帝不仅赋予我们"对上帝的意识"（awareness of divinity/ *Divinitatis sensum*），而且在我们心中播下了"宗教的种子"（seed of religion/*semen religionis*）。[47] 用亚历山大·施麦曼的话说，人是"'思想者'（*homo sapiens*）和'制造者'（*homo faber*）……但他首先是'崇拜者'（*homo adorans*）"。[48] 人确实是思想者和制造者，然而比这些事情或其他任何事情更重要的是，他们是崇拜者，他们的基本特征是敬拜。因此，真正意义上的**非宗教徒**或**无信仰者**并不存在，虽然有人会反对这一论断。人心是上帝的设计，和自然一样，它憎恶空虚。必须克服心灵的空虚，满足心灵的愿望，回答心灵的问题，消除心灵的不安。心灵总是在寻求安宁、真理、满足与完善。

因此，重要的不是一个人是否信仰宗教，而是他如何信仰，信仰什么。用兰登·基尔凯（Langdon Gilkey）的话说，"人是一种自由的动物，无论愿意与否，他都必须根据某个精心选择的终极目标来设计自己的生活，他的生命必须忠诚于某个精心选择的终极目标，他的安全必须托付于某种值得信赖的力量。因此，人是宗教性的动物，这是其本质属性，而不是偶然属性，因为人没有独立性，却享有自由，他的基本结构必然会把他的生命植根于某种最崇高的事物。"[49] 无论对于个人，还是对于一种文化，如何指导这种基础性的宗教本能，都是一个极其重要的问题。归根结底，选择只有两个：人心要么崇拜上帝，要么崇拜偶像，任何一种信念的力量与启示，都会树立一种不同的人生观。一个人的心灵之神就是他的人生灯塔和前进方向。如亨利·柴斯楚（Henry Zylstra）所言，"在理解实在、占有实在的过程中，任何人的宗教立场都不可能保持中立。"[50]

这正是《罗马书》第 1 章的逻辑。人**有罪**，所以他们在宗教上敌视上帝，用假神取代上帝，捏造错误的实在论。因此世界观的多样性和相对性，可追溯至偶像崇拜以及罪对人心的消极影响。既然人有罪，他们就会蔑视上帝，因为罪的意思是违背上帝的意愿；既然人蔑视上帝，他们就会用偶像来取代上帝，因为宗教是人类的本性，他们的生活离不开某种崇拜对象；既然他们用偶像取代了上帝，他们就会重新解释实在，

276

因为偶像崇拜会赋予宇宙不同的意义；既然他们驱走了上帝，重构了实在，他们就会寻求一种独立的生活，因为他们所遵循的唯一法则就是他们自己；既然他们寻求独立的生活，远离上帝及其真理，当上帝任凭他们犯罪时，上帝的审判就会降临到他们头上。简言之，崇拜对象的**变化**意味着真理的**变化**，真理的变化意味着生命的**变化**，生命的变化意味着上帝的审判。圣保罗这样描述人类的悲惨处境：

> 因为，他们虽然知道上帝，却不当作上帝荣耀他，也不感谢他。他们的思念变为虚妄，无知的心就昏暗了。自称为聪明，反成了愚拙，将不能朽坏之上帝的荣耀变为偶像，仿佛必朽坏的人和飞禽、走兽、昆虫的样式。所以，上帝任凭他们逞着心里的情欲行污秽的事，以至彼此玷辱自己的身体。他们将上帝的真实变为虚谎，去敬拜侍奉受造之物，不敬奉那造物的主——主乃是可称颂的，直到永远。阿们！（《罗马书》1：21—25）

根据以上描述，人心的堕落不在于它不信上帝，而在于它按照自己的欲望，制造了许多新的神灵和观念。对于这个问题，加尔文说，"我们每一个人都有自己的过错"，由于这些错误，我们"放弃了唯一真实的上帝，却接受了偶像"。这位改教家在一段有名的话中，把人心的盲目状态描述为一种错误，把人心比作一个制造偶像的工厂。它制造了许多迷信和错误，这些东西随处可见，而且蛊惑人心。

277　　　　谬误的污泥浊水比比皆是，充斥整个世界。人心仿佛迷宫，难怪整个民族都会陷入各种谬误；不仅如此——几乎每一个人都有自己的神。鲁莽、肤浅与无知、昏暗合而为一，没有为自己制造一种偶像或鬼怪以取代上帝的人，寥若晨星。仿佛从一个广大而丰盈的源泉流出的泉水，人心中涌出许许多多神灵，每一种神灵四处游荡，错误地捏造了上帝的各种形象。我们无须罗列这些迷信，它们已经弥漫全世界，因为这个清单不会有一个尽头；因此无须赘述，比比皆是的堕落行径清楚地表明，人心的昏暗是多么可怕。[51]

　　虽然加尔文没有罗列盛行于世的那些迷信,接下来的一段话却说明,他所谓"可怕的盲目心灵"究竟是什么,他是在论述"自然主义"和"泛神论"时涉及这一问题的(虽然他没有使用这样的术语)。他说有些思想家,如伊壁鸠鲁派,用"自然"取代了上帝;由于他们视自然为万物之源,因此他们总是尽可能地限制上帝的作用。加尔文用维吉尔的一段话来描述古代的"泛神论",他认为,泛神论"以内在的心灵为滋养……心灵遍布"整个宇宙。加尔文对此持批评态度,他认为,这种隐秘的启示或普遍的心灵据说能够使宇宙充满活力,其实那不过是人心所构造的"一个虚假的神灵,其目的是驱赶真正的上帝,这才是我们应当敬畏和崇拜的"。[52]加尔文认为,自然主义和泛神论仅仅是许多例子中的两个,由此可见,心灵总是倾向于用其他宗教思想和信念体系来取代上帝。无论是用自然来取代上帝,还是把上帝等同于自然,自然主义者和泛神论者都把被造物当作偶像,二者的区别仅仅在于,前者没有任何宗教意义,后者具有宗教意义。无论哪一种情况,崇拜偶像的心灵总是用精神性、思想性的词汇,以不同的方式来解释宇宙。在创造新世界观的同时,无神论者学会了一套邪恶地歪曲上帝的真理及其创造物的办法。

　　以其他东西代替上帝及其真理是非常严重的事。回到《罗马书》第1章,我们就会看到,保罗从四个方面评述了将基督教的上帝及其真理换作虚妄之神和谎言的做法。毫无疑问,他的批评以传统的旧约为背景,旧约诅咒偶像崇拜及其信仰者的愚蠢观念,《诗篇》第115篇和第135篇,《耶利米书》第10章均有记载。首先,保罗认为,以取代上帝及其真理为目的的信仰体系,实属**虚妄**(21节)。其次,他宣称,这些人鼓吹新的偶像,**他们愚昧的心灵暗淡无光**(21节;参考《以弗所书》4:18)。第三,他认为,这些新宗教、新哲学的信仰者上当受骗了,他们**自称聪明,其实很愚拙**(22节)。最后,保罗认为,那些犯有"替换上帝"罪过的人,受到上帝的审判,被上帝**摈弃**了,于是他们道德沦丧,主要表现是不洁(24节)、情感堕落(26—27节)和心智堕落(28—32节)。

278

关于虚妄神灵和错误观念的这些事实,使保罗对哥林多人的告诫更加适当:"人不可自欺。你们中间若有人在这世界自以为有智慧,倒不如变作愚拙,好成为有智慧。因这世界的智慧,在上帝看是愚拙。如经上记着说,'主叫有智慧的,中了自己的诡计';又说:'主知道智慧人的意念是虚妄的。'"(《哥林多前书》3:18—20)[53]

《罗马书》第 1 章描绘了一幅令人担忧的图画,然而这似乎是一幅真实的图画。从保罗的观点看,通过上帝的创造物,人心能够直接感知他的存在及其权能和荣耀。但是罪导致人心的堕落,它不再关注这种直觉。另一方面,在与生俱来的宗教本能的驱使下,它制造了一些不同的信仰与哲学,以取代上帝及其真理。它积极地重新解释宗教,重新创造实在,在不同时代、不同文化中提出了许多错误的世界观。这些假冒的心灵观受到早期使徒的猛烈抨击。它们是在锻炼无效的思辨。它们把人抛入心灵无知的深渊。它们与智慧混为一谈(反之亦然)。它们的结局是道德沦丧,这是上帝的惩罚。这些以偶像崇拜为基础的信念体系无用、昏暗、愚蠢、堕落,正是圣经所谓"世俗性"。克雷格·盖伊(Craig Gay)提出如下疑问:"世俗性"与其说是立足于个人的堕落倾向,毋宁说是立足于人们"**对实在的解释**,这种解释实际上把上帝的实在性从生命的领域排除出去了",不正是如此吗?[54] 换言之,世俗行为是世俗观念的最终结果,世俗观念则点缀着整个文化领域。因此,相对主义世界观的根源和多样性最终起源于人心的堕落,这就是《罗马书》第 1 章的神学阐释。

根据圣经的记载,所有被造物及其管理者——人类,都被卷入一场规模空前的属灵争战,因此,人类的处境进一步恶化。上帝与善的力量是一方,撒但与恶的力量是另一方。这些有限的力量愚蠢地反对无限的上帝,它们原本是上帝创造的,原本是善的,正如上帝那样。《罗马书》8:38—39 指出,天使、掌权的与有能的都是上帝"创造"的。《歌罗西书》1:16 认为,基督是创造者,是万物的起源,万物包括"有位的、主治的、执政的和掌权的"。简言之,通过基督,上帝创造了实在的整个领域,包括不同等级的天使。虽然他们的存在、目的和力量来自上帝,但是这些有灵性的被造物背叛了上帝,他们极端傲慢,心怀叛逆(如《以赛

亚书》14:12—14;《以西结书》28:11—19;《彼得后书》2:4;《犹大书》
6)。他们心怀强烈的仇恨,视上帝为死敌,发誓推翻其神圣的权威,摧
毁其全部的作品。他们本来是一些很好的被造物,却不幸误入歧途。
为了证实其自主权,他们与上帝和光明天使交战,激烈地争夺宇宙的统
治权。人类是上帝创世的最高成就,他们很快被卷入这场旷日持久的
战争。它影响到所有的人——可以说,他们受到交叉火力的攻击——不
仅如此,他们还是这场战争的参与者,根据不同的灵性取向,他们有意
或无意地加入其中的一个阵营。由此看来,人类不仅要与其固有的灵
性堕落进行斗争,而且要与来自外部的诱惑和侵扰进行斗争,后者加剧
了他们的堕落。要正确地认识上帝、理解世界,谈何容易![55]

清醒的现代自然主义和科学主义世界观,邪恶地束缚着人们的心灵, 280
很多人把圣经所谓天使、撒旦、魔鬼和属灵争战,归入"迷信的垃圾箱"。[56]
毫无疑问,格列高利·博伊德(Gregory Boyd)所谓"争战世界观"遍布圣经
的启示,它是福音的基石;在教会的历史上,它一直是基督教神学的核心。
放眼世界文化,依靠有力的证据,博伊德认为,西方的世俗主义包含着一
种特殊的危险,它要消除"争战世界观",尤其是圣经中的争战世界观,把
它放逐到文化意识之外。他这样写道:"上帝的创造物都是好的,可是它
们遭到敌对而邪恶的宇宙力量的劫持,这些力量旨在破坏上帝的仁慈设
计。上帝与之交战,通过耶稣基督,他已经击退了这支邪恶的队伍。教会
是基督的身体,是上帝最终击败这支队伍的有力武器。"[57]

博伊德说,"世界是一个战场,这就是它看起来像一场战争的原
因!"[58] 假如这种观点是正确的,那么我认为,圣经中的"争战世界观"的
实质是"世界观的争战"。世界观的争战旨在**争夺**世界观;换言之,这
场大战的双方是光明的力量与黑暗的力量,冲突的焦点是宇宙的身份
或定义。魔鬼是谎言之父(《约翰福音》8:44),其主要伎俩是掩盖事实
真相,散布各种各样的弥天大谎,让人心处于盲目状态,让心灵永堕地
狱(《哥林多后书》4:3—4)。在吞没宇宙的这场大火中,魔鬼把实在的真
理掩盖于黑暗中,形形色色的偶像崇拜和错误的人生观,纷纷冒充智慧和
教化,荣登真理的宝座。必须从人类意识中彻底清除上帝、创造、堕落、拯
救一类的真理。为了歪曲真理之光,撒旦首先玷污它,然后代之以错误的 281

实在论，以便统治文化领域，真是高明！引导时代精神或一个时代的思想文化方向，是控制人心的最有效方式，也是培养其情趣、指导其生活的最有效方式。世界观是时代精神的基石，也是其发展的核心思想。如果这个大战略能够取得成功，人类的犯罪倾向便是无足轻重的。如果撒但能够俘获并引导人们的心灵，他是不会关注其快乐生活的。

"世界观的争战"是圣经所谓"争战世界观"的关键要素，亨利希·施利尔（Heinrich Schlier）显然支持这一论点。根据《以弗所书》2：2，他认为，世界观或他所谓文化的"精神氛围"，是"其［撒但］统治的力量源泉"。根据这个段落，他认为，"空中掌权者的首领"一词中"空中"的含义，最好是根据其同位语——"现今在悖逆之子心中运行的邪灵"——来解释。他认为，"空中"一词的字面含义是，撒但在空中发挥其权力（这是犹太人的解释）；另一方面，它还指普遍的精神，这是不信者心中的叛逆之源。施利尔认为，这个词具有重要的社会文化意义。"这是一种普遍的精神氛围，它能影响人类，它是人们的生活环境，也是他们呼吸的空气，它统治着他们的思想、愿望和行为。凭借精神氛围，他能够'影响'人类，他是精神氛围的主宰，这是他使用权力的方式。他统治着人类，让这种精神氛围遍布人世，这是他的领地，是其权能所在。如果人置身于这种精神氛围，他们就会成为这种思想的传播者，就会使之发扬光大。"[59]

《以弗所书》6：12似乎强化了这种观点，它说，我们是与那些"管辖这幽暗世界的，以及天空属灵气的恶魔争战"。保罗在《哥林多前书》2：6中暗示，这个时代的智慧和统治者，与他宣讲的基督的神圣智慧，形成鲜明对照。施利尔指出，这不是魔鬼控制人类的唯一办法，因为他还侵扰不同层次的自然生命，他不仅要危害社会和心灵，而且要危害肉体。施利尔坚信使徒的权威，他认为，"精神氛围"是魔鬼统治的力量源泉，这个概念的作用非常类似于世界观。

282　　　　圣保罗认为，无论如何，这是掌权的进行统治的主要手段。这种统治往往以人们的日常精神为开端，或者以某个时代、某种态度、某个民族或某个地域的精神为开端。这种精神决定着世界的发展过程，它不是一种四处漂移的东西。人们要呼吸它，把它送到身体的各种组织和环境中。在某些情况下，它会浓缩在一起。实际上，它强劲有力，每一个人都要受到它的影响。它是一个准则,一个毋庸置疑的尺度。不符合这种精神的行为、思想或言论,会被认为是违反常识的、错误的,甚至是非法的。正是"通过"这种精神,人们才能认识世界,与别人打交道,这就是说,他们根据这种精神的阐释,按照他[撒但]的心愿,接受了这个世界及其一切思想与价值。这个世界的首领控制着精神氛围,他管理着日常事务、各种关系、各种情况,甚至人们的生老病死,世界似乎是他的;他把自己的价值强加于一切事物。[60]

施利尔认为,重塑实在的这些努力,必然会使个人误解自身以及世界,最后走向彻底的毁灭。说到底,撒但与空中掌权者的目的是创造一种错误与死亡的文化,以便"歪曲、阻碍、毁灭、消除或破坏世界万物"。[61] 沉浸于这样的环境,只能加速个人的死亡。

C. S. 路易斯塑造的角色"老魔头"一定会同意这种观点。撒但培训 283 学院要举行年度晚宴,老练而邪恶的策划者"老魔头"对年轻的魔鬼说,要利用文化氛围来统治和破坏。"老魔头"说,这是一件很容易的事情,因为"害虫"般的人类"昏庸无能,只能被动地接受环境的影响","离了周围的社会环境,他们的意识几乎没有任何作用"。在这个过程中,撒但可以诱惑每一个人,让他"把一个十足的弥天大谎置于生命的中心位置"。这就是他们的目的,其最终目标是邪恶的。撒但要"毁灭每一个人。因为只有个人才能获得拯救或惩罚,才能成为敌人[上帝]之子,或者成为我们[魔鬼]的食物。在我们[魔鬼]看来,任何一场革命、战争或饥荒的最终意义在于,它能给个人带来痛苦、背叛、仇恨、愤怒和绝望"。[62]

撒但和魔鬼会欺骗人类,从这种意义上说,它们能够操纵人类。谁也不会逃脱时代精神的影响,通过操纵时代精神,通过散布错误的实在论,来实现操纵人类的目标,岂不更好?为了完成这个计划,那空中掌权的和有能的按照邪恶的安排,巧妙地掩盖了它们的足迹,一切都是在暗地里进行,它们仿佛并不存在。"它们从人们的视线中消失了,潜入他们的心灵、组织和制度中,这就是它们的表现方式。看上去并不存在,这是它们的本质特征。"[63]

撒但擅长通过魔鬼来屠杀其思想国民和灵性国民,这些魔鬼以骗人为乐，千千万万的民众上当受骗，因为它们只能在一定的思想、传统和习俗中生存。圣奥古斯丁曾发出这样的哀叹："洪水般的人类习俗啊，愿灾难降临于你！'谁能抵抗你的力量？'（参考《诗篇》75∶8）"他清楚地知道习俗对青年的巨大影响。"你何时才能断流？你的激流何时才能把夏娃的后代带到广阔而可畏的大海边，唯有登上十字架之舟的人们，才能艰难地横渡？（参考《所罗门智训》14∶7）"[64] 近代以来，人类习俗的洪流以自然主义世界观为源头，达尔文主义、马克思主义、弗洛伊德主义、世俗人文主义、存在主义、虚无主义和后现代主义，都是其支流。这些大河汇集成一个"广阔而可怕的谎言之海"，西方以及其他地方的许多人，都已葬身其中。近年来，泛神论和万有在神论（panentheism）泛滥成灾，很多人落水。新千年伊始，谁能较为准确地预测，将来"精神氛围"的压力究竟是什么？

284

　　然而，有一点毋庸置疑：堕落的人心会一如既往邪恶地压制真理，在世界上继续制造其他的神灵和错误的思想。人心缺乏宗教的安宁，它必须相信某种东西，以此为理解生命之基石。另外一点不容置疑的是，属灵争战将继续下去，争战仍将围绕世界观问题进行。撒但的王国会利用人类的傲慢与自满，以制造偶像与错误，虚妄的观念将主宰全世界的宗教与哲学领域，因为虚妄的观念是行骗的前提，它能使人们远离上帝与真理。由此可见，从基督教立场看，罪与属灵争战的教义在世界观问题上发挥着关键作用。虚妄的观念是罪的灵性作用的产物，是撒但与上帝进行属灵争战时不可或缺的武器。只有上帝的恩典，才能消除这种灵性的、思想的以及道德的贫困。

恩典与救赎的问题

　　从基督教立场看，"世界观"意味着上帝的国度凭借为人类赎罪的耶稣基督和他的作为，仁慈地介入人类历史；击败了那空中掌权的和有能的，使信仰他的人得以认识真正的上帝，得以理解世界就是他创造的。

很少人会认为,仁慈的上帝以及道成肉身的上帝所成就的救世伟业,会出现在一种世界观理论中。本书的前几章探讨了世界观概念的哲学史和学术史,丝毫没有涉及诸如此类的问题。然而,从圣经的立场看,这种提法毫无问题。我将简要阐述救世神学以及加尔文和爱德华兹的某些思想,然后再考察基督教"世界观"所谓的恩典与救赎。

整本圣经就是谈论对被罪破坏的世界万物的拯救。[65]《创世记》的开头两章讲述上帝创造宇宙万物的故事,第三章讲述人类的堕落,其余部分都在描述拯救的历史。救世是圣经的主题。上帝在旧约中对他的子民说,女人的后代要打蛇,要战胜邪恶;新约中的耶稣基督实现了这个应许。他经历了传道、受死、复活、升天的过程,最后坐在上帝的右边,上帝的国度由此进入人类历史,开始拯救整个宇宙,使其摆脱邪恶势力——罪、撒但和死亡——的统治。十字架上的血是他对罪的补偿,他使天空中和陆地上的一切事物重返上帝(《马太福音》1:21;《约翰福音》1:29;《使徒行传》10:43;《以弗所书》1:7—10;《歌罗西书》1:14,20;《希伯来书》9:26)。他捆绑了撒但,对他进行审判;他打败了空中掌权的和有能的(《马太福音》12:28—29及平行经文;《约翰福音》12:31;16:11;《歌罗西书》2:15;《希伯来书》2:14—15;《约翰一书》3:8;《彼得前书》3:22)。他的复活击败了死亡(《马太福音》28:6及平行经文;《使徒行传》2:22—32;《哥林多前书》15)。作为升天的主,他坐在上帝的右边,上帝曾赐予他天上地下的一切权力(《诗篇》110;《马太福音》28:16—20;《哥林多前书》15:20—28;《以弗所书》1:20—23;3:10;《腓利比书》2:9—11;《歌罗西书》2:10;《希伯来书》1:3—4,13;10:12—13;《启示录》1:5,17—18;20:6)。从高天的宝座上,他倾倒下圣灵,这是他应许他的教会的(《约翰福音》14:16—18,26;15:26—27;16:7—14;《使徒行传》2:1—21)。有朝一日,他将带着属天的权力与荣耀再来,完成其救赎之工,作为万王之王、万主之主登上他的宝座,统治他的子民和万物(《马太福音》24—25及平行经文;《约翰福音》14:1—3;《使徒行传》1:6—11;《哥林多前书》15:20—28,50—58;《帖撒罗尼迦前书》4:13—18;《帖撒罗尼迦后书》2:1—12;《提多书》2:11—14;《希伯来书》12:26—29;《彼得后书》3:10—13;《启示录》19—22)。那

285

时,全地都要悔改(《马可福音》1:14—15;《路加福音》24:46—47;《使徒行传》17:30;26:20;《彼得后书》3:9),要相信耶稣基督,以他为主和救主(《约翰福音》3:16;《使徒行传》16:31;《罗马书》3:21—5:1;10:8—15;《加拉太书》3:5—14;《以弗所书》2:8—10;《希伯来书》11),领受上帝在时间中和永恒中救赎统治所赐的各样福分(《马太福音》5:3—12及平行经文;《以弗所书》1:3)。救恩不是人类努力的结果,而是上帝完美恩典的体现,上帝的恩典既拯救了我们,又维持着我们的生存(《约翰福音》1:14—18;《使徒行传》15:11;《罗马书》3:24;4:16;《哥林多后书》12:7—10;《以弗所书》2:5,8—9;《提摩太后书》1:9;《提多书》2:11;3:7)。上帝通过圣灵在耶稣基督里所成就的具有完全的末世论意义。新约神学的特征是,天国的现在和将来、已然和未然存在着张力。已故的乔治·E.赖德(George E. Ladd)先生非常清楚地表达了这一思想,人们经常引用其以下论述:"我们的基本主张是,天国是上帝救赎统治的标志,他积极地在人们心中建立自己的统治;上帝的国将出现于世界的末日,实际上,它已经借着耶稣和他的事工,进入人类历史,以消除邪恶,解救其子民,带他们进入上帝统治的福地。上帝的国包含两大要素:在历史中建立上帝的国和在世界的末日建立上帝的国。"[66]

基督消除了邪恶,人们恰如其分地称之为**得胜者基督**(*Christus Victor*)。[67]他的胜利改变了一切。他的信仰者认为,邪恶的偶像崇拜、罪对认知的影响和撒但的骗人伎俩,均已被粉碎。万物终于变得清晰可见。它们本该如此,诚如基督所言:"我是世界的光。跟从我的,就不在黑暗里走,必要得着生命的光。"(《约翰福音》8:12)基督徒们"离弃偶像,要服侍那又真又活的上帝"(《帖撒罗尼迦前书》1:9),这时,他们开始如其所是地认识他(或是被他认识,《加拉太书》4:9),认识他极美的大德和大能的作为(《诗篇》150:2;《哥林多后书》4:6;《加拉太书》4:9;《以弗所书》1:17;《歌罗西书》1:10;《彼得后书》1:2)。基督的心取代了他们心灵的黑暗(《哥林多前书》2:16)。上帝穿透撒但制造的昏暗,他在万物中说,"光要从黑暗里照出来",在新的创造物中,他的光照耀着心灵,"叫我们得知,上帝荣耀的光显在耶稣基督的面上"(《哥林多后书》4:6)。

于是，一个全新的世界、一种全新的世界观展现在我们面前。如今在上帝的光中，一切都可以看清楚，也可以解释清楚：真正的幸福在于全心全意地热爱他、顺服他、服侍他；世界是他创造的，他用智慧创造了它，用律法规范了它，他又启示自己于世界，以彰显其荣耀；人类是有上帝形象的有限的、依赖性的被造物，具有内在的尊严和价值，应该受到爱护，一如他们爱护自己；人类既承担着家庭义务，又承担着文化义务，在履行这些义务时，他们必须给人类带来幸福，给上帝带来荣耀；罪无比邪恶，在塑造人的品格、行为与文化时，我们必须尊重和遵守道德法则，因为它们来自上帝的本性；教会是基督的身体和新妇，是圣灵的殿堂，是人们敬拜上帝、举行圣礼、宣讲教义、接收信徒、设立教区的地方，也是他们用上帝的军装和力量与撒但的残余势力进行战斗的地方；人类历史具有救恩和颂赞的目的；上帝拯救其子民和宇宙，进行最后的审判，创造新天新地，以便正义主宰宇宙，这是在荣耀自己的美德。一旦掌握了诸如此类的真理，用新的目光来看待上帝与世界，不仅思想会变得充实，心灵也会彻底改变。诚如奥古斯丁所言，基督的真正信徒"已经度过亵渎神灵与永堕地狱的沉沉暗夜，来到得救与真敬虔的日光之下"。[68]

基督教的这种上帝观和世界观具有哪些神学意义呢？加尔文和爱德华兹已经认识到，正确理解世界万物——上帝、宇宙和人类——具有重要的宗教意义，他们对这些问题的思考很中肯，我赞同他们的观点。如上所述，加尔文认为，迷信猖獗，人心昏暗，人们无法正确地理解创造主上帝，无法正确地认识上帝及其创造物。罪恶深重的人类成了偶像和错误的渊薮，他们生活在灵性的暗夜。什么才能穿透这沉沉暗夜，打开人们的心门，让人心领略未曾见过的真理？加尔文认为，只有对圣经敞开心扉，相信圣经，他们才能戳穿谎言，传播真理。他的比喻闻名遐迩：圣经好比一副"眼镜"，它能帮助人们正确地理解上帝，澄清过去的模糊之处，看到以前未曾注意的事物。"以老人、近视者或弱视者为例，如果把一部印制精美的著作摆在他们面前，即使他们能够认出这是一部书，也很难认出上面的两个单词，但如果戴上眼镜，他们就能看得很清楚。我们心灵中的上帝本来模糊不清，但是圣经汇集了这些疑难问

287

题,驱散了我们的愚钝,把真正的上帝清楚地展示给我们。"[69]

加尔文还指出,上帝通过道,给了人们可以信赖的启示,它仿佛一条"线索",能够引导人们穿过疑惑的迷宫,到达清晰的神学殿堂。[70] 有了圣经这副能够明辨是非的眼镜,有了这样一条线索,人们就能认识创造主上帝,因为信仰能给他们正确的指导。这种新的神学启示具有直接的宇宙论意义:它承认,宇宙是上帝大能作为的表达与舞台。信徒们会惊奇地发现,世界万物具有圣礼特征,他们把万物看作展示上帝荣耀的大舞台。以前人们阻挡和玷污关于上帝及其造物的真理;如今,真理终于完全显明出来。心灵的目光发生了变化,事物如其本然地显现出来。这次大拯救的结果是改变面貌。加尔文认为,信徒们清楚地认识到,他们心怀"坚不可摧的真理"。上帝的道对他们有很深的影响,它能穿到信徒心灵的最深处;它的神圣威力与尊严,会"激励他们自觉地、主动地顺服他[上帝]"。[71] 对基督徒来说,这真是一个巨大变化!他们的心灵、信仰、知识、情感和行为,都要发生变化。根据上帝的道,凭借上帝的恩典和救赎,一种全新的基督教世界观诞生了。

乔纳森·爱德华兹也会赞同这种观点。他坚信,真正的基督徒,即怀有神圣情感的基督徒,具有一种新的宗教感或辨别力,这种能力植根于他们心中,有助于他们理解上帝,欣赏上帝的至高无上。这意味着人们要经历一次彻底的变化。爱德华兹解释说,这种新的宗教洞察力"表现为心灵的一种感觉,一种至高无上的美感,一种神圣感,神圣事物的一种道德完美性,以及对宗教事务的一种辨别力和认识能力;宗教洞察力是其他事物的基础"。[72] 于是,信徒获得新生,其原有的认识机能获得新的动力,有了新的方向,新的基本原则深入心灵,知觉能力焕然一新。

> 圣经常常把上帝的圣灵在重生中的工作比作带来一种新的感觉,眼睛能看了,耳朵能听了,聋子恢复了听觉,瞎子重见光明。这种宗教感最崇高、最完美,如果没有它,别的知觉和认识机能就毫无用处;因此,我们可以把这种新的感觉,及其在灵魂中结出的那些硕果,比作让死人复活,或者创造一个新事物。[73]

288

一种新的感觉，一双新的眼睛，一对新的耳朵，新的光明，新的生活，新的创造！爱德华兹认为，心灵的宗教洞察力不仅威力强大，而且有权威性，上述事例都是重生的结果。难怪他会说，神圣的事物"为心灵开辟出一个新的天地"，[74] 它"会使人发生巨大的变化"，甚至瞎子顷刻间重见光明的事例，都不能与此相比。"与其他外部感官相比，视觉更显尊贵，然而，与视觉相比，或与人类天生的其他任何知觉相比，这种宗教感……显得无比尊贵，其对象[上帝]也是无比伟大，无比重要。"[75] 爱德华兹认为，新的宗教感是一件礼物，无论我们怎么强调其重要性，都不为过。它能启开我们"心中的眼睛"（《以弗所书》1:18）；上帝的恩典与救赎彻底改变了信徒对上帝以及与他有关的一切事物的观念。

如此说来，世界观是如何产生的？从基督教立场看，万物有一个始源，它既不受制于自然，也不受制于教育；事实上，如果自然和教育有害于人生的发展，它还能克服其消极影响。无论是谁，无论其受教育程度如何，无论其阅历多么丰富，无论其罪孽多么深重，无论撒但对他的蒙骗多么彻底，上帝都能进入他的生活，在他的心中建立根据地，教导他听从道的真理，借耶稣基督福音的权能使他因信得救。三位一体的上帝是救世主，依凭纯粹的恩典，他能解放人类，使其摆脱他们的性格特征或生活经历的消极影响，把他们从偶像崇拜和错误观念的牢笼中拯救出来。这种变化具有彻底的革新意义，人们开始崇拜真正的上帝，开始用真理更新其思想和心灵。因此从圣经的立场看，基督教世界观的形成终究要靠上帝的恩典与救赎。

结语

福音派基督徒，尤其是改革宗基督徒，非常关注世界观概念，他们很关心，这个概念是不是符合基督教教义。世界观概念一开始就与令人厌恶的相对主义搅在一起，因此人们必然要问："基督教世界观"或"圣经世界观"之类的说法是否适当？是否会有损于历史传承下来的基督教的真实性？如上所述，威廉·罗威认为，"世界观"概念是外来户，它是从哲学领域移居基督教领域的，它的行李箱中还有违禁的词汇。本章已经认真考察了他的建议，他认为，我们必须没收这种违禁品，代之以合法的基督教教义。必须让世界观概念顺服于基督（《哥林多后书》10:5）。只有这样，世界观思想才能在上帝国度的子民中**合法地**安家落户，兴旺发达。[76]

"世界观"概念必须归化基督教，为了实现这一目的，我站在圣经的立场，从四个方面阐述了这个概念。首先，我们知道，世界观概念具有积极的客观主义内涵，客观主义的基础是上帝的存在及其本质、上帝的道德律令及其对宇宙万物的安排。其次，在探讨主观主义问题时，我们认为，我们必须根据圣经的心灵教义来理解世界观概念，把它看作人类意识的一种基本能力，它决定着心灵的基本走向及其实在论，这正是我们为人处世的准则。再次，我们已经认识到，有诸多偶像式实在论，人心无法认识上帝及其创造物的真理，这些都可归咎于罪以及撒但在属灵争战中的诡计。最后，我们的结论是，正确地理解上帝、合理地诠释宇宙的唯一希望在于，耶稣基督已经把上帝的恩典和救赎带给我们。在圣经的这种思想框架内，"世界观"概念有了适当的基督教内容，历史上遗留下来的与这个概念相关的有害内容逐渐式微。世界观概念仿佛"埃及人的财宝"，归化基督教之后，它有了新的身份，既有利于教会，也可以被主悦纳。

注释：

1. Hans-Georg Gadamer, *Truth and Method*, 2nd rev. ed., translation revised by Joel Weinsheimer and Donald G. Marshall (New York: Continuum, 1993), pp. 269 – 277.

2. Jacob Klapwijk, "On Worldviews and Philosophy," in *Stained Glass: Worldviews and Social Science*, ed. Paul A. Marshall, Sanders Griffioen and Richard J. Mouw, Christian Studies Today (Lanham, Md.: University of America, 1989), p.47.

3. Michael Kearney, *Worldview* (Novato, Calif.: Chandler and Sharp, 1984), p.2.

4. W. T. Jones, "World Views: Their Nature and Their Function," *Current*

Anthropology 13 (Feb. 1972):79. 琼斯的另外一篇论述世界观的文章是 "Worldviews — West and East," *Journal of the Blaisdell Institute* 7 (1971):9 - 24。

5. W. T. Jones, "Philosophical Disagreements and World Views," *Proceedings and Addresses of the American Philosophical Association* 43(1971)认为,世界观概念可以回答许多哲学问题。他认为,"伦理学、知识论和形而上学解答了许多哲学问题,从某种意义上说,这些解答至少可以通过哲学家们的不同世界观来解释。"(p. 24)他还说,不同的世界观是人们不能消除、甚至无法消除哲学分歧的原因;因为"在这些没有结果的学术分歧背后,是一些截然不同的世界观,我们可以把这些各不相同的世界观看作一种前认知的(pre-cognitive)世界观"(p. 41)。因此琼斯认为,包括"世界观"在内的哲学分歧,至少可以通过不同的世界观来说明。

6. James W. Sire, *The Universe Next Door: A Basic Worldview Catalog*, 3rd ed. (Downers Grover, Ill. : InterVarsity, 1997), pp. 17 - 18.

7. Sire, pp. 175 - 176, 226 n. 7.

8. William V. Rowe, "Society after the Subject, Philosophy after the Worldview," in *Stained Glass*, p. 156.

9. Jan Verhoogt, "Sociology and Progress: Worldview Analysis of Modern Sociology," in *Stained Glass*, p. 120.

10. Albert M. Wolters, "On the Idea of Worldview and Its Relation to Philosophy," in *Stained Glass*, pp. 18 - 19.

11. Jean-François Lyotard, *The Postmodern Condition: A Report on Knowledge*, trans. Geoff Bennington and Brian Massumi, foreword by Fredric Jameson, Theory and History of Literature, vol. 10 (Minneapolis: University of Minnesota Press, 1984), p. xxiv.

12. 参见 Rowe, pp. 156 - 183;另参 Howard Snyder, "Postmodernism: The Death of Worldviews?" in his *Earth Currents: The Struggle for the World's Soul* (Nashville: Abingdon, 1994), pp. 213 - 230.

13. Paul A. Marshall, Sanders Griffioen and Richard J. Mouw, introduction to *Stained Glass*, pp. 8, 10. Wolters, "Idea of Worldview," pp. 23 - 24, 提出了类似的问题,而且简要回答了这些问题。首先,他指出,为了服务于基督教,我们必须根据创造和启示等基督教思想来重新定义或改造这一概念(亚伯拉罕·凯波尔做过这方面的尝试)。其次,他引述改革宗的原则"恩典恢复自然",声称我们可以根据这个原则,继承和改造人类思想史上流传下来的那些概念和范畴,为基督教服务。用他自己的话说,"在一定的历史时期,我们应该全盘否定某一术语的世俗意义,抑或根据基督教的范畴体系,明确地重新定义这个术语,这完全是心灵的一种判断。"我赞同他的观点,根据基督教思想重新定义,是最佳选择。事实上,"世界观"是一个很好的术语,它表达了人类的一个重要愿望:树立一种人生观。不过,我们必须根据基督教思想,为这个术语指明新的方向。

14. Augustine, *Teaching Christianity — "De doctrina Christiana"*, introduction, translation, and notes by Edmund Hill, O. P., in *The Works of St. Augustine for the Twenty-first Century*, vol. 11 (Hyde Park, N. Y.: New City Press, 1996), pp. 159 - 160(§2.60).

15. 本章所有圣经引文均依据 New American Standard Bible (NASB)。[中译文依据圣经和合本。——编者注]

16. *The Cambridge Dictionary of Philosophy*, 2nd ed., (1999), s. v. "relativism."除了"知识论相对主义"的定义,这个条目还解释了"伦理学相对主义",这种理论认为,"普遍有效的道德原理是不存在的:所有道德原理的有效性都取决于不同的文化或个人的选择"。该词条还补充说,相对主义认为,无论以哪种方式来理解真理或道德,人们只能说,它们是一定文化或社会中的一些惯例。一切知识判断和道德原理均可追溯至个人的主观选择,这是问题的最深层面。如上所述,"世界观"概念一开始就与诸如此类的相对主义思想联系在一起。

17. Augustine, *On the Holy Trinity*, trans. Arthur W. Haddan, revised and introduction by William G. T. Shedd, Nicene and Post-Nicene Fathers, vol. 3 (Peabody, Mass.: Hendrickson, 1994), p. 125(§9.1.1.).

18. Anselm, *Proslogion*, in *Anselm of Canterbury: The Major Works*, edited and introduction by Brian Davies and G. R. Evans, Oxford World Classics (New York: Oxford University Press, 1998), p. 87(§2).

19. C. S. Lewis, *The Abolition of Man* (New York: Macmillan, 1944, 1947; New York: Simon and Schuster, Touchstone, 1996), pp. 25, 41.

20. Lewis, *The Abolition of Man*, p. 31.

21. C. S. Lewis, "The Poison of Subjectivism," in *Christian Reflections*, ed. Walter Hooper (Grand Rapids: Eerdmans, 1967), p. 73.

22. Lewis, "The Poison of Subjectivism," p. 73.

23. Augustine, *Confessions*, translated, introduction and notes by Henry Chadwick, Oxford World's Classics (New York: Oxford University Press, 1991), p. 117(§7.6).

24. Derek Kidner, *The Proverbs: An Introduction and Commentary*, Tyndale Old Testament Commentaries, ed. D. J. Wiseman (Downers Grove, Ill.: Inter-Varsity, 1997), pp. 78 - 79.

25. 这是赫尔曼·杜耶沃德的观点。以下论文讨论了他的"宇宙法则哲学": Brian Walsh and Jon Chaplin, "Dooyeweerd's Contribution to a Christian Philosophical Paradigm," *Crux* 19(1993):14 - 18。

26. 以下著作深刻探讨了这里所谓"律法": Albert Wolters, *Creation Regained:*

Biblical Basics for a Reformational Worldview (Grand Rapids: Eerdmans, 1985), chap. 2。

27. Augustine, *City of God*, trans. Henry Bettenson, introduction by John O'Meara (New York: Penguin Books, 1972, 1984), p. 196 (§5.11).

28. Gordon J. Spykman, *Reformational Theology: A New Paradigm for Doing Dogmatics* (Grand Rapids: Eerdmans, 1992), p. 227.

29. Karl Barth, *Church Dogmatics*, III/2, trans. Harold Knight, J. K. S. Reid, and R. H. Fuller (Edinburgh: T. & T. Clark, 1960), p. 436.

30. *Theological Dictionary of the Old Testament*, s. v. "leb, lebab."

31. *Theological Dictionary of the New Testament*, s. v. "kardia."

32. 事实上,威廉·狄尔泰的观点类似于我的看法。他认为,世界观是根据性格特征而树立的,具有一定的结构,这种结构能反映人类的内在心理秩序,如理智、情感和意志。圣经在论述心灵时,也谈到了它的这些功能。参见本书第 86—88 页[边码]讨论狄尔泰思想的那些段落。

33. 这种说法源于 Nicholas Wolterstorff, "On Christian Learning," in *Stained Glass*, p. 73。我采纳了他在这一段所提出的观点,他认为,心灵与人生是一种**相互作用**的关系,世界能够修正凯波尔所谓表现主义的一些错误。

34. Augustine, *City of God*, p. 8 (§1.3).

35. William James, *A Pluralistic Universe* (New York: Longmans, Green, and Co., 1925), p. 13.

36. Ted Peters, "The Nature and Role of Presupposition: An Inquiry into Contemporary Hermeneutics," *International Philosophical Quarterly* 14 (June 1974): 210.

37. Michael Polanyi, *Personal Knowledge: Towards a Post-Critical Philosophy* (Chicago University of Chicago Press, 1958), p. 60.

38. *Plato's Epistles*, translated, essays and notes by Glenn R. Morrow, Library of Liberal Arts (Indianapolis: Bobbs-Merrill, 1962), pp. 240 – 241 (§344). 同样的原则也见于 *Republic* pp. 486d, 487a, 494d, 501d。

39. Augustine, *On the Holy Trinity*, p. 200 (§15.2).

40. John Calvin, *Institutes of the Christian Religion*, ed. John T. McNeil, translated and introduction by Ford Lewis Battles, Library of Christian Classics, vol. 20 (Philadelphia: Westminster, 1960), pp. 41 (§1.2.1), 68 (§1.5.14). 以下著作深入探讨了加尔文的基督教"知识论": Edward A. Dowey, Jr., *The Knowledge of God in Calvin's Theology* (Grand Rapids: Eerdmans, 1994)。

41. Blaise Pascal, *Pensées and Other Writings*, trans. Honor Levi, Oxford World's Classics (New York: Oxford University Press, 1995), pp. 35, 157 – 158 (§§142, 680).

42. John E. Smith, introduction to *Religious Affections*, by Jonathan Edwards, in The Works of Jonathan Edwards, vol. 2 (New Haven: Yale University Press, 1959), p. 14.

43. Søren Kierkegaard, *Concluding Unscientific Postscript to Philosophical Fragments*, translated, edited, introduction and notes by Howard V. Hong and Edna H. Hong, vol. 1 (Princeton: Princeton University Press, 1992), p. 203. 以下著作全面论述了克尔凯郭尔思想中的客观性与主观性、信仰与理性等问题: C. Stephen Evans, *Passionate Reason: Making Sense of Kierkegaard's Philosophical Fragments* (Bloomington: Indiana University Press, 1992)。

44. William James, "Is Life Worth Living?" in *The Will to Believe and Other Essays in Popular Philosophy* (New York, ca. 1896; reprint, New York: Dover, 1956), p. 62, 转引自 William J. Wainwright, *Reason and the Heart: A Prolegomena to Passional Reason* (Ithaca, N. Y.: Cornell University Press, 1995), p. 97. Wainwright 提出一种以心灵为基础的方法, 以证实乔纳森·爱德华兹、约翰·亨利·纽曼(John Henry Newman)和威廉·詹姆斯著作中的宗教知识, 参见该书第1—3章。

45. Karl Barth, *The Epistle to the Romans*, trans. Edwyn C. Hoskyns (London: Oxford University Press, 1968), pp. 42 – 54.

46. Barth, *Romans*, p. 45.

47. Calvin, pp. 43 – 44(§1.3.1).

48. Alexander Schmemann, *For the Life of the World: Sacraments and Orthodoxy* (Crestwood, N. Y.: St. Vladimir's Seminary Press, 1973), p. 15.

49. Langdon Gilkey, *Maker of Heaven and Earth: A Study of the Christian Doctrine of Creation*, Christian Faith Series (Garden City, N. Y.: Doubleday, 1959), p. 193.

50. Henry Zylstra, *Testament of Vision* (Grand Rapids: Eerdmans, 1958), pp. 145 – 146.

51. Calvin, pp. 64 – 65(§1.5.12). 以下著作探讨了罪的认知恶果: Merold Westphal, "Taking St. Paul Seriously: Sin as an Epistemological Category," in *Christian Philosophy*, ed. Thomas P. Flint, University of Notre Dame Studies in the Philosophy of Religion, no. 6 (Notre Dame, Ind.: University of Notre Dame Press, 1990), pp. 200 – 226. 为了探讨罪的认知影响, Westphal 不仅引用了保罗书信, 还引述了奥古斯丁、路德、加尔文和克尔凯郭尔的罪论, 他认为, 他们的罪论具有认知意义。以下著作也深入探讨了加尔文所理解的罪和恩典对心灵的影响: Ellen T. Charry, *By the Renewing of Your Minds: The Pastoral Function of Christian Doctrine* (New York: Oxford University Press, 1997), chap. 9。

52. Calvin, pp. 56 - 58 (§ 1. 5. 5 - 6).

53. 新约中还有一些对错误的教导、不同的哲学和世人智慧之愚拙的警告,参见《哥林多后书》11:3—4;《加拉太书》4:8—11;《以弗所书》41:4;《腓立比书》3:2;《歌罗西书》2:4,8,20—23;《提摩太前书》1:3—7;4:1—5,7;6:3—5;《提摩太后书》2:16—18,23;4:3—4;《提多书》1:1,14;《希伯来书》13:9;《雅各书》3:15—16;《彼得后书》2:1—3;《约翰一书》2:18—19,4:1—6;《犹大书》3—4。

54. Craig Gay, *The Way of the (Modern) World ; or, Why It's Tempting to Live As If God Doesn't Exist*, foreword by J. I. Packer (Grand Rapids: Eerdmans, 1998), p. 4.

55. 古代和现代的一些著作都探讨了天使学以及与属灵争战有关的其他一些问题,它们认为,二者都是圣经神学的必要组成部分,参见 Clinton E. Arnold, *Powers of Darkness: Principalities and Powers in Paul's Letters* (Downers Grover, Ill.: InterVarsity, 1992); Hendrikus Berkhof, *Christ and the Powers*, trans. John Howard Yoder (Scottdale, Pa.: Herald, 1977); Gregory A. Boyd, *God at War: The Bible and Spiritual Conflict* (Downers Grover, Ill.: InterVarsity, 1997); George Caird, *Principalities and Powers: A Study in Pauline Theology* (Oxford: Clarendon, 1956); Anthony Lane, ed. *The Unseen World: Christian Reflections on Angels, Demons, and the Heavenly Realm* (Grand Rapids: Baker, 1996); Tremper Longman III and Daniel G. Reid, *God Is a Warrior*, Studies in Old Testament Biblical Theology (Grand Rapids: Zondervan, 1995); Stephen F. Noll, *Angels of Light: Powers of Darkness: Thinking Biblically about Angels, Satan and Principalities* (Downers Grover, Ill.: InterVarsity, 1998); Peter T. O'Brien, "Principalities and Powers: Opponents of the Church," in *Biblical Interpretation and the Church*, ed. D. A. Carson (Nashvile: Nelson, 1984), pp. 110 - 150; Heinrich Schlier, *Principalities and Powers in the New Testament* (New York: Herder and Herder, 1961)。Walter Wink 就这个问题写了三部著作:*Naming the Powers: The Language of Power in the New Testament* (Philadelphia: Fortress, 1984); *Unmasking the Powers: The Invisible Forces That Determine Human Existence* (Philadelphia: Fortress, 1986); *Engaging the Powers: Discernment and Resistance in a World of Domination* (Minneapolis: Fortress, 1992)。

56. Wink, *Engaging the Powers*, p. 3.

57. Boyd, p. 19.

58. Boyd, p. 17.

59. Schlier, p. 31.

60. Schlier, pp. 31 - 32. 施利尔对《以弗所书》2:2 的解释,引起了争议。Marcus

Barth, *Ephesians: Introduction, Translation, and Commentary on Chapters 1 -3*, Anchor Bible (Garden City, N. Y. : Doubleday, 1984)，p. 215 n. 31 反对这种解释，Arnold, pp. 196 - 197 也持同样的看法。后者认为，施利尔的观点过于现代，"1 世纪的读者会觉得不知所云。"他认为，"保罗这里所谓**灵**（spirit），是指个人的存在。"其他解经家认为，施利尔的观点起码是一种语法的选择，参见 Andrew T. Lincoln, *Ephesians*, Word Biblical Commentary, vol. 42 (Dallas: Word, 1990)，p. 96。另外一些解经家则衷心拥护这种观点，参见 Caird, p. 51；Klyne Snodgrass, *Ephesians*, NIV Application Commentary (Grand Rapids: Zondervan, 1996)，p. 96；F. F. Bruce, *The Epitsle to the Ephesians* (London: Pickering and Inglis, 1961)，p. 48。E. K. Simpson（and F. F. Bruce），*Epistles to the Ephesians and Colossians* (Grand Rapids: Eerdmans, 1957)非常赞成施利尔的观点。他还引述 Beck, Candlish 和 Findlay，作为这种观点的支持者；他这样写道："空中可能指一个特定的地方，但是它完全可以象征某种占优势的影响力或环境，这是个人或社会生存或行动的场所。从这种意义上说，它类似于德语的复合词 *Zeitgeist*，也类似于我们的**时代精神**（spirit of the age）。"（p. 48）Wink, *Naming the Powers*, p. 84 也同意施利尔的这种解释，他认为，"他〔保罗〕所谓'空中掌权者'，不是特指魔鬼的处所，而是指世界的精神氛围，撒但用它来毁灭我们。"即使施利尔的解经有误，圣经对撒但和空中掌权者的名字、性格和活动的整体呈现，似乎也能证明他的看法。

61. Schlier, p. 33.
62. C. S. Lewis, *The Screwtape Letters and Screwtape Proposes a Toast* (New York: Macmillan, 1961)，pp. 156, 162, 170.
63. Schlier, p. 29.
64. Augustine, *Confessions*, p. 18（§ 1. 16. 25）.
65. Wolters, *Creation Regained*, p. 11.
66. George Eldon Ladd, *A Theology of the New Testament*, ed. Donald A. Hagner, rev. ed. (Grand Rapids: Eerdmans, 1993)，pp. 89 - 90.
67. 以下著作深刻地论述了这一问题：Gustaf Aulen, *Christus Victor: An Historical Study of the Three Main Types of the Idea of the Atonement*, trans. A. G. Hebert, foreword by Jaroslav Pelikan (New York: Macmillan, 1969)。
68. Augustine, *City of God*, p. 85（§ 2. 28）.
69. Calvin, p. 70（§ 1. 6. 1）.
70. Calvin, p. 73（§ 1. 6. 3）.
71. Calvin, pp. 78 - 82（§§ 1. 7. 4 - 1. 8. 1）.
72. Jonathan Edwards, *Religious Affections*, ed. John E. Smith, The Works of Jonathan Edwards, vol. 2 (New Haven: Yale University Press, 1959)，

p. 272.

73. Edwards, p. 206.

74. Edwards, p. 273.

75. Edwards, p. 275.

76. Rowe, p. 156.

第 10 章

"世界观"概念的哲学反思

世界观主要是人心的基本活动的产物,是人的基本特征,它表现为一些基本假设,它们是生命的基础;既然如此,我们就必须继续前进,思考更多的问题,对这个概念的本质进行哲学反思。世界观的本质究竟是什么?世界观包括哪些基本的组成部分?说世界观是一种"心灵论"(kardioptical)是一回事;说世界观的存在方式是什么,组成部分是什么,对人类生活的某些方面有哪些影响,则是另一回事。本章认为,我们最好把世界观理解为一种**符号现象**(semiotic phenomenon)。人类是一种能够制造并使用符号的造物,善于使用口头语或书面语;人类思想文化的大部分内容是由符号表述的,因此,我们似乎有理由把世界观概念看作人类思想文化中的一个范畴,把它解释为一个符号系统,它能够创造一个符号的世界。具体地说,我认为,世界观是一种符号结构,主要是一种**叙事符号**(narrative signs)网络,这是一种实在论,也是一种包罗万象的人生观。人类是一种会讲故事的造物,以叙事的方式来界定自己和宇宙,世界观的内容与人性的这个显著特征,似乎具有直接的联系。最后,我认为,世界观是一个符号系统,其目的是解释世界,因此,它是人们进行思考、解释和认知的一种基础或一个平台。人们的生活状况基本上是各种理性活动、诠释活动和认识活动的产物,因此我将简要说明,寓于心灵之中的世界观在人类日常生活的这些重要领域,是

292　如何发挥重要作用的。上一章已经讨论了建立在上帝基础之上的客观实在性、心灵的核心作用、罪的深刻影响、属灵争战，以及对基督恩典与救赎的盼望，在此基础上，我们将进行哲学反思，以深化我们所理解的世界观的本质及其对人类生活其他领域的影响。

世界观与符号学

　　安伯托·艾柯是《符号学理论》的作者，他把人类文化的整个大厦都归入符号学领域。他提出两个重要命题："（1）必须把全部文化都当作一种符号现象来研究；（2）文化的所有方面都是符号运动的内容，我们可以把它们当作研究的对象。"换一种说法，他认为，"全部文化都是建立在符号系统之上的一种交际现象，我们**应该**以此为对象进行研究"，"只有通过这样的研究，我们才能说明文化的某些重要机制"。[1] 这就是说，我们应该把符号学理解为一种具有普遍意义的文化理论，把一切文化现象归入符号学的研究范围。世界观应该是这样一种文化现象和重要机制。世界观是人类文化的基本组成部分，因此，我们完全有理由以符号学的方式（*sub specie semiotica*）来考察其本质和作用。

　　所以，我们必须把作为一门学科的符号学与经常使用符号的人类联系起来。制造和使用符号——有些是以主导世界观的形式出现——是一种显而易见的活动，这种活动的本质是什么？人类的符号特征或许能够给我们一种回答。人类拥有话语能力（*logos*），其主要特征是，他能够用一种事物来代表另一种事物（*aliquid stans pro aliquo*），能够把一部分实在与其他的实在区分开，以此来指称、表示或替代另一部分实在。最有代表性的例子是，人们在讲话时要用声音来表达思想、感情和观念，以及世界上的民族、地域和事物。同样的道理，他们还发明了一种符号系统，它能够用字母、单词和书面语来代表上述事物。凭借这些

293　基本的符号运动，人们就能够理解宇宙，表述实在。[2] 用神学的语言说，人类有上帝的形象（*imago Dei*），其认知结构可以解释人类创造的符号

与符号系统。他们是三位一体的上帝的符号或形象,他们可以通过符号来理解上帝的位格和关系:非生成的,不可思议的天父只在圣子里看见他自己的真像,圣子是在永恒中受生的(《哥林多后书》4:4;《歌罗西书》1:15;《希伯来书》1:3);圣灵凭借权能,把圣父与圣子启示出来,圣灵从圣父和圣子那里在永恒中发出,三者是一种平等的永恒的关系(《约翰福音》15:26)。[3] 人类的交际行为包括:以符号为媒介,恰当地表示某种意图;这正好说明,他们是三位一体的上帝的形象,他们与上帝的关系可以通过符号来解释。因此,人类符号学可能起源于"三一圣痕"(*vestigium trinitatis*)。

我还必须补充说,人类是上帝的形象,他们的口头语和书面语都表现了本体语义学的那种三位一体;不仅如此,圣礼神学还认为,我们应该从一种泛符号学出发,把整个宇宙解释为上帝及其荣耀和权能的符号。《诗篇》的作者肯定地说,"诸天述说上帝的荣耀,穹苍传扬他的手段"(《诗篇》19:1)。先知以赛亚说,"他的荣光充满全地"(《以赛亚书》6:3)。使徒保罗说:"自从造天地以来,上帝的永能和神性是明明可知的,虽是眼不能见,但藉着所造之物就可以晓得,叫人无可推诿。"(《罗马书》1:20)世界是上帝的创造,也是"上帝的显现,是上帝的启示、在场和权能的一种表现"。[4] 作为上帝的作品(*codex Dei*),宇宙万物都有灵性意义(例如中世纪的宝石工艺和动物寓言)。作为上帝的一面镜子(*speculum Dei*),宇宙万物都是上帝的形象。宇宙万物都有灵性,都是一种圣礼,都能用符号来表示,都签有**上帝的**名字。

圣奥古斯丁早已清楚地认识到,宇宙人生具有符号学的特征。在《论基督教教义》中,这位不知疲倦的希波主教令人信服地证明,在人们交际和获取知识的过程中,符号发挥着重要作用。他直截了当地说,"只有通过符号,我们才能认识事物",[5] 他想认识的主要"事物"是上帝,圣经中的符号或语言是他的工具,它们能够说明上帝及其创造。奥古斯丁认为,上帝是人类最高的善,正确理解上帝的爱,是真正幸福的唯一源泉,也是历史发展的决定性因素。圣经是上帝的自我启示,解释和传播这些符号语言的过程,具有重要的符号学意义,一切事物均悬而未决。圣经展示了一个具有终极意义的符号化世界,因此经常在那里

294

探索真理的人们,必须掌握诠释学和布道法。加强这些方面的训练,是奥古斯丁写这本书的主要原因。他说:"凡是讨论圣经的著述,都有这样两个目的:首先,如何才能发现人们必须理解的那些道理;其次,如何才能让别人理解你已经认识的那些道理。"[6]《论基督教教义》的前三卷旨在阐述圣经解释的一些问题。在第一卷中,他区分了事物与符号,他认为,就所有事物而言,有些是被使用的,有些是被爱的。三位一体的上帝是这样一种事物,人们因为他的缘故而爱他,因为爱他,他们才爱所有其他事物,换言之,在他里面爱它们。因此,他是人们以圣经符号为媒介而进行教学的主要目标。因此在本书的第二卷和第三卷,奥古斯丁开始探讨那些未知的、含义模糊的圣经符号解释问题,他还针对其他符号(例如人文科学[liberal arts])制定了一个课程表,要想准确而仔细地理解圣经,就必须掌握这类知识。正确解释圣经只是第一步,还必须巧妙地把这些知识告诉别人。于是在第四卷,这位早期教父开始探讨布道法,布道法旨在研究把圣经符号所包含的真理有效地传达给别人的方法。他的提问很巧妙:谁敢说"试图用谬误来说服听众的人……应该懂得讲道理的方法……显然是在捍卫真理的那些人,却无须掌握这些方法"呢?[7]第四卷对圣经布道法的讨论,显然具有西塞罗的风格,奥古斯丁雄辩地回答了这一问题。解释圣经、传播圣经的目标是圣爱(caritas)——因为上帝的缘故而爱上帝,因为上帝的缘故而爱人类,以

295 实现登山宝训中的前两大律令(参考《马太福音》22:37—39)。为此,一切解释与布道活动必须明确地以"仁爱的国度"为目标。[8]

奥古斯丁的讨论包含着一种颇有说服力的思想:符号系统与符号世界是人类文化的核心。它们是意义的基本工具,是人生的指南。作为符号的语词是"一些宝贵的器皿",真理的美酒或谬误的毒素都可能成为其中的内容。豪饮二者之一,必然会陶醉心灵,它要么获得光明与自由,要么承受黑暗与奴役。[9]奥古斯丁认为,用圣经的符号器皿痛饮,具有重要意义,我们必须为此作好一切准备。

古代如此,近代思想家们同样重视人类生存的符号特征。例如查尔斯·桑德斯·皮尔斯(Charles Sanders Peirce, 1839—1914),很多人认为,他是现代符号学之父,其符号学理论的基础是,所有的思想、认

识,甚至人类本身,都具有明显的符号特征。用他自己的话说,"任何思想都是一种符号,而生命是一系列的思想,这两个事实合在一起,正好说明人是一种符号"。[10] 此外皮尔斯还坚持一种我们所谓的"符号学世界观",这是一种泛符号宇宙论,这种理论认为,符号不是诸多非符号式事物的一个种类,相反,"即使符号不是宇宙的唯一组成部分,它们也遍布整个宇宙"。[11] 皮尔斯认为,符号不仅是宇宙的特征,而且是人类的特征,人类其实是能够制造并使用符号的生物。

恩斯特·卡西尔(Ernst Cassirer, 1874—1945)在《符号形式的哲学》(*Philosophy of Symbolic Forms*)中提出类似的看法,他认为,人类基本上是一种能够创造符号的动物(symbol-creating animals/*animal symbolicum*),只有借助符号,他们才能理解实在。[12] 因此,卡西尔倡导一种泛符号知识论,他认为,任何有意义的事物都是由"符号形式"组成的。符号形式包括语言、神话、艺术、宗教、科学和历史,每一种符号形式都有自己的一套符号规则,符号形式与自然无关。卡西尔认为,符号系统是通向知识的唯一可能的道路;但是他认为,符号系统绝不复制或模仿实在,相反,它们是实在的创造者。[13]

我们来看现实中和人类生活中符号所起的作用。符号遍布物质世界;它们与文化的各个方面具有密切联系;它们是人类思想、认识和交际不可或缺的要素;它们是真理或谬误的有效工具;它们能够创造符号的世界,人们可以在那里生活。事实上,某个系列的符号具有独特的文化功能,它们能够决定人生的意义。我称这些符号为世界观。它们是一个人或一种文化的基础,是一个具有指称作用的符号系统,人们以不可胜数的交流方式使用它们,它们能够莫名其妙地到达心灵的最深处。于是它们成为生命的基础和生命的一种诠释。它们是意识范畴的思想内容。无论人们如何理解信仰与希望,它们都是公认的信仰对象和希望的目标。它们被当作真理,也被当作一种生活方式。它们是个人的安全感与社会文化的安全感的基石。它们是一些攸关人类生存的性格特征和文化结构。因此,当它们面临危机或受到质疑时,人们就会焦虑不安,甚至心怀敌意。例如在柏拉图的洞穴比喻中,一个被释放的囚徒虽然发现了新的实在,却拒不改变其符号系统;当他返回洞穴,试图改

296

变那些穴居者的符号世界时，却遭到坚决反对，这说明，以符号的方式建立起来的世界观，具有强大的威力。[14] 同样的道理，人们敌视耶稣，把他送上十字架，主要原因也许是，他在布道的过程中，直接或间接地批评了一些神圣的符号——第二圣殿犹太教世界观。事实上，耶稣传道的符号意义聚讼纷纭，因为他确实改造了犹太教的神学传统，宣扬天国的真理。难怪人们要仇恨他，直至把他处死。[15] 无论是作为柏拉图哲学的一个例子，还是作为公元 1 世纪发生于巴勒斯坦的一个历史事件，抑或作为一个攸关人生意义的现代概念，世界观毕竟是一个生命力极强的符号系统，它占据着人类心灵的最深处，决定着人们的思想和行为，指引着地域文化乃至全人类文化的发展方向。如果说一切文化现象都能够也应该以符号学的方式加以诠释，那么世界观概念也不例外。无论对于个人，还是对于文化，构成世界观的那些符号都具有强大的生命力，因为它们具有特殊的表现形式：心灵在理解和表述它们时，把它们当作一些故事，这些故事反映了不同的人生观。

世界观与叙事

符号是人类的主要特征，为了揭开宇宙之谜，他们首先诉诸一种特殊的活动——讲故事，这是一个符号的世界，人们会在这里生存，甚至死亡。事实上，远古以来，我们的先民已经认识到，故事能够为我们建立一个生命的世界。古代的苏格拉底和柏拉图非常清楚地认识到这个问题。[16] 他们深知，理想国未来的统治者一定会接触一些故事，特别是在其孩提时代，这些故事可能具有非常重要的知识意义和道德意义，可能包含着最根本的公共意义和政治意义。因此，苏格拉底和柏拉图，甚至后来的亚里士多德都认为，故事对于少年具有重要作用。神话故事专家布鲁诺·拜特海姆（Bruno Bettelheim）认为："现在，很多人只是希望，他们的后代能够了解'真实'的人类和日常事件，与他们相比，柏拉图对人类心灵的理解，可能更加深刻，因为他懂得，哪些理性经验才能成为真正的人性。他认为,理想国未来的国民首先要学习讲故事,这是其人文教育的第一步,单纯的事实或所谓的理性教导并非学习的开端。纯粹理性的大师亚里士多德都认为,'爱智慧者必然爱神话。'"[17]

不同时代的智者——可追溯至苏格拉底、柏拉图和亚里士多德——都会说,人心和意识的发展是故事的意义及其情节、人物、结局,以及它们对事物的总体解释之结果。拜特海姆赞同这种观点,他认为,神话故事是孩子们创造和再创造世界的基本方式。这种观点基本上是正确的,他认为,这些神话故事涉及人生的基本问题:"我是谁?我从哪里来?世界从哪里来?谁创造了人类和所有的动物?人生的目的是什么?"他深信,孩子们不是以哲学的方式思考这些问题,他们有自己的特殊方式,因为这些问题关系到某一个男孩或女孩,以及他们的幸福。"他[这孩子]所关心的不是人们能否受到公正的对待,而是**他**能否受到公正的对待。他不知道,谁或什么让他身处逆境,什么才能防止这种情况发生。除了爸爸妈妈,还会有别的好人吗?爸爸妈妈是好人吗?他应该成为什么样的人?为什么要成为那样的人?要是做了错事,他还会有救吗?为什么偏偏发生在他身上?这会对将来产生哪些影响?"[18]

拜特海姆认为,孩子们只有听了神话故事,了解其情节之后,才能意识到这些重要问题,这些故事才能为他们提供某些答案。拜特海姆说,神话的答案很明确,童话的答案则发人深思。童话的内容尤其适合孩子们的天性和他们的世界观,这就是他们相信童话、喜爱童话的原因。童话反映了他们的世界,并且使之井然有序。[19]

罗洛·梅(Rollo May)坚持类似的论点,但是他认为,这个论点同样适用于成年人。他说,可以把神话比作一间房子的框架,人们看不见它,但是它能使生命具有意义,使之成为一个有机的整体。"神话是人们在一个没有意义的世界中创造意义的一种方法。神话是一些叙事模式,它们能使我们的生命具有意义。生命的意义不过是我们每一个人的坚强意志赋予生命的一种东西……抑或意义是一种有待我们发现的客观存在……无论如何,结果都一样:神话是我们发现这种意义的一种方式。神话有如房屋的梁:我们从外面看不到它们,但它们是支撑整个房屋的结构,由于它们的作用,我们才能在里面居住。"[20]

298

世界观与叙事的另一个交汇点是民间故事。琳达·德福（Linda Dégh）指出，"世界观"概念晦涩难懂，民间故事研究者很少把它作为一个重要课题，可是"当人们用描述或分析的方法，研究故事和讲故事的人时，往往会以不同的方式探讨这个概念"。[21] 她认为，民间故事研究者所谓的世界观，是指一种主观的个人的实在论，这是人们感知和经验实在的方式。她认为，对世界观概念的感知和阐述，影响着人们的思想和行为。因此她断言，世界观"普遍存在于一切文化现象中，民间故事也不例外"。"故事带有明显的世界观特征：它们揭示了人们共有的和个人的行为观，这是历史的产物——这种行为观是他们的共同目标。仿佛经验丰富的研究者，讲故事的人知道而且能够预见，一个笑话、事例或民谣会以什么方式描述世界，但是我们不可能单列出某种世界观，或以一个故事、一首民谣的全部内容为对象。"[22]

德福认为，世界观是所有人类思想和行为的动力和特征，离开世界观，我们就无法理解人类的行为。因此她认为，研究民间故事是"人类的一种行为，不同的故事是不同的人进行创造的结果，这说明，这种文学体裁就是这样描述世界的：世界的体裁意象是什么？"[23]

从柏拉图开始，一直到现在，故事与决定着生命的力量之间，似乎存在着明显的联系。无论何时何地，人们都承认，故事是符号世界的载体，人们可能认为，符号世界是一个安全的知识家园——史蒂芬·克里提斯（Stephen Crites）称之为"经验的叙事特征"[24]——尽管如此，现代故事的编纂家却要不遗余力地区分讲故事者（homo narrator）与其烦人的故事，企图把故事逐出文化的王国。互为竞争对手的神话的存在和影响，造成了社会文化的激烈冲突，甚至引发战争，宗教冲突尤为明显；他们的解决办法是，彻底消灭故事成灾的那个王国，代之以理性的客观的具体事物。他们认为，故事属于个人生活和价值观念，他们的目标是，用一种所谓中立的毫无敌意的方法来规范社会生活。建立在新的科学基础之上的人生，是现代人成熟的标志，他们不再需要原始神话了，那是以往宗教时代或形而上学时代的产物。

启蒙运动提倡非叙事文学，人类为此付出了高昂的代价。弗里德里希·尼采非常清楚地看到了这一点。他在《悲剧的诞生》中这样写

道:"如果没有神话,任何文化都不会有健康而自然的创造力:唯有神话
的视野能够完成和统一某个文化运动。"[25] 尼采知道,西方正在逐步毁
灭其叙事传统——所谓"mythoclasm"(神话故事的灭亡)[26]——因为它
迷恋科学的理性主义。因为"没有接受神话教育",现代人饥饿难耐,他
们开始寻找叙事性口粮,现代生活的疯狂和无奈已经昭示了这一点。
"没有接受过神话教育的人类,总是感到腹中空空,美好的过去浮现于
脑际;他们开始寻根,即使最遥远的古代,也不能放过。现代文化没有
满足感,迫切需要历史内容;文化形式数不胜数,它往往以其中之一为
中心;它具有强烈的求知欲——这一切不是正好说明,我们早已丢失了
神话的传统,神话的家园,神话的母体?"

尼采感觉到,现代文化有一种"不可思议的狂热冲动"——永不停
息的步伐,对异域文化的兴趣,强烈的求知欲——我们必须把这一切解
释为一种对神话的期盼,仿佛"一个饥不择食的人"。[27] 现代世界和现代
文化没有接受过故事和神话的教育,无论它在物质或其他方面的感觉
多么好,它总是有一种不满足感。它正在经受叙事性饥饿,解决问题的
唯一办法是,消化吸收那些古老的故事,它们能够培育和满足人类对神
话的需求。

不可遏制的叙事性需求是人类灵魂本来就有的,近代文化史已经
证明,现代人企图根除叙事传统,这是一种糊涂无益之举。事实上,对
叙事传统的这场征伐,包含着一种辛辣的讽刺,因为它不自觉地相信了
笛卡尔的故事,以勇敢的人类理性为主角,理性要凭借科学的威力征服
世界。如理查德·米德尔顿和布赖恩·沃尔什所言,"现代以来,我们
人类已经跨越了幼稚而非科学的神话思维阶段,步入科学理性和技术
统治的成熟期,这种观念本身就是一个**故事**。由此可见,只有通过'说
大话'(tall tale),现代思想才能声称,它已经跨越了讲故事的阶段。"[28]
换言之,启蒙运动的现代思想所表现出来的反叙事倾向,有自相矛盾
之处。

阿拉斯代尔·麦金泰尔主张恢复人类生存的叙事性基础,其论述
具有很强的说服力,当代思想家很难与之媲美。在其名著《追寻美德》
中,他指出,在现代语境中,由于社会和哲学的影响,生命或个人生活的

300

301

叙事性统一体遭到破坏。[29] 从非叙事的角度看,人类的自我不可能成为亚里士多德所谓美德的体现者,这是麦金泰尔所关心的主要问题。反过来,只有把生命看作统一的整体,对它进行评价,道德生活才是有意义的。麦金泰尔试图在叙事性统一体的基础上,恢复统一的人生这个概念,叙事性统一体是诞生、生命、死亡或开端、过程、结尾的纽带,它把这些要素组合成一个统一而连贯的故事,大家都相信这个故事。麦金泰尔认为,人们会自然而然地从叙事的角度来看待自我,最好把人类的一切交谈和行为看作"一些法定的故事"(第211页)。最基本的范畴是故事,而不是到处漂流的独立不依的自我。故事是我们理解自己的生命或他人的生命的基础。麦金泰尔着力考察了当代文化中的一些故事,但是他清楚地知道,这些故事的源泉隐藏在一个更深的神话层面。麦金泰尔这样写道:"故事是一个社会原始而独特的财富,只有通过听故事,我们才能理解一个社会,我们所在的这个社会也不例外。从根本上说,神话就是事物的本质。"(第216页)换言之,人们经验世界中的那些故事,来自一些基本的最深层的神话,它们实际上是一种世界观。麦金泰尔立志复兴亚里士多德的美德伦理学,其基本论点如下:"我的主要论点是:无论是从行为实践看,还是从文学作品看,人本质上是一种会讲故事的动物。从本质看,他还不是一个会讲故事的人;但是经过历史的熏陶,他成为会讲故事的人,他渴望得到真理。但是对于人类来说,关键的问题不在于他们创造了这些故事;只有先回答了'我属于哪个故事或哪些故事的一部分?'这个问题,我才能够回答'我应该做些什么?'的问题。"(第216页)

麦金泰尔认为,故事主宰着人的生命。人们所扮演的角色,他们理解自己和他人的方式,世界的组织结构和运行方式,都是故事情节发挥作用的结果,这些故事情节统治着人类社会。麦金泰尔用这些论证来恢复传统的美德伦理学的权威,在我们看来,他的思想突出了故事的意义和作用,人类就是通过这些故事来理解宇宙中的生命。

302　　如上所述,我们可以有把握地说,世界观包含着最基本的毋庸置疑的叙事性内容。[30] 柏拉图说过这样的话:人们很关心"天上和地上万物的故事,很关心神和人的故事"。[31] 人类是能够使用符号的造物,天生会讲故事;通过树立世界观,他们能够理解自我以及宇宙中的生命之本质,世界观是一种叙事性符号系统,这是基本的人生观的源头。这些叙事符号还能以叙事的方式解答某些基本问题:神圣领域是什么? 宇宙的本质是什么? 人类的身份是什么? 消除苦难的方法是什么? 表面看来,世界观没有叙事特征——其思想、伦理或仪式,都是如此——实际上,我们可以根据一种基本的叙事内容,来诠释这个概念。米德尔顿和沃尔什同意这种观点,他们认为,世界各地的宗教信仰和哲学思想,无不包含叙事内容。

> 犹太教和伊斯兰教……都是以叙事的形式来阐述其世界观的,它们诉诸历史性命运,它们认为,这昭示了上帝的意志。人们通常认为,东方宗教,如印度教和佛教,不相信历史……但是它们也以故事的形式,继承了一笔丰厚的神话遗产,包括史诗《摩诃婆罗多》(Mahabrata,《薄伽梵歌》[Bhagavad-Gita]是其中的一部分)。关于善、恶、拯救的神话和传说,不仅是希腊、罗马、埃及和美索不达米亚等国古老宗教的常见话题,而且是当代非洲、北美洲和南美洲,以及澳大利亚本土宗教的常见话题。无论哪种情况,关于世界、人类、邪恶,以及拯救的终极真理,总是通过故事来传播的,它们是道德行为的规范和指南。[32]

这些故事能够建立一个符号的世界,它们确实是人类一切行动的指南。世界观的故事能够创造一种特殊的"思想",它们能够以规范的形式,成为"占主导地位的故事"。[33] 与某种世界观联系在一起的那些最基本的故事——最接近其形而上学、知识论和伦理学核心的那些故事——蕴含着一种目的,这种目的就是对实在方方面面的最终阐释。人们认为,这些故事是至高无上的,它们仿佛一种黏合剂,能够把相信这些故事的人结合为一个社会,共同的思想和共同的生活方式是这个社会的显著特征。这些故事有如一个富有生命力的坐标系,人们会根据它来衡量不同的故事和不同的真理观。由此看来,占主导地位的故事发挥着调节作用,既有正面意义,又有负面意义,能够把信仰者结合

303

为一个思想或精神的共同体。包括推理、阐释和认知等重要活动在内的大部分人类活动，显然要接受世界观的指导。

世界观与理性

人类理性一直在西方思想史上发挥着重要作用。人们通常用这种能力来区分人与动物。这是一种天赋，有思维能力的人（*homo sapiens*）相信，这种天赋能够使他们理解自我、认识周围的环境和更远的事物。帕斯卡尔的《沉思录》这样写道："人是一枝会思想的芦苇……通过思想……他就能理解宇宙。"[34] 理性思想的本质是什么？理性是如何发挥作用的？具体地说，某种宇宙观——世界观——与理性的作用和内容究竟是什么关系？世界观对理性思维方式有哪些影响？对理性思维的内容又有哪些影响？理性依赖于叙事语境，抑或独立于叙事语境？有没有一种"第一位的"或"希腊诸神式的"理性，它高于世界观，适用于所有事物？[35] 至于世界观与理性的关系问题，以下三个例证也许能够说明其确切含义。

首先，原始的前科学的文化信念，比现代西方的文化信念缺乏"合理性"吗？彼得·文奇（Peter Winch）写过一篇有名的论文——《原始社会探秘》（1964），他认为，问题的答案定然是一个响亮的"不"。他以非洲阿赞德人（Azande）为例，他认为，"在他们看来，他们中的某些人是女巫，她们能以邪恶而神秘的魔力，影响别人的生活。他们举行仪式，以消除女巫的魔力；他们求取神谕，使用神药，以免受到伤害。"[36] 文奇从考古学的角度反对卢森·莱维-布留尔，布留尔认为，原始人的思维即使合理，也是前逻辑的；文奇赞同 E. E. 埃文斯-普理查德的观点，埃文斯-普理查德认为，西方科学思想中有因果观念，于是西方人抛弃了魔法思想，但是这不足以证明，理性思维比魔法思想更优越。[37] 事实上，文奇认为，所谓"合理"显然是随着不同的文化而变化的；任何一种文化都必须提高警惕，决不能把自己的合理性标准强加于其他文化，错误地认

304

为这些标准具有优越性或是一成不变的。

其次，在新约福音书是否可信的问题上，犹太人、非犹太人和基督徒各持己见，哪一种信仰更有合理性呢？拿撒勒的耶稣是上帝道成肉身，是以色列人所期盼的救世主，这种信仰有意义吗？耶稣死在罗马人的十字架上，却又死而复活，这是对罪的一种补偿，是人类灵魂的盼望，这种说法可信吗？新约认为，对犹太人和非基督徒来说，宣讲福音（*kerygma*）永远是理智的牺牲（*sacrificium intellectum*），是一块绊脚石，或一种愚拙之举。另一方面，对虔诚的基督徒来说，这是至高无上的合理性，是上帝的智慧，而世人所谓的智慧或合理性，才是真正的愚拙。圣保罗在《哥林多前书》1：20—25 中说：

> 智慧人在哪里？文士在哪里？这世上的辩士在哪里？上帝岂不是叫这世上的智慧变成愚拙吗？世人凭自己的智慧，既不认识上帝，上帝就乐意用人所当作愚拙的道理，来拯救那些信的人，这就是上帝的智慧了。犹太人是要神迹，希腊人是求智慧；我们却是传钉十字架的基督。在犹太人为绊脚石，在外邦人为愚拙，但在那蒙召的，无论是犹太人、希腊人，基督总为上帝的能力，上帝的智慧。因上帝的愚拙总比人智慧，上帝的软弱总比人强壮。

福音的基本内容是否合理？人们显然会对独一无二的福音作出迥然不同的判断。在这个人是一种愚拙或一块绊脚石，在那个人就很可能是一种智慧，反之亦然。

第三，当人们坚持认为，一个命题要想具有真理性，就必须是某种知识基础的一个组成部分，或者必须适当地建立在这样一种知识论的基础上，它包括了一个或多个命题，它们是毋庸置疑的——要么对感官是自明的，要么是不可更改的，这时人类是否表现了最高的理性美德？我们应该把知识的木板牢固地钉在一起，安放于坚固得牢不可破的水泥质地基上，问题是，理性的殿堂有这种板材吗？求知者要刻意排除一切有害的偏见和假设，摒弃一切无益的故事和传统，克服不同的信仰以及历史背景和社会背景所造成的主观影响，也许只有在这种条件下，我们才能建设知识的大厦。完全客观的认识方式也许会把一切命题统统送交不偏不倚的理性法庭,它认为,所有命题的真理性必须接受经验的检验,一切知识性判断都以证据为基础,一切可能的知识必须符合最高的科学标准。这显然是现代主义的理性观,是启蒙运动特有的产物。阿拉斯代尔·麦金泰尔指出:"人们认为,理性能够推翻权威和传统。理性证明必须诉诸某些原则,任何人都不会否认这些原则,它们独立于社会文化的所有特点,启蒙运动时期的思想家认为,这些特点是理性在特殊的时间、特殊的地点所具有的一些偶然特征。"[38] 现代理性观真的合理吗?

批评家们指出,基础主义理性观至少具有两大缺陷,因此这种观点值得怀疑。首先,这种观点应该是某一历史时期为数不多的一些西方思想家所提出的一种与众不同的思想。不知为什么,他们的理性观念显然与绝大多数人的理性观念格格不入,因为他们的认识方式并不缺乏传统的要素,也没有严密的科学性和哲学性,其实质也不是世俗的或非宗教的。[39] 其次,启蒙运动的知识论举步维艰。哪些命题是知识的毋庸置疑的基础? 人们显然普遍认可的一些知识(如记忆信念和其他人的思想)为什么没有说服力? 在这些问题上,启蒙思想家莫衷一是。他们对文化的认识也是各持己见(于是导致社会的分裂)。现代主义理性模式的最大讽刺也许在于,它试图铲除认识过程中的叙事传统,启蒙运动以来的多数知识分子却接受了它的认识方法和思想观念,它被"改造成为一种传统,它的一个明显特征是,[普遍理性的]原则问题成为一个永恒的话题"。[40] 启蒙运动不仅反对传统,而且以一种偏见来反对另一种偏见,现代以来,这已成为一种占主导地位的偏见、一种新的思想文化传统!

围绕上述三个例证,人们展开激烈辩论:人类学家试图回答文化的合理性问题;犹太人、非犹太人和基督徒试图回答救世的合理性问题;现代与后现代哲学家则试图回答知识的合理性问题。非洲的阿赞德人、福音和基础主义三个例子各不相同,却突出了一个论点:合理性以一定的背景和信仰为基础。某人所谓合理或不合理,取决于他的世界观。叙事符号系统包含着某种位于人们内心深处的实在论,这个系统也决定着人们的思维方式,是理性思维的基本原则的决定因素。理性不愿赤裸裸地展现自己,因此,它总要穿上用故事做成的世界观外衣。[41]

合理性的基础是信仰,提出这种观点的两位思想家是 R. G. 柯林武德(R. G. Collingwood)和阿拉斯代尔·麦金泰尔。柯林武德精心设计的论点是,合理性存在于一种"问答逻辑"之中,这种逻辑包含着许多相对的和绝对的假设。相对的假设是对前一个问题的回答,又是后一个问题的基础。整个问答系统起源于或立足于一些绝对的假设,这是最初的思想系统。柯林武德的《形而上学论》(1940)阐述了他所谓绝对假设的大部分思想。这篇文章提出一些基本论点,但是其中的一个论点具有特别重要的意义。柯林武德认为,无论多个,还是一个,绝对的假设都是不可证明或反驳的。它们不是命题(柯林武德认为,只有命题才能被证明或证伪),所以假设不可能有真假的区别。他说,无论如何,"是证据依赖它们,而不是它们依赖证据。"[42] 换言之,人们是根据这些假设来论证,而不是以此为论证的结论。如果某物能够证明一种绝对的假设,这种假设就不是绝对的,能够证明它的某物也许是一种绝对的假设。因此,绝对假设的逻辑有效性不是取决于该假设的认识可靠性,也不是取决于人们对其真理性的信任,而是取决于其绝对的假设。某种思想体系的合理性——某种问答逻辑——起源于这些不可反驳的基本设定,这就是思想的基础。柯林武德关于绝对假设的思想,类似于我们所谓的世界观;这种思想表明,合理性的作用方式不是抽象的,而是以信念为中介,它在这里要以一套绝对的假设为中介。[43]

307

我们已经引述了阿拉斯代尔·麦金泰尔的一些有益的论点,他的论证方法与柯林武德的论证方法大不相同,但是说到底,他们是在谈论同一个话题。麦金泰尔的《谁的正义?哪一种合理性?》的主旨当然是道德问题,特别是正义概念。经过研究,他很快认识到,对立的正义概念以对立的合理性概念为基础。如他所言:"要想理解正义是什么……我们必须首先知道,合理性概念会要求我们做什么。当我们试图理解合理性概念时,我们马上就会意识到,人们常常围绕理性的抽象本质和实践理性的具体内容进行辩论,这些辩论的复杂性和不可驾驭性,与正义概念所引发的辩论,不相上下。"[44] 现代思想的倡导者宣扬理性,于是

308

麦金泰尔开始考察理性的本质和特征,结果发现,这是一个不称职的概念。如他所言,知识论基础主义是启蒙思想家所谓理性的一种表现形态,这种理性"忽视了人们无法逃避的历史条件和社会条件;真正的理性原则,无论理论理性,还是实践理性,必然会具有这样的特征"(第4页)。因为否认这些条件,各种各样的辩论——道德领域或其他领域的争论——就远离了这些互相对立的假设所处的思想环境,这种思想环境正是不同观点的起源。启蒙思想把理性置于高超的理论层面,人们未能深入到基本的世界观假设。因此麦金泰尔指出,"启蒙运动留给我们的,是进行理性证明的一种理想;事实证明,这种理想是无法企及的。"(第6页)他想把讨论引向一个更深的层面,直至问题的核心,所以他主张,理性研究要立足于传统。如他所言,"研究不仅受制于传统,而且是在创造传统,由此看来,某种形式的理论(例如它的合理性)总是关系到人们提出该理论时的具体方式及其语言特征;如果坚持这种理论,人们就必须在某时某地否认哪些事物;在某时某地,该理论假设了哪些事物,如此等等。"换言之,人们必须根据历史条件来理解理论的合理性,因此麦金泰尔认为,"合理性不是单一的,而是多种多样的"(第9页)。从实用的角度看,麦金泰尔似乎认为,"谁的正义?"和"哪一种合理性?"等深层问题与世界观概念密切相关。他对这个问题的重要论述之一,表明了这种立场,参见该书最后一段话。

> 每一种具体的正义观念必然会有一些具体的实践理性概念相伴,反之亦然,这种信念一开始就出现在正义和实践理性的研究之中。上述研究结果不仅加强了这种信念,**而且清楚地说明,正义和实践理性的观念通常与某种范围更大的具有一定清晰度的观点关系密切,后者是对人生及其在自然中所占位置的一种总体性看法**。这些总体性看法要求,我们的理性必须履行自己的义务,因此,这些看法揭示了研究的传统,从另一个方面看,这些传统又是不同社会关系的表现。(第389页,粗体为笔者所加)

为了阐述理性思维的结构,柯林武德提出一个十分抽象的概念——

309

"绝对的假设",麦金泰尔则使用了一个更有吸引力的概念——"历史传统",无论前者,还是后者,总的结论不容置疑:合理性的特征与内涵必须依赖世界观。托马斯·库恩认为,科学思维是在"范式"或学科母体中进行的;阿拉斯代尔·麦金泰尔主张,要想理解美德,我们就必须把这个概念放在一种叙事历史的传统之中。

如果某人认识了他所拥有的绝对假设或叙事历史的世界观,就会产生以下结果。他不仅深化了对自己的认识,而且深化了对传统和环境的理解,传统和环境也是周围其他人的生命之源。他还认识到,他要么宣讲和实践他所谓的理性和证明,要么保持沉默(第 394—395,401页)。马丁·路德就是一个很好的例子。他致力于阐述新的宗教改革称义观及其神学合理性,结果招致教会的敌视,教会不能容忍其离经叛道。教会要他解释其新思想,他没有保持沉默,却在 1521 年的沃尔姆斯会议上,当着罗马教会显要人物的面,发表了如下著名宣言:

> 尊贵的陛下和阁下要求我作出简单的回答。以下是我的回答,言简意赅。除非圣经的证词或……**清晰的理性推理**已经证明,是我错了……我决不收回任何声明。因为对我们来说,做违背良心的事情,既不安全,又不合适。这就是我的立场。我别无选择。上帝保佑我。阿们。[45]

路德所谓"清晰的理性推理"自然是他对圣经和新教观念的阐释,他的名字后来成了新教的代名词。他的行为方式、正义观念及其思想方法,遵循着一种新的革命性叙事传统,这种传统大大激发了他的道德思想,他必须坚持自己的立场,即使要付出高昂的代价。审判路德的那些人,显然怀有一种截然不同的信念。两个派别的思想路线起源于各自不同的世界观,冲突发生了。这些事件足以改变历史的进程,为了合理地解释这些事件,人们必须清楚地认识到,合理性不是一种形式的超时空的事物,而是一种思维方式,这种思维方式的基础,是人们对某种叙事符号系统的信任,而这个符号系统往往是以某种历史传统为背景。换言之,理性的基础是世界观。而解释的基础也是世界观。[46]

世界观与诠释学

自古以来，一个几乎无法解答的难题始终困扰着求知者与文本解释者。人们总是想认识他们尚未认识的事物，解释他们尚未理解的事物，求知者与解释者显然处于一种无法躲避的两难境地——"学习者悖论"。柏拉图的一篇对话恰如其分地描述了这种困境，这段简短的谈话是在美诺（Meno）和苏格拉底之间进行的，这篇对话以前者的名字命名。

> **美诺**：苏格拉底，你将如何研究你尚未认识的那些事物？你会以什么为研究对象呢？如果你发现了你想要寻找的事物，你怎么能断定，这就是你以前尚未认识的那种事物？

311

> **苏格拉底**：……你认为，某人既不能研究他已经认识的事物，也不能研究他尚未认识的事物；因为，如果他已经认识了那个事物，就没有必要再进行研究了；反之，如果他还没有认识那个事物，他就不能研究这个事物；因为他不知道，他的研究对象究竟是什么。[47]

在《后分析篇》第一章，亚里士多德也探讨过这个问题，他引述了以上对话，开宗明义地指出："以论证的方式给予或接受的所有知识，都是来自一种已经存在的知识。"[48] 类似的法则似乎决定着解释的过程：文本的阐释总是以不同的前理解（preunderstanding）和占主导地位的信念为基础。这个显而易见的事实内涵，以及与此相关的问题，包括两个方面。首先，文本的意义取决于解释者已经获得的知识。其次，由于解释者的基本假设的影响，解释本质上具有主观性，它将永远处于真正的科学领域之外。一切解释活动都有其先决条件和主观性，人们对这些特点的回应主要包括两个方面：（1）承认这些特点，以此为解释活动的必要条件，充分认识一切解释行动不可或缺的这种成见；（2）创立一种科学的解释方法，避开这个问题，确保解释结果的客观性。前一种观点基本上是前现代和后现代时期的方法(可能有不同程度的区别);后一种观点是现代性的产物。

启蒙运动时期的思想家以各种不同的方式,把矛头指向同一个目标:循环论证。在谈到解释活动时,马丁·海德格尔清楚地阐述了这种困境:"如果解释活动已经出现于有待解释的事物之中,如果解释活动必须以此为滋养,另一方面,如果事先设定的那种思想,已经出现于我们通常所理解的人与世界[即世界观]之中,那么科学思想是如何走向成熟而又避免了循环论证的呢?"[49]

现代主义者认为,西方文化的混乱状态起源于不同的宗教传统和哲学思想,人们顽固地坚持这些思想,以这些预期理由(*petitio principii*)为基础,来理解和回应他们那个时代所面临的一切重要问题。未经证明的思想与人生以个人成见(特别是宗教成见)为基础,撕毁了欧洲文明。解决这个问题、停止流血冲突的方法似乎在于,人们应该建立一种真正合理的认识真理的方法,这种方法既要避开不同的宗教传统,又能为一切有理性的人所接受,无论其智力多么低下。也许这种方法能够绕开恶性循环(*circulus vitiosus*)的问题,确保知识的客观性。从诠释学的角度看,这就意味着,要么一切解释行动都具有同样的客观性,要么人们根本不需要作任何解释。汤姆·洛克莫尔(Tom Rockmore)借用柏拉图的术语说,科学知识(*episteme*)立足于牢固而自明的基础,解释立足于成见和主观意见(*doxa*),二者迥然不同。"[启蒙运动的]知识论认为,知识的作用在于区分科学与成见、知识与意见,以及真理与信仰,却没有考虑解释的作用,因为解释活动只限于信仰的范围。换言之,这种观点认为,如果我们已经认识了某物,就不再需要解释了;如果需要解释,那么我们还没有认识这个事物。由此可见,知识与解释是两个互不相容的范畴。"[50]

然而,这种划分显然是幼稚的、不现实的和自相矛盾的:之所以幼稚,是因为人性是复杂的;之所以不现实,是因为它期待一种自己也不具有的客观性;之所以自相矛盾,是因为它以一种成见反对另一种成见。伽达默尔提出一个著名的论断:"启蒙运动怀有一种成见,这是其本质特征的显现:启蒙运动的主要成见在于,用一种成见来反对另一种

312

成见,不承认传统的权威。"[51] 启蒙运动拒不承认成见和传统的知识意义和解释意义,然而,具有讽刺意味的是,它最后又说,知识与解释都是必不可少的。传统包含着一些未经证明的前提,旨在消灭所有传统的努力,沦为一种新的未经证明的前提,这就是现代思想的传统。人类都有信仰和价值取向,其基本的宗教特征植根于心灵,因此,他们不可能根除这些预先设定的信念。事实证明,启蒙思想家同样具有人类的这些基本特征,他们很快认识到,他们预设了一种新的思想传统,他们试图证明这种传统的正确性。他们试图借助科学的客观性,回避循环论证的主观性,却没有成功。后现代批评家高兴地指出,启蒙运动与循环论证进行论战,后者战胜了前者。和理性一样,成见是解释活动的指南,解释过程必然会受制于传统。按照这个思路,解释活动最终立足于世界观。[52]

事实上,这是世界观与诠释学的关系的主要特征。新约神学家鲁道夫·布尔特曼(Rudolf Bultmann, 1884—1976)认为,"没有预先设定,就不可能有任何解释"。[53] 世界观是叙事符号的基本系统,叙事符号包含着某种实在论,是个人生活和集体生活的基础;因此,世界观是一些非常重要的假设,解释活动就是在这个基础上进行的。某种具有特殊意义的符号(世界观思想)是另一种符号(语言行为、文本或人造物)的基础或框架,只有依靠这个基础或框架,人们才能理解后一种符号。因此,诠释学与符号有关,一种符号能够解释另一种符号;它是一种受制于传统和语境的活动,植根于某种基本观念和生活方式。世界观决定着人们对社会和自然界的所有解释;启蒙思想家倡导独立不依的不包含循环论证的科学知识,世界观的存在却冲淡了他们的迫切愿望。

马丁·海德格尔和汉斯-格奥尔格·伽达默尔都反对启蒙运动的这种思想,他们把人性与存在、历史和世界重新联系在一起。重新融入人类经验之流的这种做法,彻底消除了"上帝视角"(God's-eye point of view)的可能性,人们试图用这种方法来客观地解释事物的本质。由此看来,解释活动是人类生存不可或缺的一个要素。海德格尔和伽达默尔重新阐述了人类的处境,在他们的思想中,诠释学占有中心位置。海德格尔深刻地揭示了理解的前结构(forestructure),伽达默尔详细考察了成见和视野在解释活动中所起的作用,这些思想都有助于我们理解本章的论点:世界观能够影响人们的解释活动。

海德格尔认为,科学的客观化能够导致人格的丧失,更重要的是,人们会忘记存在(Being)。他立志恢复存在的意义。为此,他对人或此在(Dasein)进行了"现象学的分析",因为此在(存在于此)与其他一切存在者不同,对他来说,探索存在的意义是其第一要务。只有此在才能提出存在的问题;只有通过此在,存在的意义才得以显现。因此,海德格尔的研究具有真正的诠释学意义:为了理解存在,我们必须首先对"此在"进行基本的现象学阐释。

> 我们的研究将表明,现象学描述是一种方法,这种方法的意义在于,它是一种**解释**。此在现象学的逻各斯(λόγος)具有解释(ἑρμηνεύειν)的特点,借此,存在的真正含义以及此在本身具有的存在的基本结构就会**显现在**此在对存在的理解中。此在的现象学是真正意义上的**诠释活动**,其目的就是进行解释。[54]

海德格尔还探讨了解释的经验,这是此在生存于世的基本方式,海德格尔的论述内容丰富,我们不可能在这里做全面的介绍。但是他所讨论的一个问题,与我们的话题密切相关:理解的预设结构。海德格尔认为,解释活动总是"把某物理解为某物",换言之,它总要借助于他所谓的"先有"(fore-having)、"先见"(fore-sight)和"先理解"(fore-conception)。上文引述了布尔特曼的解释原则,在此之前,海德格尔是这样阐述其论点的:"解释并不意味着,不借助于任何假设,我们就能理解摆在我们面前的事物。"(第 191—192 页)这适用于一切解释活动,包括文本的阐释。

> 某人要作一种具体的解释,一种确切的文本阐释,就要诉诸[*beruft*]"现成的事物",于是他发现,首先"出现在那里"的事物,正是他这个解释者的一些毋庸置疑的基本假设[*Vormeinung*]。解

314

释活动包含着这样的基本假设，这是解释活动中一些"理所当然"
[*gesetzt*]的设定——换言之，这是我们的一些先有、先见和先理解。
（第192页）

315　　海德格尔解释说，"先有"的意思是，一切解释行动皆以"关系的整
体"为基础，这是一种条件，也是一种业已存在的"视角"，它决定和指导
着理解活动（第191页）。他认为，解释活动不仅以"我们已有的某种事
物"为基础，而且以"我们已经见过的某种事物"为基础，即"先见"，这是
以"先有"为基础的一种最初的目光。用海德格尔的话说，"无论何时何
地，解释活动都立足于**我们已经见过的某种事物**——都是一种**先见**。
先见从我们先有的事物中'首先拿走一部分'，其目的是，以适当的方式
解释这个事物。"在解释活动中，对象也会变成概念，但是能够形成概念
的解释活动，要么符合对象的本质，要么违背对象的本质。对事物的理
解要么是一种基于对象的解释，要么是一种强加于对象的曲解。无论
哪一种情况，其结论总是取决于一些已经存在的概念，海德格尔称之为
"先理解"（第191页）。

　　所以海德格尔认为，理解活动的这三种前结构能够说明诠释学循
环的那种两难处境。海德格尔指出："一切解释活动都是在前结构中进
行的。有助于人们理解事物的任何解释活动，定然已经理解了需要解
释的那种事物。"（第194页）但他很快又指出，诠释学循环不是一条轨
道，任何知识都能在上面运行。毋宁说它揭示了此在的生存结构，这是
此在的本质结构。"理解活动中的这种'循环'是意义的结构的组成部
分，后一种现象植根于此在的生存机制——换言之，它植根于能够解释
事物的理解活动。"（第195页）因此我们绝不能认为，这是一种恶性循
环，我们必须忍受这种现象，如果可能，我们就要消除这种现象。假如
有人这样认为，那么海德格尔会说，他完全误解了此在的本质和解释的
过程。毋宁说这种循环为此在提供了一种"有益的可能性，这是最原始
的认识活动"（第195页）。重要的是，人们应该理解循环的意义，正确
地面对这种现象。

如果我们认为,这是一种恶性循环,必须尽量避免这种现象的发生;即使我们只是"觉得"这是一种不可避免的缺憾,我们也已经彻底误解了理解活动。 把理解活动和解释活动纳入特定的认识目标,不是这里所要研究的问题。这个目标只是理解活动的一个变种——这个变种走错了路,误入本质上不可认知的现成事物的合法领地[*Unverständlichkeit*]。解释活动必须具备某些基本条件,为了满足这些条件,我们必须首先清楚地认识解释活动得以进行的一些必要条件。问题的关键在于,不要回避解释的循环,而要以正确的方式进入这种循环。(第 194—195 页)

在海德格尔看来,启蒙运动试图回避诠释学循环,铸成大错,究其原因,启蒙思想家彻底误解了此在,误解了存在于此的含义。此在或人不是一个旨在分析和驾驭世界的独立不依的宇宙观察者;毋宁说人完全立足于存在和时间,这些生存关系是理解活动的一种前结构,人们就是按照这种结构来解释世界的。在解释过程中,这种结构的作用类似于世界观。它包括一些基本假设,这些假设是解释活动的指南。实际上,世界观是诠释学循环的原因,因为所有事物的最终解释必须借助于诠释学的基本符号和范畴。因此,这些符号和范畴具有特殊的知识意义,是开启知识与真理之门的锁钥。离开这些符号和范畴,人们就不可能进入知识和真理的殿堂,也就不可能进入理解活动的怪圈。[55] 也许这正是海德格尔的思想,因为他曾说,解释者必须以正确的方式进入这种循环,充分认识诠释学循环的正反两个方面。无论如何,海德格尔所谓的诠释学循环,与解释活动依赖于世界观的思想,不谋而合。

《真理与方法》(*Truth and Method*)是汉斯-格奥尔格·伽达默尔(1900—2002)的名著,该书阐述了伽达默尔的诠释学理论;他也反对启蒙运动对诠释学的敌视,这种敌视显然是笛卡尔的客观性理论的一种表现。根据埃德蒙·胡塞尔的现象学研究,特别是马丁·海德格尔的哲学思想,他提出一种以本体论为基础的诠释学,以解释历史的合理性。他着重探讨了两个概念:成见和视野,以恢复诠释学循环应有的地位,强调世界观在解释活动中的重要作用。海德堡的这位哲学家对自

316

己的思想作了如下阐述:"海德格尔之所以探讨历史性解释与历史性批
判的问题,正是为了从本体论的角度,阐释理解活动的那种前结构。比
较而言,我们的问题是,一旦摆脱了科学的客观性概念的本体性束缚,
诠释学如何才能正确地阐释理解活动的历史意义。"[56]

伽达默尔认为,诠释学是人类生活的固有特征和原始方式,解释的
本质在于解释者的成见与需要解释的文本之间的辩证运动。解释活动
关系到事物、解释者带给文本的前理解,以及文本带给解释者的不同含
义。下面一段文字深刻地揭示了这种相互作用,伽达默尔非常清楚地
阐述了诠释学循环的运动方式。

> 某人想理解一段文字,他知道,这段文字会告诉他一些事情。因
> 此,接受过诠释学训练的思想意识,一开始就能够感觉到文本的变化。
> 但是这种敏感并不意味着,文本的内容具有中立性,解释者应该消除其
> 自我偏见;它的意思是,他应该为自己的前意义(fore-meanings)和成
> 见,事先奠定基础,将它们据为己有。重要的是认识他自己的成见,
> 只有这样,文本才能以完全不同的形式呈现在他面前,在他的前意义
> 的背景下申说自己的真理。(第 269 页;参考第 293 页)

这就是伽达默尔所理解的"以正确的方式进入诠释学循环"。他认
为,人们在理解文本时,不是**不顾**传统和成见,而是必须**考虑**它们与历
史的相互作用,以及它们的先入之见。启蒙运动以一种成见反对另一
种成见,这种自相矛盾的做法给诠释学带来很大危害,因为它试图否认
传统思想的重要意义和作用。与此相反,伽达默尔认为,成见与传统是
诠释学问题的真正动力。因此他认为,我们必须给权威和传统正名,而
且要把它们作为诠释学的核心问题。

在伽达默尔看来,启蒙运动的方法论不仅自相矛盾,而且包含着人
类的一些不切实际的希望,因为他们置身于历史,肩负着传统,能力有
限。历史总是先于个人,它对人类意识的发展以及这些成见的产生,起
着重要作用,后者是解释活动的关键。"事实上,不是历史属于我们,而
是我们属于历史。通过自省,我们能够认识自我,在此之前,我们早已

通过自明的方式,通过我们生活于其中的家庭、社会和国家,认识了自我。以主体性为中心的思想,是一面哈哈镜。在历史生活领域,个人的自我意识不过是昙花一现。**唯因如此,个人的成见,而不是他的判断,才是其存在的历史性实在**。"(第 276—277 页)

这是一个非常重要的论点,因为我们要把伽达默尔的成见概念与世界观和诠释学联系起来。他好像认为,成见是一些前理论的观念,比理论判断出现得还要早,它们构成人类的历史性实在,是人类之所以为人类的根本原因。历史悄然无声地塑造着人们的性情,用某种东西填充他们的心灵,于是他们有了成见,反过来,这些成见又在解释活动中起着关键的作用。在此基础上,伽达默尔开始探讨他所谓"诠释学问题的出发点",他这样写道:"理性坚持彻底的自我构造,从这个角度看,人们本来以为是有缺陷的成见,实际上是一种历史性的实在。人类的存在方式是有限的和历史的,为了真正理解这种存在方式,我们必须彻底恢复成见概念的名誉,承认合理的成见是存在的。"(第 277 页)当然,哪些传统或权威——宗教的或哲学的——属于"合理的成见"之源,尚不可知;但重要的是承认这些成见,承认其历史渊源与合法性,及其对解释活动的影响。

这一点清楚地表现在伽达默尔所谓成见概念与"视野"概念的密切联系中,这也是其诠释学思想的一个重要环节。成见概念似乎是视野概念的基础与实质。伽达默尔的解释是:"解释活动的决定因素是随我们而来的那些成见。它们是我们现在某个时间所具有的一种视野。"(第 306 页)一种视野就是一个视角,这是诠释者的视角;这个视角是由诠释者的成见选定的,从这些事实出发,我们可以推断,这种意义上的视野是一种有益的比喻,其结构类似于世界观。换言之,类似于世界观的成见或视野,是解释活动的指南。

对伽达默尔及其视野理论(*Horizontlehre*)来说,关键的问题自然是视野在解释活动中所起的具体作用。有一点是毋庸置疑的:人们无须回避自己的视野,以移情的、主观的或心理的方式,进入有待解释的对象的视野。这是启蒙运动或浪漫主义所理解的解释活动,它违反了伽达默尔的基本规律,即解释活动总是以特定的历史-本体论情境为背景。理解这种诠释学情境,就是要实现"不同视野的融合,人们以为,这

些视野是独立存在的"(第306页)。这样的表述很容易被误解。出现
在人们面前的是,他们所理解的真理合而为一,这种融合是一种更大的
历史视野本来就有的,这种体验丰富和扩大了解释者的视野。在不同
视野的融合过程中,成见必须承担风险,接受考验,它们可能被证实,也
可能被抛弃。因此,学习别人的生活方式,能够丰富我们的自我知识。
理解就出现在这个运动过程中。海德格尔提出了理解的前结构概念和
诠释学循环的概念,与此相同,伽达默尔的成见概念和视野概念也认同
以下主张:解释绝不是一种独立而客观的活动,相反,它立足于解释者
的历史经验和过去的信念。简言之,伽达默尔的思想意味着,解释活动
与解释者的世界观密切相关,前者会在很大程度上影响后者。

　　由此看来,在解释活动中,谁都不是一个孤岛,一个纯粹理性的解
释者,与世隔绝。现代思想坚持极端个人主义的解释模式,这种思想以
讲究方法的科学理性为基础,让所有事物都接受"疑惑的诠释"
(hermeneutic of doubt),与前现代和后现代时期的社会理想形成鲜明对
照。在前现代和后现代时期,人们已经认识到,叙事传统能够决定历史
意识,叙事传统具有诠释学内涵,尽管二者存在明显的区别。[57]

　　举例来说,前现代的基督徒社会都相信一些故事,基督徒认为,这
些故事是实在的最终解释。他们的总体性世界观包含一个确定的符号
系统,这个系统代表着宇宙,其有效性来自上帝的道。基督徒社会中有
解释活动,基督徒的信仰与实践存在于圣礼和信徒们的记忆中,是一种
能够提供"信任的诠释"(hermeneutic of trust)的传统,这是基督徒解释
事物的指南。基督徒要牢牢守住这种解释,哪怕付出生命的代价。

　　马克思、尼采和弗洛伊德之后,人类进入后现代时期,社会发生了巨
大变化。人类成为一种具有反思能力的社会构造物和语言构造物,社会
惯例受到怀疑,利益的面纱被揭开了,神话被摧毁了,权力关系受到约束,
意义被解构。在这种情况下,用来阐述世界的那些符号系统,并不隶属于
任何"超越的标志",总是处于变化的状态。它们的解释没有明确的界线,
不以任何具体的社会传统或社会记忆为基础。它们毁灭信仰,它们最重
要的解释原则是"怀疑的诠释"(hermeneutic of suspicion)。

　　根据这些例证,我们可以认为,在知识与解释的问题上,信任的解

319

320

释与适当的怀疑要合理地融为一体,因为人类总是生活在一定的传统中。信任过度会导致盲从;怀疑过度会导致虚无主义。两方面的错误都可能出现,信心与批评的平衡却会培育一种社会归属感,但不是天真的归属感。人首先要有信仰,然后才能理解(信仰);随着理解力的提高,他会遇到一些针对原来那种信仰的批评(怀疑),因此,他必须探索新的解释,以巩固自己的信仰(信任),否则怀疑会压倒信任。

我们要把诠释学与世界观联系起来,问题的关键在于某种终极意义是否真的存在。有没有一种解释性的主码(master code),一切文本阐释皆以此为终极视野?有没有一种最高的符号系统,这个系统以适当的确定性,决定着其他所有符号的意义?有没有一种能够解释其他所有世界观的元叙述(metanarrative)或最高的世界观呢?诠释学的结论不过是符号和象征的不断转换,世界上不再有任何意义了,果真如此吗?看来,这些问题的答案要依人们的世界观而定!下面两段话分别引自斯坦利·罗森(Stanley Rosen)和乔治·斯坦纳(George Steiner),他们根据完全不同的两种世界观,回答了上述问题;我们将以此来结束本节对世界观与诠释学的讨论。先来看斯坦利·罗森的观点:

> 我们可以用下面这段话来结束我们对诠释学历史的追溯。诠释学的初衷是阐释上帝的道。后来,人们也将其用于阐释人的思想。到了 19 世纪,我们首先从黑格尔那里,后来又十分明确地从尼采那里得知,上帝死了。20 世纪以来,科耶夫(Kojève)及其门徒,例如福柯,又告诉我们,人也死了,可以说大门由此敞开,脚下的路一直通向后人类学的解构活动的深渊。诠释学的领域扩大了,诠释学所谓意义的两个始源,上帝与人,消失了,宇宙或世界也一道消失了,留下来的只是我们喋喋不休的争论,我们称之为语言哲学或诸如此类的学问。如果任何事物都没有实在性,实在的事物就什么也不是;文本中的一行行文字与它们之间的空格,没有任何区别。[58]

乔治·斯坦纳回应了尼采及其追随者的主张,他们认为,"如果上 321

帝在我们的文化中、在我们的生活中还有一席之地，他就是语法中的一个幽灵，就是在理性话语的童年时期形成的一块化石。"斯坦纳写了一部关于语言和意义的可能性（特别是审美意义的可能性）的著作，该书的序言提出一种与上述观点相反的看法。

> 本书认为，语言是什么，它是如何发挥作用的；人类的语言能否传达意义和情感，这些问题的合理解释最终取决于上帝存在的基本假设。我认为，美学意义的体验具有代表性，文学、艺术和音乐的美学意义，必然意味着这种"真实的存在"。这种"必然的可能性"看似矛盾，实际上，诗歌、绘画以及音乐作品之所以自由地探讨、自由地建立法则，正是由于这种可能性。这项研究将会表明，拿意义的内涵赌博……就是拿超越的事物赌博。[59]

由此可见，世界观不仅影响着解释的艺术或诠释学，而且是意义问题之所以可能的基础。在西方，这个问题取决于两种对立的世界观：无神论与有神论。如果上帝不存在，终极意义就不存在；但是，如果上帝存在，世界就会呈现出另外一种景象。

世界观与知识论

世界观的作用能够在很大程度上影响推理与解释，既然如此，它对认识过程有哪些影响呢？ 说到某种世界观，其倡导者是世界的一部分，还是其旁观者？ 也许世界观的倡导者既是世界的一部分，又是其旁观者？ 约翰·佩福（John Peifer）清楚地描述了这种关系：

> 在认识过程中，通过思想中的事物，我们就能认识事物，认识具有物质独立性的外在于思想的实在？ 抑或在认识过程中，我们只能认识思想中的事物？ ……问题涉及人类的思维，尤其是理性

思维的对象。人的思维对象是一种实在,抑或一种思想?思维活动的终点是事物,还是思想?这显然囊括了人类知识的所有问题。这个问题事关重大:在认识过程中,人们是在考察一种超越的客观实在,还是在考察一种内心固有的主观思想。[60]

关于实在的客观事实,人们形成了不同的看法,以下笑话恰如其分地说明了这一点。三个棒球裁判刚看完一场球赛,正在交流其裁判心得。"他们在一起坐着,喝着啤酒,其中一人说,'有坏球,有好球,而我照它们所是来裁判。'另一个说,'有坏球,有好球,而我照我所看到的来裁判。'第三个人说,'有坏球,有好球,但全在乎我的裁判。'"[61] 每一种说法都反映了我们的一种认识方式:第一个裁判坚持朴素的、直观的或常识的实在论;第二个裁判提倡批判的实在论;第三个裁判代表一种反实在论。在认识过程中,世界观起着媒介的作用:对第一个裁判来说,世界观没有任何作用;对第二个裁判来说,世界观是一种条件;对第三个裁判来说,全在乎世界观。第一个裁判代表彻底的客观主义,这种观点认为,事物都有明确的界限,是黑白分明的;第二个裁判的观点是客观主义和主观主义的混合物,这种观点认为,事物并没有明确的界限;第三个裁判代表彻底的主观主义,这种观点认为,真正的知识隐藏在黑暗中。我将简要叙述这三种观点,因为它们反映了世界观与认识过程的三种关系。为了便于比较,我要首先考察常识的实在论和反实在论,然后再考察批判的实在论。[62]

我们可以把第一种观点粗略地称为**朴素的、直观的或常识的实在论**,这种观点认为,人们对宇宙的理解是直接的和准确的,与世界观的假设或其他主观因素无关。我们起码可以说,这种观点以下列四种基本假设为基础:(1)有一种客观而独立的实在;(2)这种实在具有固定不变的属性,不依赖任何观察者;(3)认识者的认识能力是值得信赖的,人们通过这种能力来理解永恒不变的实在,个人的成见或传统不会妨碍这种能力;(4)关于世界的真理和知识是人们发现的,具有确定性,而不是人们创造的,具有相对性。简言之,这样的实在论者认为,在感知者与物质对象之间,不可能存在任何种类的心灵实体。在外行看来,这

323　种观点确实是一种**朴素的实在论**,这是普通百姓的观点,他们当然相信自己的认识能力,他们认为,这种能力会客观地直截了当地告诉他们,真实的世界究竟是什么。18 世纪苏格兰哲学家托马斯·里德(Thomas Reid)对常识的实在论做了严谨的论述,一些当代知识论者根据其他观点具有的缺陷,重新肯定了里德的观点。[63] 借用理查德·罗蒂的话说,无论如何,这种知识论的主要论点是,世界"正如我们认识的那样"。[64]

　　第二种观点是**创造式反实在论**(creative antirealism),这种观点假定事物所是与人们对事物的多种看法是完全脱节的。在这种情况下,世界观就是一切,信仰的体系被具体化了,和宇宙没有任何实质的联系。实在真的消失了。这种观点可以归纳为以下四个命题:(1)虽然外部世界可能或很可能存在着,但是我们绝不可能认识其客观属性;(2)认识者无法如其所是地认识世界;(3)呈现在我们面前的实在,是语言的构造,是人类心智的观念论式的产物;(4)因此,关于世界的真理和知识不是我们发现的,也没有确定性,而是我们创造的,具有相对性。人们所谓"已知事物"的似是而非、心灵的创造力、符号系统的多样性及其发展变化,以及符号世界的多样性,是这种观点的主要特征。[65] 这种理论起源于普罗泰哥拉,柏拉图的《泰阿泰德篇》记载了他的观点,他认为,"人是万物的尺度"(homo mensura),"事物既是它们对你显现的那样,又是它们对我显现的那样"。[66] 不仅如此,就在这篇对话中,柏拉图笔下的苏格拉底后来又说,普罗泰哥拉的相对主义认为,"人们感觉是什么,事物就是什么"。[67] 近代以来,伊曼努尔·康德的先验观念论成为创造式反实在论的原动力,康德推翻了传统的客观主义知识论,其追随者完成了他的未竟之业。在当代的后现代思想中,康德发起的哥白尼式的革命演变为一种彻底的视角主义,这种理论认为,符号和象征就是

324　一切:只有当语言把世界表述为某种事物时,它才"成为"这种事物。反实在论不相信,人类理性能够勾画出实在的轮廓。它宣扬"有用的虚构"或"神圣的帷幕",这样,人类就能远离无意义的深渊。事实上,现在只剩下各种各样的观点和看法了,用罗蒂的话说,世界"已经消失了"。人类别无选择,只好以假设的信仰为生命的依靠,它们是一些建立在具

体的生活形式之上的语言游戏。

第三种观点是**批判实在论**。这种观点认为,世界是客观存在的,人们对它的认识是值得信赖的,但是它承认,认识过程必然包含成见,因此他们必须不断地批判自己的基本思想。这种观点同样可以归纳为四个基本命题:(1)有一种客观而独立的实在;(2)这种实在的性质是永恒不变的,独立于任何观察者;(3)认识者的认识能力是值得信赖的,通过这种能力,他能够认识永恒的实在,但是,个人成见和世界观传统会制约或相对化这一认识过程;(4)因此,关于世界的真理和知识具有两方面的特征:它们既是人们认识的结果,具有确定性,又是他们创造的结果,具有相对性。N. T. 赖特恰当地描述了这种观点。

> 这[批判实在论]是对"认识"过程的一种描述,这种观点承认,**有待认识的事物具有实在性,是区别于认识者的一种事物**(故名"实在论");另一方面,它又完全承认,我们认识这种实在的唯一途径是一条螺旋式道路,认识者与有待认识的事物要进行适当的对话或沟通(故名"批判的")。沿着这条道路,我们就能够批判地考察我们对"实在"的研究,于是我们认识到,我们所理解的"实在"具有相对性。换言之,大体来说,知识与认识者之外的实在有关,但是它从未独立于认识者。[68]

根据以上描述,我们清楚地看到,这种观点是一种坚持中庸之道的知识论,它努力地避开常识的实在论和创造式反实在论两个极端。这是客观主义和主观主义的混合物,既承认实在的世界,又承认实在的人类,他们各不相同,却都想认识世界。它寄予人类理性的希望既不多,也不少,它清楚地知道,人类能够认识什么,不能认识什么。这种观点既没有现代思想的那种傲慢,也没有后现代思想的那种绝望;这是一种比较谦虚的经过磨炼的知识论,谦卑是其明显的特征。批判的实在论不会说:"我判定事情本来就是如此。"它不会说:"我判定事情是什么,它们就是什么。"相反它会说:"我看见它们是什么,就判定它们是什么。"像圣保罗那样,它会谨慎地说,"我看见了,仿佛对着镜子观看,模

325

糊不清。"(《哥林多前书》13：12，意译）批判实在论的结论既非教条主义，又非怀疑主义；其思想气质既非过度的乐观主义，又非犬儒主义。在任何情况下，它都是一种不偏不倚的实在论。再用罗蒂的话说，这种观点认为，人们既没有完全认识这个世界，又没有完全遗忘这个世界，从某种意义上说，世界既被认识了，又被遗忘了。世界观对世界的描述，既有正确的方面，又有错误的方面。世界观是一种符号结构，其符号和象征既能使人困惑，又能使人清醒，既能说明错误，又能说明真理。因此，人们总是需要与不同的人和不同的观点进行交流，质疑或证实他们对事物本质的认识。

　　由此可见，思想不是空穴来风！事必有因！某个人的立场能够决定事物的晦暗或清晰。[69]C. S. 路易斯的一个比喻也许能说明问题，虽然这个比喻本来是用于其他目的。他写了一篇短小精悍的文章，题为"工棚思绪"；他在文章中说，屋里很暗，门缝里进来一道明亮的阳光，我们站着观看这道光线，这是一回事。完全置身于阳光之中，通过阳光来观看其他事物，则是另一回事。如他所言，"顺着光线看与逆着光线看是全然不同的两种体验。"[70]待在工棚里，工人只能根据光明来认识黑暗，或者只能根据黑暗来认识光明。路易斯说，"只有通过这种经验，人们才能认识其他经验。"我们的知识总是起源于这种或那种经验，经验的内容确实会影响我们的认识对象和认识方式。于是路易斯又补充了一个明确的反实在论观点："如果经验之内的一切事物［即任何事物］都具有欺骗性，我们就总是在上当受骗。"[71]

　　试问：我们一直在上当受骗吗？经验是真实可靠的，这种说法有根据吗？我同意路易斯的观点，我认为，这种说法是有根据的，这种根据就是我们对永活的上帝的体验。拿意义的内涵赌博，就是拿超越的事物赌博（斯坦纳语），同理，拿知识的可能性赌博，就是拿超越的事物赌博。如果上帝存在，如果他是天地的创造者；如果上帝的道是宇宙万物的创造者，其智慧和律法是宇宙万物的设计者；如果他是人类心灵及其认识能力的建筑师；如果他在创造人类时，就使其生活和思想包含了心灵的信仰（符号系统或叙事系统，它们内在于信仰，信仰是其主宰），我们就有理由认为，宇宙是可以认识的，不过这种认识总是受制于人类的

326

有限性、罪及救赎的经历。知识总是有这样那样的局限,人们必须批评它,改造它。实在的世界也是可知的,因为这是上帝的设计,不过这种知识总是需要批判的调和。

沿着这个思路,俄罗斯文学理论家米哈伊尔·巴赫金(Mikhail Bakhtin)提出一种新观点,他认为,"对话式想象"是认识过程中的主要活动。我们不是要以移情的方式来理解别人,而是要进行他所谓的"创造性理解",在这种理解活动中,参与重要的批评性对话的各个方面,都保持着各自的特点,却又从对方身上学到了自己无法自学的一些知识。

> **创造性理解**不否认自身,不否认它在时间中的位置,也不否认其文化;它没有忘记任何事物。为了理解对象,理解者必须**置身于**创造性理解活动的**对象之外**——既要在时间和空间方面,又要在文化方面,置身于对象之外[局外人必须保持其局外人的身份,只有这样,他才能理解生活于某种文化之内的局中人],这一点具有至关重要的意义。因为谁也不可能真的看到自己的外表,把它当作一个完整的统一体,镜子或照片都无济于事[局中人不可能帮助局中人看清楚自己];只有其他人才能看清和理解我们真正的外表,因为他们在空间上处于我们之外,他们是**其他人**。[72]

巴赫金阐述的这个认识过程包括四个重要方面。参加对话的每一个人都有自己的看法,都能够帮助其他人:我能够看到我视野中的东西,你却不能;你能够看到你视野中的东西,我却不能。我能够看到并指出你的局限,你却不能;你能够看到并指出我的局限,我却不能。我们的这些思想、互相的批评,以及"对话式的想象",只有一个目的:更深刻地理解实在。用路易斯"工棚思绪"的结论说,"人们既要**一同**观看所有事物,又要观看所有事物**本身**。"[73]

至于世界观,我们似乎有理由认为,从认识的角度看,某些世界观确实优于另外一些世界观。如何证明这一点呢?考察不同范式的认识有效性和实践有效性的最佳方法是什么?对这些问题的回答,应该是批判实在论所倡导的大对话的主要内容。

327

　　某种世界观的倡导者无论是考察自己的观点，还是考察别人的观点，从程序上说，都应该坚持三个"标准"，分清不同思想体系的优点和不足。评价世界观的这三个标准，大致相当于真理论的连贯说、符合说和实用说。简言之，世界观思想应该接受理性的、经验的和人生的考察。

　　理性的标准是连贯性：构成某种世界观的那些命题，是否具有一致性？从理性的角度看，它们是否连贯？是否自相矛盾？构成某种思想体系的那些句子，是不是一个连贯的整体？相互一致的那些观点不一定能够证明某种世界观是真理，但是，截然相反的那些命题，却能够证伪这种世界观，或者说，它们至少能够证伪其中的某些命题。因此逻辑上有效的世界观，必然具有思维的连贯性。

　　经验的标准是符合：某种世界观是否与实在相符？它能够合理地解释世界万物吗？这种世界观能够完全涵盖并充分解释所有事实吗？换言之，世界观能够真实地反映事物的存在方式吗？它能够充分反映生活的全貌吗？如果这种世界观忽略或推翻了人类经验的大部分内容，如果它显然不能开拓和阐明人类经验和宇宙的重要领域，那么这种世界观或它的某些方面就值得怀疑。合理的世界观应当覆盖经验的全部领域，能够解释很多事物。

　　最后一个标准是生活或实用：世界观有用吗？它能否用于生活？
328 它有"实际意义"吗？它能否有效地用于人生和经验的重要领域？面对人类的基本问题，它能做出有意义的回答吗？真正的世界观不仅具有实际意义，而且能够满足个人的需要。它应该满足人类的内心需求，让人觉得安全和幸福。正确的世界观应该具有实用价值，能够满足人生的需求。真正的世界观定然经得起理性、经验和实用价值的检验。只有符合这些标准的思想范式才具有真正的哲学意义，才有接受的价值。[74]

　　最后一个问题涉及批判实在论的一个显著特征：在人类知识的某些领域，实在论显然居于支配地位，但是在另外一些领域，批判的呼声却占了上风。叙事符号系统是世界观的组成部分，遍布知识的所有领域，但是很显然，世界观能够直接影响这些学科，却不能直接影响那些学科。换言之，世界观的思想内涵会随着学科的变化而变化。在所谓精密的规范的科学领域,世界观似乎只有很小的影响力(这并不是说,它的影响力等于零);但是在人文科学、社会科学和艺术领域,它具有明显的影响力。举例来说,世界观假设对于化学研究似乎没有多大影响,对于历史研究却有很大影响,对于数学没有多大影响,对于哲学却有很大影响。这似乎是不争的事实,除非此人是在谈论化学或数学的哲学,因为在谈论化学哲学或数学哲学时,他已经从这些学科悄悄溜到其第一原理的领地。在这种情况下,世界观具有非常重要的作用。它能够影响"人文科学",从这种意义上说,围绕这些科学的方法和知识开展批判性对话的要求就会相应地提高。世界观对"自然科学"影响不大,从这种意义上说,实在论的因素增加了,但是开展批判性对话的要求相应地降低了。**虽然**具有不同的世界观,但是科学家们的思想不可能有太大差异,相反,**由于**世界观不同,人文科学工作者的思想很可能存在较大差异。

为什么会出现这种情况呢?回答也许是:世界观与最高实在有关,与宇宙的意义等最基本的问题有关,因此,某一学科距离这些实在和意义问题越近,某种世界观就越有可能影响这个领域的理论思维。埃米尔·布龙纳(Emil Brunner)(从神学的角度)称之为"相邻关系的法则"。[75] 他认为,一个学科距离生命的中心(即上帝)越近,最高信念对这个生活领域的影响就越大。神学离这个中心最近(起码有神论者是这样认为),其次是哲学,再其次是人文科学、艺术以及社会科学,然后是各门自然科学,最后是那些基本的符号科学,如数学、语法和逻辑。如果这种分析还有一定的说服力,也许读者已经认识到,为什么世界观在这些学术领域的影响要大于它在其他学术领域的作用。学科不同,批判地评价世界观的影响的要求也各不相同。

329

结语

世界观拥有巨大的影响力,创造性地思考这个事物的一种方法就是符号学。每一种生命、每一种文化都受制于一定的符号系统,这个系统决定着个人意识和集体意识。这种内在化了的符号结构可能表现为理论或命题,但是归根结底,它可以追溯到一些用来阐述世界的叙事,这是个人的"底线"(bottom line),也是首要的文化"前提"(given)。这些叙事自觉或不自觉地已经成为"思想的默认程序",[76] 深深地刻在人的心里。因此,它们具有"一种不容置疑的味道"。[77] 一种世界观就是一

330   个叙事符号系统,它能够创造一个明确的符号世界,总的来看,这是塑造生命的各种习俗的最终源泉。它是河道的开掘者,理性的源头活水在其中流淌。它是解释者视野的创立者,由此出发,他能够解释一切文本。它是心灵的一种媒介,通过这种媒介,心灵能够认识世界。人类心灵是它的家园,与此同时,它也是人类心灵的家园。从理论或实践的角度看,世界的末日来临之际,我们很难说,还有比叙事符号系统更为重要的文化事实,因为它就是世界观的内容。

注释:

1. Umberto Eco, *A Theory of Semantics*, Advances in Semiotics (Bloomington: Indiana University Press, 1976), p. 22.

2. 参见 Everett M. Stowe, *Communicating Reality through Symbols* (Philadelphia: Westminster, 1966)。

3. 参见 Dorothy L. Sayers, "Toward a Christian Esthetic," in *The Whimsical Christian: Eighteen Essays by Dorothy L. Sayers* (New York: Macmillan, Collier Books, 1987), p. 84。约翰·米尔班克(John Milbank)试图根据上帝的三一特征,阐述人际交流的本质。他认为,圣灵是听众,他要审查圣子的证词,他的品质或思想是这种交流的关键要素。在 "The Second Difference: For a Trinitarianism without Reserve," *Modern Theology* 2 (April 1986):230,他这样写道:"圣灵源于父与子的区别,这是真正的'第二个不同点',其情形仿佛听众正在听取某人的滔滔雄辩,这个人是其他人的代表。人们不可能直接认知圣父,因此,圣灵必须认真听取、仔细审阅、正确解释圣子的证词——就这种证词而言,'人品'是真实证词的关键。"

4. Alexander Schmemann, *For the Life of the World: Sacraments and Orthodoxy* (Crestwood, N. Y.: St. Vladimir's Seminary Press, 1973), p. 120.

5. Augustine, *Teaching Christianity — "De doctrina Christina*," introduction, translation and notes by Edmund Hill, O. P. in *The Works of St. Augustine:*

A Translation for the Twenty-first Century, ed. John E. Rotelle, O. S. A., vol. 11 (Hyde Park, N. Y.: New City Press, 1996), p. 106(§1.1).

6. Ibid., p. 106(§1.1).

7. Ibid., p. 201(§4.3).

8. Ibid., p. 179(§3.23).

9. 借用 Augustine, *Confessions*, trans. F. J. Sheed, introduction by Peter Brown (Indianapolis: Hackett, 1992), p. 16(§1.17)。

10. Charles Sanders Peirce, *Collected Papers*, ed. Charles Hartshorne and Paul Weiss, vol. 5 (Cambridge: Harvard University Press, 1931–1958), §314, 转引自 Winfried Nöth, *Handbook of Semiotics*, Advances in Semiotics (Bloomington: Indiana University Press, 1990), p. 41。

11. Peirce, §448 n, 转引自 Nöth, p. 41。

12. Nöth, p. 35.

13. Nöth, p. 36. 卡西尔的反实在论显然也是反基督教的,因为它不承认客观实在性,而这种客观实在性来源于上帝及其有规律的创造之工。

14. 参见 Plato, *Republic* 514a–517c。

15. N. T. Wright, *Jesus and the Victory of God*, Christian Origins and the Question of God, vol. 2 (Minneapolis: Fortress, 1996), p. 369.

16. 苏格拉底和柏拉图对故事的作用和意义,都有所论述,参见 Plato, *Republic*, bks. 2, 3 and 10。亚里士多德在《诗学》(*Poetics*)中也探讨了故事的作用。

17. Bruno Bettleheim, *The Uses of Enchantment: The Meaning and Importance of Fairy Tales* (New York: Random House, Vintage Books, 1977), p. 35.

18. Ibid., p. 47.

19. Ibid., p. 45.

20. Rollo May, *The Cry for Myth* (New York: Bantam Doubleday Dell, Delta, 1991), p. 15.

21. Linda Dégh, "The Approach to Worldview in Folk Narrative Study," *Western Folklore* 53 (July 1994):246.

22. Dégh, p. 247.

23. Dégh, p. 250. 对 Dégh 论点的评述参见 Alan Dundes, "Worldview in Folk Narrative: An Addendum," *Western Folklore* 54 (July 1995):229–232。

24. Stephen Crites, "The Narrative Quality of Experience," in *Why Narrative? Readings in Narrative Theology*, ed. Stanley Hauerwas and L. Gregory Jones (Grand Rapids: Eerdmans, 1989), pp. 65–88. 克里提斯认为,"叙事形式是经验的模型、主干和枝叶,叙事的特征具有完全的原始性。"(p. 84)

25. Friedrich Nietzsche, *The Birth of Tragedy and the Case of Wagner*, translated and commentary by Walter Kaufmann (New York: Random

House, Vintage Books, 1967), p.135 (§23).

26. Jerome S. Bruner, "Myth and Identity," in *Myth and Mythmaking*, ed. Henry A. Murray (New York: George Briziller, 1960), p.285, 转引自 May, p.16。

27. Nietzsche, p.136 (§23).

28. J. Richard Middleton and Brian J. Walsh, *Truth Is Stranger Than It Used To Be: Biblical Faith in a Postmodern Age* (Downers Grove, Ill.: Inter Varsity, 1995), p.67.

29. Alasdair MacIntyre, *After Virtue: A Study in Moral Theory*, 2nd ed. (Notre Dame, Ind.: University of Notre Dame Press, 1984), pp.204 – 225.本段所注页码皆是此书的页码。

30. N. T. Wright, *The New Testament and the People of God*, Christian Origins and the Question of God, vol.1 (Minneapolis: Fortress, 1992), p. 38.该书第二部分对故事与世界观、世界观与新约神学和圣经研究的关系,进行了有益的探索。

31. Plato, *Phaedrus*, translated and introduction by Walter Hamilton (New York: Penguin Books, 1973), p.70.

32. Middleton and Walsh, pp.64 – 65.

33. Wright, *The New Testament*, pp.41 – 42. Wright 承认,"占主导地位的故事"这种思想,来自 Nicholas Wolterstorff 的概念"占主导地位的信念",他阐述了这种思想:Nicholas Wolterstorff, *Reason within the Bounds of Religion*, 2nd ed. (Grand Rapids: Eerdmans, 1984), p.67。

34. *The Mind on Fire: An Anthology of the Writings of Blaise Pascal*, ed. James M. Houston, introduction by Os Guinness (Portland, Oreg.: Multnomah, 1989), pp.82 – 83 (4.347 – 348).

35. "第一位的理性主义"即绝对理性主义,这个思想来自 Ian Hacking, "Language, Truth and Reason," in *Rationality and Relativism*, ed. Martin Hollis and Steven Lukes (Cambridge: MIT Press, 1982), pp.51 – 53; "希腊诸神式的理性"即"从神的视角来看的"推理过程,参见 Herbert A. Simon, *Reason in Human Affairs* (Stanford: Stanford University Press, 1983), pp. 34 – 35。

36. Peter Winch, "Understanding a Primitive Society," in *Rationality*, ed. Bryan R. Wilson (New York: Harper and Row, First Torchbook Library Edition, 1970), p.78.本文最初发表于 *American Philosophical Quarterly* 1 (1964):307 – 324。

37. Winch, p.79. 参见 Lucien Levy-Bruhl, *Primitive Mentality*, trans. Lilian A. Clare (London: George Allen and Unwin, 1923); E. E. Evans-Pritchard, *Witchcraft, Oracles and Magic among the Azandi*, foreword by G. C.

Seligman（Oxford：Clarendon，1937）。詹姆斯·弗雷泽爵士（Sir James Fraser）在其著名的《金枝》（*The Golden Bough*，1890—1915）中，全面阐述了人类的信念、活动和社会制度；他认为，从非理性地相信魔法与宗教的阶段到最后的科学思想阶段是一种进步。

38. Alasdair MacIntyre, *Whose Justice? Which Rationality?* (Notre Dame, Ind.：University of Notre Dame Press, 1988), p. 6.

39. 举例来说，有幸登上吉福德讲座（Gifford Lectures，1981）的第一位穆斯林 Seyyed Hossein Nasr 在其 *Knowledge and the Sacred*（New York：State University of New York Press, 1989）中，探讨了后一个问题。其论证如下：知识几乎变得彻底外在化和世俗化了，在现代化过程中发生了变化的那些领域尤其如此。他说，在现代思想的影响下，神的知识"几乎成为不可能的事情，地球上的大多数人都无法获得这种知识"（第 1 页）。但是纵览全球几大宗教（印度教、佛教、犹太教、基督教和伊斯兰教），他断言，从根本上说，真正的知识离不开神，如他所言，真知的实质在于认识"最高的实体或神本身……"（第 1 页）因此，与启蒙运动所倡导的彻底的世俗主义相反，还有一种具有普遍意义的知识传统，为神保留着一定的地盘。

40. MacIntyre, *Whose Justice? Which Rationality?*, p. 335.

41. 这并不是说，文化背景或哲学走向能够改变逻辑的基本规律。恰恰相反。理性的规律——非矛盾律、同一律和排中律——具有普遍性。举例来说，无论是在什么情况下，不使用和肯定非矛盾律，人们就不能推翻这个规律。不过，这些逻辑规律必须依靠某种内容，并通过这种内容而发挥作用，这些内容却存在明显的差异。用亚里士多德的话说，理性的形式因是相同的，其质料因却有很大差异。很多文章阐述了加尔文主义对人类思想的影响，参见 Hendrik Hart, Johan Van Der Hoeven, and Nicholas Wolterstorff, eds., *Rationality in the Calvinian Tradition*, Christian Studies Today (Lanham, Md.：University Press of America, 1983)。

42. R. G. Collingwood, *Essay on Metaphysics* (Oxford：Clarendon, 1940), p. 173.

43. 类似的论点，可参见 Kenneth Pike, *Talk*, *Thought*, *Thing*：*The Emic Road toward Conscious Knowledge* (Dallas：Summer Institute of Linguistics, 1993), p. 44. 作者认为，"逻辑本身永远无法断定，某物具有最高的真理性，因为逻辑必须有一些可以作为出发点的假设，人们认为，这些假设具有真理性——归根结底，有些假设是人们无法证明的。他们的思维以相信这些假设为出发点。"还可参见 Ted Peters, "The Nature and Role of Presupposition: An Inquiry into Contemporary Hermeneutics," *International Philosophical Quarterly* 14 (June 1974)：209 - 222; Nicholas Rescher, "On the Logic of Presuppositions," *Philosophy and Phenomenological Research* 21(1961)：521 - 527; Eugene F. Bertoldi, "Absolute Presuppositions and

Irrationalism," *Southern Journal of Philosophy* 27(1989):157 – 172.

44. MacIntyre, *Whose Justice? Which Rationality?*, p. 2. 下文所注页码皆是此书的页码。

45. 转引自 Henry Bettenson, ed., *Documents of the Christian Church* (New York: Oxford University Press, 1947), p. 285。粗体为笔者所加。

46. 读者一定不要认为,这些论述旨在说明,真理或最终意义之类的事物并不存在。恰恰相反。作者认为,要想正确地思考、正确地解释,世界观思想会在许多重要方面影响我们的思维与解释。

47. Plato, *Meno*, trans. Benjamin Jowett, in *The Great Books of the Western World*, ed. Robert Maynard Hutchins, vol. 7 (Chicago: Encyclopaedia Britannica, 1952), p. 179(§ 80).

48. Aristotle, *Posterior Analytics*, trans. G. R. G. Mure, in *The Great Books of the Western World*, ed. Robert Maynard Hutchins, vol. 8 (Chicago: Encyclopaedia Britannica, 1952), p. 97(§ 1.1).

49. Martin Heidegger, *Being and Time*, trans. John Macquarrie and Edward Robinson (New York: Harper and Row, 1962), p. 194.

50. Tom Rockmore, "Epistemology as Hermeneutics; Antifoundationalist Relativism," *Monist* 73(1990):116.

51. Hans-Georg Gadamer, *Truth and Method*, 2nd rev. ed., translation revised by Joel Weinsheimer and Donald G. Marshall (New York: Continnum, 1993), p. 270.

52. 这是威廉·狄尔泰的基本主张,参见其著名的 *Weltanschauunglehre*。由于启蒙运动时期理性主义思想的禁锢,狄尔泰希望找到一种解释方法,使人文科学具有自然科学那样的能够被证明的知识。他的计划实际上并没有实现,因为他承认,前理论的世界观思想会在解释过程中影响所有的知识,使之漂浮于相对主义的潮流。关于这个问题,参见 Thomas J. Young, "The Hermeneutical Significance of Dilthey's Theory of World Views," *International Philosophical Quarterly* 23 (June 1983):125 – 140。

53. Rudof Bultmann, "Is Exegesis without Presuppositions Possible?," in *New Testament and Mythology and Other Basic Writings*, selected, edited and translated by Schubert M. Ogden (Philadelphia: Fortress, 1984), p. 146.

54. Heidegger, pp. 61 – 62. 下文所注页码皆是 Heidegger, *Being and Time* 的页码。

55. 即使耶稣也不例外。耶稣是存在于时间和空间之中的一个人,他也是在一定的文化和语言环境中认识事物的。他是创造者,是主,握有天上地下的一切权柄,但是"作为众人中的一员,人们用他所创造的一切绳索,把他绑赴以色列……他是普遍拯救的信号,他要把这个消息告诉众人;他只能通过某个国家的语言和文化,传递这个讯息。巴勒斯坦的自然环境和文化传统,在一定程度上决定了人们对他的想象,他却是他们的创造者"。参见 *Dictionary of Biblical Theology*, rev. ed. (1973), s. v. "earth"。

56. Gadamer, p. 265. 下文所注页码皆是 Gadamer, *Truth and Method* 的页码。

57. Anthony C. Thiselton, *New Horizons in Hermeneutics: The Theory and Practice of Transforming Biblical Reading* (Grand Rapids: Zondervan, 1992), p. 143.

58. Stanley Rosen, *Hermeneutics as Politics*, Odéon (New York: Oxford University Press, 1987), p. 161.

59. George Steiner, *Real Presence* (Chicago: University of Chicago Press, 1989), pp. 3‑4.

60. John Peifer, *The Mystery of Knowledge* (Albany, N. Y.: Magi Books, 1964), p. 11.

61. Walter Truett Anderson, *Reality Isn't What It Used to Be: Theatrical Politics Ready-to-Wear Religion, Global Myths, Primitive Chic, and Other Wonders of the Postmodern World* (San Francisco: Harper and Row, 1990), p. 75. 感谢 Middleton and Walsh, p. 31,他们把这个例子告诉了我。

62. 关于实在论和反实在论的其他论述,可参见 Gerald Vision, *Modern Anti-Realism and Manufactured Truth*, International Library of Philosophy, ed. Ted Honderich (New York: Routledge, 1988); Peter A. Finch, Theodore E. Uehling, Jr., and Howard K. Wettstein, eds., *Realism and Antirealism*, Midwest Studies in Philosophy, vol. 12 (Minneapolis: University of Minnesota Press, 1988)。

63. 例如 D. M. Armstrong, John Searle, and William Alston。

64. Richard Rorty, "The World Well Lost," in *Consequences of Pragmatism: Essays: 1972‑1980* (Minneapolis: University of Minnesota Press, 1982), pp. 649‑665.

65. Nelson Goodman, "Words, Works, Worlds," in *Starmaking: Realism, Anti-Realism, and Irrealism*, ed. Peter J. McCormick (Cambridge: MIT Press, Bradford, 1996), p. 61.

66. Plato, *Theaetetus*, trans. Benjamin Jowett, in *The Great Books of the Western World*, ed. Robert Maynard Hutchins, vol. 7 (Chicago: Encyclopedia Britannica, 1952), p. 517(§152).

67. Plato, *Theaetetus*, p. 527(§170).

68. Wright, *The New Testament*, p. 35.

69. 尽管有不同的看法,参见 Thomas Nagel, *The View from Nowhere* (New York: Oxford University Press, 1986)。

70. C. S. Lewis, "Meditation in a Toolshed," in *God in the Dock: Essays on Theology and Ethics*, ed. Walter Hooper (Grand Rapids: Eerdmans,

1970), p.212.

71. Lewis, "Meditation in a Toolshed," p.215.

72. Mikhail M. Bakhtin, *Speech Genres and Other Later Essays*, ed. Caryl Emerson and Michael Holquist, trans. Vern W. McGee (Austin: University of Texas Press, 1986), p.7. Michael Holquist, *Dialogism: Bakhtin and His World* (New York: Routledge, 1990), pp.36-37 做了一个有用的注释,揭示了巴赫金这段话的内涵:"你能够看到我背后的那些事物,我却不能;我能够看到你背后的那些事物,你却不能……我看不到[某些]事物,这是事实,但是这并不意味着,它们不存在;我看不到它们,这就是我所处的位置。同样的道理,我能够看到的事物,你却不能,例如你的前额,以及你背后的那堵墙……你能够看见的事物,我却看不见,巴赫金称这种情况为'剩余的视野';我能看见、你却看不见的那些事物,就是我的'剩余的视野'。"

73. Lewis, "Meditation in a Toolshed," p.215.

74. William J. Wainwright, *Philosophy of Religion*, Wadsworth Basic Issues in Philosophy Series, ed. James P. Sterba (Belmont, Calf.: Wadsworth, 1988), chap.7 详细地讨论了用来评估世界观的十二个标准,这些标准简明扼要,值得引述。(1)世界观所解释的那些事实,必须真的存在;(2)真正的形而上学思想必须与众所周知的事实和理论相一致;(3)它必须具有逻辑连贯性;(4)它不能自相矛盾;(5)它必须前后一致;(6)简单的理论优于复杂的理论;(7)它应该避免特别假设;(8)它应该具有准确性;(9)它应该涵盖较大的范围;(10)它应该解释很多事物;(11)它应该清楚地解释它所能解释的那些现象;(12)应该根据它在人类生活中的效用来评判其得失。

75. Emil Brunner, *Revelation and Reason*, trans. Olive Wyon (Philadelphia: Westminster, 1946), p.383. 在 Emil Brunner, *The Christian Doctrine of Creation and Redemption*, trans. Olive Wyon (Philadelphia: Westminster, 1952), p.27,他这样写道:"这种消极因素[罪的智性影响]对数学和自然科学的影响很小,对人文科学有较大影响,对伦理学和神学影响最大。举例来说,自然科学与自然哲学相对立,在自然科学领域,一个学者是不是基督徒,确实无足轻重。"以下著作批评了布龙纳的思想,更全面地阐述了罪与心灵的关系及其在学术上和宗教上的意义,参见 Stephen K. Moroney, "How Sin Affects Scholarship: A New Model," *Christian Scholars Review* 28 (spring 1999):432-451。

76. C. S. Lewis, "In Praise of Solid People," in *Poems*, ed. Walter Hooper (London: Harper Collins, Fount Paperbacks, 1994), p.199.

77. Ninian Smart, *Worldviews: Crosscultural Explorations of Human Beliefs*, 2nd ed. (Englewood Cliffs, N.J.: Prentice-Hall, 1995), p.78.

第11章

最后的反思

　　"世界观"概念的哲学史和学科史有自己的批评传统,此前的第四章至第八章探讨了这个传统的某些方面。"世界观"概念具有相对主义的内涵,一些改革宗思想家对此表示担忧,第九章主要从圣经和神学的角度回应了这些问题,因此,我必须以基督教特有的方式,重新思考这一概念。本书接近尾声之际,我还要从正反两方面,简要地评述世界观概念。这些思考主要以基督教群体,特别是宗教改革世界观,为背景,我将探讨这个概念在哲学、神学和灵性方面的优缺点。最后是全书的总结论。

世界观的危险

　　世界观是现代思想中的一个概念,它不仅具有相对主义的内涵,不可思议的是,它还是一种彻底的客观主义,这同样不利于人们从历史的基督教的角度,来理解创世和人类以及二者之间的关系——从哪种意义上说,世界观是这样一个概念呢?树立一种世界观,即使是基督教世界观,也可能妨碍人们聆听和回应作为神圣启示的上帝之道——果真如此吗？最后，建设一种连贯的以圣经为基础的世界观，以同样的目光来看待文化变革，这种思想会不会以不当的方式，取代基督徒所有活动的最终目标——爱上帝，爱邻人呢？这三个问题是哲学、神学和灵性领域的首要问题，它们与世界观的语言有关，这种语言是人们理解基督教信仰的必要工具。我将简要地阐述每一个问题。

哲学方面的危险

现代思想认为，"世界观"一词不仅具有个人相对主义或文化相对主义的含义，有些思想家还认为，这个词意味着**实在的彻底客观化**。举例来说，马丁·海德格尔认为，根据笛卡尔的思想，随着现代科学的出现，思想家认为，人类是认识活动的主体，是宇宙的中心，是世界的对立面，世界是一种有待于人们客观地理解和把握的实体，仿佛一幅图画。他认为，在启蒙运动时期，世界被图像化了，因此，世界观概念具有特殊的现代意义。这种观点认为，自然是一种事物，人们可以根据自己的需要来认识、表述、利用或遗弃它。现代思想消除了宇宙的神圣属性，世俗的人类中心论应运而生，这就意味着，人类概念和宇宙概念已经发生了重大变化。为了恢复自己的权威，人类找到了一种位置，凭借这种位置，他们成为"一种特殊的存在者，这种存在者能够为宇宙万物立法"。[1]西方人处于实在的最高峰，他们想随心所欲地（特别是以科学的方式）解释世界、支配世界。彻底的客观主义诞生了，世界观是其主要表现。

"世界观"概念是这种现代思想的产物，顾名思义，这个概念强调人们对实在的视觉认知。和海德格尔一样，沃尔特·恩格（Walter Ong）认为，世界观概念可能决定于文化，它是技术社会的特殊产物，因为技术社会把宇宙当作一种可以观看的事物。因此他说，技术社会可能过于依赖"视觉"，没有重视别的感性认识机能，在西方以外的其他地方，人们却十分重视这些能力。

作为一个概念和学术名词，"世界观"用处很大，另一方面，它又常常误导人们。它反映了技术人类的显著特征,他们认为,现实是可以图像化的一种事物,人们可以把知识比作一种视觉活动,其他感觉能力或多或少被排除在外。口头文化或非文字文化往往以完整的听觉的方式,如声音或和声,来表现世界。它们的"世界"不是展现在人们眼前的某种事物,仿佛一种"景色",而是一种动态的几乎不可预测的事物,这是一个事件的世界,而不是一个对象的世界,它具有人类的明显特征,聚讼纷纭,它以传统的声音为特点,不像技术人类那样强调道德和自我。移情是人们理解这些文化的先决条件,世界观概念不仅妨碍这种移情作用,从我们的文化来看,它甚至已经过时,因为现代的技术人类已经与声音签订了新的电子协议。[2]

如果海德格尔的思想和恩格的批评是令人信服的,那么坚信启蒙运动精神、经常使用世界观概念的基督徒,就必须清楚地知道,这个概念包含着一种异己的客观主义残余思想,人们普遍认可这一概念,也常常批评这一概念,因为它具有普遍意义。基督教的宇宙观具有历史意义,这个观点认为,人类是上帝的创造物,他们生活在其他事物中间,在他们看来,宇宙具有圣礼的因素,他们与事物的本质的关系,不仅是统一的,甚至是神圣的。毫无疑问,这种观念与傲慢的现代思想所倡导的客观主义背道而驰。W. T. 琼斯指出:"奥古斯丁、阿奎那和其他中世纪思想家,具有大致相同的观点,因为他们都相信这种[圣礼]思想。现代思想与中世纪思想截然不同,现代人基本上不相信中世纪的观念,他们接受了希腊人的思想,希腊思想基本上是一种世俗观念。我们认为(希腊人也这样认为),总的说来,世界与其显现的状态是一致的,但是对中世纪的人们来说,世界的意义在它之外,这是一个无比美好的境界。"[3]当我们从具有历史意义的基督教世界观出发,来解释世界以及人与世界的关系时,必须牢记这种超越世界的无比美好的境界。有神论认为,人与人、人与万物的关系,是团结和共享,要承认和尊重每一种实在的优点,承认其在宇宙中的位置,因为宇宙是对上帝的礼赞。教会必须吸纳一种以圣经为基础的、注重圣礼、关注个人的思想,以取代客观主义

334 的思维定式,因为客观主义不仅造成了生态灾难,而且塑造了专横的人格,导致了政治领域的专制主义,以及现代科学影响下的严重的非人化倾向,这是 20 世纪的显著特征。[4] 真正的基督教实在论是一个系统,它用爱把各种关系联系起来,这种思想能够扭转上述种种令人痛心的局面。

另一方面,就认识世界的方法而言,基督徒要承认视觉和思维之外的其他能力,只有这样,他们才能充分实现上帝赋予的本性,理解实在的整体及其多样性和丰富性。为此,灵修作家帕克·帕尔默(Parker Palmer)提出了他所谓"完整的视觉",这种视觉把感性、理性与那些常常被忽略的认识方式,如想象、直观、移情、情感,当然还有信仰,融为一体。[5] 知识是上帝的一种恩典,他已经赋予我们不同的认识能力,这些能力足以使我们理解各种各样的被造物,古人称之为适切性(adaequatio)。在我们理解关于上帝、人类和宇宙的真理时,所有这些能力必须正常发挥作用,否则我们就会陷入形而上学的贫困,如 E. F. 舒马赫(E. F. Schumacher)所言:

"用什么工具,人就能认识他外面的那个世界?"这个问题的回答必然是……"用他所有的工具"——他的身体、思想、具有自我意识的心灵……人有许多认识工具的说法,也可能是错误的,因为事实上,**完整的人**是一件工具……适切性(adaequatio)的伟大真理告诫我们,认识工具的缺陷必然导致实在的萎缩乃至枯竭。[6]

名副其实的基督教世界观,必然以整体性为指南,因此它能够克服认识活动的任何限制,把人类主体和被造的客体重新连接为一个和谐的整体,这是对实在的所有方面的多样性、统一性及其神圣特征的适切礼赞。

335 ## 神学方面的危险

卡尔·巴特反对世界观概念,特别是基督教世界观,这是众所周知的事实。他很不愿意把世界观概念用于基督教信仰，原因很多，举例来说，他厌恶哲学，坚信启示具有至高无上的地位。如他所言，"根据通常的哲学思想，我们丝毫不能感知［原文如此］真正的上帝及其活动。"[7]尽管他承认，以概念的方式认识宇宙的运动，是人类的本性，但是世界观毕竟立足于人类意识的主观性，我们不能给予它更高的地位，我们只能说，它是"一种意见、设定或假说，虽然它宣称，自己是一种基督教思想"。[8]他认为，世界观的理论走向、纲领性特征及其宣称的绝对无误，都是一些令人厌恶的缺陷。简单地说，他认为，我们决不能用世界观来表述人类的信仰和思想，因为它会妨碍或取代真正的信仰，妨碍或取代纯粹的上帝之道，上帝的道是上帝的自我启示，是我们认识永活上帝的唯一途径。用他自己的话说，"如果一个人接受了上帝之道，他就无须根据自己的正义论、价值观或生活情趣，来亲自解释宇宙的运动，也无须参照别人的模式进行解释；即使他做了解释，他也许已经听到了主可靠的声音，而且相信了它。"[9]

虽然巴特诋毁哲学和世界观的塑造，甚至是基督教世界观的塑造，但是，具有讽刺意味的是，他用哲学讨论来阐述自己的教理学，"他本人也偷偷地——有时甚至是公开地——怀有自己的世界观"，具体地说，这是源于存在主义思想的一种世界观。[10]尽管如此，他还是有一定的理由：非基督教思想模式有一些潜在的危险，人们却试图以这种模式来理解圣经。纵观教会历史，哲学观点种类繁多，人们根据这些观点来生活，来解释（或曲解）圣经——这些观点包括柏拉图主义、亚里士多德主义、理性主义、经验主义、科学主义、自然神论、常识实在论、进化论、观念论、历史主义、存在主义、浪漫主义、现象学、逻辑实证主义、马克思主义、弗洛伊德主义、心理主义、新纪元泛神论、后现代主义、通俗文化论，等等——巴特的担心是完全可以理解的。他认为，通过圣经来倾听上帝真正的道，具有至高无上的意义。

虽然这些观点是在他的新正统神学和危机神学的框架里，但是他提醒福音派信徒，圣经具有重要意义，那是上帝的道，是基督徒思想和生活的中心。那是上帝启示的初和终。因此，教会必须根据圣经树立一种人生观。正如马丁·路德所指出的，也许心里怀着"唯独圣经"的

336

观念:"上帝有自己的方式和语言,用不同的方式和语言来谈论上帝,是非常危险的。"[11] 圣经有其独特的上帝观、人类观和实在论,因此,"真正的福音派神学坚决反对以下做法:把现成的哲学观念强加于上帝的启示"。[12] 哲学有助于世界观的建设,但是它绝不能取代世界观。圣经与圣经世界观绝不可能完全一致,但是我们应该根据圣经的教诲,努力建设一种基督教宇宙观。简言之,圣经是上帝之道,我们应该以此为根据,建设和完善一种真正的基督教世界观。

巴特的告诫能够促使信徒进行反思:他们的生活是否立足于一种不同的参照系? 他们是否把圣经塞进了这种思想模式? 从哪种意义上说,基督教世界观包含着真正的圣经思想? 哲学能污染人们的信仰吗? 信徒的世界观是古代文化或当代文化,有教养的、有一定教养的或没有教养的人选择的结果吗? 实际上,很多人被蒙住了眼睛,看不到性质不同的世界观会不知不觉地污染信仰的纯洁性和圣经。

灵性方面的危险

C.S.路易斯写了一部小说,名为《开往天堂的巴士》,很有趣,他本人成了小说中的一个人物。"地狱放假了",他去天堂游览,半路上,他遇到自己少年时代的文学偶像乔治·麦克唐纳。麦克唐纳告诉路易斯,有些幽灵可以自由地访问天堂,但是没有一个愿意留在那里。他说,主要原因在于,他们必须承认,自己的信念是错误的,必须放弃他们所谓生命中最有价值的事物——爱国主义、艺术、自尊、母爱,等等。但是他们很虚荣,他们不能承认这些错误,也不能作出这样的牺牲。事实上,他们的生活目标只是一些相对的善,可是人的灵魂还在世的时候,总要把它们神化,甘愿为之牺牲一切。他们甚至甘愿放弃死后进天堂的可能性。举例来说,阿奇巴尔德先生认为,"生存"是人生的第一要务。后来他死了,他发现,在他的假期之旅中,天堂里的人都不喜欢这些事物。事实证明,其最高生活准则是错误的和没有意义的。如麦克唐纳所言:"只要他承认,**他错把手段当成了目的**,自己都觉得非常可笑,他完全可以重新开始,仿佛一个孩子,回到喜乐之中。但是他不愿意那样做。他不在乎喜乐。他还是走了。"[13] 他选错了目标，虚荣心又不许他承认这一事实。傲慢阻塞了他进入天堂的道路，他只好长住地狱。

阿奇巴尔德先生错把人生的手段当作其最终目标，而且虚荣之极，不幸的是，这样的人比比皆是。很多人，包括非常虔诚的信徒，都会犯同样的错误，基督徒也不例外。人们确实会偏离生活的最终目标。本书情节继续展开，接下来是麦克唐纳发人深省的评语：

> 迄今为止，很多人热衷于证明上帝的存在，却不关心上帝本身……仿佛仁慈的上帝除了**存在**，便无所事事了！有些人专注于传播基督教，却从未想过基督。唉！你是只见树木，不见森林哪。有人爱书，藏有很多原版书和作者签名的版本，却读不懂这些书，你没听说过这个故事吗？有人组织慈善团体，对穷人却毫无爱心。这是世界上最隐蔽的陷阱。[14]

这种本末倒置——以手段为目的——是基督教世界观灵性方面危险的核心。宗教哲学家和福音传教士很可能热衷于证明上帝的存在，宣扬上帝的福音，却没有关注上帝或耶稣；藏书家和慈善家很可能热衷于收藏和救济，却不能读书或帮助穷人；因此我认为，基督教世界观的倡导者也可能热衷于圣经思想，专注于它们的文化内涵和护教学意义，却不曾注意，这些事物的背后，是基督教的上帝。与三位一体的上帝建立正确的关系不同于建立和传播基督教世界观，混淆二者或以一方替代另一方，是一种严重的错误。但愿二者能够很好地结合起来，人们与上帝的关系能够培育一种正确的世界观，反之亦然。人们很容易把世界观的形成过程绝对化，以此为传播基督教的一种手段，把它看作思想或灵性的偶像，以它为目的。与所有的人类活动一样，基督教世界观适用于很多方面，应该说这是教会有效地实现其爱上帝、爱邻人这一最高目标的另外一种方式（参考《马太福音》22：37—40；《提摩太前书》1：5）。正确地爱上帝和爱邻人，应该是我们一切行为的最高目标，也是树立基督教世界观的最终目标。世界末日来临之际，认识和理解基督教

338

世界观是我们获得真正的灵性和神性的又一重要手段。奥古斯丁年少早慧的儿子阿德奥达图斯（Adeodatus）在《导师》（*The Teacher*）中说："在上帝的帮助下，我在学识上越长进，对他的爱就越深。"[15]

沿着这些思路，格列高利·克拉克（Gregory Clark）认为，福音派强调现代世界观，不幸的是，它用世界观取代了更为重要的信仰委身。克拉克写过一篇文章，题目是"归信的本质：世界观哲学的修辞如何会背离福音派"。他的问题是：世界观是一个不同于基督教思想的概念，是另外一种参照系，使用这个概念会不会歪曲基督教信仰的真谛？其他种类的灵性会不会取代基督教信仰？他说，使用这个概念也许值得肯定，因为它展示了基督教世界观的理性优势，推翻了教条主义和蒙昧主义者所鼓吹的信仰主义。但是由于世界观概念植根于德国观念论，它可能严重地歪曲信仰，尤其在理解基督教归信的本质时。举例来说，正典福音书清楚地表明，耶稣基督是救赎过程的核心。但是他认为，世界观哲学篡夺了耶稣的王位，取而代之的是以合理的信仰体系为目标的一种审查和选择。换言之，世界观哲学用一套连贯的规范命题，取代了有位格的救主。

339　　　世界观哲学能使人摆脱信仰主义和蒙昧无知，圣经却能指引我们走向能使我们摆脱死亡、黑暗、怀疑和谬误的那一位。基督的信徒反对的是这些灵界的势力，而不是其他世界观。归信基督教的实质是，直接面对那个被钉死于十字架、然后复活的耶稣，我们与他一同死亡，也必与他一同复活。归信世界观哲学最多能够得见不同的世界观。某人归信耶稣之后，就会产生这样的认识：任何事物的实在性都不及耶稣，因为他推倒了地狱之门。而在世界观哲学中，人们能清楚地知道，世界观与实在之间距离有多大。认识耶稣能够激发我们对他的崇拜，由此我们能够接近上帝的心灵，并获得足够的信心来承受苦难；而世界观哲学能够使我们摆脱教条主义，但是它也会走向怀疑主义。所以，归信基督教与相信世界观哲学迥然不同。[16]

克拉克的说法可能有些夸张,可能犯了非此即彼的逻辑错误,但是他确实提出一个好论点。他认为,以世界观的形式,提出一套连贯的圣经命题,这种灵性不能有效地替代与耶稣基督这个人及其事迹有关的那种灵性,耶稣就是真理(《约翰福音》14:6)。真理是有位格的,也有圣经命题启示,他就是真理。专注于这些主张的连贯性,却忽视了它们所代表的那位有位格的上帝,则是一种大错。任何一种系统的基督教世界观,都不该取代真理的首要性和圣爱的终极目标。

世界观的益处

除了这些危险,我们还要考察另外三个问题:给基督教信仰穿上世界观的外衣,会在哲学、神学和灵性方面,给我们带来哪些益处呢? 首先,用来衡量所有信念体系的价值的那三个标准,如何才能证明,以圣经为基础的世界观,具有哲学的完整性和明确的可靠性呢? 其次,基督教的基本教义包罗万象,是基督教人生观的主要内容,从哪种意义上说,世界观概念能够为我们开拓一个认识空间,这个空间有助于我们理解这些教义? 最后,世界观视野中的基督教,如何才能有效地推动个人的改变和文化的改造? 我将简要地探讨每一个问题。

340

哲学方面的益处

长期以来,某些世界观思想家始终关注的一个问题是,如何才能证明,唯有基督教符合真理的标准,这个标准是哲学家们制定,用来衡量宗教、哲学或政治学领域的任何信念体系。人们一直希望,他们能以最佳方式,充分展示基督教信仰的思想连贯性、经验的和超验的完整性,以及现实的可行性。特别是启蒙运动以来,规模宏大的非基督教思想体系争取真理的权利,寻求文化的统治权;它们就人类生存的整体提出了很多观点,自诩它们是一些有机的整体。如果教会不能提出一种同样具有说服力的人生观,以制约其灵性和思想上的对手,她如何才能对自己的观点充满信心,克服令人沮丧的自卑心理呢? 如果她只顾捍卫某些教义,却不能把基督教当作一种连贯的、无所不包的、实用的生活哲学,那么当文化或护教战争的战火烧到自己周围时,她怎么会有打赢的希望呢?

以宏大的规模阐释基督教的努力,绝非史无前例。不管怎么说,奥古斯丁的《上帝之城》、托马斯的《神学大全》和加尔文的《基督教要义》,不只是这种努力的一个开端。它们是杰出思想家的杰作,它们从所有可能的方面,展示了基督教信仰的宏大与辉煌。詹姆斯·奥尔脚踏实地,作为19世纪后期的一个思想家,他认为,对基督教的批判源于世界观的整体力量,因此,我们必须用一种整体性的方法,来阐释和捍卫基督教,把它当作一个连贯的整体。[17] 亚伯拉罕·凯波尔同样认为,面对现代主义,基督教遭到"一种无所不包的人生理论的猛烈攻击",耶稣基督的教会必须坚守阵地,"用一种具有同样的包容性和深远影响力的人

341　生理论"进行反击。[18] 在这场论战中,实在的意义悬而未决,因此他告诫基督徒,为了反对当时那种无所不包的信念体系,必须建立"**自己的人生观和世界观,把它们牢固地建立在自己的原则上,使它们具有和那些信念体系一样的清晰性和逻辑连贯性**"。[19]

奥尔、凯波尔以及其他思想家认为,如果把基督教理解为一种无所不包的世界观,那么根据以上所谓哲学的三个标准,基督教世界观具有最高的认识意义、经验意义和人生意义。它表明,自己具有明显的内在统一性,包括超理性的三位一体、基督位格中的两性联合、上帝主权的奥秘和人类的责任。它还能合理地解释现实当中的一切事物,包括上帝、天使、人类、动物和自然界。它倡导的那种生活方式,不仅在主观上令人满足,如果他们信仰它,实践它,它还会在个人生活和公共生活的领域,结出丰硕的成果。由此可见,具有哲学严密性的、以上帝为中心的基督教世界观,能使信徒避免幼稚的信仰主义、令人难堪的反智主义,以及文化蒙昧主义。反过来,它能够给予信徒一种认识的信心、护教的策略、文化的关联,以及可靠的灵性基础,据此,人们可以在上帝更宏大故事的清晰图景中生活。[20]

神学方面的益处

也许是因为缺乏整体观念,也许是因为不能把旧约和新约在神学上协调起来,也许是因为有害的二元论把生活分为神圣或世俗两个相互隔绝的领域,由于各种原因,当代普通的基督徒对圣经的理解,很容易走向简化主义的极端。太多的福音派信徒不能够从总体上把握圣经故事及其组成部分。他们几乎不能理解圣经的广阔视野。举例来说,他们认为,创造论只是人们用来反对进化论的一种理论,罪只能影响人类,拯救只适用于人类的灵魂。至于信仰,许多信徒出于良好的愿望,只从教会、圣经、教义、事工、灵性、宗教或上帝的角度来理解,却没有把它理解为一种全面的、包罗万象的、整体性的世界观和人生观。[21]

世界观概念具有开拓圣经视野的神奇作用,因此信徒心目中的基督教信仰,可以由一个鱼缸扩大为一片汪洋。它能以某种方式消除认识的障碍,砸碎那束缚着信徒、妨碍教会传道事工的灵性枷锁,让信徒获得自由。这种神奇的力量也许来自"世界观"这个词,特别是这个复合词的第一个单词。他把我们所熟悉的那些信仰教义,放在一种新的宇宙环境中,开拓其疆界,于是它们的范围扩展至各个方面,它们的意义深化了,灵性的力量得以释放。这种范围、意义和力量,是这些教义固有的,世界观思想把它们更清楚地、如其所是地展现出来。如果信徒们理解了创造论那种无所不包的意义,如果他们认识了罪在所有被造物中产生的恶劣后果,如果他们能够从一个更大的范围来理解主耶稣基督,以他为宇宙的创造者和救世主——他们也许能够把这些零零星星的教义,结合为一个整体,把旧约故事和新约故事联系起来,彻底铲除二元论的威胁。世界观是一种催化剂,它有助于我们把基督教理解为一幅大图景,它具有统一性、连贯性和整体性。以这种方式来理解基督教信仰,它就能开拓出新的视野,展示出一些激动人心的可能性,这一切都源于历史性基督教信仰的真实本质。在世界观概念的帮助下,基督教确实成熟了,成为一种深刻的、以宇宙整体为对象的神学思想。

342

灵性方面的益处

343　　　　也许是多种因素——圣经的整体性、思想的连贯性、经验的和超验的包容性、解释力以及实际意义——作用的结果，从世界观的角度看，基督教对于改变信徒的个人生活及其灵性生命，似乎具有明显的作用。随着基督徒生命的改变，基督教世界观改造教会、改造文化的能力明显增强。这是它在灵性方面的主要益处。当然，能够发生哪些改变，完全取决于上帝的恩典透过圣灵在得救信徒的生命中的工作。基督教世界观具有非常重要的意义，却很难表述。总的来说，它的目标是彻底恢复人类的本性，人具有上帝的形象（imago Dei），圣经的真理和思想能够彻底改造人类的心灵。基督教世界观首先扩展了对三位一体上帝的理解，他的存在、本质和至高无上的能力，是人们解释宇宙的最高原则。它承认圣经的整体性叙事模式，这种模式认为，被造物包含着真正的善，上帝曾寄予人类某些希望，堕落是人类的一大灾难，救赎的历史在主耶稣基督及其工作中达到高潮，他的救赎带来了新的创造。这个更宏大的圣经故事，把旧约和新约联系在一起，使基督教神学成为一个统一的整体，是基督徒的具体教义和实践的背景；它还是一种叙事模式，依照这一模式，信徒能够明确自己的身份，理解自己的生活，确定自己在宇宙中的位置。它包含着一种深刻的基督教人文主义，这种观点认为，人类的尊严来自他们与上帝的相似性，他们具有一种根本的灵性，一种独特的认知能力，一种特殊的文化使命，就是去治理万物。为了人类的幸福，也为了上帝的荣耀，这种基督教人文主义应该得到发展。它战胜了许多恶毒的二元论和还原论，代之以圣经的整体性思想；它以适当的方式，把时间与永恒、肉体与灵魂、信仰与理性、神圣与世俗、人世与天堂联系起来，实现了内心的融贯和灵性的自由，能够以万物为乐，以众生为乐。它能使人们认识到，生命有一种前设的基础，这个基础建立在隐含的或公开的信仰委身之上，信仰的委身源于人类的心灵。这些基本前设是包括个人生活和集体生活在内的人类各种生活形式的起点，它们决定着人们思考、交流和生存于世的方式。这是基督教世界观的核心问题,是人们改造个人生命、教会制度和文化习俗的基础。

难怪许多基督徒,特别是我认识的那些学生,都对我说,基督教世界观对他们的生活有明显的影响。克里斯托认为,基督教世界观能使人们理解真正的基督徒式的自由,能使他们自由地积极地生活。安吉认为,基督教世界观是她读大学时的最大发现。肯德拉认为,基督教世界观旨在培养一种整全的人生观。马特认为,基督教世界观意味着,我们要在所有的事情上爱上帝、爱邻人,要承认一切能够荣耀上帝的工作的价值,要以基督徒的方式参与社会生活。雷切尔认为,基督教世界观是一些真理,她可以根据这些真理来改造文化,分享她的信仰,活出她整全的人性。德普林认为,基督教世界观是我们理解一切实在的一个参考点,是我们清楚地认识世界的一种方法。凯文认为,基督教世界观意味着,救赎的范围大得不可思议,我们要重新认识这一问题。詹妮弗认为,基督教世界观推翻了二元论,倡导人们热爱学术。简言之,接受基督教世界观之后,这些学生的心灵发生了重大变化,他们的心灵获得新生,他们产生了一种新的基督教思想。

由此可见,在评价世界观概念的过程中,当我们考察它与基督教信仰的关系时,就会出现诸如此类的危险和益处。使实在客观化、使圣经中上帝声音的模糊不清,以及热衷于树立世界观,却不爱上帝、爱邻人,这些都是潜在于基督教世界观之内的一些危险。反过来,世界观概念具有哲学融贯性、神学包容性和灵性的启迪作用,因此它是一个有用的工具,能够清楚地阐述基督教的基本思想。每一个信徒和基督教教会,必须明确地认识这些危险和益处,用深刻的洞见和智慧来建设基督教世界观。

最后的结论

世界观在新教福音派、罗马天主教和东正教思想中产生了重要影响；这个概念在语言学史和哲学史上也产生了深远的影响；在自然科学和社会科学领域，它同样发挥着明显的作用；在神学领域，它也是一个有用的概念；它是一个叙事符号系统，对理性、诠释学和知识论具有重要影响——所有这些考察都可归结为三个简单的结论。首先，世界观在现代思想中，特别是基督教思想中，发挥着特殊的作用。其次，它是近代以来具有重要意义的概念之一。最后，这即使不是一个最重要的概念，也是一个具有非常重要的人文意义、文化意义和基督教意义的概念。事实上，第三个结论可以说明前两个结论。G. K. 切斯特顿曾这样写道："对人来说，最实际、最重要的事情，仍然是他的世界观。"他还说："我们认为，问题不在于，世界观会不会影响事物，而在于长远看来，其他事物会不会影响世界观。"[22] 无论如何，个人、家庭、社会、国家，乃至整个文化，都有其描述实在的概念模式，还有比这更重要或更有影响力的事物吗？人类意识具有一定的形式和内容，以及解释事物本质的主要方式，还有比这更重要或更有力的事物吗？至于一些最深层的问题，如人的生命和人的存在，人们不可或缺的世界观，就包含着对这些问题的最终解答，还有比这更重要的问题吗？上帝是人性的设计者，人生来就有宗教追求，理解生命的奥秘，是他永恒的心愿。的确，他心里燃烧着揭开宇宙之谜的渴望。人的内心深处有一种渴望，渴望理解人类处境的初始和终末。马修·阿诺德的诗"地下的生命"以热情洋溢的诗句，非常清楚地表达了人类的这种追求：

> 一般来说，在世界上最繁华的街道上，
> 在你争我夺的喧闹中，
> 会浮现出一种无法言表的求知欲
> 我们想理解地下的生命；
> 我们要用自己的热情和无限的力量
> 来探求我们的真实本源；
> 我们渴望探求心灵的奥秘
> 它跳动得那样有力、那样深沉，
> 它想知道，

我们从哪里来，到哪里去。[23]

　　心灵的奥秘即其世界观的奥秘。世界观的奥秘即心灵的奥秘。与心灵紧密相关的世界观，以及与世界观紧密相关的心灵，就是决定生命从哪里来、到哪里去的那种深层力量的根源。它对于今生和来世具有至关重要的意义。因此，所罗门提出如下忠告：

　　　　你要保守你心，胜过保守一切，
　　　　因为一生的果效是由心发出。
　　　　（《箴言》4：23）

注释：

1. Martin Heidegger, "The Age of the World Picture," in *The Question concerning Technology and Other Essays*, translated and introduction by William Lovitt (New York: Harper and Row, Harper Torchbooks, 1977), p. 134.

2. Walter Ong, "World as View and World as Event," *American Anthropologist* 71(1969):634.

3. W. T. Jones, *A History of Western Philosophy*, vol. 2, *The Medieval Mind*, 2nd ed. (New York: Harcourt, Braceand World, 1969), p. xix.

4. Parker J. Palmer, *To Know as We Are Known: A Spirituality of Education* (San Francisco: Harper San Francisco, 1983), p. 66. 诸如此类的问题是 C. S. 路易斯的名著《人之废》的思想动力，也是迈克尔·波兰尼的《位格性知识》批判现代知识论的思想动力。

5. Palmer, pp. xi - xii.

6. E. F. Schumacher, *A Guide for the Perplexed* (New York: Harper and Row, 1977), 51, 转引自 Palmer, pp. 52 - 53。

7. Karl Barth, *Church Dogmatics* III/3, ed. G. W. Bromiley and T. F. Torrance, trans. G. W. Bromiley and R. J. Ehrlich (Edinburgh: T. & T. Clark, 1960), p. 140(§ 49.2).

8. Ibid., p. 18(§ 48.2).

9. Ibid., p. 24(§ 48.2).

10. Carl F. H. Henry, "Fortunes of the Christian World View," *Trinity Journal*, n.s., 19(1998):167. 卡尔·亨利认为，"有些学者厌恶基督教世界观这个概念，但是就在他们宣称要把所谓的非基督教信仰从基督教那里

清除出去的同时,他们必定会偷偷地支持或宣传另外一种世界观。巴特认为,所有的世界观都是一种知识蒙昧主义,与此同时,他却怀有自己的世界观,这显然是一种矛盾。"(p. 168)

11. Martin Luther, "To the Councilmen of All Cities in Germany That They Establish and Maintain Christian Schools," trans. A. T. W. Steinhauser, rev. W. I. Brandt, in *Luther's Works*, vol. 45 (Philadelphia: Muhlenberg, n. d.), p. 366.

12. Henry, p. 168.

13. C. S. Lewis, *The Great Divorce* (New York: Macmillan, 1946), p. 71.

14. Ibid., pp. 71 - 72.

15. Augustine, "*Against the Academicians*" and "*The Teacher*," translated, introduction, and notes by Peter King (Indianapolis: Hackett, 1995), p. 146 (§ 13. 46).

16. Gregory A. Clark, "The Nature of Conversion: How the Rhetoric of Worldview Philosophy Can Betray Evangelicals," in *The Nature of Confession: Evangelicals and Postliberals in Conversation*, ed. Timothy R. Phillps and Dennis L. Okholm (Downers Grove, Ill.: InterVarsity, 1996), pp. 201 - 218;这段话在 p. 217。

17. James Orr, *The Christian View of God and the World*, foreword by Vernon C. Grounds (Grand Rapids: Kregel, 1989), pp. 3 - 4.

18. Abraham Kuyper, *Lectures on Calvinism: Six Lectures Delivered at Princeton University under Auspices of the L. P. Stone Foundation* (1931; reprint, Grand Rapids: Eerdmans, 1994), p. 11.

19. Kuyper, p. 190. 粗体为 Kuyper 所加。

20. 根据这种思想,阿利斯特·麦格拉斯(Alister McGrath)试图证明福音派神学的思想连贯性,他不仅阐述了耶稣基督的特殊性和圣经的权威,而且揭露了福音派神学的强劲对手(后自由主义、后现代主义、宗教多元主义)的局限和内在矛盾。参见 Alister McGrath, *A Passion for Truth: The Intellectual Coherence of Evangelicalism* (Leicester, England: InterVarsity, Apollos, 1996)。如他所言,"我们最好把他的著作理解为人们树立福音信仰的前奏。"(p. 23)用不同的标准来衡量基督教的可靠性的学者还包括 E. J. Carnell, *An Introduction to Christian Apologetics: A Philosophic Defense of the Trinitarian Christian Faith* (Grand Rapids: Eerdmans, 1948); Gordon R. Lewis, *Testing Christianity's Truth Claims: Approaches to Christian Apologetics* (Chicago: Moody, 1976)。Lewis 赞成 Carnell 的看法。

21. Albert M. Wolters, *Creation Regained: Biblical Basics for a Reformational Worldview* (Grand Rapids: Eerdmans, 1985), p. 7.

22. G. K. Chesterton, *Heretics*, in *The Complete Works of G. K. Chesterton*, ed. David Dooley, vol. 1 (San Francisco: Ignatius, 1986), p. 41. 就在这一段, 切斯特顿还作了如下精辟的论述:"我们认为, 如果房东太太在会见可能的房客时, 了解其收入固然重要, 但更重要的还是了解其哲学。"(p. 41)

23. Matthew Arnold, "The Buried Life," in *The Norton Anthology of English Literature*, rev. ed. M. H. Abrams, gen. ed., vol. 2 (New York: Norton, 1968), p. 1021, lines 45–54.

结语

C.S.路易斯《黎明踏浪号》[1] 中的尤提斯

　　《黎明踏浪号》中有一个令人难忘的故事,作者以生动的语言,描述了人类的心灵指导生活的方式,以及心灵如何需要改变。故事的主人公是尤提斯·克拉伦斯·斯科拉博,埃德蒙和露西那个坏脾气的九岁表弟。尤提斯上的是进步学校,父母思想新潮,不幸的是,他"没有读过一部好书"(第69页)。露西卧室的墙上有一张画,上面画的很像是一条海盗船,这张画把他们三个带到了纳尼亚王国。他们发现,自己上了凯斯宾王子的**黎明踏浪号**,此次出海,是为了寻找纳尼亚王国的七个伯爵,篡国者米拉兹派他们去考察纳尼亚东海岸之外的那些陆地。勇敢的小老鼠里皮奇普也在船上,它想游览阿斯兰的王国,因为他们已经深入这个希望之国的腹地。但是尤提斯觉得,整个旅途令人不快,他与伙伴们合不来,特别是那只勇敢的老鼠。总之,尤提斯"着实令人厌烦"(第85页),简直是一个"傻瓜"(第91页)。

　　在一个小岛上,固执而又不合群的尤提斯和其他几个伙伴走散了,在漫游的路上,他无意中目睹了一条嘴里喷着火的龙的死亡过程。外面大雨滂沱,他便躲进了龙的洞穴。刚一进洞,他就看到了任何认字的人都想在龙穴中找到的东西:金银财宝!"有皇冠……金币、戒指、手镯、金条、金杯、银盘和珠宝"(第71页)。贪欲很快制服了他,有了这些财宝,他就能够成为他刚刚发现的这个新王国的富人。刚把一个金手

347　镯戴上自己的左胳膊,他就因为旅途劳顿而酣然入睡。剧烈的疼痛使
他从睡梦中醒来,戴手镯的那个地方疼痛难忍,他很快意识到,"在他熟
睡的时候,他已经变成一条龙。他带着一颗贪婪的心睡在龙的财宝上,
就变成了一条龙"(第75页)。从外表看,他变成了自己的心灵所希望
的那种动物。他首先想到的是,他要用自己刚刚获得的魔力,报复同伴。
可是后来他意识到,作为一条龙,他觉得非常寂寞。"想到这里,他立刻
认识到,他不想报复同伴。他想和他们成为朋友。他想回到人类中去,
和他们谈天说笑。他认识到,自己变成了一个与人类隔绝的怪物。一
阵可怕的孤独感袭来。他开始明白,其他的人并不是恶魔。他开始怀
疑,自己是否是以前一直自以为的那样一个好人。他渴望听到他们的
声音。即使是来自里皮奇普的一句善意的话,也会使他心存感激"(第
75—76页)。

　　埃德蒙、露西和其他人终于发现,一直在他们营地附近徘徊的那条
龙,就是变了形的尤提斯。他们还发现,因为变成了一条龙,他的脾气
变好了许多。他很想帮助别人,可是他只能以龙的特有方式帮助别人。
朋友们爱他,他也爱他们,品尝着这种新的快乐,他才能驱走心中的失
望。尤提斯是一条令人厌恶的龙,他真想变回到原来那个实实在在的
小男孩! 表面看来,这是完全不可能的。但是他变了,过程如下。

　　一只狮子从天而降,出现在尤提斯面前,陪他走进一个建在山顶上
的花园,这里喷涌着清澈的泉水,他想,泉水会减轻他前肢的疼痛,那个
金手镯就戴在那个地方。狮子说,他必须首先脱去衣服,具体地说,必
须首先脱掉那鳞质的龙皮。试了三次,都没有脱去自己的鳞质龙皮,狮
子就对他说,只好他来帮忙。虽然很害怕狮子的巨爪,尤提斯还是躺下
了,让狮子给他去皮。他对自己的变形过程作了如下描述:"开始撕的
时候,他撕得很深,我觉得,他的爪简直要伸到我的心脏了。扒皮的时
候,疼得更厉害了,我从未经受过那样的疼痛……他一下就揭去了龙
皮——前三次,我都想这样,却没有感到疼痛——我躺在草地上:和其
他人相比,我看上去比以前结实了许多,黑了许多,身上多了不少疙瘩。
我躺在那里,光光的,软软的,仿佛一根去了皮的幼枝,比原来小了许
多。"(第90页)

去掉龙皮之后,狮子把尤提斯扔进清澈的泉水,他胳膊上的疼痛顿时消失。狮子给他穿上崭新的衣服。尤提斯"不再是一条龙"了(第91页),他又变回了一个孩子! 他觉得必须为自己以前的行为道歉。变回人形的尤提斯回到了伙伴们的营地,大家为他的归来而"欢欣鼓舞"(第92页)。他失去了一度使他陷入困境的巨额财富,但是他丝毫不想回到过去,不想再有更多的财富。他彻底变了。"'从那时起,尤提斯完全变了。'确切地说,他变得和以前完全不同了。他恢复了原来的状态。很多时候,他也会感到心烦意乱。我不愿对此妄加评论。医治已经开始。"(第93页)

348

对于尤提斯的经历,埃德蒙的解释恰到好处:"我想,你一定是见到了阿斯兰。"(第91页)他确实见到了阿斯兰,狮王的巨爪有拯救作用,它的痛切直达他的心灵,使他洗心革面。尤提斯有过自己的尝试,但是他无法使自己洗心革面。他需要狮王的恩典与权能来更新他,而狮王真的这样做了,为此他配得一切的赞美!

注释:

1. 下文所注页码皆是 C. S. Lewis, *The Voyage of the "Dawn Treader"* (New York: Macmillan, Collier Books, 1952,1970)的页码。

附录一
其他福音派世界观文献概述

1. James Olthuis, "On Worldviews," *Christian Scholars Review* 14 (1985):153 - 164. 本文曾以相同的标题,收录于 *Stained Glass: Worldviews and Social Sciences*, ed. Paul A. Marshall, Sander Griffioen and Richard J. Mouw, Christian Studies Today (Lanham, Md.: University Press of America, 1989), pp.26 - 40。下列引文依据的是后者。

奥修斯的这篇文章考察了世界观的起源、结构和作用,他的世界观定义很容易使人联想到亚伯拉罕·凯波尔及其追随者。

> 世界观(或人生观)是一个思想框架或一套基本信念,我们以此来理解世界、我们的使命以及未来。我们无须清楚地表述这种观念:它可能深藏于内心世界,人们通常认为,它是毋庸置疑的;人们没有必要把它发展为一种清楚而系统的人生观;人们无须从理论上深化它,使之成为一种哲学;人们甚至没有必要把它整理为一种信条;文化历史的发展,会使它变得越来越完善。尽管如此,这种观点仍然是人们表述最高信念的一种方式,这些信念是人生的方向和意义的根据。这是一个具有整合作用和解释作用的框架,我们以此来评判秩序和无序;它是我们驾驭实在、改造实在的准则;它是万物的枢纽,它维系着我们的一切思想和行为。(第29页)

奥修斯认为，这种意义上的世界观既有描述意义，又有规范作用；它们出自信仰，并受经验的影响。他认为，情感健康和社会地位，会在很大程度上影响人们的世界观选择。他分析了他所谓的"世界观危机"，当世界观信念与人们经验到的实在越走越远，无法合而为一时，就会出现世界观危机。他指出，世界观总是在发展，它必须面对修正和完善。最后，他还强调了世界观与实践的联系，他认为，世界观是信仰与生命的统一体，它具有如下作用：

- 让生命植根于毋庸置疑的最高确定性之中；
- 把生命纳入万物的普遍秩序；
- 它是一切生命的解释依据和整合依据；
- 它是一种具有凝聚力、推动力和渗透力的"思想"，能够把信仰者组合为一个社会群体；
- 人们用符号来表述它；
- 它能够决定性地影响人格的塑造；
- 它能够激发和唤起人们内心深处的情感，满足他们的内心需要，让他们享受内心的欢乐与宁静；
- 它会促进思想的认同，深化人们的抽象思维；
- 认可以它为目标的牺牲；
- 一旦受到摇动，它的信仰者就会从根本上被摇动；
- 鼓励人们践行一种生活方式。（第 38 页）

根据以上所述，我们可以概括出两个要点。首先，奥修斯主要是在默认的层面界定"世界观"概念的，与此同时，他又承认，世界观可能固定为理论，成为一种公开的观念。其次，世界观概念似乎普遍存在于人类的经验中。如果它们确实发挥着奥修斯列举的那些作用，那么它们的影响力显然是其他力量所无法匹敌的。

2. Brian Walsh and J. Richard Middleton, *The Transforming Vision:
Shaping A Christian Worldview*, foreword by Nicholas Wolterstorff
(Downers Grove, Ill.: InterVarsity, 1984).

1984 年出版的这部著作,很受读者欢迎。全书分为四大部分。第一部分旨在阐述世界观的本质及其在文化中的体现。第二部分着力阐述基督教世界观,作者认为,基督教世界观旨在阐述圣经的三个基本思想:创造论、人类堕落论,以及基督的拯救所带来的改变。圣经的这三个主题,回答了与世界观有关的四个基本问题,这是一切世界观思想的核心问题:"(1)**我是谁**? 或者说,人类的本质、使命和目的是什么? (2)**我处在什么位置**? 或者说,我生活在这个世界上或宇宙中,这个世界的本质究竟是什么? (3)**哪里出了问题**? 或者说,妨碍我实现人生理想的根本问题或障碍,究竟是什么? 换言之,我该如何看待罪恶? (4)**补救措施何在**? 或者说,如何才能跨越前进道路上的这些障碍? 换言之,如何才能获得救赎?"(第 35 页)

作者认为,基督教世界观能够连贯地、全面地、切实可行地回答这些基本问题,阐明人的身份、位置、罪恶和救赎。要回答这四个问题,我们必须把一切世界观,包括基督教世界观和非基督教世界观,都看作一种信仰委身。

在本书的第三部分,沃尔什和米德尔顿讨论了"现代世界观",这是基督教世界观的主要对手。他们把现代思想的兴起与不符合圣经的"二元论"问题的发展联系起来,二元论把实在分为神圣和世俗两个范围,它们井水不犯河水。他们认为,由于这一错误的区分(教会对此也负有一定的责任),在西方历史上,生活中世俗的一面终于战胜了神圣的一面,以人类的自治和科学理性为特征的现代世界观诞生了。现代世界观产生了可怕的长效作用。作者还描述了"我们这个时代的一些神灵",他们认为,这些神灵已经具体化为科学偶像、技术偶像和经济偶像。现代思想行将就木之时,人们又提出所谓"实践的基督教世界观"。他们的进路不是空喊复兴,而是他们深思熟虑的结果,他们关注基督教的文化回应,描绘了世界观与学术研究的关系,最后提出一种哲学构架，以便读者从基督教的立场，深刻地思考宇宙万物的结构。本书坚定地立足于新加尔文主义，凯波尔（特别是杜耶沃德）的影响随处可见。米德尔顿和沃尔什还为本书写了一个续篇，这部新作根据后现代思想的一些发现，仔细地、创造性地解读了圣经文本，考察了基督教世界观与后现代思想的联系。参见 J. Richard Middleton and Brian Walsh, *Truth Is Stranger Than It Used to Be: Biblical Faith in a Postmodern Age* (Downers Grove, Ill. : InterVarsity, 1995)。

3. Albert Wolters, *Creation Regained: Biblical Basics for a Reformational Worldview* (Grand Rapids: Eerdmans, 1985).

　　和前一部著作一样，沃特斯的这部著作刻意贯彻了凯波尔的思想传统。他首先讨论了世界观是什么的问题，给世界观下了一个简单的定义：世界观"是一个总体性的框架，是人们理解事物的一些基本信念"（第 2 页）。作者认为，宗教改革的世界观不同于其他基督教世界观，其特殊之处在于，它的范围包罗万象，它避免了神圣与世俗的二元论倾向，它认为，基督的拯救旨在全面恢复宇宙万物的秩序（"恩典恢复自然"是人们经常说的一句话）。在后面三章，沃特斯深入探讨了基督教的三种主要思想：创造、堕落与拯救。第五章是本书的最后一章，作者把"创造-堕落-拯救的模式"用于社会和个人更新等重要领域。至于个人更新，他提出一些有益的建议，其内容从侵略到属灵恩赐、性，最后谈到舞蹈在基督徒生活中的作用。他说，我们必须区分"结构与方向"。宗教改革的世界观认为，**从结构上看**，上帝创造的一切都是好的，我们应该把它们当作一种礼物，以此为乐。然而，人类的罪使他们在灵性上错用了这些礼物中的每一样。基督教的拯救不是要否定人生和文化的基本方面，而是要恢复这些领域的本来面目，让它们回到上帝的计划中。如本书的题目所示，拯救的结果是，**万物更新**，换言之，人生、思想和文化的一切方面重新服务于上帝。本书清楚地表明，与我们通常的理解正好相反，加尔文主义的基督教是肯定生命的一种信仰，它关注全部生命的复兴，因为这关系到人类的繁荣和上帝的荣耀。

4. Arthur F. Holmes, *Contours of a World View*, Studies in a Christian
   World View, ed. Carl F. H. Henry (Grand Rapids: Eerdmans, 1983).

霍姆斯的这部著作以生存论的口气开始讨论,他认为,从四种意义上说,人类需要世界观:"人们需要它统一思想和生活;需要它来定义好的生活,寻找生活的希望和意义;需要它指导自己的思想;需要它指导自己的行为。"(第5页)他认为,现在人们急需的,是一种有效的世界观,特别是基督教世界观,这不仅是个人的要求,而且是文化的要求,特别是后基督教时代的要求,而后基督教时代信奉当代人文主义和世俗价值观。

霍姆斯接着探讨了世界观概念的"构成"或本质,他借鉴了威廉·狄尔泰和赫尔曼·杜耶沃德的思想。狄尔泰认为,世界观出现于前理论时期,作者说,他"称这个前理论的开端为世界图景(*Weltbild*),他认为,世界图景起源于人们的生活世界(*Lebenswelt*),它会发展为一种明确的世界观(*Weltanschauung*)"(第32页)。霍姆斯指出,杜耶沃德是在探索人性中具有统一作用的那种因素,他认为,宗教因素作用显著,它具有我们所需要的一种凝聚力。无论世界观的具体内容是什么,它们毕竟起源于宗教,能够"把生活和思想的一切方面有效地统一起来,赋予它们意义"(第34页)。

霍姆斯仔细分析了世界观内容的来源,着力考察了神学、哲学、科学以及其他学科的影响。神学有助于萌芽状态的世界图景发展为明确的基督教世界观,因为它内在地包含着系统神学的全部领域,特别是它的上帝观以及上帝与宇宙的关系。透过霍姆斯"世界观式的神学",神学在实践方面也作出了贡献,神学多元论是一种事实,在阐述基督教与文化的关系时,多元论的特征尤其明显,这个特征有助于人们在很大的范围内、以各种不同的方式来阐述基督教世界观,因为它也是多元的。

从哲学研究以及哲学史的角度看,哲学能够影响世界观。哲学研究重在分析概念和推理,考察所有学科的基本问题。哲学史是概念和推理的宝库,其内容几乎涵盖了所有的学科和所有的世界观,包括有神论的世界观、自然主义的世界观和其他各种世界观。透过霍姆斯所谓的"世界观式的哲学",哲学在实践方面也作出了贡献。

　　最后,科学,尤其是库恩所谓的科学史,同样有助于世界观的形成,作者着力阐述了毕达哥拉斯、亚里士多德、牛顿和爱因斯坦的宇宙观对世界观内容的影响。如霍姆斯所言,"科学的自然观会影响我们对所有自然过程和人类活动的思考,更进一步,它们常常被类比于上帝。"(第43页)科学确实能够影响世界观,但是如霍姆斯所言,反之亦然:世界观也会通过范式(库恩的思想)和个人(波兰尼的思想)影响科学。

　　于是出现了主观主义、世界观多元主义的问题以及真理问题,我们必须认真对待。霍姆斯考察了三种"策略",即信仰主义、基础主义和连贯论(coherentism)。霍姆斯倾向于第三种策略,因为"**真理具有统一性**,换言之,真理实际上是一个相互联系的连贯的整体"(第51页)。具有这种知识统一性的任何理论,必定优于其他理论,与此同时,这种内部的连贯性还必须具有形而上学的客观性。

　　以此为出发点,霍姆斯粗略地描绘了基督教世界观的轮廓。他考察了五个要素:上帝、人类、真理、价值观,以及社会和历史——在阐述这些要素时,作者借鉴了神学、哲学和科学的思想。在这些考察的基础上,他把这一基本框架运用于实践活动的四个领域,即人类的创造活动、科学技术、工作和娱乐,每一种活动都是基督教思想的一种表现。霍姆斯认为,总而言之,他的研究承认,基督教世界观包含着连贯性、生命力与相关性,人类生活和经验的所有方面都表现了这些特征。

5. James W. Sire, *The Universe Next Door*: *A Basic Worldview Catalog*, 3rd ed. (Downers Grove, Ill.: InterVarsity, 1997).

　　本书第三版的封面介绍说,这部著作的销量已经突破十万册。塞尔清楚地指出,本书有四个主要目的:(1)概述主要的世界观,因为这是西方人理解实在的基础;(2)追溯这些世界观的历史演变;(3)揭露后现代主义"歪曲"所有世界观思想的方式;(4)鼓励读者学习世界观的思维方式,换言之,我们"不仅要了解自己的思维方式,而且要了解别人的思维方式,这样,我们就能理解这个多元社会中的其他人,与他们进行真正的交流"(第15页)。

塞尔把世界观定义为"语词和概念所创造的概念性宇宙,语词和概念为一切思想行为共同构建了一个具有某种连贯性的参照系"。他还把世界观描述为"一些基本假设(这些基本假设可能是正确的,或者具有一定程度的正确性,也可能是完全错误的),我们相信这些关于世界的基本结构的假设(这种信念可能是有意识的或无意识的,连贯的或不连贯的)"(第16页)。最后,他以问答的方式,提出自己的观点:世界观是人们回答下列七个问题时必不可少的一种"基础",现将这七个问题引述如下(第18页)。

1. 原初的实在——真正实在的事物,究竟是什么?
2. 外部实在——我们周围的这个世界——的本质,究竟是什么?
3. 人类是什么?
4. 人的死究竟意味着什么?
5. 我们为什么能够认识事物?
6. 我们是如何知道什么是正确或错误的?
7. 历史的意义是什么?

塞尔认为,人们必然会以某种方式回答这些问题。在他看来,了解人们的世界观,是"我们迈向自我意识、自我认知和自我理解的关键性一步"(第16页)。

在本书的关键部分,塞尔考察了八种不同的世界观,它们回答了以上所述七个基本问题。他按照历史顺序展开讨论,首先是基督教有神论,然后是自然神论、自然主义、虚无主义、存在主义、东方的泛神论式一元论、新纪元意识,直到后现代主义。本书的最后一章探讨了"经过省思的生活",作者鼓励读者,在选择事关重大的世界观时,我们要满足以下四个基本的标准。可信的世界观应该:(1)具有"内在的思想连贯性";(2)"能够说明实在的现象";(3)能够"解释它声称要解释的那些事物";(4)"主观上令人满意"(第195—198页)。塞尔自己的选择是基督教有神论,他认为,基督教有神论能叫人"过上一种经过省思的很有价值的生活"(200页)。

6. Charles Colson and Nancy Pearcey, *How Now Shall We Live?*
   (Wheaton, Ill. : Tyndale House, 1999).［中译本参见寇尔森、皮尔
   丝:《世界观的故事》,林秋如、林秀娟译,台北:校园书房出版社,
   2006 年。］

　　这部著作内容充实,很受读者欢迎,书中有很多有趣的故事,但是
它有一个严肃的目的,作者的解释是:"我们的目的是,让信徒把基督教
当作一种完整的世界观和人生观,以新千年为契机,做上帝建设基督教
新文化的使者。"(第 xii‑xiii 页)错失这一良机就等于否认上帝是一切
实在的最高统治者,就等于错过了文化建设的契机,具有历史意义的基
督教向前发展的条件已经成熟。他们希望,基督徒不仅要承认上帝拥
有救赎恩典,能够拯救信徒,而且要承认上帝拥有普遍恩典,能够保存
和更新文化。为了实现这一目标,基督徒不应该从信仰主义的立场看
待基督教,而应该把它看作一种包罗万象的世界观。因此,本书的第一
部分主要讨论世界观概念及其重要意义。第二、三、四部分,考查了我
们所熟悉的一些问题,如创造、堕落和拯救,回答了我们是谁、我们身居
何处的重要问题,解释了世界的错误所在,以及改正错误的方法。从很
多方面看,全书的重点在第四部分,这一部分探讨人类的拯救,它回答
了本书的标题所提出的那个问题:我们应该如何生活? 他们证明,几乎
在生活的各个重要领域,基督教都发挥着自己的作用。如寇尔森和皮
尔丝所言,"唯有基督教能给人们提供一种包罗万象的世界观,这种世
界观能够涵盖生活和思想的所有领域,能够解释世界万物的所有方面。
唯有基督教能给人们提供一种与真实世界相符的生活方式。"(第 xi 页)
对基督教信仰的这种宏观理解,具有显著的个人意义、福音意义、文化
意义和护教意义。但是作者指出,他们的目的不是创新,而是如 C. S.
路易斯所言,以现代人能够接受的一种方式,来阐述古代的真理。这是
一本非常好的书,它能使更多的基督徒读者了解这个话题,他们本来不
会想研究这个问题。

附录二
本书没有提到的基督教世界观著作目录

Baldwin, J. F. *The Deadliest Monster*: *A Christian Introduction to Worldviews*. Eagle Creek, Oreg. : Coffee House Ink, 1998.

Barcus, Nancy. *Developing a Christian Mind*. Downers Grove, Ill. : InterVarsity, 1977.

Blamires, Harry. *The Christian Mind*: *How Should a Christian Think?* Ann Arbor: Servant, 1978.

———. *The Post-Christian Mind*: *Exposing Its Destructive Agenda*. Foreword by J. I. Packer. Ann Arbor: Servant, Vine Books, 1999.

———. *Recovering the Christian Mind*: *Meeting the Challenge of Secularism*. Downers Grove, Ill. : InterVarsity, 1988.

Borthwick, Paul. *Six Dangerous Questions to Transform Your View of the World*. Downers Grove, Ill. : InterVarsity, 1996.

Cook, Stuart. *Universe Lost*: *Reclaiming a Christian World View*. Joplin, Mo. : College Press, 1992.

Doran, Robert, *Birth of a Worldview*: *Early Christianity in Its Jewish and Pagan Context*. Boulder, Colo. : Westview Press, 1995.

Frey, Bradshaw, et al. *All of Life Redeemed*: *Biblical Insight for Daily Obedience*. Jordan Station, Ont. : Paideia Press, 1983.

———. *At Work and Play*: *Biblical Insight for Daily Obedience*. Foreword by Anthony Campolo. Jordan Station, Ont. : Paideia Press, 1986.

Garber, Steven. *The Fabric of Faithfulness: Weaving Together Belief and Behavior during the University Years*. Downers Grove, Ill.: InterVarsity, 1996.

Geisler, Norman L., and William D. Watkins, *Worlds Apart: A Handbook on World Views*. 2nd ed. Grand Rapids: Baker, 1989.

Gill, David W. *The Opening of the Christian Mind: Taking Every Thought Captive to Christ*. Downers Grove, Ill.: InterVarsity, 1989.

Gnuse, Robert. *Heilsgeschichte as a Model for Biblical Theology: The Debate concerning the Uniqueness and Significance of Israel's Worldview*. Lanham, Md.: University Press of America, 1989.

Hart, Hendrik. *Understanding Our World: An Integral Ontology*. Christian Studies Today. Lanham, Md.: University Press of America, 1984.

Hesselgrave, David J. *Communicating Christ Cross-Culturally*. Grand Rapids: Zondervan, 1978. 特别参见第 190—285 页。

Hiebert, Paul G. *Anthropological Insights for Missionaries*. Grand Rapids: Baker, 1985. 特别参见第 5 章。

Hoffecker, W. Andrew, ed., and Gary Scott Smith, assoc. ed. *Building a Christian Worldview: God, Man, and Knowledge*, vol. 1. *The Universe, Society, and Ethics*; vol. 2. Phillipsburg, N. J.: Presbyterian and Reformed, 1986 and 1988.

Holmes, Arthur F. *All Truth Is God's Truth*. Grand Rapids: Eerdmans, 1977.

——. *Faith Seeks Understanding*. Grand Rapids: Eerdmans, 1971.

Jordon, James B. *Through New Eyes: Developing a Biblical View of the World*. Brentwood, Tenn.: Wolgemuth and Hyatt, 1988.

Kraft, Charles H. *Christianity in Culture: A Study in Dynamic Biblical Theologizing in Cross-Cultural Perspective*. Maryknoll, N. Y: Orbis, 1979.

——. *Christianiy with Power. Your Worldview and Your Experience of*

397

the Supernatural. Ann Arbor: Servant, VineBooks, 1989.

Kraft, Marguerite G. *Understanding Spiritual Power. A Forgotten Dimension of Cross-Cultural Mission and Ministry.* American Society of Missiology, no. 22. Maryknoll, N. Y: Orbis, 1995. 本书充满着世界观内容。

Lugo Luis E. *Religion, Pluralism, and Public Life: Abraham Kuyper's Legacy for the Twenty-first Century.* Grand Rapids: Eerdmans, 2000.

Marshall, Paul, with Lela Gilbert. *Heaven Is Not My Home: Living in the Now of God's Creation.* Nashville: Word, 1998.

Nash, Ronald H. *Worldviews in Conflict: Choosing Christianity in a World of Ideas.* Grand Rapids: Zondervan, 1992.

Newport, John P. *Life's Ultimate Questions: A Contemporary Philosophy of Religion.* Dallas: Word, 1989.

——. *The New Age Movement and the Biblical Worldview: Conflict and Dialogue.* Grand Rapids: Eerdmans, 1998.

Niebuhr, H. Richard. *Christ and Culture.* New York: Harper and Row, 1951.

Noebel, David A. *Understanding the Times: The Story of the Biblical Christian, Marxist Leninist, and Secular Humanist Worldviews.* Manitou Springs, Colo. : Summit Press, 1991.

Olasky, Marvin. *Whirled Views: Tracking Today's Culture Storms.* Wheaton, Ill. : Crossway, 1997.

Palmer Michael D. , comp. and ed. *Elements of a Christian Worldview.* Foreword by Russell P. Spittler. Spring field, Mo. : Logion Press, 1998.

Richardson Alan. *Genesis 1 – 11: The Creation Stories and the Modern Worldview.* London: SCM Press, 1953.

Schlossberg, Herbert, and Marvin Olasky. *Turning Point: A Christian Worldview Declaration.* Turning Point Christian Worldview Series, edited by Marvin Olasky. Wheaton, Ill.: Good News Publishers, Crossway, 1987.这套丛书的其他著作探讨了传媒、穷人和被压迫者、政治、经济、电影、大众文化、国际政治、人口、生育、文学、艺术、基督教教育，以及后现代主义。

Schweiker, William, and Per M. Anderson, eds. *Worldviews and Warrants: Plurality and Authority in Theology*. Lanham, Md.: University Press of America, 1987.

Senn, Frank C. *New Creation: A Liturgical Worldview*. Minneapolis: Fortress, 2000.

Simkins, Ronald A. *Creator and Creation: Nature in the Worldview of Ancient Israel*. Peabody, Mass.: Hendrickson, 1994.

Snyder, Howard A. *Earth Currents: The Struggle for the World's Soul*. Nashville: Abingdon, 1995.

Sproul, R. C. *Lifeviews: Making a Christian Impact on Culture and Society*. Old Tappan, N.J.: Revel, Power Books, 1986.

Tracy, David. *Blessed Rage for Order*. New York: Seabury Press, 1975.

Van Til, Henry R. *The Calvinistic Concept of Culture*. Grand Rapids: Baker, 1959.

Veith, Gene E. *Modern Fascism: Liquidating the Judeo-Christian Worldview*. St. Louis: Concordia, 1993.

Weerstra, Hans M. "Worldview, Missions and Theology." *International Journal of Frontier Missions* 14, nos. 1 and 2(1997).该刊物的这两期刊载了多篇文章，探讨世界观与宣教工作的各个方面的关系。

Wolterstorff, Nicholas. *Reason within the Bounds of Religion*. 2nd ed. Grand Rapids: Eerdmans, 1984.

附录三
本书引述过的著作

Anderson, Walter Truett. *Reality Isn't What It Used to Be: Theatrical Politics, Ready-to-Wear Religion, Global Myths, Primitive Chic, and Other Wonders of the Postmodern World*. San Francisco: Harper and Row, 1990.

——, ed. *The Truth about the Truth: De-Confusing and Re-Constructing the Postmodern World*. New York: Putnam, a Jeremy P. Tarcher/ Putnam Book, 1995.

Anselm. *Proslogion*. In *Anselm of Canterbury: The Major Works*, edited and introduction by Brian Davies and G. R. Evans. Oxford World's Classics. New York: Oxford University Press, 1998.

Aristotle. *Posterior Analytics*. Translated by G. R. G. Mure. In *The Great Books of the Western World*, edited by Robert Maynard Hutchins, vol. 8. Chicago: Encyclopaedia Britannica, 1952.

Arnold Matthew. "The Buried Life." In *The Norton Anthology of English Literature*, 2:1021. Rev. ed. M. H. Abrams, general editor. New York: Norton, 1968.

Augustine. *"Against the Academicians" and "The Teacher."* Translated, introduction and notes by Peter King. Indianapolis: Hackett, 1995.

——. *City of God*. Translated by Henry Bettenson. Introduction by John O. Meara, Penguin Classics, advisory editor Betty Radice. New York: Penguin Books, 1984.

——. *Confessions*. Translated, introduction, and notes by Henry Chadwick. Oxford World's Classics. New York: Oxford University Press, 1991.

——. *Confessions*. Translated by F. J. Sheed. Introduction by Peter Brown. Indianapolis: Hackett, 1992.

——. *On the Holy Trinity*. Translated by Arthur W. Haddan. In Nicene and Post-Nicene Fathers edited by Philip Schaff, vol. 3. Peabody, Mass.: Hendrickson, 1994.

——. *Teaching Christianity — "De doctrina Christiana."* Introduction, translation and notes by Edmund Hill O. P. In *The Works of Saint Augustine: A Translation for the Twenty-first Century*, edited by John E. Rotelle, O. S. A., vol. 11. Hyde Park, N. Y: New City Press, 1996.

Bakhtin, Mikhail M. *Speech Genres and Other Late Essays*. Edited by Caryl Emerson and Michael Holquist. Translated by Vern W. McGee. Austin: University of Texas Press, 1986.

Barbour, Ian. "Paradigms in Science and Religion." In *Paradigms and Revolutions: Appraisals and Applications of Thomas Kuhn's Philosophy of Science*, edited by Gary Gutting, pp. 223 – 245. Notre Dame, Ind.: University of Notre Dame Press, 1980.

Barth, Karl. *Church Dogmatics*, III/2, *The Doctrine of Creation*, Part 2. Edited by G. W. Bromiley and T. F. Torrance. Translated by Harold Knight, J. K. S. Reid, and R. H. Fuller. Edinburgh: T. & T. Clark, 1960.

——. *Church Dogmatics*, III/3, *The Doctrine of Creation*, Part 3: Edited by G. W. Bromiley and T. F. Torrance. Translated by G. W. Bromiley and R. J. Ehrlich. Edinburgh: T. & T. Clark, 1960.

——. *The Epistle to the Romans*. Translated by Edwyn C. Hoskyns. London: Oxford University Press, 1968.

Berger, Peter L. *The Sacred Canopy: Elements of a Sociological Theory*

Worldview: The History of a Concept

of Religion. New York: Doubleday, Anchor Books, 1967.

Berger, Peter L., and Thomas Luckmann. *The Social Construction of Reality: A Treatise in the Sociology of Knowledge.* New York: Doubleday, 1966; Anchor Books, 1967.

Betanzos, Ramon J. Introduction to *Introduction to the Human Sciences: An Attempt to Lay a Foundation for the Study of Society and History,* by Wilhelm Dilthey. Translated by Ramon J. Betanzos. Detroit: Wayne State University Press, 1988.

Bettelheim, Bruno. *The Uses of Enchantment: The Meaning and Importance of Fairy Tales.* New York: Random House, Vintage Books, 1977.

Bettenson, Henry, ed. *Documents of the Christian Church.* New York: Oxford University Press, 1947.

Betz, Werner. "Zur Geschichte des Wortes 'Weltanschauung.'" In *Kursbuch der Weltanschauungen,* Schriften der Carl Friedrich von Siemens Stiftung, pp. 18–28. Frankfurt: Verlag Ullstein, 1980.

Biemel, Walter. "Introduction to the Dilthey-Husserl Correspondence." Translated by Jeffner Allen. In *Husserl Shorter Works,* edited by Peter McCormick and Frederick A. Elliston, translated by Jeffner Allen, pp. 198–202. Notre Dame, Ind.: University of Notre Dame Press: Brighton, England: Harvester Press, 1981.

Boyd, Gregory A. *God at War: The Bible and Spiritual Conflict.* Downers Grove, Ill.: InterVarsity, 1997.

Bratt, James D., ed. *Abraham Kuyper: A Centennial Reader.* Grand Rapids: Eerdmans, 1998.

Bruner, Jerome S. "Myth and Identity." In *Myth and Mythmaking,* edited by Henry A. Murray, pp. 276–287. New York: George Braziller, 1960.

Brunner, Emil. *Revelation and Reason.* Translated by Olive Wyon. Philadelphia: Westminster, 1946.

Bulhof, Ilse N. *Wilhelm Dilthey: A Hermeneutic Approach to the Study of History and Culture*. Martinus Nijhoff Philosophy Library, vol. 2. Boston: Martinus Nijhoff, 1980.

Bultmann, Rudolf. "Is Exegesis without Presuppositions Possible?" In *New Testament and Mythology and Other Basic Writings*, selected, edited, and translated by Schubert M. Ogden, pp. 145 - 153. Philadephia: Fortress, 1984.

Buttiglione, Rocco. *Karol Wojtyla: The Thought of the Man Who Became Pope John Paul II*. Grand Rapids: Eerdmans, 1997.

Calvin, John. *Institutes of the Christian Religion*. Edited by John T. McNeill. Translated and indexed by Ford Lewis Battles. Library of Christian Classics, edited by John Baillie, John T. McNeill, and Henry P. Van Dusen, vol. 20. Philadelphia: Westminster, 1960.

Carr, David. "Husserl's Problematic Concept of the Life-World." In *Husserl: Expositions and Appraisals*, edited and introduction by Frederick A. Eliston and Peter McCormick, pp. 202 - 212. Notre Dame, Ind.: University of Notre Dame Press, 1977.

———. *Interpreting Husserl: Critical and Comparative Studies*. Boston/Dordrecht: Martinus Nijhoff, 1987.

———. *Phenomenology and the Problem of History: A Study of Husserl's Transcendental Philosophy*. Evanston, Ill.: Northwestern University Press, 1974.

Catechism of the Catholic Church. Liguori, Mo.: Liguori Publications, 1994.

Chesterton, G. K. *Heretics*. In *The Complete Works of G. K. Chesterton*, edited by David Dooley, vol. 1. San Francisco: Ignatius, 1986.

Clark, Gordon H. *A Christian Philosophy of Education*. Grand Rapids: Eerdmans, 1946.

———. *A Christian View of Men and Things: An Introduction to*

Philosophy. Grand Rapids: Eerdmans, 1951. Reprint, Grand Rapids: Baker, 1981.

Clark, Gregory A. " The Nature of Conversion: How the Rhetoric of Worldview Philosophy Can Betray Evangelicals. " In *The Nature of Confession: Evangelicals and Postliberals in Conversation*, edited by Timothy R. Philips and Dennis L. Okholm, pp. 201 – 218. Downers Grove, Il. : InterVarsity, 1996.

Clendenin, Daniel B. , ed. *Eastern Orthodox Theology: A Contemporary Reader*. Grand Rapids: Baker, 1995.

Colingwood, R. G. *Essay on Metaphysics*. Oxford: Clarendon, 1940.

Colson, Charles. "The Common Cultural Task: The Culture War from a Protestant Perspective. " In *Evangelicals and Catholics Together: Toward a Common Mission*, edited by Charles Colson and Richard John Neuhaus, pp. 1 – 44. Dallas: Word, 1995.

Conway, Gertrude D. *Wittgenstein on Foundations*. Atlantic Highlands, N. J. : Humanities Press, 1989.

Copleston, Frederick, S. J. *A History of Philosophy*. vol. 7, *Modern Philosophy from the Post-Kantian Idealists to Marx, Kierkegaard, and Nietzsche*. New York: Doubleday, Image Books, 1994.

Counelis, James Steve. " Relevance and the Orthodox Christian Theological Enterprise: A Symbolic Paradigm on Weltanschauung. " *Greek Orthodox Theological Review* 18 (spring-fall 1973) : 35 – 46.

Crites, Stephen. " The Narrative Quality of Experience. " In *Why Narrative? Readings in Narrative Theology*, edited by Stanley Hauerwas and L. Gregory Jones, pp. 65 – 88. Grand Rapids: Eerdmans, 1989.

Cunningham, Lawrence S. *The Catholic Faith: An Introduction*. New York: Paulist, 1987.

Danto, Arthur C. *Nietzsche as Philosopher*. New York: Macmillan, 1965.

Davidson, Donald. "The Myth of the Subjective." In *Relativism*: *Interpretation and Confrontation*, edited and introduction by Michael Krausz, pp. 159 – 172. Notre Dame, Ind. : University of Notre Dame Press, 1989.

———. "On the Very Idea of a Conceptual Scheme." In *Inquiries into Truth and Interpretation*, pp. 183 – 198. Oxford: Clarendon, 1984.

Dégh, Linda. "The Approach to Worldview in Folk Narrative Study." *Western Folklore* 53 (July 1994) : 243 – 252.

Derrida, Jacques. *Margins of Philosophy*. Translated by Alan Bass. Chicago: University of Chicago Press, 1982.

———. *Of Grammatology*. Translated by Gayatri Chakravorty Spivak. Baltimore: Johns Hopkins University Press, 1976.

———. *Writing and Difference*. Translated by Alan Bass. Chicago: University of Chicago Press, 1976.

Deutsches Wörterbuch von Jacob Grimm and Wilhelm Grimm. Vierzehnter Band, I. Abreilung. 1 Teil. Bearbeitet von Alfred Götze and der Arbeitsstelle des Deutschen Wörterbuches zu Berlin. Leipzig: Verlag von S. Hirzel, 1955.

De Vries, John Hendrick. Biographical note to *Lectures on Calvinism*, by Abraham Kuyper. 1931. Reprint, Grand Rapids: Eerdmans, 1994.

Dilthey, Wilhelm. *Dilthey's Philosophy of Existence: Introduction to Weltanschauunglehre*. Translated and introduction by Wiliam Kluback and Martin Weinbaum. New York: Bookman Associates, 1957. Reprint, Westport, Conn. : Greenwood Press, 1978.

Dittberner, Job L. *The End of Ideology and American Social Thought*: *1930—1960*. Studies in American History and Culture, no. 1. Ann Arbor: UMI Research Press, 1979.

Dooyeweerd, Herman. *A New Critique of Theoretical Thought*. Translated by David H. Freeman, Wiliam S. Young, and H. De Jongste. 4 vols. Jordan Station, Ont. : Paideia Press, 1984.

Dornseiff, Franz. "Weltanschauung. Kurzgefasste Wortgeschichte." *Die Wandlung: Eine Monatsschrift* 1(1945 - 1946):1086 - 1088.

Dulles, Avery, S. J. "The Unity for Which We Hope." In *Evangelicals and Catholics Together: Toward a Common Mission*, edited by Charles Colson and Richard John Neuhaus, pp. 115 - 146. Dallas: Word, 1995.

Eagleton, Terry. *Literary Theory.* Minneapolis: University of Minnesota Press, 1983.

Eco, Umberto. *A Theory of Semiotics.* Advances in Semiotics, edited by Thomas A. Sebeok. Bloomington: Indiana University Press, 1976.

Edwards, James C. *Ethics without Philosophy: Wittgenstein and the Moral Life.* Tampa: University Presses of Florida, 1982.

Edwards, Jonathan. *Religious Affections.* Edited by John E. Smith. The Works of Jonathan Edwards, vol. 2. New Haven: Yale University Press, 1959.

Edwards, Steven D. *Relativism, Conceptual Schemes, and Categorical Frameworks.* Avebury Series in Philosophy of Science. Brookfield, Vt. : Gower, 1990.

Emerson, Ralph Waldo. *Selected Essays.* Illustrated by Walter S. Oschman. Chicago: People's Book Club, 1949.

Ermath, Michael. *Wilhelm Dilthey: The Critique of Historical Reason.* Chicago: University of Chicago Press, 1978.

Farrell, Frank B. *Subjectivity, Realism, and Postmodernism — The Recovery of the World.* Cambridge: Cambridge University Press, 1994.

Fichte, Johann Gottlieb. *Attempt at a Critique of All Revelation.* Translated and introduction by Garrett Green. Cambridge: Cambridge University Press, 1978.

Finch, Henry LeRoy. *Wittgenstein: The Later Philosophy — An Exposition of the "Philosophical Investigations."* Atlantic Highlands,

N. J. : Humanities Press, 1977.

Flannery, Austin P. , ed. *Documents of Vatican II*. Rev. ed. Grand Rapids: Eerdmans, 1984.

Foucault, Michel. Afterword to *Michel Foucault: Beyond Structuralism and Hermeneutics*, by Hubert L. Dreyfus and Paul Rabinow, pp. 208 – 226. Chicago: University of Chicago Press, 1982.

———. *The Archaeology of Knowledge*. Translated by A. M. Sheridan Smith. New York: Random House, Pantheon Books, 1972.

———. *Discipline and Punish: The Birth of the Prison*. Translated by Alan Sheridan. New York: Random House, Vintage Books, 1995.

———. *The Order of Things: An Archaeology of the Human Sciences*. New York: Random House, 1970; Vintage Books, 1973.

———. *Power/Knowledge: Selected Interviews and Other Writings, 1972 – 1977*. Edited by Colin Gordon. Translated by Colin Gordon, Leo Marshal, John Mepham, and Kate Soper: New York: Pantheon Books, 1980.

Freud, Sigmund. "Inhibitions, Symptoms and Anxiety." In *An Autobiographical Study*, *"Inhibitions, Symptoms and Anxiety," "The Question of Lay Analysis," and Other Works*. Vol. 20 of *The Standard Edition of the Complete Psychological Works of Sigmund Freud*, translated by James Strachey. London: Hogarth Press and the Institute of Psycho-Analysis, 1962.

———. "The Question of a Weltanschauung." In *New Introductory Lectureson Psycho-Analysis and Other Works*. Vol. 22 of *The Standard Edition of the Complete Psychological Works of Sigmund Freud*, translated by James Strachey. London: Hogarth Press and the Institute of Psycho-Analysis, 1964.

Gadamer, Hans-Georg. *Truth and Method*. 2nd rev. ed. Translation revised by Joel Weinsheimer and Donald G. Marshall. New York: Continuum, 1993.

Gay, Craig. *The Way of the (Modern) World; or, Why It's Tempting to Live As If God Doesn't Exist.* Foreword by J. I. Packer. Grand Rapids: Eerdmans, 1998.

Geehan, E. R., ed. *Jerusalem and Athens: Critical Discussions on the Philosophy and Apologetics of Cornelius Van Til.* Phillipsburg, N.J.: Presbyterian and Reformed, 1980.

Gelwick, Richard. *The Way of Discovery: An Introduction to the Thought of Michael Polanyi.* New York: Oxford University Press, 1977.

Genova, Judith. *Wittgenstein: A Way of Seeing.* New York: Routledge, 1995.

Gier, Nicholas F. *Wittgenstein and Phenomenology: A Comparative Study of the Later Wittgenstein, Husserl, Heidegger, and Merleau-Ponty.* SUNY Series in Philosophy, edited by Robert C. Neville. Albany: State University of New York Press, 1981.

Gilkey, Langdon. *Maker of Heaven and Earth: A Study of the Christian Doctrine of Creation.* Christian Faith Series, consulting editor Reinhold Niebuhr. Garden City, N.Y: Doubleday, 1959.

Gombert, Albert. "Besprechungen von R. M. Meyer's ' Vierhundert Schlagworte. '" *Zeitschrift für deutsche Wortforschung* 3 (1902): 144 - 158.

——. "Kleine Bemerkungen zur Wortgeschichte." *Zeitschrift für deutsche Wortforschung* 8(1907):121 - 140.

Goodman, Nelson. *Ways of Worldmaking.* Indianapolis: Hackett, 1978.

——. "Words, Works, Worlds." In *Starmaking: Realism, Anti-Realism, and Irrealism,* edited by Peter J. McCormick, pp. 61 - 77. Cambridge: MIT Press, Bradford, 1996.

Götze, Alfred. "Weltanschauung." *Euphorion: Zeitschrift für Literaturgeschichte* 25(1924):42 - 51.

Granier, Jean. "Perspectivism and Interpretation." In *The New*

Nietzsche, edited by David B. Allison, pp. 190 – 200. Cambridge: MIT Press, 1985.

Griffioen, Sander. "The Worldview Approach to Social Theory: Hazards and Benefits." In *Stained Glass*: *Worldviews and Social Science*, edited by Paul A. Marshall, Sander Griffioen, and Richard J. Mouw, pp. 81 – 118. Lanham, Md. : University Press of America, 1989.

Gutting, Gary. Introduction to *The Cambridge Companion to Foucault*, edited by Gary Gutting, pp. 1 – 27. Cambridge: Cambridge University Press, 1994.

——. Introduction to *Paradigms and Revolutions*: *Appraisals and Applications of Thomas Kuhn's Philosophy of Science*, edited by Gary Gutting. Notre Dame, Ind. : University of Notre Dame Press, 1980.

Habermas, Jürgen. "Work and Weltanschauung: The Heidegger Controversy from a German Perspective." In *Heidegger*: *A Critical Reader*, edited by Hubert L. Dreyfus and Harrison Hall, pp. 186 – 208. Oxford/Cambridge, Mass. : Basil Blackwell, 1992.

Hacking, Ian. "Language, Truth and Reason." In *Rationality and Relativism*, edited by Martin Hollis and Steven Lukes, pp. 48 – 66. Cambridge: MIT Press, 1982.

Hamilton, Peter. *Knowledge and Social Structure*: *An Introduction to the Classical Argument in the Sociology of Knowledge*. London: Routledge and Kegan Paul, 1974.

Harms, John B. "Mannheim's Sociology of Knowledge and the Interpretation of *Weltanschauungen*." Social Science Journal 21 (April 1984):33 – 48.

Hegel, G. W. F. *Aesthetics*: *Lectures on Fine Art*. Translated by T. M. Knox. 2 vols. Oxford: At the Clarendon Press, 1975.

——. *The Difference between Fichte's and Schelling's System of Philosophy*. Translated by H. S. Harris and Walter Cerf. Albany: State University of New York Press, 1977.

——. *Lectures on the History of Philosophy*. Translated by E. S. Haldane and Frances H. Simson. 3 vols. Lincoln: University of Nebraska Press, 1995.

——. *Lectures on the Philosophy of Religion Together with a Work on the Proofs of the Existence of God*. Translated by Rev. E. B. Speirs and J. Burdon Sanderson. Vol. 1. New York: Humanities Press, 1962.

——. *The Phenomenology of Mind*. Translated with introduction and notes by J. B. Baillie. 2nd ed. London: George Allen and Unwin, 1961.

——. *The Philosophy of History*. Translated by J. Sibree. In *The Great Books of the Western World*, edited by Robert Maynard Hutchins, vol. 46. Chicago: Encyclopaedia Britannica, 1952.

Heidegger, Martin. "The Age of the World Picture." In *The Question concerning Technology and Other Essays*, translated and introduction by William Lovitt, pp. 115 – 154. New York: Harper and Row, Harper Torchbooks, 1977.

——. "Anmerkungen zu Karl Jaspers' *Psychologie der Weltanschauungen*." In *Karl Jaspers in der Diskussion*, edited by Hans Saner, pp. 70 – 100. Munich: R. Piper, 1973.

——. *The Basic Problems of Phenomenology*. Translation, introduction, and lexicon by Albert Hofstadter. Studies in Phenomenology and Existential Philosophy. Bloomington: Indiana University Press, 1982.

——. *Being and Time*. Translated by John Macquarrie and Edward Robinson. New York: Harper and Row, 1962.

——. *Being and Time: A Translation of "Sein und Zeit."* Translated by Joan Stambaugh. SUNY Series in Contemporary Continental Philosophy, edited by Dennis J. Schmidt. Albany: State University of New York Press, 1996.

——. *Die Grundproblem der Phänomenologie*. In *Gesamtausgabe*, edited by F.-W. von Herrmann, vol. 24. Frankfurt: Klostermann, 1975, 1989.

———. "Die Idee der Philosophie und das Weltanschauungs Problem." In *Zur Bestimmung der Philosophie*, in *Gesamtausgabe*, edited by Bernd Heimbüchel, vol. 56/57, pp. 3 – 117. Frankfurt: Klostermann, 1987.

———. *The Metaphysical Foundations of Logic*. Translated by Michael Heim. Bloomington: Indiana University Press, 1984.

———. *Metaphysische Anfangsgründe der Logik im Ausgang von Leibniz*. In *Gesamtausgabe*, edited by Klaus Held, vol. 26. Frankfurt: Klostermann, 1978.

———. "'Only a God Can Save Us': The Spiegel Interview (1966)." In *Heidegger: The Man and the Thinker*, edited by Thomas Sheehan, pp. 45 – 72. Chicago: Precedent Publishing, n. d.

———. *Wegmarken*. In *Gesamtausgabe*, edited by F.-W. von Herrmann, 9:1 – 44. Frankfurt: Klostermann, 1976.

———. "Die Zeit des Weltbildes." In *Holzwege*, in *Gesamtausgabe*, edited by F.-W. von Herrmann, 5: 75 – 113. Frankfurt: Klostermann, 1977.

Hempel, Carl G. "Thomas Kuhn, Colleague and Friend." In *World Changes: Thomas Kuhn and the Nature of Science*, edited by Paul Horwich, pp. 7 – 8. Cambridge: MIT Press, 1993.

Henderson, R. D. "How Abraham Kuyper Became a Kuyperian." *Christian Scholars Review* 22(1992):22 – 35.

Henry, Carl F. H. *Confessions of a Theologian: An Autobiography*. Waco, Tex.: Word, 1986.

———. "Fortunes of the Christian World View." *Trinity Journal*, n. s., 19(1998):163 – 176.

Heslam, Peter S. *Creating a Christian Worldview: Abraham Kuyper's Lectures on Calvinism*. Grand Rapids: Eerdmans, 1998.

Hesse, Mary. *Revolutions and Reconstructions in the Philosophy of*

Science. Bloomington: Indiana University Press, 1980.

Hodges, H. A. *Wilhelm Dilthey*: *An Introduction*. New York: Howard Fertig, 1969.

Holmes, Arthur. "Phenomenology and the Relativity of World-Views." *Personalist* 48 (summer 1967):328 – 344.

Hoyningen-Huene, Paul. *Reconstructing Scientific Revolutions*: *Thomas S. Kuhn's Philosophy of Science*. Translated by Alexander T. Levine. Foreword by Thomas S. Kuhn. Chicago: University of Chicago Press, 1993.

Hung, Edwin. *The Nature of Science*: *Problems and Perspectives*. Belmont, Calif. : Wadsworth, 1997.

Hunnings, Gordon. *The World and Language in Wittgenstein's Philosophy*. Albany: State University of New York Press, 1988.

Husserl, Edmund. *The Crisis of European Sciences and Transcendental Phenomenology*: *An Introduction to Phenomenological Philosophy*. Translated and introduction by David Carr. Northwestern University Studies in Phenomenology and Existential Philosophy, general editor John Wild. Evanston, Ill. : Northwestern University Press, 1970.

——. "Philosophie als strenge Wissenschaften." *Logos* 1(1910 – 1911): 289 – 341.

——. "Philosophy as Rigorous Science." In *Husserl*: *Shorter Works*, edited by Peter McCormick and Frederick A. Eliston, pp. 185 – 197. Notre Dame, Ind. : University of Notre Dame Press; Brighton, England: Harvester Press, 1981.

Husserl, Edmund, and Wilhelm Dilthey. "The Dilthey-Husserl Correspondence." Edited by Walter Biemel. Translated by Jeffner Allen. In *Husserl*: *Shorter Works*, edited by Peter McCormick and Frederick A. Elliston, pp. 203 – 209. Notre Dame, Ind. : Univesity of Notre Dame Press; Brighton, England: Harvester Press, 1981.

Hyppolite, Jean. *Genesis and Structure of Hegel's Phenomenology of*

Spirit. Translated by Samuel Cherniak and John Heckman. Northwestern University Studies in Phenomenology and Existential Philosophy, edited by James M. Edie. Evanston, Ill. : Northwestern University Press, 1974.

James, William. "Is Life Worth Living?" In *The Will to Believe and Other Essays in Popular Philosophy*, pp. 32 – 62. New York, ca. 1896. Reprint, New York: Dover, 1956.

——. *A Pluralistic Universe*. New York: Longmans, Green, and Co. , 1925.

Jaspers, Karl. *Basic Philosophical Writings*. Edited, translated, and introduction by Edith Ehrlich, Leonard H. Ehrlich, and George B. Pepper. Atlantic Highlands, N. J. : Humanities Press, 1986.

——. "Philosophical Autobiography." In *The Philosophy of Karl Jaspers*, edited by Paul Arthur Schlipp, pp. 5 – 94. Augmented edition. Library of Living Philosophers. LaSalle, Ill. : Open Court, 1981.

——. *Psychologie der Weltanschauungen*. Berlin: Verlag von Julius Springer, 1919.

John Paul II, Pope (参见 Wojtyla, Karol)

Jones, Stanton L. , and Richard E. Butman. *Modern Psycho-Therapies*: *A Comprehensive Christian Appraisal*. Downers Grove, Ill. : InterVarsity, 1991.

Jones, W. T. *A History of Western Philosophy*. vol. 2, *The Medieval Mind*. 2nd ed. NewYork: Harcourt, Brace and World, 1969.

——. "World Views: Their Nature and Their Function." *Current Anthropology* 13 (February 1972): 79 – 109.

Jung, C. G. "Psychotherapy and a Philosophy of Life." In *The Practice of Psychotherapy*: *Essays on the Psychology of the Transference and Other Subjects*, translated by R. F. C. Hull, pp. 76 – 83. Bollingen Series, vol. 20. 2nd ed. New York: Pantheon Books, 1966.

Kant, Immanuel. *Critique of Judgment*: *Including the First*

Introduction. Translated and introduction by Werner S. Pluhar. Foreword by Mary J. Gregor. Indianapolis: Hackett, 1987.

Kantzer, Kenneth S. "Carl Ferdinand Howard Henry: An Appreciation." In *God and Culture: Essays in Honor of Carl F. H. Henry*, edited by D. A. Carson and John D. Woodbridge, pp. 369 – 377. Grand Rapids: Eerdmans, 1993.

Kaufrnann, Walter. "Jaspers' Relation to Nietzsche." In *The Philosophy of Karl Jaspers*, pp. 407 – 436. Library of Living Philosophers, edited by Paul Arthur Schlipp. Augmented edition. La Salle, Ill. : Open Court, 1981.

Kearney, Michael. *Worldview*. Novato, Calif: Chandler and Sharp, 1984.

Kidner, Derek. *The Proverbs: An Introduction and Commentary*. Tyndale Old Testament Commentaries, edited by D. J. Wiseman. Downers Grove, Ill. : InterVarsity, 1977.

Kierkegaard, Søren. *Attack upon "Christendom."* Translated, introduction, and notes by Walter Lowrie. New introduction by Howard A. Johnson. Princeton: Princeton University Press, 1968.

——. *Concluding Unscientific Postscript*. Translated by David F. Swenson. Completed, with introduction and notes by Walter Lowrie. Princeton: Princeton University Press, 1941.

——. *Either/Or*. Edited and translated with introduction and notes by Howard V. Hong and Edna H. Hong. 2 vols. Princeton: Princeton University Press, 1987.

——. *Journals and Papers*. Edited and translated by Howard V. Hong and Edna H. Hong. Assisted by Gregor Malantschuk. vol. 3, L-R. Bloomington: Indiana University Press, 1975.

——. *The Journals of Kierkegaard, 1834 – 1854*. Translated and edited by Alexander Dru. London: Oxford University Press, 1938.

——. *On Authority and Revelation*. Translated with an introduction and notes by Walter Lowrie. Introduction by Frederick Sontag. New York: Harper and Row, Harper Torchbooks, 1966.

———. *Stages on Life's Way: Studies by Various Persons*. Edited and translated with introduction and notes by Howard V. Hong and Edna H. Hong. Princeton: Princeton University Press, 1988.

Kisiel, Theodore. *The Genesis of Heidegger's "Being and Time."* Berkeley: University of California Press, 1993.

Klapwijk, Jacob. "On Worldviews and Philosophy." In *Stained Glass: Worldviews and Social Science*, edited by Paul A. Marshall, Sander Griffioen, and Richard J. Mouw, pp. 41–55. Christian Studies Today. Lanham, Md.: University Press of America, 1989.

Kovacs, George. "Philosophy as Primordial Science in Heidegger's Courses of 1919." In *Reading Heidegger from the Start: Essays in His Earliest Thought*, edited by Theodore Kisiel and John van Buren, pp. 91–110. SUNY Series in Contemporary Continental Philosophy, edited by Dennis J. Schmidt. Albany: State University of New York Press, 1994.

Kraut, Robert. "The Third Dogma." In *Truth and Interpretation: Perspectives on the Philosophy of Donald Davidson*, edited by Ernest LePore, pp. 398–416. Cambridge, Mass.: Basil Blackwell, 1986.

Kreeft, Peter. *Three Philosophies of Life*. San Francisco: Ignatius, 1989.

Krell, David Farrell. *Intimations of Mortality: Time, Truth, and Finitude in Heidegger's Thinking of Being*. University Park: Pennsylvania State University Press, 1986.

Kuhn, Thomas S. *The Essential Tension: Selected Studies in Scientific Tradition and Change*. Chicago: University of Chicago Press, 1977.

———. "Reflections on My Critics." In *Criticism and the Growth of Knowledge*, edited by I. Lakatos and A. Musgrave, pp. 231–278. Cambridge: Cambridge University Press, 1970.

——. *The Structure of Scientific Revolutions*. International Encyclopedia of Unified Science, edited by Otto Neurath. 2nd enlarged edition. vol. 2. Chicago: University of Chicago Press, 1970.

Kuyper, Abraham. *Lectures on Calvinism: Six Lectures Delivered at Princeton University under Auspices of the L. P. Stone Foundation*. 1931. Reprint, Grand Rapids: Eerdmans, 1994.

——. *Principles of Sacred Theology*. Translated by J. Hendrik De Vries. Introduction by Benjamin B. Warfield. Grand Rapids: Baker, 1980.

——. "Sphere Sovereignty." In *Abraham Kuyper: A Centennial Reader*, edited by James D. Bratt. Grand Rapids: Eerdmans, 1998.

Ladd, George Eldon. *A Theology of the New Testament*. Edited by Donald A. Hagner. Rev. ed. Grand Rapids: Eerdmans, 1993.

Lakoff, George, and Mark Johnson. *Metaphors We Live By*. Chicago: University of Chicago Press, 1980.

Latzel, Edwin. "The Concept of 'Ultimate Situation' in Jaspers' Philosophy." In *The Philosophy of Karl Jaspers*, pp. 177 – 208. Library of Living Philosophers, edited by Paul Arthur Schlipp. Augmented edition. La Sale, Ill.: Open Court, 1981.

Lefebre, Ludwig B. "The Psychology of Karl Jaspers." In *The Philosophy of Karl Jaspers*, pp. 467 – 497. Library of Living Philosophers, edited by Paul Arthur Schlipp. Augmented edition. La Salle, Ill.: Open Court, 1981.

Levi, Albert William. *Philosophy and the Modern World*. Bloomington: Indiana University Press, 1959.

Levine, Peter. *Nietzsche and the Modern Crisis of the Humanities*. Albany: State University of New York Press, 1995.

Lewis, C. I. *Mind and the World Order*. New York: Scribner, 1929.

Lewis, C. S. *The Abolition of Man*. New York: Macmillan, 1944; New York: Simon and Schuster, Touchstone, 1996.

———. "De Descriptione Temporum." In *Selected Literary Essays*, edited by Walter Hooper, pp. 1 – 14. Cambridge: At the University Press, 1969.

———. *The Great Divorce*. New York: Macmillan, 1946.

———. "In Praise of Solid People." In *Poems*, edited by Walter Hooper, pp. 199 – 200. London: Harper Collins, Fount Paperbacks, 1994.

———. "Meditation in a Toolshed." In *God in the Dock: Essays on Theology and Ethics*, edited by Walter Hooper, pp. 212 – 215. Grand Rapids: Eerdmans, 1970.

———. "The Poison of Subjectivism." In *Christian Reflections*, edited by Walter Hooper, pp. 72 – 81. Grand Rapids: Eerdmans, 1967.

———. *The Screwtape Letters and Screwtape Proposes a Toast*. New York: Macmillan, 1961.

Loewenberg, Jacob, ed. Introduction to *Hegel: Selections*, by G. W. F Hegel. New York: Scribner, 1929.

Lubac, Henri de. *At the Service of the Church*. San Francisco: Ignatius, 1993.

Luther, Martin. "To the Councilmen of All Cities in Germany That They Establish and Maintain Christian Schools." In *The Christian in Society II*, edited by Walther I. Brandt, translated by A. T. W. Steinhauser and revised by W. I. Brandt, pp. 347 – 378. Vol. 45 of Luther's Works, general editor Helmut T. Lehmann. Philadelphia: Muhlenberg, n. d.

Lyotard, Jean-Francois. *The Postmodern Condition: A Report on Knowledge*. Translated by Geoff Bennington and Brian Massumi. Foreword by Fredric Jameson. Theory and History of Literature, edited by Wlad Godzich and Jochen Schulte-Sasse, vol. 10. Minneapolis: University of Minnespta Press, 1984.

MacIntyre, Alasdair. *After Virtue: A Study in Moral Theory*. 2nd ed. Notre Dame, Ind. : University of Notre Dame Press, 1984.

———. "Epistemological Crises, Dramatic Narrative, and the Philosophy of

Science." In *Why Narrative? Readings in Narrative Theology*, edited by Stanley Hauerwas and L. Gregory Jones, pp. 138 – 157. Grand Rapids: Eerdmans, 1989.

——. *Whose Justice? Which Rationality?* Notre Dame, Ind. : University of Notre Dame Press, 1988.

Major-Poetzl, Pamela. *Michel Foucault's Archaeology of Western Culture*. Chapel Hill: University of North Carolina Press, 1983.

Malcomb, Norman. "Wittgenstein's *Philosophical Investigations*." In *Wittgenstein: The Philosophical Investigations*, edited by George Pitcher, pp. 65 – 103. Garden City, N. Y. : Anchor Books, 1966.

Malinowski, Bronislaw. *Argonauts of the Western Pacific*. London: Routledge and Kegan Paul, 1922.

Malpas, J. E. *Donald Davidson and the Mirror of Meaning: Holism, Truth, Interpretation*. Cambridge: Cambridge University Press, 1992.

Mannheim, Karl. "On the Interpretation of Weltanschauung." In *From Karl Mannheim*, edited and introduction by Kurt H. Wolff, pp. 8 – 58. New York: Oxford University Press, 1971.

Marsden, George M. "The State of Evangelical Christian Scholarship." *Reformed Journal* 37 (1987) : 12 – 16.

Marshall, Paul A. , Sander Griffioen, and Richard J. Mouw, eds. Introduction to *Stained Glass: Worldviews and Social Science*, pp. 8 – 13. Christian Studies Today. Lanham, Md. : University Press of America, 1989.

Marx, Karl. "Preface to *A Contribution to the Critique of Political Economy*." In *The Marx-Engels Reader*, edited by Robert C. Tucker, pp. 3 – 6. 2nd ed. New York: Norton, 1978.

Marx, Karl, and Friedrich Engels. *The German Ideology*. Edited and introduction by R. Pascal. New York: International Publishers, 1947.

Masterson, Margaret. "The Nature of a Paradigm." In *Criticism and the Growth of Knowledge*, edited by I. Lakatos and A. Musgrave, pp. 59 –

89. Cambridge: Cambridge University Press, 1970.

May, Rollo. *The Cry for Myth*. New York: Bantam Doubleday Dell, Delta, 1991.

McBrien, Richard P. *Catholicism*. 2 vols. Minneapolis: Winston Press, 1980.

McCarthy, Vincent A. *The Phenomenology of Moods in Kierkegaard*. The Hague and Boston: Martinus Nijhoff, 1978.

McDermott, John M., S.J., ed. *The Thought of Pope John Paul II. A Collection of Essays and Studies*. Rome: Editrice Pontifica Universita Gregoriana, 1993.

McMullin, Ernan. "Rationality and Paradigm Change in Science." In *World Changes: Thomas Kuhn and the Nature of Science*, edited by Paul Horwich, pp.55 - 78. Cambridge: MIT Press, 1993.

Meier, Andreas. "Die Geburt der 'Weltanschauung' im 19. Jahrhundert." *Theologische Rundschau* 62(1997):414 - 420.

Meier, Helmut G. "'Weltanschauung': Studien zu einer Geschichte und Theorie des Begriffs." Ph.D. diss., Westfälischen Wilhelms-Universität zu Münster, 1967.

Middleton, J. Richard, and Brian J. Walsh. *Truth Is Stranger Than It Used to Be: Biblical Faith in a Postmodern Age*. Downers Grove, Ill.: InterVarsity, 1995.

Miller, Richard W. "Social and Political Theory: Class, State, Revolution." In *The Cambridge Companion to Marx*, edited by Terrell Carver, pp.55 - 105. Cambridge: Cambridge University Press, 1991.

Mouw, Richard J. "Dutch Calvinist Philosophical Influences in North America." *Calvin Theological Journal* 24 (April 1989):93 - 120.

Nash, Ronald H. "The Life of the Mind and the Way of Life." In *Francis A. Schaeffer: Portraits of the Man and His Work*, edited by Lane T. Dennis, pp.53 - 69. Westchester, Ill.: Crossway, 1986.

——. Preface to *The Philosophy of Gordon H. Clark: A Festschrift*.

Edited by Ronald H. Nash. Philadelphia: Presbyterian and Reformed, 1968.

Nassif, Bradley. "New Dimensions in Eastern Orthodox Theology". In *New Dimensions in Evangelical Thought: Essays in Honor of Millard J. Erickson*, edited by David S. Dockery, pp. 92 – 117. Downers Grove, Ill. : InterVarsitv 1998.

Neuhaus, Richard John. Foreword to *Springtime of Evangelization: The Complete Texts of the Holy Father's 1998 ad Limina Addresses to the Bishops of the United States*, by Pope John Paul II. Edited and introduction by Rev. Thomas D. Williams, L.C. Preface by Francis Cardinal George, O. M. I. San Francisco: Ignatius, 1999.

Niebuhr, H. Richard. *Christ and Culture*. New York: Harper and Row, 1951.

Nietzsche, Friedrich. *Basic Writings of Friedrich Nietzsche*. Translated, edited, and commentaries by Walter Kaufmann. New York: Modern Library, 1968.

——. *Beyond Good and Evil*. In *Basic Writings of Friedrich Nietzsche*, translated, edited, and commentaries by Walter Kaufmann. New York: Modern Library, 1968.

——. *The Birth of Tragedy and Case of Wagner*. Translated and commentary by Walter Kaufmann. New York: Random House, Vintage Books, 1967.

——. *The Complete Works of Friedrich Nietzsche*. Edited by Dr. Oscar Levy. 16 vols. New York: Russell and Russell, 1964.

——. *The Gay Science, with a Prelude in Rhymes and an Appendix of Songs*. Translated with commentary by Walter Kaufmann. New York: Random House, VintageBooks, 1974.

——. *The Genealogy of Morals*. Translated by Horace B. Samuel. In *The Complete Works of Friedrich Nietzsche*, edited by Oscar Levy, vol. 13. New York: Russell and Russell, 1964.

——. *Human, All Too Human: A Book for Free Spirits*. Translated by R. J. Hollingdale. Introduction by Erich Heller. Texts in German Philosophy, general editor Charles Taylor. New York: Cambridge University Press, 1986.

——. *The Joyful Wisdom*. Translated by Thomas Common. In *The Comlepte Works of Friedrich Nietzsche*, edited by Oscar Levy, vol. 10. New York: Russell and Russell, 1964.

——. *On the Advantage and Disadvantage of History for Life.* Translated and introduction by Peter Preuss. Indianapolis: Hackett, 1980.

——. *On the Genealogy of Morals.* Translated, edited, and commentaries by Walter Kaufmann. New York: Modern Library, 1968.

——. "On Truth and Lie in an Extra-Moral Sense." In *The Portable Nietzsche*, edited and translated by Walter Kaufmann, pp. 42 – 47. New York: Penguin Books, 1982.

——. *Thus Spoke Zarathustra*. In *The Portable Nietzsche*, edited and translated by Walter Kaufmann. New York: Penguin Books, 1982.

——. *Twilight of the Idols*. In *The Portable Nietzsche*, edited and translated by Walter Kaufmann. New York: Penguin Books, 1982.

——. *The Will to Power*. Translated by Anthony M. Ludovici. In *The Complete Works of Friedrich Nietzsche*, edited by Oscar Levy, vol. 15. New York: Russell and Russell, 1964.

Novak, Michael. Foreword to *Karol Wojtyla: The Thought of the Man Who Became Pope John Paul II*, by Rocco Buttiglione. Translated by Paolo Guietti and Francesca Murphy. Grand Rapids: Eerdmans, 1997.

Ong, Walter. "World as View and World as Event." *American Anthropologist* 71 (August 1969):634 – 647.

Orr, James. *The Christian View of God and the World as Centering in the Incarnation*. New York: Scribner, 1887. Reprint, with a foreword by Vernon C. Grounds, Grand Rapids: Kregel, 1989.

Ortega y Gassett, José. *Concord and Liberty*. Translated by Helene Weyl. New York: Norton, Norton Library, 1946.

Paci, Enzo. *The Function of the Sciences and the Meaning of Man*. Translated with an introduction by Paul Piccone and James E. Hansen. Northwestern University Studies in Phenomenology and Existential Philosophy, general editor John Wild. Evanston, Ill.: Northwestern University Press, 1972.

Packer, J. I. "On from Orr: Cultural Crisis, Rational Realism and Incarnational Ontology." In *Reclaiming the Great Tradition*: *Evangelicals, Catholics, and Orthodox in Dialogue*, edited by James S. Cutsinger, pp. 155 – 176. Downers Grove, Ill.: Inter Varsity, 1997.

Palmer, Parker J. *To Know as We Are Known*: *A Spirituality of Education*. San Francisco: Harper San Francisco, 1983.

Pascal, Blaise. *The Mind on Fire*: *An Anthology of the Writings of Blaise Pascal*. Edited by James M. Houston. Introduction by Os Guinness. Portland, Oreg.: Multnomah, 1989.

———. *Pensées*. Translated by W. F. Trotter. In *The Great Books of the Western World*, edited by Robert Maynard Hutchins, vol. 33. Chicago: William Benton and Encyclopaedia Britannica, 1952.

———. *Pensées and Other Writings*. Translated by Honor Levi. Oxford World's Classics. New York: Oxford University Press, 1995.

Peifer, John. *The Mystery of Knowledge*. Albany, N. Y: Magi Books, 1964.

Peirce, Charles Sanders. *Collected Papers*. Edited by Charles Hartshorne and Paul Weiss. vol. 5. Cambridge: Harvard University Press, 1931 – 1958.

Peters, Ted. "The Nature and Role of Presupposition: An Inquiry into Contemporary Hermeneutics." *International Philosophical Quarterly* 14 (June 1974): 209 – 222.

Plantinga, Theodore. *Historical Understanding in the Thought of Wilhelm Dilthey*. Toronto: University of Toronto Press, 1980.

Plato. *Meno*. Translated by Benjamin Jowett. In *The Great Books of the Western World*, edited by Robert Maynard Hutchins, vol. 7. Chicago: Encyclopaedia Britannica, 1952.

——. *Phaedrus*. Translated and introduction by Walter Hamilton. New York: Penguin Books, 1973.

——. *Plato's Epistles*. Translated, essays, and notes by Glenn R. Morrow. Library of Liberal Arts. Indianapolis: Bobbs-Merrill, 1962.

——. *Theaetetus*. Translated by Benjamin Jowett. In *The Great Books of the Western World*, edited by Robert Maynard Hutchins, vol. 7. Chicago: Encyclopaedia Britannica, 1952.

Polanyi, Michael. *Personal Knowledge: Towards a Post-Critical Philosophy*. Chicago: University of Chicago Press, 1958.

——. *The Tacit Dimension*. Garden City, N. Y: Doubledav, 1966.

——. "Why Did We Destroy Europe?" *Studium Generale* 23 (1970): 909 – 916.

——. "Works of Art." From unpublished lectures at the University of Texas and the University of Chicago, February-May 1969, p. 30.

Prosch, Harry. *Michael Polanyi: A Critical Exposition*. Albany: State University of New York Press, 1986.

Quine, W. V. O. "Two Dogmas of Empiricism." In *From a Logical Point of View*, pp. 20 – 46. Cambridge: Harvard University Press, 1953.

Redfield, Robert. *The Primitive World and Its Transformations*. Ithaca, N. Y.: Cornell University Press, Cornell Paperbacks, 1953.

Rescher, Nicholas. "Conceptual Schemes." In *Midwest Studies in Philosophy*, vol. 5, edited by Peter A. French, Theodore E. Uehling, Jr., and Howard K. Wettstein, pp. 323 – 345. Minneapolis: University of Minnesota Press, 1980.

Rockmore, Tom. "Epistemology as Hermeneutics: Antifoundationalist Relativism." *Monist* 73(1990):115–133.

Rorty, Richard. *Consequences of Pragmatism: Essays: 1972–1980*. Minneapolis: University of Minnesota Press, 1982.

Rosen, Stanley. *Hermeneutics as Politics*. Odéon, edited by Josué V. Harari and Vincent Descombes. New York: Oxford University Press, 1987.

Rowe, William V. "Society after the Subject, Philosophy after the Worldview." In *Stained Glass: Worldviews and Social Science*, edited by Paul A. Marshall, Sander Griffioen, and Richard Mouw, pp. 156–183. Christian Studies Today. Lanham, Md.: University Press of America, 1989.

Runzo, Joseph. *World Views and Perceiving God*. New York: St. Martin's Press, 1993.

Ryckman. Richard M. *Theories of Personality*. 3rd ed. Monterey, Calif: Brooks/Cole, 1985.

Said, Edward W. "Michael Foucault: 1926–1984." In *After Foucault: Humanistic Knowledge, Postmodern Challenges*, edited by Jonathan Arac, pp. 1–11. New Brunswick, N. J.: Rutgers University Press, 1988.

Sarna, Jan W. "On Some Presuppositions of Husserl's 'Presuppositionless' Philosophy." *Analecta Husserliana* 27(1989):239–250.

Sayers, Dorothy L. *The Letters of Dorothy L. Sayers*. vol. 2, *1937–1943: From Novelist to Playwright*. Edited by Barbara Reynolds. New York: St. Martin's Press, 1998.

——. "Toward a Christian Esthetic." In *The Whimsical Christian: Eighteen Essays by Dorothy L. Sayers*, pp. 73–91. New York: Macmillan, Collier Books, 1987.

Scanlon, John. "The Manifold Meanings of 'Life World' in Husserl's *Crisis*," *American Catholic Philosophical Quarterly* 66 (spring

1992):229 - 239.

Schaeffer, Francis A. *Art and the Bible*. L'Abri Pamphlets. Downers Grove, Ill. : Inter Varsity, 1973.

——. *The Complete Works of Francis A. Schaeffer*: *A Christian Worldview*. 2nd ed. 5 vols. Wheaton, Ill. : Crossway, 1982.

Scheler, Max. *Problems of a Sociology of Knowledge*. Translated by Manfred S. Frings. Edited and introduction by Kenneth W. Stikkers. Boston: Routledge and Kegan Paul, 1980.

——. "The Sociology of Knowledge: Formal Problems. " In *The Sociology of Knowledge: A Reader*, edited by James E. Curtis and John W. Petras, pp. 170 - 186. New York: Praeger, 1970.

Schlier, Heinrich. *Principalities and Powers in the New Testament*. New York: Herder and Herder, 1961.

Schmemann, Alexander. *Church*, *World*, *Mission*. Crestwood, N. Y: St. Vladimir's Seminary Press, 1979.

——. *For the Life of the World*: *Sacraments and Orthodoxy*. Crestwood, N. Y. : St. Vladimir's Seminary Press, 1973.

Schrag, Oswald O. *An Introduction to Existence*, *Existenz*, *and Transcendence*: *The Philosophy of Karl Jaspers*. Pittsburgh: Duquesne University Press, 1971.

Schumacher, E. F. *A Guide for the Perplexed*. New York: Harper and Row, 1977.

Scorgie, Glen G. *A Call for Continuity: The Theological Contribution of James Orr*. Macon, Ga. : Mercer University Press, 1988.

——. "James Orr. " In *Handbook of Evangelical Theologians*, edited by Walter A. Elwell, pp. 12 - 25. Grand Rapids: Baker, 1993.

Searle, John. "Is There a Crisis in American Higher Education? " *Bulletin of the American Academy of Arts and Sciences* 46 (n. d.): 24 - 47.

Simon, Herbert A. *Reason in Human Affairs*. Stanford: Stanford University Press, 1983.

Sire, James W. *The Universe Next Door: A Basic Worldview Catalog*. 3rd ed. Downers Grove, Ill.: InterVarsity, 1997.

Small, Robin. "Nietzsche and a Platonist Idea of the Cosmos: Center Everywhere and Circumference Nowhere." *Journal of the History of Ideas* 44 (January-March 1983): 89 – 104.

Smart, Ninian. *Worldviews: Crosscultural Explorations of Human Beliefs*. 2nd ed. Englewood Cliffs, N.J.: Prentice-Hall, 1995.

Smith, Charles W. *A Critique of Sociological Reasoning: An Essay in Philosophical Sociology*. Oxford: Basil Blackwel, 1979.

Smith, John E. Introduction to *Religious Affections*, by Jonathan Edwards. The Works of Jonathan Edwards, vol. 2. New Haven: Yale University Press, 1959.

Solomon, Robert C.. *Continental Philosophy Since 1750: The Rise and Fall of the Self*. A History of Western Philosophy, vol. 7. Oxford: Oxford University Press, 1988.

Spykman, Gordon J. *Reformational Theology: A New Paradigm for Doing Dogmatics*. Grand Rapids: Eerdmans, 1992.

Stack, George J. *Nietzsche: Man, Knowledge, and Will to Power*, Durango, Colo.: Hollowbrook Publishing, 1994.

Steiner, George. *Real Presences*. Chicago: University of Chicago Press, 1989.

Strawser, Michael. *Both/And: Reading Kierkegaard from Irony to Edification*. New York: Fordham University Press, 1997.

Thiselton, Anthony C. *New Horizons in Hermeneutics: The Theory and Practice of Transforming Biblical Reading*. Grand Rapids: Zondervan, 1992.

Thompson, Josiah. *The Lonely Labyrinth: Kierkegaard's Pseudonymous Works*. Foreword by George Kimball Plochman. Carbondale: Southern Illinois University Press, 1967.

Van Til, Henry R. *The Calvinistic Concept of Culture*. Grand Rapids:

Baker, 1959.

Verhoogt, Jan. "Sociology and Progress: Worldview Analysis of Modern Sociology." In *Stained Glass: Worldviews and Social Science*, edited by Paul A. Marshall, Sander Griffioen, and Richard J. Mouw, pp. 119 – 139. Lanham, Md.: University Press of America, 1989.

Wallraff, Charles F. *Karl Jaspers: An Introduction to His Philosophy*. Princeton: Princeton University Press, 1970.

Ware, Timothy (Bishop Kallistos of Diokleia). *The Orthodox Church*. New York: Penguin Books, 1963, 1964.

Warnock, Mary. "Nietzsche's Conception of Truth." In *Nietzsche's Imagery and Thought: A Collection of Essays*, edited by Malcolm Pasley, pp. 33 – 63. Berkley: University of California Press, 1978.

Weigel, George. *Witness to Hope: The Biography of Pope John Paul II*. New York: Harper Colins, Cliff Street Books, 1999.

Winch, Peter. "Understanding a Primitive Society" In *Rationality*, edited by Bryan R. Wilson, pp. 78 – 111. New York: Harper and Row, First Torchbook Library Edition, 1970.

Windelband, Wilhelm. *A History of Philosophy*. Edited and translated by James H. Tufts. 2nd ed. New York: Macmillan, 1901.

Wink, Walter. *Engaging the Powers: Discernment and Resistance in a World of Domination*. Power Series. Minneapolis: Fortress, 1992.

Wittgenstein, Ludwig. *Culture and Value*. Edited by G. H. von Wright in collaboration with Heikki Nyman. Translated by Peter Winch. Chicago: University of Chicago Press; Oxford: Basil Blackwell, 1980.

——. *Notebooks, 1914 – 1916*. Edited by G. H. von Wright and G. E. M. Anscombe. Translated by G. E. M. Anscombe. New York: Harper and Row, Harper Torch books, 1969.

——. *On Certainty*. Edited by G. E. M. Anscombe and G. H. von Wright. Translated by Denis Paul and G. E. M. Anscombe. New York: Harper and Row, Harper Torch books, 1972.

——. *Philosophical Investigations*. Translated by G. E. M. Anscombe. New York: Macmillan, 1953, 1966, 1968.

——. *Remarks on Frazer's "Golden Bough."* Edited by Rush Rhees. Translated by A. C. Miles and revised by Rush Rhees. Atlantic Highlands, N. J.: Humanities Press, 1979.

——. *Tractatus Logico-Philosophicus*. Translated by D. F. Pears and B. F. McGuinness. Introduction by Bertrand Russell. London: Routledge and Kegan Paul, 1961.

——. *Zettel*. Edited by G. E. M. Anscombe and G. H. von Wright. Translated by G. E. M. Anscombe. Los Angeles: University of California Press, 1970.

Wojtyla, Karol (Pope John Paul II). *Crossing the Threshold of Hope*. Edited by Vittorio Messori. Translated by Jenny McPhee and Martha McPhee. New York: Knopf, 1994.

——. *Fides et Ratio: On the Relationship between Faith and Reason*. Encyclical letter. Boston: Pauline Books and Media, 1998.

——. *The Redeemer of Man: Redemptor Hominis*. Encyclical letter. Boston: Pauline Books and Media, 1979.

——. *Sources of Renewal: The Implementation of the Second Vatican Council*. Translated by P. S. Falla. San Francisco: Harper and Row, 1980.

——. *Springtime of Evangelization: The Complete Texts of the Holy Father's 1998 ad Limina Addresses to the Bishops of the United States*. Edited and introduction by Rev. Thomas D. Williams, L. C. Preface by Francis Cardinal George, O. M. I. Foreword by Rev. Richard John Neuhaus. San Francisco: Ignatius, 1999.

Wolin, Richard. *The Politics of Being: The Political Thought of Martin Heidegger*. New York: Columbia University Press, 1990.

Wolin, Sheldon S. "On the Theory and Practice of Power." In *After Foucault: Humanistic Knowledge, Postmodern Challenges*, edited by

Jonathan Arac, pp. 179 – 201. New Brunswick, N. J. : Rutgers University Press, 1988.

Wolters, Albert M. *Creation Regained*: *Biblical Basics for a Reformational Worldview*. Grand Rapids: Eerdmans, 1985.

——. "Dutch Neo-Calvinism: Worldview, Philosophy and Rationality." In *Rationality in the Calvinian Tradition*, edited by Hendrik Hart, Johan Van Der Hoeven, and Nicholas Wolterstorff, pp. 113 – 131. Christian Studies Today. Lanham, Md. : University Press of America, 1983.

——. "The Intellectual Milieu of Herman Dooyeweerd." In *The Legacy of Herman Dooyeweerd: Reflections on Critical Philosophy in the Christian Tradition*, edited by C. T. McIntire, pp. 4 – 10. Lanham, Md. : University Press of America, 1985.

——. "On the Idea of Worldview and Its Relation to Philosophy." In *Stained Glass: Worldviews and Social Science*, edited by Paul A. Marshall, Sander Griffioen, and Richard J. Mouw, pp. 14 – 25. Christian Studies Today. Lanham, Md. : University Press of America, 1989.

——. "'Weltanschauung' in the History of Ideas: Preliminary Notes" N. d. Photocopy.

Wolterstorff, Nicholas. "The Grace That Shaped My Life." In *Philosophers Who Believe: The Spiritual Journeys of Eleven Leading Thinkers*, edited by Kelly James Clark, pp. 259 – 275. Downers Grove, Ill. : Inter Varsity, 1993.

——. "On Christian Learning." In *Stained Glass: Worldviews and Social Science*, edited by Paul A. Marshall, Sander Griffioen, and Richard J. Mouw, pp. 56 – 80. Christian Studies Today. Lanham, Md. : University Press of America, 1989.

Wright, N. T. *The New Testament and the People of God*. Christian Origins and the Question of God, vol. 1. Minneapolis: Fortress, 1992.

———. *Jesus and the Victory of God*. Vol. 2 of Christian Origins and the Question of God. Minneapolis: Fortress, 1996.

Young-Bruehl, Elisabeth. *Freedom and Karl Jaspers' Philosophy*. New Haven: Yale University Press, 1981.

Zylstra, Henry. *Testament of Vision*. Grand Rapids: Eerdmans, 1958.

索引

（索引中的页码为原书页码，即本书的边码）

A

B

212—217,249—250

G

Gadamer, Hans Georg 汉斯-格奥尔格·伽达默尔 58,70,120,312,
313;hermeneutics and worldview in ～的诠释学与世界观 316—319

Gay, Craig 克雷格·盖伊 278—279

"Genealogy," Foucaultian concept of 福柯式的谱系学 182—183

Genova, Judith 朱蒂斯·吉诺瓦 152,161

The German Ideology 《德意志意识形态》236—237

Gier, Nicholas 尼古拉斯·基尔 148,156

Gilkey, Langdon 兰登·基尔凯 275

God, Revelation and Authority 《上帝、启示与权威》15

God 上帝:Father 圣父 37,43,261,293;Holy Spirit 圣灵 28,29,
37,43,104,186,261,285,286,293,343;Jesus Christ 耶稣基督 8,
22,23,28,35,36,37,39,43,47,48,51—52,186,259,260,262,
264,265,268—269,279,281,284,285,286,287,289,290,296,
304,338,339,340,342,343;in Christian worldview 基督教世界观
中的～ 260—267。另参 Trinity, doctrine of（三位一体教义）

Gombert, Albert 阿尔伯特·冈波特 56

Götze, Alfred 阿尔弗雷德·戈策 56

Grace, doctrine of 恩典的教义:in Christian worldview 基督教世界观中
的～ 284—289

Griffioen, Sander 桑德·格里菲恩 174

H

Habermas, Jürgen 尤尔根·哈贝马斯 145

Hamilton, Peter 彼得·汉密尔顿 228

Harms, John 约翰·哈姆斯 223

Heart, doctrine of 心灵的教义:in Christian worldview 基督教世界观中
的～ 267—274

I

Q

Quine，W. V. O. 蒯因 166—168

R

Rationality，and worldview 合理性/理性与世界观。参见 Reason（理性）

Reason，and worldview 理性与世界观 303—310

Redemption，doctrine of 救赎的教义：in Christian worldview 基督教世界观中的～ 284—289；in Eastern Orthodox worldview 东正教世界观中的～ 51—52

Redemptor Hominis（papal encyclical）《人类的救主》（教宗通谕）43

Redfield，Robert：worldview concept in 罗伯特·莱德菲尔德的世界观概念 245—249，252

Reification 抽象概念具体化：Berger and Luckmann on 贝格尔和卢克曼论～ 178—180，185，186；Marx and Engels on 马克思和恩格斯论～ 236—237；Nietzsche on 尼采论～ 101—102

Rescher，Nicholas 尼古拉斯·雷彻 163—164，172—173

Rockmore，Tom 汤姆·洛克莫尔 312

Roman Catholicism 罗马天主教：worldview concept in ～的世界观 33—43

Rorty，Richard 理查德·罗蒂 73，323，324，325

Rosen，Stanley 斯坦利·罗森 320

Rowe，William 威廉·罗威 256，289

Runzo，Joseph 约瑟夫·伦佐 163

S

The Sacred Canopy：Elements of a Sociological Theory of Religion 《神圣的帷幕：宗教社会学要义》232—233

"Sacred canopy，" Peter Berger on 彼得·贝格尔论"神圣的帷幕"

Z

图书在版编目(CIP)数据

世界观的历史 /(美)诺格尔(David K. Naugle)著;胡自信译.
—上海:上海三联书店,2024.10
(思想与人生系列)
ISBN 978-7-5426-6627-7

Ⅰ.①世⋯ Ⅱ.①诺⋯ ②胡⋯ Ⅲ.①世界观形成—研究
Ⅳ.①B821

中国版本图书馆 CIP 数据核字(2019)第 031138 号

世界观的历史

著　　者 / 诺格尔(David K. Naugle)
译　　者 / 胡自信

丛书策划 / 橡树文字工作室
特约编辑 / 刘　嵘
责任编辑 / 邱　红　陈泠珅
装帧设计 / 周周设计局
监　　制 / 姚　军
责任校对 / 王凌霄

出版发行 / 上海三联书店
　　　　　(200041)中国上海市静安区威海路 755 号 30 楼
邮　　箱 / sdxsanlian@sina.com
联系电话 / 编辑部:021-22895517
　　　　　发行部:021-22895559
印　　刷 / 上海展强印刷有限公司

版　　次 / 2024 年 10 月第 1 版
印　　次 / 2024 年 10 月第 1 次印刷
开　　本 / 655 mm × 960 mm　1/16
字　　数 / 390 千字
印　　张 / 30
书　　号 / ISBN 978-7-5426-6627-7/B·630
定　　价 / 88.00 元

敬启读者,如发现本书有印装质量问题,请与印刷厂联系 021-66366565